"十四五"职业教育国家规划教材

园林植物生产与经营

（第2版）

曾 斌 主编

中国林业出版社
China Forestry Publishing House

内容简介

本教材内容由两大模块和14个项目构成,园林苗木生产与经营、花卉生产与经营双线并行,分别阐述苗圃建立、苗木繁育技术、苗木经营管理、花卉生产管理与经营、无土栽培技术等。为提升学生实际操作能力,每个项目均设置了必要的技能操作任务,通过相应生产任务的实训以及理论知识的掌握,最终达到相应岗位必需的能力要求。同时,本教材充分突出本领域新理念、新技术与新方法。

本教材可作为高等职业教育园林技术、园艺技术等专业的教材,也可作为中等职业技术学校园林类专业和行业企业园林技术人员培训选用教材。

图书在版编目(CIP)数据

园林植物生产与经营/曾斌主编. —2版. —北京:中国林业出版社,2019.10(2024.4重印)
"十四五"职业教育国家规划教材
ISBN 978-7-5219-0361-4

Ⅰ.①园… Ⅱ.①曾… Ⅲ.①园林植物-观赏园艺-高等职业教育-教材 Ⅳ.①S688

中国版本图书馆 CIP 数据核字(2019)第 266708 号

中国林业出版社·教育分社

策划编辑:田 苗 康红梅
责任编辑:田 苗 曾琬淋
电 话:(010)83143630

出版发行	中国林业出版社(100009 北京市西城区刘海胡同7号)
	E-mail:jiaocaipublic@163.com
	http://www.forestry.gov.cn/lycb.html
印 刷	北京中科印刷有限公司
版 次	2014年12月第1版(共印2次)
	2019年10月第2版
印 次	2024年4月第2次印刷
开 本	787mm×1092mm 1/16
印 张	21.25
字 数	580千字(含数字资源)
定 价	56.00元

数字资源

未经许可,不得以任何方式复制或抄袭本书之部分或全部内容。

版权所有 侵权必究

《园林植物生产与经营》(第2版) 编写人员

主　编

曾　斌

副主编

周静波
林　锋

编写人员（按姓氏拼音排序）

古腾清（广东生态工程职业学院）
黄东光（深圳市铁汉环境股份有限公司）
吉国强（山西林业职业技术学院）
林　锋（辽宁林业职业技术学院）
刘丽馥（辽宁林业职业技术学院）
曾　斌（江西环境工程职业学院）
翟学昌（江西环境工程职业学院）
周静波（安徽林业职业技术学院）

《园林植物生产与经营》(第1版) 编写人员

主　编

　　曾　斌

副主编

　　林　锋
　　黄东光
　　周静波
　　古腾清

编写人员（按姓氏拼音排序）

　　古腾清（广东生态工程职业学院）
　　黄东光（深圳市铁汉环境股份有限公司）
　　吉国强（山西林业职业技术学院）
　　林　锋（辽宁林业职业技术学院）
　　刘丽馥（辽宁林业职业技术学院）
　　曾　斌（江西环境工程职业学院）
　　翟学昌（江西环境工程职业学院）
　　周静波（安徽林业职业技术学院）

第 2 版前言

《园林植物生产与经营》出版发行已近 5 年，在大力推进生态文明建设的形势下，经济结构调整导致市场供需态势转化，对园林植物生产行业提出了新的要求。

在农林高职院校，园林植物生产与经营是园林技术、园艺技术专业核心课程。为保持本教材作为专业课程的普适性，本版延续了第 1 版的结构，对内容进行修订和更新。教材全面贯彻党的教育方针，落实立德树人根本任务，培养德智体美劳全面发展的社会主义建设者和接班人。内容进一步强化技术人才培养，践行培养德才兼备的高素质人才的使命。为了及时反映相关技术研究成果，本版增加了数字资源，为教师教学及学生自学提供参考。

本版教材的修订是在林业高职院校和企业专家协作下，历时 2 年完成。考虑教材建设的稳定性，本版编写团队没有进行人员调整，依照第 1 版进行分工，补充对应内容的数字资源。曾斌修订项目 1 和项目 5，古腾清修订项目 2 和项目 3，翟学昌修订项目 4，吉国强修订项目 6，黄东光修订项目 7，林峰、刘丽馥修订项目 8~10，周静波修订项目 11~14。数字资源部分，模块 1 由曾斌、翟学昌完成，模块 2 由周静波完成。全书由江西环境工程职业学院曾斌统稿。

本教材在编写过程中得到了众多行业专家和生产企业的大力支持，在此表示衷心的感谢！尽管是修改版，但由于编者水平有限，书中仍会存在尚未察觉的疏漏和贻误之处，热忱欢迎广大读者不吝赐教。

编 者
2019 年 5 月

第 1 版前言

本教材为"十二五"职业教育国家规划立项教材,也是全国林业职业教育教学指导委员会高职园林类专业工学结合"十二五"规划教材。本教材以职业能力为主线,以工作过程为导向,以典型工作过程和生产项目为载体,并参照国家职业岗位《林工种苗工》与《花卉园艺师》鉴定规范,将园林绿化苗木生产与花卉生产融为一体。

本教材分成两大模块,教材内容以传统育苗技术为基础,现代技术为引领,重点突出各环节的关键技术,全面提升学生的学习兴趣,促进可持续发展,满足园林及相关行业对人才知识、能力、素质的要求。模块1包括园林苗圃建立、播种繁殖育苗、扦插育苗、嫁接育苗、压条与分株育苗、园林苗木培养和苗木出圃、园林苗圃管理7个项目内容,模块2包括设施应用、盆花生产、鲜切花生产、花坛花卉生产、水生花卉生产、无土栽培和花卉生产经营管理7个项目内容,计划总学时140~160。

本书由曾斌任主编,林锋、黄东光、周静波、古腾清任副主编。参加编写人员及分工为:曾斌(项目1、项目5),翟学昌(项目4),古腾清(项目2、项目3),吉国强(项目6),黄东光(项目7),林锋(项目8~10、项目14),刘丽馥(项目11~12),周静波(项目13)。全书由曾斌统稿。

由于编者水平有限,书中难免存在错误和不足之处,恳请读者批评指正。

编　者
2014 年 1 月

目 录

第 2 版前言
第 1 版前言

模块 1　园林苗木生产与经营

项目 1　园林苗圃建立 ··· 2
　　任务 1.1　园林苗圃规划设计 ·· 2
　　任务 1.2　园林苗圃建设施工 ······································· 13
项目 2　播种繁殖育苗 ·· 17
　　任务 2.1　园林植物种子生产 ······································· 17
　　任务 2.2　露地播种育苗 ·· 31
　　任务 2.3　容器播种育苗 ·· 39
项目 3　扦插育苗 ·· 47
　　任务 3.1　硬枝扦插育苗 ·· 47
　　任务 3.2　嫩枝扦插育苗 ·· 52
项目 4　嫁接育苗 ·· 57
　　任务 4.1　枝接育苗 ·· 57
　　任务 4.2　芽接育苗 ·· 64
项目 5　压条与分株育苗 ·· 71
　　任务 5.1　压条育苗 ·· 71
　　任务 5.2　分株育苗 ·· 76
项目 6　园林苗木培养和苗木出圃 ······························· 82
　　任务 6.1　地栽苗的移植与培育 ··································· 82
　　任务 6.2　容器苗培育 ··· 91
　　任务 6.3　苗木整形修剪 ·· 95
　　任务 6.4　苗木出圃 ·· 100
项目 7　园林苗圃管理 ··· 108
　　任务 7.1　苗圃生产管理 ·· 108
　　任务 7.2　苗圃经营管理 ·· 123
　　任务 7.3　建立苗圃档案 ·· 129

目录

模块 2　花卉生产与经营

项目 8　设施应用 ······ 140
　任务 8.1　选择设施 ······ 140
　任务 8.2　设施资材应用 ······ 149
　任务 8.3　设施环境调控 ······ 156

项目 9　盆花生产 ······ 161
　任务 9.1　选择品种 ······ 162
　任务 9.2　基质配制与消毒 ······ 163
　任务 9.3　花盆选择及处理 ······ 166
　任务 9.4　盆花栽植 ······ 166
　任务 9.5　盆花栽植后管理 ······ 168
　任务 9.6　盆花包装与运输 ······ 176

项目 10　切花生产 ······ 196
　任务 10.1　选择品种 ······ 196
　任务 10.2　土壤准备 ······ 197
　任务 10.3　切花定植 ······ 198
　任务 10.4　切花定植后管理 ······ 199
　任务 10.5　切花采收、分级、包装和贮运 ······ 203

项目 11　花坛花卉生产 ······ 246
　任务 11.1　花坛花卉育苗 ······ 246
　任务 11.2　花坛花卉上盆 ······ 251
　任务 11.3　花坛花卉日常管理 ······ 251

项目 12　水生花卉生产 ······ 276
　任务 12.1　水生花卉育苗 ······ 276
　任务 12.2　水生花卉栽植 ······ 279
　任务 12.3　水生花卉日常管理 ······ 281

项目 13　无土栽培 ······ 291
　任务 13.1　基质选择与配制 ······ 292
　任务 13.2　营养液配制与管理 ······ 293
　任务 13.3　无土栽培生产 ······ 295

项目 14　花卉生产经营管理 ······ 310
　任务 14.1　花卉市场调研 ······ 310
　任务 14.2　花卉生产计划制订 ······ 313
　任务 14.3　生产计划实施 ······ 317
　任务 14.4　花卉产品营销 ······ 319
　任务 14.5　生产效益分析 ······ 326

参考文献 ······ 329

模块 1

园林苗木生产与经营

项目1 园林苗圃建立

◇ 知识目标

(1) 了解园林苗圃的作用和分类。
(2) 熟悉园林苗圃用地的选择条件和要求。
(3) 掌握园林苗圃规划设计原则、建设要求。

◇ 技能目标

(1) 能正确选择苗圃用地。
(2) 能根据育苗生产任务、生产布局对苗圃地进行合理区划设计。
(3) 能根据育苗数量和单位面积产苗量计算生产用地面积。

任务1.1 园林苗圃规划设计

◇ 理论知识

1.1.1 园林苗圃的种类

随着社会经济发展和城镇化建设的加快及全社会对于生态环境建设的重视,园林绿化建设对于苗木的需求迅速增长,苗木生产在社会产业发展中发挥重大作用,是发展乡村特色产业、拓宽农民增收致富渠道的重要途径。目前,园林苗圃建设呈现多样化发展趋势,其种类和特点各有不同。

(1) 按面积划分

按照面积的大小,园林苗圃可划分为大型苗圃、中型苗圃和小型苗圃。

① 大型苗圃 面积在 $20hm^2$ 以上。生产的苗木种类齐全,如乔木和花灌木大苗、露地草本花卉、地被植物和草坪,拥有先进设施和大型机械设备,技术力量强,常承担一定的科研和开发任务,生产技术和管理水平高,生产经营期限长。

② 中型苗圃 面积为 $3\sim20hm^2$。生产苗木种类多,设施先进,生产技术和管理水平较高,生产经营期限长。

③ 小型苗圃 面积为 $3hm^2$ 以下。生产苗木种类较少,规格单一,经营期限不固定,往往随市场需求变化而更换生产苗木种类。

(2)按所在位置划分

按照所在位置，园林苗圃可划分为城市苗圃和乡村苗圃(苗木基地)。

①城市苗圃　位于市区或郊区，能够就近供应所在城市绿化用苗，运输方便，且苗木适应性强、成活率高，适宜生产珍贵的和不耐移植的苗木，以及露地花卉和节日摆放用盆花。

②乡村苗圃(苗木基地)　是随着城市土地资源紧缺和城市绿化建设迅速发展而形成的新类型，现已成为供应城市绿化建设用苗的重要来源。由于土地成本和劳动力成本低，适宜生产城市绿化用量较大的苗木，如绿篱苗木、花灌木大苗、行道树大苗等。

(3)按育苗种类划分

按照育苗种类，园林苗圃可划分为专类苗圃和综合苗圃。

①专类苗圃　面积较小，生产苗木种类单一。有的只有一种或少数几种要求特殊培育措施的苗木，如果树嫁接苗、月季嫁接苗等；有的专门从事某一类苗木生产，如针叶树苗木、棕榈苗木等；有的专门利用组织培养技术生产组培苗等。

②综合苗圃　多为大、中型苗圃，生产的苗木种类齐全，规格多样化，设施先进，生产技术和管理水平较高，经营期限长，技术力量强，往往将引种试验与开发工作纳入其生产经营范围。

(4)按经营期限划分

按照经营期限，园林苗圃可划分为固定苗圃和临时苗圃。

①固定苗圃　其规划建设使用年限通常在10年以上，面积较大，生产苗木种类较多，机械化程度较高，设施先进。大、中型苗圃一般都是固定苗圃。

②临时苗圃　通常是在接受大批量育苗合同订单，需要扩大育苗生产用地面积时设置的苗圃。经营期限仅限于完成合同任务的时间，以后往往不再继续生产经营园林苗木。

1.1.2　园林苗圃的布局与苗圃地选择

1.1.2.1　苗圃地布局

(1)园林苗圃合理布局的原则

建立园林苗圃应对苗圃数量、位置、面积进行科学规划，城市苗圃应分布于近郊，乡村苗圃(苗木基地)应靠近城市，以方便运输。总之，应尽量使育苗地靠近用苗地，这样可以降低成本，提高成活率。

(2)园林苗圃数量和位置的确定

大城市通常在市郊设立多个园林苗圃，设立苗圃时应考虑设在城市不同的方位，以便就近供应城市绿化需要。中、小城市要考虑在城市绿化重点发展的方位设立园林苗圃。城市园林苗圃总面积应占城区面积的2%~3%，如按一个城区面积1000hm^{2}的城市计算，建设园林苗圃的总面积应为20~30hm^2。如果设立几个大型苗圃，则应分散设于城市郊区的不同方位。

乡村苗圃(苗木基地)的设立，应重点考虑生产苗木所供应的范围。在一定的区域内，如果城市苗圃不能满足城市绿化需要，可考虑发展乡村苗圃。在乡村建立园林苗圃，最好相对集中，即形成园林苗木生产基地，这样对于资金利用、技术推广和产品销售十分有利。

1.1.2.2 苗圃地选择

园林苗圃地选择,直接关系到苗圃今后生产经营状况的好坏,须慎重考虑,方能确定。因此,在园林苗圃建设之前,需要对其经营条件和自然条件综合分析。

(1)园林苗圃的经营条件

①交通条件 建设园林苗圃要选择交通方便的地方,以便于苗木的出圃和育苗物资的运入。在城市附近设置苗圃,交通都相当方便,主要应考虑在运输通道上有无空中障碍或低矮涵洞,如果存在这类问题,必须另选地址。乡村苗圃(苗木基地)应当选择在等级较高的省道或国道附近,若过于偏僻或路况不佳,不宜建设园林苗圃。

②电力条件 园林苗圃所需电力应有保障,在电力供应困难的地方不宜建设园林苗圃。

③人力条件 园林苗圃应设在靠近村镇的地方,劳动力资源丰富,以便于调集人力。

④周边环境条件 园林苗圃应远离工业污染资源,防止工业污染对苗木生长的不良影响。

⑤销售条件 园林苗圃应设在苗木需求量大的区域范围,往往具有较强的销售竞争优势。即使苗圃自然条件优势不是十分明显,也可以通过销售优势加以弥补。

(2)园林苗圃的自然条件

①地形、地势及坡向 园林苗圃应尽量选择背风向阳、排水良好、地势较高、平坦开阔的地带。坡度一般以1°~3°为宜,坡度过大,易造成水土流失,降低土壤肥力,不便于机械化作业;坡度过小,不利于排除雨水,容易造成渍害。具体坡度的大小,因地区、土质不同而异。一般在南方多雨地区坡度可适当增加到3°~5°,以便于排水;而北方少雨地区,坡度则可小一些。在较黏重的土壤上,坡度适当大些;在砂性土壤上,坡度宜小些。在坡度较大的地育苗,应修筑梯田。尤其注意,积水洼地、重度盐碱地、山谷风口等地不宜建设苗圃地。

在地形起伏较大的地区,不同的坡向,光照、湿度、水分和土层的厚薄不同,从而影响苗木的生长。一般南坡光照强,受光时间长,温度高,湿度小,昼夜温差大。北坡与南坡相反,而东、西坡则介于二者之间,但东坡在日出前至上午短时间内温度变化很大,对苗木生长不利,西坡则冬季多西北风。因此,应根据园林苗木的种类特性以及栽培设施的应用程度,确定苗圃地的最适宜坡向。

②土壤条件 苗圃土壤条件十分重要,对种子发芽、愈伤组织生根,以及苗木生长、发育所需要的水分、养分和空气状况影响很大。通常团粒结构好的土壤,通气条件和透水性良好,温度条件适中,有利于土壤微生物的活动和有机质的分解。

多数苗木适宜生长在含有一定砂质的壤土或轻黏质土壤中。过分黏重的土壤,排水、通气不良,雨后泥泞,易板结,干旱时易龟裂,土壤耕作困难,不利于根系生长。过于砂质的土壤,太疏松,肥力低,持水力差,夏季表土温度高,易灼伤幼苗,而且不易带土球移植。

土壤的酸碱度是影响苗木生长的重要因素之一,一般要求园林苗圃土壤的pH在6.0~7.5。不同的园林植物对土壤酸碱度的要求不同(有些植物适宜偏酸性土壤),可根据不同植物进行选择或改良土壤条件。

③水源及地下水位　水是园林植物生长的必要因素，苗木在生长发育过程中必须有充足的水分供应。因此，水源是苗圃选址的重要条件之一，苗圃最好选择在河流、湖泊、水库等天然水源附近，便于引水灌溉，且这些水源水质好，有利于苗木生长。若天然水源、地上水源不足，则应选择地下水源充足，可打井提水灌溉的地方作苗圃。并应注意两个问题：

其一为地下水位情况。若地下水位过高，土壤的通透性差，苗木根系生长不良；若地下水位过低，土壤易干旱，需增加灌溉次数及灌水量，提高了育苗成本。适宜的地下水位应为2m左右，但不同的土壤质地有不同的地下水临界深度：砂质土为1.0~1.5m，砂壤土至中壤土为2.5m左右，重黏土至黏土为2.5~4.5m。地下水位高于临界深度，容易造成土壤盐渍化。

其二为水质问题。苗圃灌溉用水其水质要求为淡水，水中含盐量不要超过0.10%~0.15%，水中有淡水小鱼虾，即为适合灌溉的标志。

④气象条件　地域性气象条件通常是不可改变的，因此，园林苗圃不能设在气象条件极端的地域。高海拔地区年平均气温过低，大部分园林苗木的正常生长受到限制。年降水量小，通常无地表水源，地下水供给也十分困难的气候干燥地区，不适宜建立园林苗圃。经常出现早霜冻和晚霜冻，以及冰雹多发地区，会给苗木生产带来损失，也不适宜建立园林苗圃。某些地形条件，如地势低洼、风口、寒流汇集处等，经常形成一些灾害性气象条件，对苗木生长不利。虽然可以通过设立防护林减轻风害，或通过设立密集的绿篱防护带阻挡冷空气的侵袭，但这样的地方不是理想之地，一般不宜建立园林苗圃。总之，园林苗圃应选择气象条件比较稳定，灾害性天气很少发生的地区。

⑤病虫害和植被情况　在选择苗圃园地时，需要进行专门的病虫害调查。了解圃地及周边的植物感染病害和发生虫害的情况，如果圃地环境病虫害严重发生，并且未能得到治理，则不宜在该地建立园林苗圃，尤其对园林苗木有严重危害的病虫害须格外警惕。

另外，苗圃用地是否生长某些难以根除的灌木、杂草，也是需要考虑的问题之一，如果不能有效控制苗圃杂草，对育苗工作将产生不利影响。

◇ 实务操作

技能1-1　圃地面积计算

苗圃地总面积包括生产用地面积和辅助用地面积两部分。为了合理使用土地，保障育苗计划的完成，对苗圃面积必须进行正确计算，以便选择土地、苗圃区划和建设等具体工作的进行。

【操作1】生产用地面积计算

生产用地一般占苗圃总面积的75%~85%。大型苗圃生产用地面积所占比例较大，通常在80%以上。随着苗圃面积缩小，由于必需的辅助用地不可减少，所以生产用地面积比例一般会相应下降。

计算苗圃生产用地面积,应根据以下几个因素来考虑:每年生产苗木的种类和数量,某树种单位面积产苗量,育苗年限(苗木年龄),轮作制及不同种类苗木每年所占的轮作区数。

按某树种苗木单位面积产量计算该树种育苗的所需面积时,可用如下公式:

$$S=(NA/n)\times(B/C)$$

式中　S——某树种育苗所需面积;

N——该树种每年计划生产苗木数量;

n——该树种单位面积产量;

A——该树种的培育年限;

B——轮作区的总区数;

C——该树种每年育苗所占的轮作区数。

例如,某苗圃每年出圃 2 年生紫薇苗 50 000 株,用 3 区轮作,每年 1/3 土地休闲。2/3 土地育苗,单位面积产苗量为 150 000 株/hm²。则育苗所需面积为:

$$S=(50\ 000\times 2/150\ 000)\times(3/2)=1(hm^2)$$

目前,我国一般不采用轮作制,而是以换茬种植为主,故 B/C 为 1,所以需要育苗地面积 0.667hm²。

按上述公式计算的结果是理论数值,在实际生产中因移植苗木、起苗、运苗、贮藏以及自然灾害等会造成一定损失,因此还需将每个树种每年的计划产苗量增加 3%~5% 的损耗,并相应增加用地面积,以确保完成育苗任务。

各种园林植物育苗面积加休闲地面积就是生产用地面积。

【操作 2】辅助用地(非生产用地)面积计算

辅助用地是指非直接用于育苗生产的防护林、道路系统、非灌系统、堆料场、苗木假植以及管理区建筑等用地。苗圃辅助用地面积不超过苗圃总面积的 20%~25%,一般大型苗圃的辅助用地为总面积的 15%~20%,中、小型苗圃为 18%~25%。

技能 1-2　园林苗圃地的区划设计

苗圃确定后,为了合理布局,充分利用土地,便于操作,必须对苗圃地进行合理规划设计。

【操作 1】各育苗区的设置

(1)播种区

本区是培育播种苗的区域。播种繁殖是整个育苗工作的基础和关键。实生幼苗对不良环境的抵抗力弱,对土壤质地、肥力和水分条件要求高,管理要求精细。所以,播种区应选全圃自然条件和经营条件最好的地段,并优先满足其对人力、物力的需求。具体应设在地势平坦、排灌方便、土质优良、土层深厚、土壤肥沃、背风向阳、管理方便的区域,如果是坡地,要选择最好的坡段。草本花卉还可采用大棚设施和育苗盘进行播种育苗。

(2)营养繁殖区

本区是培育扦插苗、压条苗、分株苗和嫁接苗的区域。在选择这一作业区地块时,与播种区的条件要求基本相同。应设在土层深厚、地下水位较高、灌溉方便的地方,但不像播种区那样要求严格,具体的要求还要依营养繁殖的种类、育苗设施不同而有所差异。例如,杨、柳类的扦插繁殖区,可利用比较低洼的地块或零星的土地,条件要求不必过高。

(3) 移植区

移植区又叫小苗区,是培植各种移植苗的区域。由播种区和营养繁殖区中繁殖出来的苗木需要进一步培养成较大的苗木时,便移入移植区中进行培育。依苗木规格要求和生长速度不同,往往每隔2~3年移植一次,逐渐扩大株行距,增加苗木营养面积。由于移植区占地面积较大,一般设在土壤条件中等、地块大而整齐的地方。同时依苗木的不同习性,进行合理安排。如花灌木类应设在较干燥而土层深厚的地方,以利于带土球出圃,柳类应设在低洼水湿的区域。

(4) 大苗区

大苗区是培育大规格苗木的作业区,在该育苗区培育的苗木出圃前不再移植。大苗区培育的苗木,株行距大,占地面积多,苗木规格大,根系发育完全,可以直接用于园林绿化。目前,城市绿化对大规格苗木需求不断增加,可以迅速达到绿化效果。大苗区一般选在土层较厚、地下水位较低、地块整齐、运输方便的区域。在树种配置时,要注意不同树种的生态习性,进行合理安排。如花灌木类应设在较干燥而土层深厚的地方,以利于带土球出圃,柳类应设在低洼水湿的区域。

(5) 引种驯化区

本区用于栽植从外地引进的园林植物新品种,目的是观察其生长、繁殖、栽培情况,从中选育出适合本地区栽培的新品种。本区在现代园林苗圃建设中占有重要位置,应给予重视。引种驯化区面积在$1000m^2$左右,对土壤、水源等条件要求较严,并要配备专业人员管理。本区可单独设立试验区或引种区,或两者结合。

(6) 母树区

为了获得优良的种子、插条、接穗等繁殖材料,园林苗圃需设立母树区。本区占地面积$1hm^2$左右,对栽培条件、管理水平等要求较高。目前,有些园林苗圃采用与周边农民签订合同的方式,特约繁殖母树。另外,有些乡土树种还可以利用防护林带、路边进行栽植。

【操作2】辅助用地的设计

辅助用地包括道路系统、灌溉系统、排水系统、防护林带及管理建筑区用地等,属于非生产用地,是为苗木生产服务的。设计时,既要满足生产需要,又要尽量少占用土地。

(1) 道路系统的设置

苗圃中道路是连接各作用区之间及各作业区与管理区之间的纽带,道路系统的设置及宽度,应以保证车辆、机具和设备的正常通行,便于生产和运输为原则,并与排灌系统和防护林带相结合。

苗圃道路系统通常设一、二、三级道路和环路。在进行设计时,首先在交通方便的地方决定出入口,一般一级路(主干道)应设在苗圃的中心线上,与出入口、建筑群相连,这是苗圃内部对外联系的主要道路,可以设置一条或两条相互垂直的主干道,正规大型苗圃的主干路宽8m,要求汽车可以对开。二级路(副路)通常与主干道垂直,与各作业区相连,宽度为4~6m。三级路是沟通各耕作区的作业路，宽为2m。环路一般是在大型苗圃中，为车辆、机具等机械回转方便而设立的，中小型苗圃视具体情况而定。

在设计道路时，要在保证管理和运输方便的前提下，尽量做到少占用土地。中小型苗圃可以考虑不设二级路。一般苗圃中道路的占地面积不应超过苗圃总面积的7%~10%。

(2) 灌溉系统的设置

园林苗圃必须有完善的灌溉系统，主要包括水源、提水设备和引水设施3个部分。

① 水源　主要包括地面水和地下水两类。前者指河流、湖泊、池塘、水库等，以无污染的地面水灌溉是最理想的，因为地面水温度较高，水质较好，而且有部分养分，对苗木生长有利；地下水指泉水、井水等，水温较低，最好建蓄水池存水，以提高水温。在条件允许的情况下，水井应设在地势较高的地方，以便于地下水提到地面后自流灌溉。

② 提水设备　目前多用功率高的水泵。水泵规格的大小，应根据土地面积和用水量的大小酌定。如安装喷灌设备，则要用5kW以上的高压灌水泵提水。

③ 引水设施　有明渠引水和暗管引水两种形式。

明渠引水：土筑明渠占地多、渗漏量大、水流速度慢、易冲垮，但修建简便、投资少，目前有的地方仍在使用。为了克服土筑明渠的缺点，现多在水渠的沟底及两侧加设砖或水泥结构。也有一些苗圃采用管道送水，水流速度快，节省水。明渠引水渠道，一般分为3级。一级渠道(主渠)是把水由水源直接引出的渠道，是永久性的，主渠一般顶宽为1.5~2.5m。二级渠道(支渠)是把水由主渠引向各耕作区的渠道，通常也是永久性的，顶宽为1~1.5m。三级渠道(毛渠)是临时性的小水渠，一般宽度在1m左右。主、支渠应高于地面，但毛渠不宜设置过高，一般底部不应超出地面，以免冲刷量过大。

各级渠道的设置应与各级道路相配合，使苗圃区划整齐。渠道方向与耕作区方向一致，且各级渠道常呈垂直设计，即支渠与主渠垂直，毛渠与支渠垂直，同时毛渠又与苗木栽植行垂直，渠道的坡度一般保持在1/1000~4/1000，以利于灌溉。

暗管引水：主管和支管埋于地下，埋深以不影响机械作业为度，阀门设于地端，使用方便。

喷灌和滴灌是暗渠引水中两种比较先进的灌溉方式，在有条件的情况下建圃，应尽量采用暗渠引水方式。

(3) 排水系统的设置

排水系统对于地势低、地下水位高、降水量多而且集中的地区非常重要。排水系统主要由大小不同的排水沟组成，排水沟常分为明沟和暗沟两种，目前多采用明沟排水。排水沟的宽度、深度、位置应由苗圃地的地形、土质、雨量、出水口的位置等因素综合决定，并且保证雨后尽快排除积水，同时要尽量较少占用土地。一般大排水沟应设在苗圃地最低处，直接通入河湖或市区排水系统；中小排水沟通常设在路旁。大排水沟一般宽1m以上，深0.5~1m；耕作区内小排水沟宽0.3~1m，深0.3~0.6m。有的苗圃为防止外水进入，排除内水，常在苗圃四周设宽而深的排水沟，效果较好。排水系统占地一般为苗圃总面积的1%~5%。

(4) 防护林带的设置

为了避免苗木遭受风沙危害，降低风速，减少地面蒸发和苗木蒸腾，创造良好的小气候条件，苗圃应设置防护林带。防护林带的规格，应由苗圃面积大小、风害的严重程度决定。一般小型苗圃设一条与主风方向垂直的防护林带；中型苗圃在四周设防护林带；大型苗圃不仅在四周设防护林带，而且在圃内结合道路、沟渠，设置与主风方向垂直的辅助林带。一般防护林防护范围为树高的15~20倍。

林带结构以乔木、灌木混交的疏透式为宜，一般主林带宽8~10m，辅助林带由2~4行乔木组成，株行距根据树木种类而定。林带的树种应选用当地适应性强、生长迅速、树冠高大、寿命较长的乡土树种，同时注意速生与慢生、常绿与落叶、乔木与灌木、长寿命与短寿命的树种相结合，最好具有一定的经济价值。苗圃中防护林带的占地面积为苗圃总面积的5%~10%。

（5）管理建筑区的设置

本区包括房屋和苗圃内场院两个部分，前者指办公室、食堂、仓库、畜舍、车棚等，后者指假植场、积肥场、晒场等。苗圃的管理建筑区应设在交通方便、地势高燥、接近水源和电源的地方或不适合育苗的地方。大型苗圃的管理建筑区最好设在苗圃的中心，以便整个苗圃的经营管理。积肥场、畜舍、猪圈要设在比较隐蔽和便于运输的地方。本区的占地面积为苗圃总面积的1.5%。

技能1-3　苗圃地设计图的绘制及说明书的编写

【操作1】准备绘制设计图

在绘制设计图时，要明确苗圃的具体位置、圃界、面积、育苗任务、苗木供应范围；了解育苗的种类、数量和出圃规格；确定苗圃的建筑、设备、设施的设置方式；收集各种有关的图面材料如地形图、平面图、土壤图、植被分布图，调查有关的自然条件、经营条件等。

【操作2】绘制设计图

对收集齐全的资料进行全面综合分析，确定大的区划设计方案，在地形图上绘出主要路、渠、沟、林带、建筑区等位置，依据其自然和机械化条件，先确定适宜的耕作区的长度、宽度及方向，再根据各育苗区的要求，合理安排出各育苗场地，绘出苗圃设置草图，最后多方征求意见，进行修改，确定正式方案，绘出正式图。在绘制正式图时，应按地形图的比例尺，将道路、灌溉沟渠、林带、建筑及育苗区按比例绘制，排灌方向要用箭头表示，图外应列有图例、比例尺、指北方向等，同时将各区编号，以便识别各区位置。

【操作3】编写设计说明书

设计说明书是苗圃规划设计的文字材料，是苗圃设计不可缺少的组成部分。图纸上没有表达或不易表达的内容，可在说明书中加以说明。具体可分为概述和设计部分两个部分进行编写。

①概述　主要叙述该地区的经营条件和自然条件，并分析其对育苗工作的有利和不利因素，以及相应的改进措施。

经营条件包括苗圃的位置及当地居民的经济条件、生产情况、劳动力情况、苗圃周边的交通状况、机械化程度等。

自然条件包括气候条件、土壤条件、病虫害及植被情况等。

②设计部分　主要指苗圃面积计算及苗圃区划说明、育苗技术设计、建圃投资和苗木成本概算等。

◇ 巩固训练

以石子头苗圃为例，制订苗圃区划方案、绘制石子头苗圃区划图并编写说明书。

1. 面积

面积为 $3.012×10^5 m^2$。

2. 功能分区

(1) 区划图

区划图如图 1-1 所示。

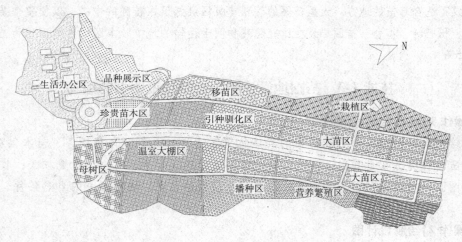

图 1-1　石子头苗圃规划

(2) 区划说明

整个苗圃分为生产作业区（$2.612×10^5 m^2$）和非生产作业区（$0.4×10^5 m^2$）。

①生产作业区的区划　首先要保证各个生产小区的合理布置。每个生产小区的面积和形状，应根据各自的生产特点和苗圃地形来决定。本苗圃生产作业区分为苗木繁殖区、整形苗木区、容器苗木区、养护培育区、科研展示区等（图 1-2）。

苗木繁殖区（$3×10^4 m^2$）：主要完成常规苗木有性繁殖、无性繁殖的生产任务（表 1-1）。包括扦插区（10 000m^2）[其中硬枝扦插区（500m^2）、嫩枝扦插区（9500m^2）]、播种区（16 000m^2）、嫁接区（3000m^2）、分株区（1000m^2）。

大苗区（$1.4×10^5 m^2$）：主要完成苗木修剪整形、绑缚整形、大苗培育等的生产任务（表 1-2）。包括盆景区（5000m^2）、造型苗区（乔木、灌木、藤本）（5000m^2）、定植区（$1.2×10^5 m^2$）、容器大苗区（10 000m^2）（表 1-2）。

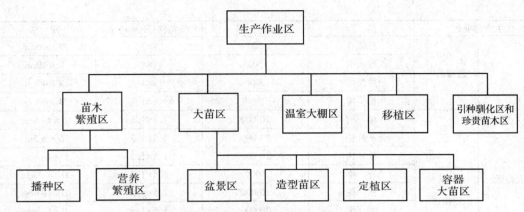

图 1-2 生产作业区的区划

表 1-1 苗木繁殖区苗木品种及面积

生产作业区		品种	面积/m²	栽植株行距/m×m
苗木繁殖区	硬枝扦插区	木槿	500	0.2×0.2
	嫩枝扦插区	山茶	1000	0.05×0.05
		红叶石楠	3000	0.1×0.1
		红花檵木	2000	0.1×0.1
		杜鹃花	1000	0.1×0.1
		'四季'桂	2000	0.1×0.1
		'金边'黄杨	500	0.2×0.1
	播种区	樟树	5000	0.2×0.02（条播）
		杜英	5000	0.2×0.3（点播）
		乐昌含笑	3000	0.2×0.3（点播）
		栾树	2000	0.2×0.3（点播）
		水杉	1000	0.2×0.3（点播）
	分株区	麦冬草	500	0.25×0.65
		鸢尾	500	0.25×0.65
	嫁接区	山茶	1000	1.5×1.5
		红枫	1000	1.5×1.5
		白玉兰	1000	1.5×1.5

表 1-2 大苗区苗木品种及面积

生产作业区		品种	面积/m²	栽植株行距/m×m	规格
大苗区	盆景区	红花檵木	1000	2×2	
		榆树	1000	2×2	
		松柏类	2000	1×1，2×2	
		六月雪	500	1×1	
		石榴	500	1×1	

(续)

生产作业区		品　种	面积/m²	栽植株行距/m×m	规　格
大苗区	造型苗区	杜鹃花	500	1×1	W=40cm
		红枫	500	1×1	W=40cm
		罗汉松	2000	1×1	W=40cm
		榆树	1000	1×1	W=40cm
	定植区	樟树	20 000	1.5×1.5	D=4~6cm
		八月桂	20 000	1.5×1.5	H=2.5m
		榉树	10 000	1.5×1.5	D=4~6cm
		香椿	5000	1.5×1.5	D=4~6cm
		榆树	10 000	1.5×1.5	D=4~6cm
		栾树	20 000	1.5×1.5	D=4~6cm
		杜英	20 000	1.5×1.5	D=4~6cm
		元宝枫	5000	1.5×1.5	D=4~6cm
		水杉	5000	1.5×1.5	D=4~6cm
		乐昌含笑	5000	0.5×1.3	H=80~100cm
	容器大苗区	银杏	5000	1×1	H=0.5m
		罗汉松	5000	1×1	H=0.5m

注：W为苗木冠幅，D为苗木直径，H为苗木高度。

温室大棚区(1200m²)：主要完成盆花品种的生产(表1-3)。

移植区($8×10^4$m²)：完成苗木繁殖区成活苗木的移植、养护管理等生产任务(表1-4)。

引种驯化区和珍贵苗木区($1×10^4$m²)：包括引种驯化区、母树区、科研实验区和苗木展示区。展示本苗圃优良苗木，完成苗木科研任务(表1-5)。

表1-3　温室大棚区苗木品种及面积

生产作业区	品　种	面积/m²	栽植株行距/m×m	规　格
温室大棚区	各种盆花	1200	0.3×0.3	

表1-4　移植区苗木品种及面积

生产作业区	品　种	面积/m²	栽植株行距/m×m	规　格
移植区	樟树	3335	1×0.65	D=2~3cm
	栾树	4669	1×1.3	H=1.0m
	八月桂	667	0.5×0.65	W=40~50cm
	杜英	667	0.5×0.65	W=40~50cm
	水杉	4002	1×0.65	D=2~3cm

注：W为苗木冠幅，D为苗木直径，H为苗木高度。

表1-5　引种驯化区和珍贵苗木区苗木品种及面积

生产作业区	品　种	面积/m²	栽植株行距/m×m	规格/cm
引种驯化区和珍贵苗木区	海棠类	2000	1.5×1.5	D=4~6
	冬青类	2000	2×3	W=80~100
	加拿大红枫	2000	1.5×1.5	D=4~6
	槭树类	2000	2×3	D=4~6

注：W为苗木冠幅，D为苗木直径，H为苗木高度。

②非生产作业区($4×10^4 m^2$) 办公室、库房、道路、宿舍、堆料场等。

3. 区划依据

苗圃区划的依据如下：

①布局合理，充分利用土地，偏于生产作业与管理，便于机械化作业，有利于排水和灌溉。

②根据育苗生产需要，苗圃应划分为生产作业区和非生产作业区。生产用地包括播种苗区、营养繁殖苗区、移植苗区、大苗区、引种驯化区和珍贵苗木区、温室大棚区等。

③结合市场调查，苗圃区划时增加盆景区、容器大苗区和造型苗区。

以小组为单位，选择合适的园林苗圃，调查苗圃生产经营目标、内容后，在分析苗圃地各部分经营设施、圃地分布和辅助经营设施的基础上，制订苗圃区划方案，并绘制区划图。

要求：组内同学要分工合作、相互配合，树种选择要有代表性和针对性，区划方案要合理，区划图要正确。

◇ **自主学习资源库**

1. 园林苗木生产. 王国东. 中国农业出版社, 2011.
2. 园林苗圃学. 苏金乐. 中国农业出版社, 2003.
3. 园林苗木生产与经营. 魏岩, 等. 中国科学技术出版社, 2012.
4. 园林苗圃. 俞禄生. 中国农业出版社, 2003.
5. CJ/T 23—1999 城市园林育苗技术规程(总则、圃地选择与区划技术标准).
6. 中国苗木网：http://www.miaomu.net/
7. 中国苗圃网：http://www.miaopu.com.cn/
8. 园林苗圃育苗规程：http://www.docin.com/p-5953298.html/
9. 南方地区苗木行情调查分析：http://www.huamu.com/show hdr.php/
10. 农博花木网：http://flower.aweb.com.cn/

任务 1.2　园林苗圃建设施工

◇ **理论知识**

1.2.1　苗圃地基础设施建设

苗圃地基础建设项目包括道路、房屋、排灌系统、防护林建设和土地平整等。

(1)道路建设

道路建设是苗圃建设的第一步。根据设计图纸，先在圃地放样画线，确定位置，然后将主干道与外部公路接通，为其他项目建设做准备。在集中建设阶段，路基、路面可简单一些，能够方便车辆行驶即可。待到建设后期，可重修主路，达到一定的等级标准。

(2)房屋建设

首先建设苗圃建立和生产急用的房屋设施，如变电站及电路系统、办公用房、水源站

（引水系统、自来水或自备井），再逐步建设其他必备的锅炉房、仓库、温室、大棚等设施。

（3）灌排系统建设

灌溉系统有两种类型。如果是渠道灌溉，应结合道路系统的施工一同建设渠道。根据设计要求，一级和二级渠道一般要做水泥防渗处理，渠底要平整，坡降要符合设计要求。如果是管道灌溉，根据设计要求进行施工，注意埋管深度要在耕作层以下，最好在冻土层以下，防止冬季因管道积水而冻裂管道。

排水系统也有两种形式：明渠排水和地下管道排水。大多数苗圃用明渠排水，离城市排水管网近的苗圃可建设地下管道，连接市政排水系统。

（4）防护林建设

根据设计要求，在规定的位置营造防护林。为了尽快发挥作用，防护林苗木应选用大苗。栽植后要及时进行各项抚育管理，保证成活。一年内需要支撑树干，防止倒斜。

（5）土地平整

平整时要根据耕作方向和地形确定灌溉方向（渠灌更应注意）、排水方向，然后由高到低进行平整，防止凹凸不平，注意坡降。可用人工或机械进行平整。机械可用推土机、挖掘机、筑路机等。平整时，为了保持土壤肥力，不要将高处耕作层土全部运到低处，采用间隔一定距离挖槽的办法，保留高处一部分耕作层土壤再摊铺在地面。

丘陵地坡度较大时要修建梯田，梯田整地要求与上述方法相同，但坎要结实牢固，否则容易被水冲垮。

1.2.2 土壤改良

对于理化性状差的土壤，如重黏土、砂土、盐碱土，不宜马上种植苗木，要进行土壤改良。重黏土要采取混沙、多施有机肥、种植绿肥、深耕等措施进行改良。砂土则要掺入黏土和多施有机肥进行改良。盐碱土视盐碱含量可采取多种措施进行改良，如隔一定距离挖排盐沟，有条件时在地下一定深度按一定密度埋排盐管，利用雨水或灌溉淡水洗盐，将盐碱排走。生物方法是多施有机肥、种植绿肥等进行改良。轻度盐碱可采用耕作措施进行改良，如深耕晒土，灌溉后及时松土。也可以采用以上措施进行综合改良。

◇ 实务操作

技能1-4 园林苗圃的建设施工

园林苗圃建设施工流程如图1-3所示。

园林苗圃的建立施工，主要指开建苗圃的一些基本建设工作，其主要项目是各类房屋建设和路、沟、渠的修建，以及防护林带营建和土地平整等工作。一般圃路的修建宜在其他各项之前进行。工作过程大致如下。

【操作1】修建圃路

施工前先在设计图上选择两个明显的地物或两个已知点，定出主干道的实际位置，再

项目1 园林苗圃建立

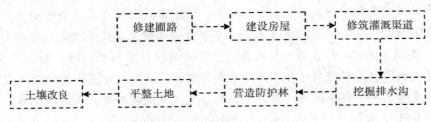

图 1-3 园林苗圃建设施工流程

以主干道的中心线为基线,进行圃路系统的定点放线工作,然后进行修建。建圃初期,主干道可以简单实用一些,如土路、石子路即可,防止建设过程中对道路的损坏。待整个苗圃施工基本结束后,可以重新修建主干道,提高道路等级,如沥青路、水泥路等,使交通更加便捷,苗圃形象更好。大型苗圃中的高等级主干路可外请建筑部门或道路修建单位负责建造。

【操作2】建设房屋

苗圃建设初期,可以搭建临时用房,以满足苗圃建设前期的调查、规划、道路修建等基本工作的需要。逐步建设长期用房,如办公楼、水源站点和温室等。

【操作3】修筑灌溉渠道

灌溉系统中的提水设施(即泵房和水泵)的建造、安装工作,应在引水灌渠修筑前请有关单位协助开展。在圃地工程中主要修建引水渠道。修筑引水渠道最重要的是渠道纵坡坡降要均匀,符合设计要求。在渗水力强的砂质土地区,水渠的底部和两侧要用黏土或三合土加固。修筑暗渠应按一定的坡度、坡向和深度的要求埋设。

【操作4】挖掘排水沟

一般先挖掘向外排水的总排水沟。中排水沟与道路的边沟相结合,可以结合修路时进行挖掘。区内的小排水沟可结合整地时进行挖掘,亦可用略低于地面的步道来代替。排水沟的坡降和边坡都要符合设计要求。为防止边坡下塌堵塞排水沟,可在排水沟挖好后种植一些护坡植物。排水系统建议尽量与市政排水系统连通。

【操作5】营建防护林

为了尽早发挥防护林的防护效益,根据设计要求,一般在苗圃路、沟、渠施工后立即进行营建。根据环境条件的特点,选择适宜的植物种类,植物规格适当大些,最好使用大苗栽植,栽后要注意养护。

【操作6】平整土地

土地平整要根据苗圃的地形、耕作方向、灌溉方向等进行。坡度不大者可在路、沟、渠修成后结合翻耕进行平整;坡度过大时,一般要修水平梯田,尤其是山地苗圃;总坡度不太大,但局部不平的,选用挖高填低,深坑填平。进行土地平整前应首先灌水,使土壤落实。

【操作7】土壤改良

苗圃土壤理化性质比较差的,要进行土壤改良。如在圃地中有盐碱土、砂土、重黏土或城市建筑垃圾等情况的,应在苗圃建立时进行土壤改良工作。对盐碱地可采取开沟排水、引淡水冲碱或刮碱、扫碱等措施加以改良；轻度盐碱土可采用深翻晒土，多施有机肥料，灌冻水和雨水（或抽水）后及时中耕除草等农业技术措施，逐年改良；对砂土，最好用掺入黏土和多施有机肥料的办法进行改良，并适当增设防护林带；对重黏土则采用混沙、深耕、多施有机肥料、种植绿肥和开沟排水等措施加以改良。对城市建筑垃圾或城市撂荒地的改良，应除去耕作层中的砖、石、木片和石灰等建筑废弃物，再进行平整、翻耕，有条件的可适度填埋客土。

◇ **巩固训练**

进行园林苗圃地选址与区划。

1. 目的要求

掌握园林苗圃地选择的依据和条件，掌握园林苗圃地各育苗区区划设计的方法，了解苗圃地建设的过程。

2. 材料及工具

当地的 1∶10 000 地形图、罗盘仪、皮尺、标杆、标尺、方格纸、绘图工具等。

3. 方法步骤

①依据园林苗圃地选择依据，现场踏勘，确定园林苗圃的地形。
②计算园林苗圃面积。
③园林苗圃地块现场测量。
④园林苗圃地区划，配置各育苗区。
⑤绘制苗圃地设计图及编写说明书。

4. 作业

完成某园林苗圃选址与区划的实训报告。

◇ **自主学习资源库**

1. 园林植物栽培与养护. 魏岩，等. 中国科学技术出版社，2003.
2. 园林植物栽培与技术. 成海钟，等. 高等教育出版社，2002.
3. 园林苗圃. 孙锦. 中国建筑工业出版社，1982.
4. 苗木生产技术. 方栋龙. 高等教育出版社，2005.
5. 园林苗圃学. 苏付保. 白山出版社，2003.
6. 园林苗圃学. 2 版. 成仿云. 中国林业出版社，2019.
7. CJ 14—86　城市园林苗圃育苗技术规程（总则、苗圃选择与区划）.
8. 中国苗木网：http：//www.miaomu.net/
9. 中国苗圃网：http：//www.miaopu.com.cn/
10. 园林苗圃育苗规程：http：//www.docin.com/p-5953298.html/
11. 南方地区苗木行情调查分析：http：//www.huamu.com/show hdr.php/
12. 农博花木网：http：//flower.aweb.com.cn/

项目 2　播种繁殖育苗

◇ **知识目标**

(1) 了解园林植物结实规律,熟悉种实成熟过程和成熟特征。
(2) 掌握种实采集和种实调制的方法。
(3) 了解影响种子生活力的因素,掌握园林植物种实品质检验的方法及技术要求。
(4) 熟悉种子萌发的条件、苗木密度及 1 年生播种苗的年生长规律。
(5) 掌握容器育苗的技术要求。

◇ **技能目标**

(1) 能识别成熟种实,并能进行种实的采集、种实的调制、种实的品质检验。
(2) 能进行播种育苗地的准备、种子预处理、播种及播种后的管理。
(3) 能进行育苗容器和基质的准备、基质的消毒、容器填土与摆放、容器播种与移栽及管理等。

任务 2.1　园林植物种子生产

◇ **理论知识**

2.1.1　园林植物结实规律

(1) 园林植物的结实年龄

园林植物开始结实的年龄差别很大,主要受植物的遗传特性、环境条件、繁殖方法等影响。一般来说,草本植物比灌木开花结实早,灌木比乔木早,速生品种早于慢生品种,喜光者早于耐阴者。树木在幼年期、青年期、成年期和衰老期等不同的发育龄期中,幼年期未能结实;进入成年期结实量逐年增加,达到结实盛期,种子质量最好;青年期和衰老期种子产量少,品质也差。因此,成年期是采种的重要时期。

(2) 园林树木的结实周期

园林树木进入结实阶段后,每年的结实量常常有很大差异,有的年份结实量很多,称为大年(丰年);有的年份结实量很少,称为小年(歉年);结实量中等的年份称为平年。大年和小年交替出现的现象称为结实周期性,其相邻的两个大年之间相隔的年限称结实间隔期。

树木结实的间隔期受树木本身的生物学特性及各地各年的环境条件综合影响，并没有严格的规律性。结实间隔期的产生，一般认为是营养不足和不良的环境因子影响造成的。树木从花芽分化、开花、传粉、受精到形成种子一系列发育过程中是受各种内在和外在因素影响的，当某一因素不适合时，必然会影响种子的正常形成。影响树木结实的内在因素主要是生长发育状况、授粉条件、遗传的变异及开花结实期的长短，外在因素主要是气候、土壤和病虫等生物因子。

树木的结实间隔期并不是树木的固有特性，可以通过修剪、疏植、疏伐等改善光照条件，通过松土除草、施肥、灌溉等加强土壤管理，采用营养繁殖，创造授粉条件，加强病虫害防治，以及克服自然灾害等，来协调树木的营养生长和开花结实的关系，从而有效缩短甚至消除结实间隔期。

2.1.2 种实的成熟

（1）种实成熟过程

种实的成熟过程就是受精卵细胞发育成为有胚根、胚轴、胚芽、子叶的胚的过程。

当种子内部的营养物质积累到一定程度，种胚具有发芽能力时，称为种子的生理成熟。这时种子的含水量高，内部的营养物质还处在易溶状态，种皮不致密，种子不饱满，抗性弱。采收后种仁收缩而干瘪，这种种子采后不易贮藏。

当种子完成了胚的生长发育过程，而且种实外部显示出成熟特征时，称为种子（实）的形态成熟。此时胚乳或子叶已结束了营养物质的积累，营养物质由易溶状态转为难溶状态的脂肪、蛋白质和淀粉等，含水量低，呼吸作用弱，种皮致密、坚实，开始进入休眠，耐贮藏。外观上种粒饱满坚硬，具有特定的色泽与气味。大多数植物，种子的形态成熟期就是最适宜的采种期。

一般植物，种子的生理成熟在先，形态成熟在后，但还有少数植物种子（实）虽然外部呈现成熟特征，即使给予适宜的发芽条件仍不能发芽，这种现象称为生理后熟。如银杏、白蜡、红松等，这类种子（实）采收后不能立即播种，必须经过适当条件的贮藏处理，让其完成生理成熟，才能正常发芽。

（2）种实成熟特征

生理成熟的植物种实表征一般为未成熟的绿色、青色（图2-1）。

形态成熟的植物种实表征多为浅黄、黄色、红色、褐色、紫色、黑色等。

①球果类　果鳞干燥硬化、微裂、变色（青→青黄、黄褐）（图2-2）。

②干果类　成熟的果实果皮干燥、硬化、开裂或不开裂、变色（青→青黄、黄褐、黑褐等色）（图2-3至图2-5）。

③肉质果　成熟的果实果皮软化、变色（绿→黄、红、紫等色）（图2-6）。

图 2-1　未成熟的球果

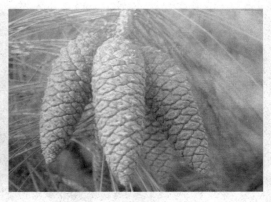

图 2-2　成熟的球果

图 2-3　掌叶苹婆成熟种实

图 2-4　银合欢成熟种实

图 2-5　大叶山棣成熟种实（子）

图 2-6　银杏成熟果实

（3）种子成熟特征

①种皮　坚韧、有光泽、色较深（图 2-7）。

②种仁　坚实、饱满、水分少或有油质（图 2-8）。

图 2-7 银合欢种子

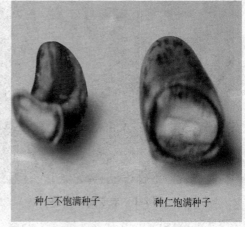

图 2-8 凤凰木种子的种仁

（4）影响种子生活力的因素

种子寿命的长短，除了受树种的遗传特性影响外，在很大程度上取决于入库前的状况。入库前的状况包括种子的成熟度、净度、发芽能力、机械损伤程度、感染病虫害程度以及含水量等，这是影响种子生活力的内在因素。贮藏的条件如温度、相对湿度和通气状况等，是通过种子的本身状况发生作用的，这是影响种子生活力的外在因素。要延长种子的寿命，必须使种子有良好的入库状况，并且要贮藏于适宜的环境中。

种子良好的入库状况是充分成熟、净度高、发芽能力强、很少或无机械损伤、无病虫害，含水量等于或接近种子的安全含水量。

种子最佳的贮藏环境条件如下：

①温度　多数园林植物的种子以 0～5℃ 贮藏最适宜。

②相对湿度　安全含水量低的种子，贮藏于干燥的环境中，相对湿度不超过 45%～65%；安全含水量高的种子，贮藏于湿润的环境中，空气的相对湿度可较大，但要避免种子发霉。

③通气状况　含水量高的种子，贮藏环境必须通气良好；含水量低的种子，通气条件对其生活力影响不大。种子在贮藏中，易受昆虫、鼠类和微生物的危害。在通常的情况下，将种子放于干冷通风的地方，可以降低病虫害感染。

◇ 实务操作

技能 2-1　种实采集

【操作1】确定采集时期

每种植物的种实在达到形态成熟时均表现出成熟的特征，根据这些特征即可判定种子是否成熟，确定采种的时期。

确定采种时期时应注意：一般当看到种实出现成熟特征时就应采种，尽量做到成熟即采,不要拖延,特别是那些种实成熟即脱落或易受鸟、兽、虫等危害的植物,如翻白叶、桉树、杨树、樟树等。但银杏、白蜡、红松、桂花等少数具生理后熟现象的植物应在种实出现成熟特征后再过一段时间方可采种。

【操作2】选择采种母树

在一个地区范围内,同一树种的不同林分,甚至同一林分的不同植株之间,在许多重要性状方面都存在差异,如生长速度、分枝习性、干形、对病虫害的抵抗能力、结实能力和材质等。这些方面固然与遗传特性及环境因素的影响有关系,但是选择形态上表现优良的母树或母树林进行采种,还是比较可靠的。

采种母树的选择标准因培育苗木的目的不同而异,具体如下。

①用材林 生长快,形体高大,树干通直圆满,树冠小,侧枝细,无病虫害,无机械损伤,能正常结实。

②经济林 发育健壮,早产、丰产、稳产,品质优良,无病虫害,抗逆性强。

③风景林 树形美观,叶大枝密,色泽鲜艳,花果美丽,常绿或春天早发叶,秋天晚落叶,无病虫害,抗逆性强。

④防护林 根系发达,树冠浓密,落叶丰富,生长快,耐恶劣环境,适应性强。

【操作3】采种作业

方法 { 立木采集法 { 采摘法:果大、不易脱落的种实(子)(图2-9)
                    摇落法:果、种易脱落的种实(子)(图2-10)
       地面收集法:果大或种大,地面易发现并易收集的种实(子)。

另可以使用采种辅助设备(图2-11)。

图2-9 采摘法采种

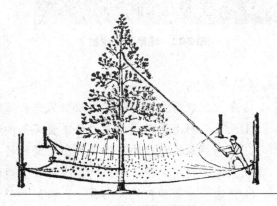

图2-10 摇落法采种

技能2-2 种实的采后处理

【操作1】种实调制

种实调制主要包括脱粒、净种、干燥和分级4个工序。

(1)脱粒

基本方法有日晒(阳干)、阴干、堆沤、浸沤。

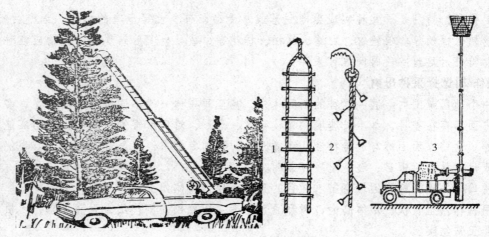

图 2-11　采种辅助设备

图 2-12　球果晒干脱粒

① 球果类　含脂少的球果（如杉木、柏树球果）可日晒，含脂多的球果（如松类球果）先堆沤后日晒（洒 2%～3% 的石灰水沤 10d 左右）。日晒时薄摊勤翻（图 2-12）。

② 干果类　关键是使果实干燥。干燥的方法因种子含水量高低而异，含水量高的用阴干法（通风、干燥处薄摊晾干），含水量低的用阳干法（阳光下摊晒）。果实干燥后压破种壳取出种子或去杂。

③ 肉质果　堆沤（难脱皮的洒石灰水，如苦楝）或浸沤 → 捣烂果皮 → 淘洗去果皮、果肉（用水）→ 阴干种子。

（2）净种

去杂物，取得纯净种子。方法有风选、筛选、水选、粒选，可交替使用。

① 风选　利用风车等的风力将重量不同的种子和杂物分离。

② 筛选　利用筛径的不同将大小不同的种子和杂物分离（图 2-13、图 2-14）。

③ 水选　利用好种子与杂物、不良种密度的不同进行分离（图 2-15）。

④ 粒选　适于种粒较大的种子，将好种子（或坏种子）一粒粒地选出。

（3）干燥

干燥的目的是去掉种子内部多余的水分，便于贮藏。

净种后就要播种的种子，可不用干燥。需贮藏的种子要干燥，以干燥到种子的安全含水量（种子维持其生命活动所需的含水量）为好。一般情况下，含水量高的种子安全含水量亦高，低的亦低。

图2-13 大孔径筛去大的杂物　　图2-14 小孔径筛去小的杂物　　图2-15 水　选

种子的干燥方法有以下两种：
①阳干法　适于安全含水量低的种子。
②阴干法　适于安全含水量高、粒小而皮薄的种子。
（4）分级
将同一种植物的种子按大小、轻重分为大、中、小3级。

【操作2】种实贮藏
贮藏方法有干藏法和湿藏法两种。安全含水量低的种子采用干藏法，安全含水量高的采用湿藏法。

（1）干藏法
将种子贮藏于干燥、低温的环境中。
①普通干藏操作步骤　干燥→装袋（箱）→置于阴凉干燥的室内。为防发霉和潮湿，装袋（箱）时最好放入杀菌剂、干燥剂（如生石灰、木炭等）。贮藏期间要经常检查种子是否受潮、发霉、被虫蛀，每隔一定时间晾晒一次。通常在种子数量多、贮藏时间较短时采用此法贮藏种子（图2-16）。
②密封干藏操作步骤　将干燥过的种子放入密封的容器中贮藏。容器有铁罐、铝桶、陶瓷罐、塑料袋、玻璃容器等。装种时放入干燥剂。容器口要密封（如用石蜡）。此法多在贮藏珍贵种子或需较长时间贮藏种子时采用（图2-17）。

图2-16　普通干藏法　　图2-17　密封干藏法

③低温干藏操作步骤　将种子装袋(罐)后置于冰箱、冷柜或冷库中存放。温度以0~5℃为宜。此法为干藏法中效果最理想的方法。

(2)湿藏法

将种子贮藏于湿润、低温、通风的环境。方法有室内堆藏法、露天埋藏法、水藏法(将种子装于竹篓、麻袋中放入流动的净水中存放,适于含水量高的种子,如栗类、红锥等)(图2-18、图2-19)。

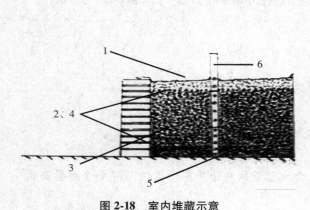
图2-18　室内堆藏示意
1. 遮阳网　2、4. 河沙　3. 种子+沙
5. 沙砾　6. 通气管

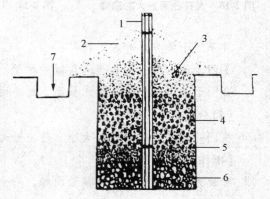
图2-19　露天埋藏示意
1. 通气束　2. 秸秆　3. 河沙　4. 种子和湿沙
5. 粗沙　6. 石砾　7. 排水沟

①注意事项　经常检查种子,防止种子干燥、发热、发霉和发芽。

②生产经验　安全含水量高的种子及安全含水量低的春夏成熟的种子在采后或购回后马上播种;安全含水量低的秋冬成熟、幼苗易受干冷风影响的种子,如凤凰木、洋金凤、菩提榕等的种子,贮藏到翌春3~5月再播种。安全含水量高的种子邮寄包装时应注意用能通气的袋或箱,包装中可放置保湿物。

【操作3】种子品质检验

进行种子品质检验前要随机抽样。取样程序为种批→初次样品→混合样品→送检样品→测定样品(按规定的重量称取),抽样时应保证样品具代表性,分样时多用四分法取样。

(1)质量(千粒重)测定

种子的千粒重一般是指在气干状态下1000粒纯净种子的重量(以g为单位),用于衡量种粒的大小和饱满程度。同一植物种子,千粒重越大,种子越饱满,质量越好。每千克种子的粒数计算公式:粒数=(1000/Y)×1000(Y指千粒重)。

①百粒法　适于大部分植物种子。百粒法测定步骤:取样→分出纯净种子(去掉异类种、破粒、杂物)→随机数8组(重复),每组100粒→分别称重(取两位小数)→计算千粒重。具体操作如图2-20、图2-21所示。

图 2-20 分取纯种

图 2-21 取 8 组测样

8 组测样标准差(S)、变异系数(C)计算公式为：

$$S = \sqrt{\frac{\left(\sum X^2\right) - \left(\sum X\right)^2}{n(n-1)}}$$

$$C = \frac{S}{\overline{X}} \times 100$$

式中　X——各组重量(g)；

　　　n——组数；

　　　$\overline{X}$——8 个组的平均重量(g)。

若 $C \leq 4.0$（种粒大小悬殊的种子 $C \leq 6.0$），则 8 个组的平均重量乘以 10 即为种子的千粒重，否则重做。若变异系数仍过大，可计算 16 个组的平均重量及标准差，凡与平均重量之差超过 2 倍标准差的各组略去不计，未超过的各组的平均重量乘以 10 为千粒重。将称重及计算结果填入表 2-1。

样品号：　　　　　　　　表 2-1　种子千粒重测定记录

组　号	1	2	3	4	5	6	7	8	9	10	11	12	13	14	15	16
X/g																
X^2																
$\sum X^2$																
$\sum X$																
$(\sum X)^2$																
标准差(S)																
$\overline{X}$																
变异系数(C)																
千粒重($10\overline{X}$)																

检验员：　　　　　　　　　　　　　　　　　　测定日期：　　年　月　日

②全量法 适于种子粒数不足100粒的种子。

③千粒法 适于种粒大小、轻重极不均匀的种子。

(2) 优良度测定

优良度为优良种子数占供测种子数的百分比。测定方法简单易行，可在短时间内得出结果，便于在购买、收购种子的现场及无时间、条件做实验时用此法了解种子的质量。

①解剖法步骤 取样(随机，2个重复，每个重复20~50粒)→浸种→解剖、观察→将种子分为优良种、劣质种两部分→统计优良种、劣质种数量→计算优良度(图2-22、图2-23)。

②沉水法步骤 取样(随机，2个重复，每个重复20~50粒)→浸种→将上浮种和下沉种分开，并分别统计数量→计算优良度(图2-24、图2-25)。

优良度计算：优良度=(优良数/供测数)×100%，取2组的平均数。

图2-22 解剖法取样

图2-23 解剖法解剖、观察

图2-24 沉水法取样

图2-25 沉水法浸种分类

(3) 发芽率测定

发芽能力是评价种子质量最基本、最直接的指标。生产上要求种子发芽率高、发芽快而整齐。一批种子发芽率的高低、发芽的快慢可通过做发芽试验而获知。种子发芽需要一定的环境条件，主要是水分、温度(20~30℃)和氧气，有的还需要光照。

①取样 将测定样品(纯净种子)用四分法分成4份，每份中随机抽取25粒(共100

粒)为1个重复(大种粒可以50粒或25粒为1个重复),设4个重复。特小粒种子用重量发芽法测定,以0.01~0.25g为1个重复。

②做发芽床和种子预处理　种粒不大的,一般可用滤纸制作发芽床,可用多层滤纸或滤纸下垫纱布或脱脂棉等;种粒较大的可用细沙或蛭石制作发芽床(图2-26)。发芽床应放在发芽器皿内。将种子进行浸种处理。

③置床　每一重复放入一个器皿。种粒的排放应整齐有序并保持一定的距离,以减少霉菌感染蔓延及幼根相互接触(图2-27)。每个器皿上贴上标签,注明检验编号、重复号、置床日期等。发芽器皿放入恒温发芽箱、光照发芽器或人工气候室内。

图2-26　发芽床(沙床)

图2-27　种子置床

④管理　每天检查发芽床的水分和温度状况,保持发芽床湿润和温度适宜,开盖换气一段时间;若有轻微发霉的种子,捡出洗净后放回原处;若发霉种粒较多,要及时更换发芽床和发芽器皿。

⑤观察记录发芽测定期间　每天或定期进行观察记录,捡出正常发芽粒,填写发芽记录表。记录时用分数表示,分子为检查日已发芽种子数,分母为检查日未发芽种子数。发芽结束(后期连续3d每天发芽粒数不超过各重复供检种子数的1%)后,分别对各重复的未发芽种子逐一剖视,统计腐坏粒、异状发芽粒、空粒、涩粒、硬粒及新鲜未发芽粒,填入表2-2相应栏内。

表2-2　发芽测定结果统计

树种:　　　送检样品号:　　　开始日期:　　　结束日期:

重复编号	发芽势		发芽率		未发芽/粒					平均发芽势	平均发芽率	备注
	天数	%	天数	%	腐坏	异状	新鲜	空粒	硬粒			
1												
2												
3												
4												
合计												

检验员:　　　　　　　　　　　　　　　　　年　月　日

正常发芽粒：特大粒、大粒和中粒种子的幼根长度超过种粒长度1/2；小粒、特小粒种子的幼根长度大于种粒长度；竹类种子的幼根至少与种粒等长，且幼芽长度超过种粒长度1/2；复粒种子长出一个以上幼根。

异常发芽粒：发芽不正常的种粒，包括胚根短、生长迟滞或有缢痕、异常瘦弱，胚根腐坏，胚根出自珠孔以外的部位，胚根呈负向地性或蜷曲，子叶先出或脱落，双胚结构，竹类种子有根无芽、有芽无根或根短生长迟滞等。

腐坏粒：种子内含物腐坏的种粒。

空粒：仅有种皮而无胚和其他内含物的种粒。

涩粒：内部充满单宁物质的种粒。

硬粒：种皮特别坚硬、致密、透性不良，发芽困难的种粒。

新鲜未发芽粒：结构正常，但尚未发芽或不够发芽标准的种粒。

⑥计算发芽结果　种子的发芽能力，主要用发芽率和发芽势表示。

$$发芽率 = \frac{正常发芽种子粒数}{供测种子粒数} \times 100\%$$

$$发芽势 = \frac{在确定的天数内（或种子发芽高峰时）正常发芽种子粒数}{供测定种子粒数} \times 100\%$$

如果各重复发芽率最大值与最小值的差值在《林木种子检验规程》（以下简称《规程》）规定的容许范围内，就用各重复的发芽率的平均数作为该测定的发芽率。如果由于不明原因使得各重复间的发芽率最大差值超过《规程》规定的容许误差，应当重新提取测定样品，用原方法重新测定。

（4）生活力测定

种子生活力是指用染色法测得的种子潜在的发芽能力。测定目的是快速估测种子样品的生活力，特别是休眠种子的生活力。

染色测定种子的生活力，最常用的方法有四唑测定法和靛蓝测定法。

①四唑测定法原理　应用2,3,5-三苯基氯化（或溴化）四唑的无色溶液作为指示剂，指示剂在种子组织内与活细胞中的还原过程起反应，接受氧。指示剂经氧化作用生成一种红色而稳定的不扩散物质，而无生活力的种子则无此反应。测定中除完全染色的有生活力的种子和完全不染色的无生活力的种子外，还会出现部分染色的种子。部分染色种子的不同染色部位和染色深浅，决定着这些种子生活力的强弱。

②靛蓝测定法原理　靛蓝能透过死细胞组织使其染上颜色。因此，全部染上颜色的种子是无生活力的。根据胚染色的部位和比例来判断种子有无生活力。

从测定样品中随机数取100粒种子作为一个重复，共取4个重复。为了软化种皮，便于剥取种仁和种胚，要对种子进行预处理。根据种皮的特性，预处理包括去除种皮、刺伤种皮和切除部分种子等，并通过温水浸种、98%的浓硫酸浸种等方法使种皮软化，完整取出种胚。记录空粒、腐坏粒等。种胚一般在20~30℃染色2~3h，用清水洗净种胚后，借助放大镜逐粒观察，根据染色情况判断种子有无生活力。测定结果填入表2-3相应栏内。

测定结果以有生活力种子的百分率表示，分别计算各个重复的百分率。若计算结果在

表 2-3 生活力测定记录

树种:　　　　样品编号:　　　　染色剂:　　　　测定日期:

重复编号	测定种子数	种子解剖结果			进行染色粒数	染色结果				平均生活力
		腐坏粒	病虫害粒	合计		无生活力		有生活力		
						粒数	%	粒数	%	
1										
2										
3										
4										

检验员:　　　　　　　　　　　　　　　　　　　　　　　　年　月　日

《规程》的容许误差内，就用各重复的平均数作为该次测定的结果；如果超过《规程》误差，与发芽测定同样处理。

（5）含水量测定

种子含水量是指所含水分的重量占种子重量的百分率。测定目的是为妥善贮藏和调运种子时控制种子适宜含水量提供依据。

①取样　测定时将送检样品在容器内充分混合，再从中分取测定样品。测定样品在空气中暴露时间要尽量短。种粒小的及薄皮种子可以原样干燥，种粒大的要从送检样品中随机取 50g（不少于 8 粒）切开或打碎，充分混合后取测定样品。测定样品重量：大粒种子 20g、中粒种子 10g、小粒种子 3g，2 个重复。称量精度要求保留小数点后 3 位。

②测定方法　种子含水量的测定方法常用的有烘干法、甲苯蒸馏法和水分速测仪测定法等。下面介绍 105℃ 恒重烘干法。

105℃ 恒重烘干法适用于所有林木种子含水量测定。测定时将随机抽取的两组测定样品分别放入预先烘干的样品盒内，置于干燥箱中，打开盖搭在盒旁，先以 80℃ 干燥 2~3h，后升到 105℃±2℃ 干燥 5~6h，取出放入干燥器冷却后称量。再以 105℃±2℃ 干燥 3~4h，再称重，反复进行直至恒重（规定精度），最后计算 2 个重复的含水量。

$$种子含水量 = \frac{测定样品干燥前重量 - 测定样品干燥后重量}{测定样品干燥前重量} \times 100\%$$

若 2 个重复的差值不超过 0.5%，则计算平均含水量；若超过 0.5%，需重新测定。测定结果填入表 2-4。

表 2-4 含水量测定记录

树种:　　　　　　　　　　样品号:

瓶　号		
瓶重/g		
瓶样重/g		
烘至恒重/g		
水分重/g		

(续)

瓶　号		
测定样品重/g		
含水量/%		
平均/%		
容许误差/%		

测定方法：　　　　　检验员：　　　　　　　　　　　　年　月　日

（6）净度测定

净度是指纯净种子重量占测定样品重量的百分率。它是评定种子品质的重要指标，也是确定播种量和评定种子等级的主要依据。

进行净度分析测定的样品，可以是《规程》规定重量的一个测定样品（一个全样品），或者至少是这个重量 1/2 的 2 个各自独立分取的测定样品（2 个"半样品"），必要时也可以是 2 个全样品。

检测时，将测定样品精确称重后，倒在玻璃板上，仔细将纯净种子和其他植物种子、杂物分开，分别称重，然后按下列公式计算净度：

$$净度 = \frac{纯净种子重量}{纯净种子重量 + 其他植物种子重量 + 夹杂物重量} \times 100\%$$

全样品的原重量减去净度分析后纯净种子、其他植物种子和夹杂物的重量和，其差值不得大于原重的 5%，否则需重新测定。

用 2 个"半样品"时，每份"半样品"各自将其所有成分的重量相加，如果与原重量的差值大于原重量的 5%，需要重测 2 个"半样品"。

◇ 巩固训练

1. 以实训小组（3~5 人一组）为单位，选择 2~4 个树种制订园林植物种实品质检验方案，分析种子净度、千粒重、生活力等。

2. 选择其中 1~2 个树种进行方案实施。

要求：组内分工合作、相互配合，树种选择要有代表性和针对性，确保测定数据的准确性。

◇ 自主学习资源库

1. DB 33/178—2005. 林木种子检验规程.
2. 园林植物栽培养护. 成海钟. 高等教育出版社，2002.
3. 园林苗圃. 俞禄生. 中国农业出版社，2007.
4. 森林培育. 黄云鹏. 高等教育出版社，2002.
5. 苗圃学. 古腾清，潘坚. 广东省林业职业技术学校，2010.
6. 园林树木栽植养护学. 5 版. 叶要妹，包满珠. 中国林业出版社，2019.

任务 2.2　露地播种育苗

◇ 理论知识

2.2.1　种子萌发的条件

种子萌发需要一定的环境条件，主要是水分、温度和氧气，有的还需要光照条件。

①水分　是种子发芽的先决条件。种子发芽前需吸水膨胀，故在种子发芽测定或播种前，一般要进行浸种处理。

②温度　是种子发芽的必要条件。大多数种子发芽的最适宜温度为 20~30℃。变温能加速种子发芽。使用变温时，每天 16h 给予低温（20℃），8h 给予高温（30℃）。生产上的"日晒夜淋"实质上是一种变温催芽。

③氧气　也是种子发芽的必要条件。种子发芽时，周围环境必须通气良好。

④光照　可以促进许多树种种子的发芽。在种子发芽过程中给予适度的光照，有利于种子萌发。

2.2.2　苗木密度

苗木密度是指单位面积（或单位长度）上苗木的数量。适宜的苗木密度，既能保证较高的产苗量，又能保证苗木在苗床上有足够的生长空间，在移栽前较好地生长。因此，在播种时大粒种子播得稀些，小粒种子宜密些；阔叶树播得稀些，针叶树宜密些；苗龄长者播得稀些，苗龄短者宜密些；发芽率高者播得稀些，低者宜密些；土壤肥力高则播得稀些，低则宜密些。出苗后通过间苗、补苗、移栽等措施，使苗木达到合理密度（苗木质量高、合格苗数量较多的密度）。

2.2.3　一年生播种苗的年生长规律

播种苗从种子播种到当年停止生长进入休眠期为止是其第一个年生长周期。在此周期内，由于外界环境影响和自身各发育期的要求不同而表现出不同的特点。可将播种苗的第一个年生长周期划分为出苗期、幼苗期、速生期、生长后期 4 个时期。了解和掌握苗木的年生长发育特点和对外界环境条件的要求，才能采取切实有效的抚育管理措施，培育出优质苗木。

（1）出苗期

从播种开始到长出真叶、出现侧根为出苗期。此期长短因园林植物种类、播种期、当年气候等情况而不同，一般为 1~5 周。播种后种子在土壤中先吸水膨胀，酶的活性增强，贮藏物质被分解成能被种胚吸收利用的简单有机物。接着胚根伸长，突破种皮，形成幼根并扎入土壤。最后胚芽随着胚轴的伸长破土而出，成为幼苗。此时幼苗生长所需的营养物质全部来源于种子本身。由于此期幼苗十分娇嫩，环境稍有不利就会严重影响其正常生长。主要的影响因子有土壤水分、温度、通透性和覆土厚度等。如果土壤水分不足，种子发芽迟或不发芽；水分太多，土壤温度降低，通气不良，种子发芽也会推迟，甚至造成种子腐烂。大多数树种以土壤温度20~30℃最为适宜出苗，温度太高或温度太低，出苗时间都会延长。覆土太厚或表土过于紧实，幼苗难，出苗速度和出苗率降低；覆土太薄，种子带壳出土，土壤过干，也不利于出土。

出苗期育苗的中心任务是：保证幼芽能适时出土，出苗整齐、均匀、健壮。为此，必须做好播种前的种子处理，适时播种，提高播种技术，正确掌握覆土厚度，加强播种地的管理。对一些顶壳出土的针叶树苗，还需要防止鸟类啄食。为了防止高温危害需要遮阴的树种，可在出苗期(或幼苗期)开始遮阴。

(2) 幼苗期

从幼苗出土后能够利用自己的侧根吸收营养和利用真叶进行光合作用维持生长，到苗木开始加速生长为止的时期称为幼苗期。此期一般为3~6周。苗木的生长特点是地上部分的茎叶生长缓慢，而地下的根系生长较快。但是，由于幼根分布仍较浅，对炎热、低温、干旱、水涝、病虫等抵抗力较弱，易受害死亡。

幼苗期育苗的中心任务是：采取一切有利于幼苗生长的措施，提高幼苗保存率。这一时期水分是决定幼苗成活的关键因子，要保持土壤湿润，但不能太湿，以免引起腐烂或徒长。要注意遮阴，避免温度过高或光照过强而引起伤苗。同时还要加强间苗、蹲苗、松土除草、施肥(磷和氮)、病虫害防治等工作，为将来苗木快速生长打下良好的基础。

(3) 速生期

从幼苗加速生长开始到生长速度下降为止的时期称为速生期。大多数园林植物的速生期是从6月中旬开始到9月初结束，持续70~90d。苗木的生长特点是生长速度最快，生长量最大，表现为苗高增长，茎粗增加，根系加粗、加深和延长等。有的树种出现两个速生阶段，一个在盛夏之前，另一个在盛夏之后，盛夏期间因高温和干旱，光合作用受抑制，生长速度下降，出现生长暂缓现象。幼苗在速生期的生长发育状况基本决定了苗木质量。

速生期育苗的中心任务是：在前期加强施肥、灌水、松土除草、病虫害(特别是食叶害虫)防治等工作，并运用新技术如生长调节剂、抗蒸腾剂等，促进苗木迅速而健壮地生长。在速生期的末期，应停止施肥和少灌水，防止贪青徒长，使苗木木质化，以利于越冬。

(4) 生长后期

从速生期结束到落叶进入休眠为止称为生长后期，又叫苗木硬化期或成熟期。此期一般持续1~2个月的时间。苗木生长后期的生长特点是生长渐缓，地上部分生长量不大，但地下部分根系又出现一次生长高峰。形态上表现为叶片逐渐变黄、红后脱落，枝条逐渐木质化，顶芽形成，营养物质转化为贮藏状态，越冬能力增强。

生长后期育苗的中心任务是：停止一切促进苗木生长的管理措施，如不施氮肥，减少灌水等，以控制生长，防止徒长，促进木质化，提高御寒能力。

◇ **实务操作**

技能 2-3　播种育苗地的准备

【操作 1】土壤整地

为给种子发芽和幼苗出土创造一个良好的条件，也便于幼苗的抚育管理，在播种前要细致整地。通过清理圃地、浅耕灭茬（深度一般为 5~10cm）、耕翻土壤（深度一般为 20~30cm）及镇压等环节，达到苗床平坦、土块细碎、上虚下实、畦埂通直，同时土壤湿度达到播种要求，以手握后隐约有湿迹为宜。

【操作 2】作床或作垄

生产上的育苗方式可分为苗床育苗（作床）和大田育苗（作垄）两种。

苗床育苗的作床时间应在播种前 1~2 周。苗床宽 100~150cm，步道宽 30~40cm，长度依地形、作业方式等而定，一般 10~100m 不等，苗床走向以南北向为好，坡地苗床长边与等高线平行。苗床一般分为高床和平床两种，高床床面高出步道 15~20cm，低洼积水、降水量较多、土质黏重地多采用；平床则床面低于步道 15~20cm，干旱地区多用此床。

大田育苗分为平作和垄作。平作不垄，土地平整后即播种；垄作是整地后作高垄，一般垄高 20~30cm，垄面宽 30~40cm，垄底宽 60~80cm，适用于育苗管理粗放的苗木。

【操作 3】土壤消毒

土壤消毒是圃地准备的一项重要工作，生产上常用药剂处理和高温处理消毒。

（1）药剂处理消毒

①硫酸亚铁　播种前 7~10d 用浓度 1%~3% 的溶液按 3.0~4.5L/m² 的用量浇洒。

②福尔马林　用药量 4~6g/m²，加水 6~12L，在播种前 10~15d 均匀地喷洒播种地，喷药后覆盖塑料薄膜，播种前一周将其揭去。

③五氯硝基苯合剂　用药量 4~6g/m²，混拌适量细土，撒于土壤中或播种沟底。

④硝石灰　在整地时施入，与土壤混匀，每公顷用量 150kg。

⑤西维因　整地时，每公顷用 5% 的药剂 15~45kg，加土壤 1500~3000kg，混拌后撒于土表，然后翻耕。

（2）高温处理消毒

当前主要是烧土法，即将柴草堆在圃地上焚烧，使土壤耕作层升温而灭菌杀虫。

技能 2-4　种子预处理

【操作 1】确定播种量

播种量是指单位面积上播种的数量。播种量确定的原则是：用最少的种子，达到最大的产苗量。可按下列公式计算播种量：

$$X = C \cdot \frac{A \cdot W}{P \cdot G \cdot 1000^2}$$

式中 X——单位长度(或单位面积)实际所需的播种量(kg);

A——单位长度(或面积)的产苗数量;

W——种子千粒重(g);

P——净度(小数);

G——发芽势(小数);

C——变异子数。C值的变化范围大致为:$C \geq 1$,用于大粒种子(千粒重在700g以上);$1<C<5$,用于中小粒种子(千粒重为3~700g),如油松种子$1<C<2$;$C>5$,用于极小粒种子(千粒重在3g以下),如杨树种子$C=10~20$。

床面净面积(有效面积)按国家标准(GB 6000—1985)中的6000m²/hm²(即每亩*400m²)计算。

【操作2】种子消毒

为了预防苗木发生病虫害,一般应在播种前或催芽前对种子消毒。常用的药剂及方法有下列几种:

①福尔马林 在播种前1~2d,用一份福尔马林(浓度40%)加270份水稀释成0.15%的溶液,把种子放入溶液中浸泡30min,取出后密封2h,然后用清水冲去残药,将种子摊平阴干,即可播种或催芽。

②硫酸铜和高锰酸钾 用0.35%~1.00%的硫酸铜溶液浸种4~6h即可;或用0.5%的高锰酸钾溶液浸种2h,捞出密封30min,再用清水冲洗后催芽或阴干播种。对胚根已突破种皮的种子不能用高锰酸钾溶液消毒,否则会产生药害。

③石灰水 用1%~2%的生石灰水浸种24~36h。

④硫酸亚铁 用0.5%~1%的硫酸亚铁溶液浸种2h,捞出用清水冲洗后催芽或播种。

⑤退菌特(80%) 用退菌特800倍液浸种15min。

以上用各种药液处理的种子都是干种子,若是处理膨胀后的种子,则应缩短处理时间。若消毒后催芽,则无论用哪种方法催芽,都应先把黏附的药液冲洗干净。

【操作3】种子催芽

为使播种后能达到出苗快、齐、匀、全、壮的标准,最终提高苗木的产量和质量,一般在播种前需要对种子进行催芽处理,目的是打破种子的休眠。种子的特性不同,采用的催芽方法有所不同。

(1)水浸催芽

适于大多数安全含水量低的种子。用一定温度的水浸泡种子,待种子吸胀膨大后捞出种子(图2-28),阴干即播或保湿待露白后播。浸种时间一般为24h。对于种皮厚、坚硬或披蜡质的种子可采用逐次增温浸种法处理。注意事项:

①水温 种皮薄的种子,如风铃木、猫尾木、木荷、大叶紫薇等的种子,用冷水或35~40℃的温水浸种;种皮厚、坚硬或披蜡质的种子,如凤凰木、格木、大叶相思、马占相思、大头茶等的种子,用70~100℃的水浸种。

---

* 1亩=667m²。

②若采用高温浸种,在倒入热水时要搅拌并自然冷却。
③水量应是种子体积的5~10倍。
④浸种要每12h换水一次。
⑤浸种后的种子若要干燥,宜阴干。

(2)酸、碱处理

适于皮厚、坚硬或披蜡质的种子,如海红豆、青钱柳、乌桕等的种子。若用95%的浓硫酸浸泡种子,应到规定的时间后倒去浓硫酸,并用清水洗净种子,最后用冷水或温水浸种24h。浓硫酸处理种子的时间长短因种子特性而异,一般为5~60min;硫酸的用量以浸过种子即可;在用硫酸浸种的过程中要经常搅拌。也可用10%的氢氧化钠浸泡24h左右,倒掉浸泡液后,用清水冲洗干净,再进行催芽(水浸)或播种。

(3)机械损伤

适于皮厚、坚硬的种子,如仪花、格木等的种子。用钳、锤、剪、砂轮等将种皮弄破,然后用冷水或温水浸种24h(图2-29)。

图2-28 吸胀的种子

图2-29 机械催芽(磨)

(4)层积催芽

层积催芽一般适于安全含水量较高或具生理休眠的种子,分为低温层积处理和高温层积处理。低温层积处理也叫层积沙藏,方法是:选择地势高、干燥、排水良好的背风阴凉处,挖一个深和宽约1m、长约2m的坑,种子用3~5倍体积的润沙(手握成团,一触即散为宜)混合,或一层沙一层种子交替,也可装于木箱、花盆中埋入地下,还可在阴凉的室内堆放,种子堆中插入一束草把便于通气。层积期间温度一般保持在2~7℃,温度过高时可用遮阳网或其他覆盖物遮盖降温。高温层积处理是在浸种之后,用润沙与种子混合,堆放于温暖处保持20℃左右,促进种子发芽。层积过程中要注意通气和保湿,防止发热、发霉或水分丧失。当裂嘴露白种子达30%以上时即可播种。

(5)变温催芽

变温催芽是高温和低温交替进行的一种催芽方法。每天在30℃的环境中处理16h,在20℃的环境中处理8h。生产上的"日晒雨淋"实质上是一种变温催芽,如南方大王椰子的种子催芽。

(6)其他处理

如用激素处理、苏打水浸种、暴晒、蚁蛀等法进行催芽。

技能 2-5　播种

【操作 1】确定播种期

播种育苗的播种期关系到苗木的生长期和出圃期、幼苗对环境的适应能力以及土地的利用率，主要根据园林植物的生物学特性和育苗地的气候特点确定播种期。我国南方全年均可播种。在北方，因冬季寒冷，露地育苗则受到一定的限制，确定播种期是以保证幼苗能安全越冬为前提，如果在设施内育苗，北方也可全年播种。生产上，播种季节常在春、夏、秋三季，以春季和秋季为主。

春季播种适用于绝大多数园林植物，时间多在土壤解冻之后，越早越好，但以幼苗出土后不受晚霜和低温的危害为前提。

夏季播种适用于种子在春、夏季成熟而又不宜贮藏或者生活力较差的园林植物，如杨、柳、榆、桑、桦木、蜡梅、玉兰等。播种后遮阴和保湿工作是育苗成功的关键。为保证苗木入冬前能充分木质化，应当尽早播种。

秋季播种适于种皮坚硬的大粒种子和种子休眠期长、发芽困难的园林植物，如麻栎、杏、板栗、红松、白蜡、椴树等。一般在土壤冻结之前播种，越晚越好，否则，播种太早，当年发芽，幼苗易受冻害。

冬季播种实际上是春播的提前，秋播的延续。适于南方育苗采用。

另外，有些植物如非洲菊、仙客来、大岩桐、白玉兰、枇杷等，因种子含水量高，失水后容易丧失发芽力或寿命缩短，采种后最好随即播种。

【操作 2】确定播种方法

（1）撒播

将种子均匀地播撒在苗床上，主要适用于小粒种子，如杨、柳、桉树、泡桐、悬铃木等的种子。为使播撒均匀，种子可与细土或细沙混匀后再播撒。此法播种速度快，产量高，但幼苗分布不均，通风透光条件差，抚育管理不便，影响苗木质量，故不宜大面积推广。

（2）条播

按一定的株行距开沟，然后将种子均匀地播撒在沟内，主要适用于中小粒种子，如紫荆、合欢、槐、五角枫等种子的播种。条播分窄条播和宽条播，窄条播的播幅宽度一般为 3~5cm；宽条播的播幅宽度，阔叶树为 10cm 左右，针叶树为 10~15cm。行距视植物的生物学特性而定，一般为 20~35cm。条播行向一般为南北方向，以利于光照均匀。条播比撒播节省种子，且行距较大，便于抚育管理和机械化作业，同时苗木生长好，便于起苗。

（3）点播

按一定株行距挖穴播种，或按一定行距开沟再按一定株距播种的方法叫点播。此法主要适用于大粒种子如银杏、核桃、板栗等种子的播种。点播节约种子，株行距大，通风透光条件好，便于管理。

【操作 3】覆土

播种后要立即覆土。覆土厚度视种粒大小、土质、气候而定，一般厚度为种子直径的 2~3 倍，大粒种子宜厚些，小粒种子宜薄些；黏质土壤保水性好，宜浅播，砂质土壤保水性差，易干燥，宜深播；干旱季节宜深播，潮湿多雨季节宜浅播；春、夏播种覆土宜薄，北方秋季播种覆土宜厚。

【操作4】镇压、覆盖

播种覆土后应及时镇压，将苗床压实，使种子与土壤紧密结合，便于种子从土壤中吸收水分而发芽。对疏松干燥的土壤进行镇压显得更为重要。镇压后，可在床面上覆盖一层稻草或塑料薄膜，以保持水分，促使种子发芽。湿润、黏重的土壤不宜镇压。

技能2-6 播种后的管理

【操作1】出苗前的管理

从播种后开始到幼苗出土时为止，这期间的管理工作主要有覆盖物管理、灌溉、松土除草等。

（1）覆盖物管理

如果用稻草覆盖，在幼苗大部分出土后，要分期、分批地将其撤除，同时适当灌水，以保证苗床中的水分。用塑料薄膜覆盖时要注意经常检查床面的温度，当床面温度达到28℃以上时，要打开薄膜的两端通风降温。播种后在床面上喷洒土面增温剂效果亦较好，不但可提高地温和减少水分蒸发，也可减少喷水次数，使种子提前3~5d发芽。

（2）灌溉

播种后由于气候条件的影响或出苗时间较长，易造成苗床干燥，妨碍种子发芽，故在播种后出苗前，应适当地补充水分。灌溉时应注意：土壤水分要适宜，水分过多会使种子腐烂；灌溉用细雾喷水，以防冲走覆土或冲倒幼苗；幼苗刚出土时不要用漫灌法灌透头水。

（3）松土除草

播种床的土壤如果板结，会大大降低种子的场圃发芽率，要及时松土。此外，在出苗期较长的播种地上，播种前未用除草剂时，播种后喷除草剂或人工除草都要及时，且除草与松土应结合进行。松土除草宜浅，以免影响种子萌发。

【操作2】苗期管理

抚育管理工作主要有遮阴、间苗与补苗、截根、松土除草、灌溉与排水、施肥、病虫害防治等。

（1）遮阴

遮阴是为了防止日光灼伤幼苗和减少土壤水分蒸发而采取的一项降温保湿措施。幼苗刚出土时抵抗高温、干旱的能力弱，需要进行遮阴保护。有些树种的幼苗喜欢庇荫环境，如红松、含笑、棕竹等，更应注意遮阴。遮阴一般在撤除覆盖物后进行。生产上常用的遮阴材料有竹帘、苇帘、遮阳网等，透光率一般要求50%~60%。遮阴时间为晴天10:00~17:00，早、晚将遮盖物揭开。每天的遮阴时间应随苗木的生长逐渐缩短。

（2）间苗与补苗

幼苗出土后出现疏密不均时，要及时通过间苗与补苗来调整疏密度，间苗与补苗同时进行。间苗与补苗次数依苗木的生长速度而定，大部分阔叶树可在出苗后，幼苗长出两片真叶时一次性完成间、补苗。针叶树因生长较慢，间、补苗要分2~3次进行，第一次宜早，可在幼苗出土后的10~20d进行；第二次可在第一次后的10d左右进行；最后一次为定苗,留苗数量应比计划产苗量高5%~10%。间、补苗应选择无(小)风的阴天进行,间、补苗后应马上适当灌水,有必要时遮阴。

(3)截根

截根是用利刃在适宜的部位将幼苗的主根切断,从而促进侧根和须根的生长,提高苗木质量。主要适用于主根发达而侧、须根不发达的树种。截根深度一般为8~15cm。

(4)松土除草

松土除草是苗期管理的一个重要内容,苗床板结和滋长杂草时要及时进行。除草结合松土,一般在雨后1~2d的晴天进行。松土宜浅不宜深,以防损伤苗木根系,除草要坚持"除早、除小、除了"的原则。

(5)灌溉与排水

灌水应"小水勤灌",始终保持土壤湿润,一般在傍晚和早晨进行。高床主要采用侧方灌溉,低床采用漫灌,有条件时最好采用喷灌或滴灌。在雨季或暴雨来临之前要保证排水沟渠畅通,以防水涝,雨后应及时清沟培土,平整苗床。

(6)施肥

施肥是苗木生长过程中一项重要的管理措施,直接影响苗木的质量。施肥应掌握"量少次多"的施肥原则。一年生播种苗生长初期多施氮、磷肥,速生期施氮肥为主,生长后期以钾肥为主、磷肥为辅。第一次施肥宜在幼苗出土后一个月左右进行,当年最后一次施肥应在苗木停止生长前一个月进行。

施肥方法分为土壤施肥和根外追肥。撒播育苗采用撒施或浇灌施肥,即将肥料均匀地撒在床面上再覆土,或把肥料溶于水中浇于苗床;条播和点播可用沟施,在苗行间开沟,施入肥料后覆土并浇水一次。根外追肥是将速效肥料或微量元素溶于水后,在晴天的傍晚或阴天直接喷在苗木叶片上。根外追肥应注意选择适当的浓度,一般化肥采用0.2%~0.5%,微量元素采用0.1%~0.2%为宜。

(7)病虫害防治

苗木病虫害防治应遵循"防重于治,治早、治小、治了"的原则,加强苗木田间管理,一旦发现苗木病虫害及时防治。

【操作3】生长后期管理

苗木生长后期管理主要是以提高苗木的抗寒能力为目的。一方面可适当施钾肥或磷肥,停施氮肥并适当控水,以促进苗木木质化;另一方面对苗木实施培土、覆盖、熏烟、灌水、设风障等措施进行防寒。

◇ 巩固训练

1. 以实训小组(3~5人一组)为单位,选择当地普遍应用的园林树种2~4种,制订露地播种育苗方案,包括圃地准备、种子预处理、播种技术、播种后的管理等。

2. 选择其中1~2种树种进行方案实施。

要求:组内同学要分工合作,品种的选择要恰当,技术方案要按照露地播种育苗工作流程编写,确保出苗率。要保证设备的完整以及人员安全。档案填写准确。

◇ 自主学习资源库

1. 园林苗木生产. 江胜德, 占志毅. 中国林业出版社, 2004.
2. 园林植物栽培养护. 成海钟. 高等教育出版社, 2002.
3. 园林苗圃. 俞禄生. 中国农业出版社, 2007.
4. 森林培育. 黄云鹏. 高等教育出版社, 2002.
5. 苗圃学. 古腾清, 潘坚. 广东省林业职业技术学校, 2010.
6. 中国苗木网: http://www.miaomu.het/
7. 南方地区苗木行情调查分析: http://www.hnmmw.com/show hdr.php/
8. 农博花木网: http://flower.aweb.com.cn/

任务 2.3　容器播种育苗

◇ 理论知识

2.3.1　育苗容器种类与规格

（1）育苗容器种类

育苗容器分为两大类：一类是可以连同苗木一起栽植的容器，如营养砖、稻草泥杯、纸袋、竹篮等；另一类是栽植前要去掉的容器，如塑料袋（图2-30）、硬塑料管（图2-31）等。目前应用较多的是塑料袋、硬塑料管、硬塑料杯等。

图 2-30　塑料袋

图 2-31　硬塑料管

（2）育苗容器规格

育苗容器的规格（高度和直径）由所培育苗木的特性及目标规格而定。主根发达、侧根少的树种如樟树、人面子、桃花心木等应用高而窄的容器；侧根发达、主根不明显的浅根性植物如檀香、棕榈类植物等应用矮而宽的容器。小苗（高<1.0m）用小袋（口径 6~8cm、高 13~15cm），中苗（高 1.5~2.5m）用中袋（口径 15~25cm、高 25~40cm）。

2.3.2 育苗基质

育苗基质又称营养土，要求能就地取材或价格便宜，不带草籽和病菌，最好有一定肥力，酸碱度适宜或易于调节，有较好的保湿、通气、排水性能，重量较轻。目前常用材料有：黄心土、苗圃土、火烧土、腐殖土、森林表土、锯末、蛭石、珍珠岩、河沙等，不宜用黏重土壤或纯沙土。

◇ **实务操作**

技能 2-7　育苗容器和基质的准备

【操作1】准备种床

播种基质（种床）使用疏松、无病菌、保水力强的材料如珍珠岩、泥炭土、河沙、黄心土、火烧土、锯末等做成。一般作高床，床宽 1.0~1.2m，长由地形及播种量而定。

较理想的种床是底铺 5cm 厚的河沙，中间铺 10cm 厚的泥炭土或锯末，上铺营养土（黄心土+火烧土+沙组成，按 3:1:1 配制）。但由于所需材料种类多，成本高，生产上应用不多。生产上常用的种床材料有：黄心土+河沙（图2-32）、泥炭土+珍珠岩（河沙）（图2-33）、沙床（图2-34）、河沙（80%~90%）+火烧土（10%~20%）。

图 2-32　种床（黄心土+河沙）

图 2-33　种床（泥炭土+珍珠岩）

【操作2】制作容器苗苗床

容器苗苗床一般为高床，干旱地区亦可采用低床，地面要整平，床宽一般为 1.2m 左右。床间相距 30~40cm（图2-35）。地面可先铺农用塑料薄膜，膜上铺 2cm 厚的沙后摆育苗容器。

【操作3】育苗基质配置及消毒

按对育苗基质的要求选择材料和确定各种材料的比例。基质的配方各地不同，常用的有以下 4 种：

①腐殖土、黄心土、火烧土和泥炭土中的一种或两种，占 50%~60%；细沙土、蛭石、珍珠岩或锯末中的一种或两种，占 25%~20%；腐熟的堆肥，占 25%~20%。另每立方米基质中加 1kg 复合肥。

图2-34 种床(沙床)

图2-35 容器苗苗床

②黄心土30%、火烧土30%、腐殖土20%、菌根土20%、细河沙10%，每立方米基质中再加已腐熟的过磷酸钙1kg。此配方适合培育松类苗。

③火烧土80%、腐熟堆肥20%。

④泥炭土、火烧土、黄心土各1/3。

在基质的用量大时，过多强调营养土的肥力不符合实际，有些地区生产上将黄心土（山泥）拌一定比例的河沙（或锯末、珍珠岩）和有机肥（如食用菌培植土、腐熟鸡粪、泥炭土等）作基质(图2-36)。在大型容器中假植大苗时，生产上多数使用苗圃土壤或山泥、园土等。

若基质所用材料不带病菌，则可不消毒。若基质材料带有病菌，可在配置基质时，一边喷洒消毒剂（每立方米基质中加入30%硫酸亚铁溶液30L），一边翻拌基质。或者在50~80℃温度下熏蒸或火烧，保持20~40min。

【操作4】装填基质与容器摆放

(1) 装填基质

基质要分层装填镇实，基质表面平袋口或离袋口1~2cm(图2-37)。

(2) 摆放(置床)

容器摆放要成行列、直立，容器一般紧靠，但为使苗木粗壮，容器间可相距3~5cm

图2-36 营养土配制

图2-37 容器装土

（图 2-38），床四周培土。

图 2-38　摆放（容器行间相距 3~5cm）　　　图 2-39　在种床培育的红花腊肠树芽苗

技能 2-8　容器植苗与播种

【操作 1】芽苗培育

种粒小、芽苗易发病或珍贵的种子一般先在种床或容器上密集播种，精心管理，待幼苗长出 2~3 片真叶时再移栽上袋（容器）。

（1）种床培育法

将经消毒、催芽的种子播于种床，播种后覆盖河沙、泥炭土或锯末等疏松的材料。注意：可以密集播种，但种子不能重叠在一起；所制作的种床一般只能播一次种（图 2-39）。保持种床湿润，温度低时搭拱罩，阳光猛烈时遮阴（图 2-40、图 2-41）。在湿度大、温度较高的天气病菌易繁殖，致使种子腐烂或芽苗病腐，因此要加强防治。常用的杀菌药剂有托布津、多菌灵、根腐灵、百菌清、高锰酸钾等。

（2）容器培育法

极小粒种子如菩提榕、红千层、黄花树、八宝树、桃金娘、野牡丹、桉树等的种子采用此法培育芽苗效果较好。常用容器有营养袋（塑料薄膜）、育苗盘、花盆等。

图 2-40　种床拱罩（保温、保湿）　　　　　图 2-41　种床遮阴

以营养袋为例说明芽苗培育技术：播种前用工具(如竹片)刮平袋面土壤(图2-42)，将种子混3倍细沙后均匀地撒于袋土表面(图2-43)，用筛筛细土或细河沙覆盖种子(图2-44)，用遮阳网或稻草等覆盖后浇水，经常浇水保持土壤湿润(图2-45)。待大部分种子发芽后撤除覆盖物(图2-46)。

【操作2】芽苗移栽

容器内的营养土(基质)必须湿润，若过干，则在移栽前1~2d淋水。移栽时，先用竹签将幼苗从种床上挑起，幼苗要尽量多带宿土，然后用木棒在容器中央引孔，将幼苗放入孔内压实，确保根系舒展，若根系过长可适当修剪。栽植深度以刚好埋过幼苗在种床时的土痕为宜。栽后淋透定根水，太阳光过强时需遮阴(图2-47)。

图2-42 刮平袋面土壤

图2-43 撒播种子

图2-44 覆 土

图2-45 覆遮阳网后浇水

图2-46 撤除覆盖物

图2-47 栽植芽苗

【操作3】容器播种

种子发芽率较高、幼苗适应能力较强的园林植物种子可直接播于容器。播种时间，一般树种2~4月，速生树种8~12月，有时亦可随采随播。播种时，营养土以不干、不湿为宜，若过干，应提前1~2d淋水。每容器播种粒数一般为大粒种子或发芽率高的种子1~2粒，小粒种子或发芽率低的种子3~5粒。播种后用黄心土、火烧土、细沙、泥炭土、稻壳等覆盖。亦可直接在营养土上挖浅穴播种，播后在容器内覆盖营养土，覆土厚度一般不超过种子直径的2倍。苗床上覆盖一层稻草或遮阳网，若空气湿度低、干燥，最好在覆盖物上再盖塑料薄膜，待幼苗出土后撤除，亦可搭建拱棚。

技能2-9 播种或移栽后的管理

【操作1】遮阴

遮阴对象是生长未稳定的新移栽的芽苗、幼苗及生长稳定的耐阴树种和中性树种的苗木，如一叶兰、红豆杉、大叶伞、幌伞枫等。以上苗木在晴朗的天气要遮阴。遮阴的方法如图2-48至图2-50所示。要根据遮阴苗木的喜光程度选用适宜遮光度的遮阳网。适宜的遮光度为中性树种50%左右，耐阴树种90%左右。

【操作2】浇水

新移栽的芽苗、幼苗要浇透定根水。以后主要视天气状况而定，晴、旱天勤浇，雨季少浇或不浇，保持营养土湿润即可。对容器苗浇水宜少量多次，早上或傍晚浇水。浇水的方法有喷灌、胶管引水喷淋、挑水洒淋、漫灌等（图2-51）。

图2-48 竹木高棚遮阴

图2-49 拱棚遮阴

图2-50 简易竹木矮棚遮阴

图2-51 喷 灌

【操作3】间苗与补苗

在芽苗移栽或幼苗出土后10~20d的阴天进行。对于直接播种育苗的,间苗与补苗同时进行。间、补苗后立即浇水,高温或干旱天气应遮阴。

【操作4】追肥

①幼苗期若基质(营养土)肥力不足,要追肥。在幼苗长至具3~4片真叶时开始追肥,追肥以氮肥、复合肥、磷肥为主,要求勤施、薄施。视苗木生长情况,一般每隔2~4周追肥一次,浓度一般不超过0.3%。在早、晚营养土较湿时追肥,若营养土干燥,则浇水后再追肥,追完肥后可再淋水洗苗,以防肥害。

②速生期追肥以氮肥为主,每隔4~6周追肥一次,浓度可适当大些,追肥后及时浇水。如果有需要可喷叶面肥及生长调节剂(如920)。

③苗木硬化期要停止追肥,以利于苗木在入冬前能充分木质化。

【操作5】除草

要求"除早、除小、除了"。主要用手工拔除容器中的杂草,除草后浇水;步道及周围的杂草可用锄头铲除或使用除草剂除草。常用除草剂有草甘膦、克无踪、农达、百草枯、森草净等,按浓度配药,加少许中性洗衣粉,在晴天无风时喷药。

【操作6】移苗

苗农称移苗为"松根""移蔸",是在苗木达到目标规格时,选阴天将容器苗木取出,剪去穿出容器底部的根系,再将苗木按高低重新排列好(图2-52)。移苗后应浇水、遮阴。移苗可以在一定的时间内控制高生长;切断主根,促发更多侧、须根,增强抵抗力,提高移栽成活率,提高出圃率。

【操作7】防寒

在冬季和早春气温较低地区或引自热带的树种(通常耐寒性较差)等,如桃花心木、吊瓜树、印度紫檀、檀香紫檀、铁刀木、雨树、洋金凤、凤凰木等,苗木在温度低的晚冬和早春易受寒害。防寒方法:

①加强水肥管理,使苗木在生长期长得健壮,提高苗木抵抗低温的能力。从10月开始,对易受寒害的苗木多施钾肥,不施氮肥,在不死苗的前提下少浇水。

②采用防寒应急措施,如熏烟、拱罩、遮盖、设防风障等(图2-53)。

图2-52 移苗后经重新排列的木荷苗

图2-53 拱罩防寒

◇ **巩固训练**

1. 配制营养土时材料应具备哪些条件？常用的材料有哪些？
2. 用芽苗移栽的方法培育容器苗时，在技术上应掌握哪些环节？
3. 容器填土与摆放有何要求？
4. 容器播种育苗有何技术要求？
5. 简述容器苗的抚育管理措施。

◇ **自主学习资源库**

1. DB 33/653—2007　林业容器育苗.
2. 园林植物栽培养护. 成海钟. 高等教育出版社, 2002.
3. 园林苗圃. 俞禄生. 中国农业出版社, 2007.
4. 森林培育. 黄云鹏. 高等教育出版社, 2002.
5. 苗圃学. 古腾清, 潘坚. 广东省林业职业技术学校, 2010.
6. 园林树木栽植养护学. 5版. 叶要妹, 包满珠. 中国林业出版社, 2019.

项目3　扦插育苗

◇ **知识目标**

(1) 掌握扦插的概念与特点。
(2) 熟悉扦插时间。
(3) 了解扦插成活的原理。
(4) 熟悉影响扦插成活的因素。
(5) 掌握激素及植物生长调节剂在扦插育苗中的应用。

◇ **技能目标**

(1) 能进行扦插育苗的苗床准备。
(2) 能采集与处理插穗。
(3) 能进行插穗扦插及扦插后的管理。

任务3.1　硬枝扦插育苗

◇ **理论知识**

3.1.1　扦插育苗的概念与特点

扦插育苗是利用植物营养器官的一部分，如根、茎、叶、芽等，插在土壤、沙或其他基质中，在人为控制的环境条件下，使之长成新植株的方法。依据用作插穗的扦插材料不同，扦插可以分为枝(茎)插、叶插、芽插和根插等，生产上以枝插应用较多。扦插是园林植物繁殖的主要方法之一。随着塑料薄膜和植物生长调节剂的广泛应用，大多数园林植物都能扦插成活。扦插育苗的优点主要体现在能保持原品种的优良性状，材料充足，产苗量大，成苗快，开花早，克服了用种子繁殖技术复杂或无种子植物繁殖的困难。不足是新植株不能形成主根，抗性较弱，寿命较短。

3.1.2　扦插时间

一般在树木秋季落叶后和春季发芽前的休眠期进行采条和扦插，以春季为主。春季扦插宜早，应在芽萌动前进行，北方地区可在土壤化冻后及时进行。秋季扦插在落叶后、土壤封冻前进行，扦插应深一些，并保持土壤湿润，较适合南方采用。冬季扦插需在塑料大棚或温室内进行，并注意保持扦插基质的温度。

3.1.3 插穗成活的原理

插穗成活的标志是生根。插穗产生的根称"不定根"，插穗不定根形成的部位因植物种类而异，通常可分为3种类型：一是皮部生根型；二是愈伤组织生根型；三是混合生根型。

（1）皮部生根原理

正常情况下，在木本植物枝条的形成层部位，能够形成许多特殊的薄壁细胞群，称为根原始体或根原基。这些根原始体就是产生大量不定根的物质基础。根原始体多位于髓射线的最宽处与形成层的交叉点上，是由形成层细胞分裂而形成的。由于细胞分裂，向外分化成钝圆锥形的根原始体，侵入韧皮部，通向皮孔。在根原始体向外发育的过程中，与其相连的髓射线也逐渐增粗，穿过木质部通向髓部，从髓细胞中取得营养物质。

当采取的插条已形成根原始体时，则在适宜的温度和湿度条件下，经过很短时间就能从皮孔中长出不定根。因此，凡是扦插成活容易、生根较快的植物，其生根类型大多数是皮部生根型。

（2）愈伤组织生根原理

任何植物局部受伤后，均有恢复生机、保护伤口、形成愈伤组织的能力。植物体的薄壁细胞都能产生愈伤组织，但以形成层、髓射线的活细胞为主。在插条切口处由于形成层细胞和形成层附近的细胞分裂能力最强，因此在下切口的表面形成半透明的、具有明显细胞核的薄壁细胞群，即为初生的愈伤组织。它一方面保护插条的切口免受外界不良环境的影响，同时还有着继续分生的能力。初生愈伤组织形成以后，其细胞继续分化，逐渐形成与插条相应组织发生联系的木质部、韧皮部和形成层等组织，最后充分愈合。这些愈伤组织细胞和愈伤组织附近的细胞，在生根过程中都是非常活跃的，它们的不断分化，能形成根的生长点，在适宜的温度、湿度条件下，就能产生大量的不定根。因为这种生根情况是要先长出愈伤组织后诱导出根原基，根原基的进一步发育再分化出根系，需要的时间长，生根缓慢，所以凡是扦插成活较困难、生根较慢的植物，其生根类型大多属于愈伤组织生根型。

需要指出的是，皮部生根植物并不意味着愈伤组织不生根，而是以前者为主；反之亦然。在皮部生根型与愈伤组织生根型之间还有两者混合生根型。

◇ 实务操作

技能3-1 准备扦插育苗床

【操作1】整地

为给插穗生根和生长创造一个良好的条件，也便于扦插苗的抚育管理，在扦插前要细致整地。通过清理圃地、浅耕灭茬（深度一般为5~10cm）、耕翻土壤（深度一般为

20~30cm）及耙地等环节，使苗床平坦，土块细碎，畦埂通直，土壤疏松、湿度达到扦插要求。

【操作2】作床或作垄

生产上的扦插育苗方式可分为苗床育苗（作床）和大田育苗（作垄）两种。

作床时间应在扦插前1~2周。苗床宽100~150cm，步道宽30~40cm，长度依地形、作业方式等而定，一般10~100m不等，苗床走向以南北向为好，坡地扦插床长边与等高线平行。一般分为高床和低床两种，高床床面高出步道15~20cm，低洼积水、降水量较多、土质黏重地多采用；低床则床面低于步道15~20cm，干旱地区多用此床。

作垄是整地后作高垄，一般垄高20~30cm，垄面宽30~40cm，垄底宽60~80cm。

【操作3】苗床消毒

生产上常用药剂处理和高温处理消毒扦插苗床。

①药剂处理　常用的药剂有硫酸亚铁、硝石灰、福尔马林、必速灭、苏化911、五氯硝基苯混合剂等。依使用说明进行处理。

②高温处理　目前主要采用烧土法，是将柴草堆在圃地上焚烧。

技能3-2　插穗采集与处理

【操作1】管理采穗母本

专门用于采取插穗的植株，称为采穗母本。采穗母本要求品质优良、性状稳定、生长健壮、无病虫害，木本植物的采穗母本要求年龄要小。为了使插穗积累较多的营养，促进生根，应加强对采穗母本的水肥管理和病虫害防治。采穗前也可对母本进行环割、重剪等处理，促进营养积累或使下部和基部发出更多萌条（图3-1）。有些母树采穗后，喷1mg/L的ABT 1号生根粉或细胞分裂素，可大大提高萌芽数（图3-2）。

【操作2】插穗采集

采用完全木质化的枝条作插穗。采条要尽量采取年轻母树根颈处或主干上萌生的发育充分的1年生萌条、平茬后萌条或1~2生的苗干，以利于插穗生根。

图3-1　母本重剪后的萌条

图3-2　激素处理后的湿地松采穗母本

【操作3】剪制插穗

插穗长度10~20cm，粗短适中，带2个芽以上。切口多为上平，离芽约1cm；下斜或平（易生根），近芽基部，有可能时最好保留部分叶片；剪口平滑（图3-3、图3-4）。为便于催根或贮藏，适当分级后扎捆，并使插穗方向保持一致。

【操作4】插穗贮藏

插条一般随采随剪随扦插。落叶树枝条采集多在秋季落叶后至翌春发芽前，采后若不立即扦插，则需贮藏。贮藏方法与种子的室内贮藏和露天埋藏操作方法相似（图3-5、图3-6）。

图3-3　剪穗要求

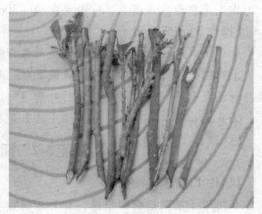

图3-4　硬枝插穗

图3-5　露天贮藏

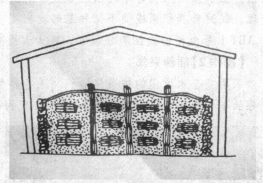

图3-6　室内贮藏

技能3-3　扦插

【操作1】确定扦插时间与扦插密度

扦插时间一年四季均可，以春季为主，低温季节应在塑料大棚或温室内进行，高温及干燥季节则可在荫棚扦插或露地扦插后搭拱罩并遮阴（图3-7）。

扦插密度视植物的生长特性及育苗规格而定，一般株距为20~30cm，行距30~60cm。

【操作2】扦插

生根困难的植物插穗密插于插床（如沙床），生根后移栽于容器。生根容易的直接插于容器或苗床。可直插或斜插，基质较疏松时硬枝插穗可直接插入。为避免插穗基部皮层破损，最好先用与插条粗细相仿的木棍钻孔后插入为好，扦插深度以插穗入土 1/3~1/2 为宜，然后压实土壤，使插穗与土壤紧密结合。若直接插入容器（塑料袋），地被植物、绿篱及丛生灌木每袋可插多条插穗，单干式植物每袋插 1 条插穗。

【操作3】灌水与覆膜

灌水可保持插穗周围土壤、空气湿润。阳光强烈时遮阴，温低干燥时拱罩覆膜（图 3-8）。

图 3-7 塑料大棚内扦插

图 3-8 插后拱罩覆膜

技能 3-4 扦插后管理

【操作1】揭膜

拱罩覆膜期间，每隔 2~3d，在当天气温较高时揭开覆膜两头通风换气一段时间后再盖回；当插穗生根、萌芽、长梢，并且气温回升稳定、达到 20~25℃ 后揭除覆膜。

【操作2】浇水

在土壤干燥时，要及时灌水，一般插后每隔 3~5d 浇水 1 次。浇水次数不宜过多，以免降低土温和影响土壤通气，不利于生根。若土壤水分过多，经常处于饱和状态，会导致插穗下端腐烂死亡。插穗生根后要适当延长浇水间隔期，可每隔 1~2 周浇水 1 次。雨季要注意排水，避免圃地积涝。

【操作3】移苗

插穗成活后要及时进行移植，或移于苗圃地，或移于容器中继续培育，直至达到出圃规格。在移植的初期，应适当遮阴、喷水，保持一定的湿度，可有效提高成活率。

【操作4】除萌或摘心

在插条苗成活后，若为单干式乔、灌木，要及时选留 1 个健壮新梢培养苗干，除掉基部多余的萌生枝；随着插条苗的生长，要及时抹除苗干下部的侧芽和嫩枝，以利于苗木茎干的正常生长。若为球形苗、地被苗或丛生的灌木苗等，新梢长到适当高度后要及时摘心，去除顶端优势，促进侧芽萌发形成侧枝。

【操作5】日常田间管理

中耕、除草以及病虫害防治等日常田间管理内容及要求均可参照播种苗的管理实施。

◇ 巩固训练

1. 以实训小组(4~5人一组)，选择2~3种树种，制订园林植物硬枝扦插育苗方案。
2. 选择其中1~2种树种进行方案实施。

要求：组内要分工合作，相互配合；选择的树种为当地可以硬枝扦插的绿化树种；要保证相应的成活率；保证设备的完整和人员的安全；档案填写要完整、准确。

◇ 自主学习资源库

1. 园林苗木生产与经营. 魏岩, 等. 中国科学技术出版社, 2012.
2. 园林苗圃. 俞禄生. 中国农业出版社, 2003.
3. 林木种苗生产技术. 2版. 邹学忠. 钱拴提. 中国林业出版社, 2014.
4. 园林树木栽植养护学. 郭学望, 包满珠. 中国林业出版社, 2004.
5. CJ/T 23—1999 城市园林育苗技术规程(营养繁殖).
6. 中国苗木网: http://www.miaomu.net/
7. 中国苗圃网: http://www.miaopu.com.cn/
8. 园林苗圃育苗规程: http://www.docin.com/p-5953298.html/
9. 南方地区苗木行情调查分析: http://www.huamu.com/show_hdr.php/

任务3.2 嫩枝扦插育苗

◇ 理论知识

3.2.1 影响扦插成活的因素

插穗能否成活取决于能否生根。影响插穗生根的主要因素有树种特性、母树年龄、枝条着生部位、穗条年龄及其发育状况与环境条件等。

①树种特性 不同树种其枝条的生根难易有很大差异。硬枝插条容易生根的树种有杨属(毛白杨、新疆杨、山杨等较难生根树种除外)、柳属、柽柳属；比较难生根的树种有槭树、刺槐、枣树、侧柏、落叶松等；极难生根的树种有核桃、板栗、栎属、山杨、冷杉、松树等。

②母树年龄及枝条着生部位 一般同一种树种，年幼植株上采集的插条较易生根；在同一母树上，着生于基部的萌蘗条、萌条较易生根。

③穗条年龄及其发育状况 穗条年龄对生根有很大影响，但因树种而异。杨属1年生枝条生根率最高，柳属、柽柳属可用1~2年生枝条，而针叶树类可在1年生插穗基部带一

些2年生枝段。枝条发育充实、粗壮的较易生根，生长细弱的枝条不宜用作插穗。

④环境条件　一般树种，插穗生根最适温度多在20～25℃。插床的土壤质地要疏松，有良好的透气性，土壤水分保持在田间持水量的80%左右，空气相对湿度保持在80%～90%，最利于生根。光照要适当，充足的光照能提高土壤温度，促进插穗生根，但光照过强会因增温而加大常绿树种插穗的蒸腾量，失去水分平衡，降低成活率。

3.2.2　激素及植物生长调节剂在扦插育苗中的应用

对插穗生根比较困难的树种，用激素及生长调节剂处理插穗能有效促进生根，提高插穗成活率。常用的生长激素有萘乙酸（NAA）、吲哚乙酸（IAA）、吲哚丁酸（IBA）、2,4-D等；生根促进剂主要有ABT生根粉；生长调节剂有GGR 6号、GGR 7号。常用激素、生长调节剂的主要用途见表3-1。

①浸泡法　将插穗下切口4～6cm浸泡在药液中，取出后用清水冲洗再扦插。溶液的配制：ABT生根粉按其商品中的说明配制；其他生长调节剂取1g，先用少量酒精溶解，再加水至1000mL，配成1000mg/L的原液，然后依需要的溶液浓度及数量，取一定量的原液加水稀释到所需要的浓度。其计算方法：加水量（1份原液的加水份数）=原液浓度/所需浓度-1。例如，原液为1000mg/L，所需浓度为200mg/L，则加水量=1000/200-1。即取1份原液加4份水。通常萘乙酸、吲哚丁酸应用浓度为50～200mg/L，浸泡12～24h。

②速蘸法　用浓度较高的溶液（多用1000mg/L）浸蘸5s；或用粉剂浸蘸插穗，使下端2cm处蘸上粉剂，蘸后随即扦插。粉剂的配制：先用少量酒精溶解1g药剂并加少量水稀释，再与1000g的滑石粉或木炭粉混合均匀，即配制成1000mg/L（0.1%）的粉剂。

表3-1　常用激素、调节剂的主要用途

名称	用途
ABT生根粉	ABT 1号主要用于难生根的树种，如银杏、松树、柏树、梨、枣、苹果、山楂等 ABT 2号主要用于扦插生根不太困难的树种，如香椿、杨、柳、花椒、刺槐、白蜡等 ABT 3号主要用于苗木移栽时，苗木伤根后的愈合，提高移栽成活率 ABT 6号广泛用于农作物、扦插育苗、播种育苗、造林等 ABT 7号主要用于农作物和经济作物的块根、块茎和扦插育苗
萘乙酸	刺激插穗生根、种子发芽，用于幼苗移植可提高成活率，用于嫁接时，用50～100mg/L速蘸切削面较好
2,4-D	用于促进插穗和幼苗生根
吲哚乙酸	促进细胞增大，增强新陈代谢和光合作用。用于硬枝扦插时，用1000～1500mg/L溶液速浸（10～15s）
吲哚丁酸	主要用于促进形成层细胞分裂和生根。用于硬枝扦插时，用1000～1500mg/L溶液速浸（10～15s）
GGR 6号、GGR 7号	主要用于扦插育苗。浓度为50～100mg/L，插穗基部约3cm浸在溶液中，嫩枝扦插通常为0.5～1h，硬枝扦插一般为一至数小时

◇ 实务操作

技能 3-5　准备扦插育苗床

【操作 1】建立扦插育苗床

扦插育苗床建立在塑料大棚或温室中（大棚或温室可随时调节温度），宽度 1~1.3m，长度与设施相适应。扦插基质可根据经济条件和当地情况选用珍珠岩、河沙、煤渣或二者的混合基质，基质厚度约 15cm。亦可直接采用容器苗床。

【操作 2】扦插基质消毒

扦插前要对育苗床进行消毒。一般用 0.5% 的高锰酸钾溶液或 2%~3% 的硫酸亚铁溶液喷洒，每平方米喷洒 5kg 左右，2~3d 后扦插。

技能 3-6　插穗采集与处理

【操作 1】插穗采集

在采条时要选择健壮的幼龄母树或根蘖条。采条期因树种而异，前期生长的树种如赤松等，在高生长停止、针叶生长即将结束之前采条最好；大多数树种适合在枝条半木质化时采条。采条适期为 5~8 月。采条宜在早晨进行，剪下的枝条要立即用塑料布包好或放在水桶中并覆盖遮阴，防止其失水萎蔫。

【操作 2】插穗剪制

嫩枝扦插的插穗长度一般为 5~15cm，带有 2~4 个节间，上切口距最上一个芽 1~2cm，下切口呈斜面并靠近腋芽 0.5cm，以利于生根。叶片应尽量保留，阔叶树要留 3~4 片叶，只去掉插穗基部的部分叶片，叶片过大或过长时可剪半。

【操作 3】插穗处理

（1）水浸法

水浸法即在扦插前用水浸泡插穗。水浸插穗最好用流水，如果用容器浸泡，要每天换水。浸泡时间一般为 5~10d，不仅能使插穗吸足水分，还能降解插穗内的抑制物质。当皮层出现白色瘤状物时进行扦插，可显著提高插穗成活率。一些阔叶树种如杨、柳等均用此法。松脂较多的针叶树，可将插穗下端浸于 30~35℃ 的温水中 2h，使松脂溶解，有利于愈合生根。

（2）激素或生长调节剂处理

①高浓度速蘸处理　将插穗基部 2cm 左右在 500~1000mg/L 溶液中速蘸（15s）后取出扦插。

②低浓度浸泡法处理　处理浓度为 50~200mg/L，浸泡时间为 1~24h。浸泡时间根据树种生根的难易和插穗的木质化程度确定，易生根和木质化程度低者浸泡时间短些，反之则长些。

技能 3-7　扦插

【操作 1】确定扦插时间

依采条时间而定，一般是随采随剪随处理随扦插。

【操作 2】确定扦插密度

一般以插穗叶片相接但不重叠为宜，通常的扦插密度为 400~1600 株/m^2。

【操作 3】扦插

扦插深度以 2~4cm 为宜，切勿过深，以利于通气。可用竹签或木棒引孔后放入插穗并随手压实基质。直接扦插于容器时视植物特性每容器可扦插 1 条或多条插穗。

技能 3-8　扦插后管理

【操作 1】浇水

为了防止插穗失水枯萎，扦插后必须经常喷雾或喷水，空气相对湿度以保持 80%~95% 为宜。一般每天喷水 2~3 次，气温高时每天喷 3~4 次。每次喷水水量不能过大，以达到降低温度、增加空气湿度而又不使插壤过湿的目的。插壤中尤其不能积水，否则，易使插穗腐烂。为此，有条件的情况下，多采用自控定时、间歇喷雾或电子喷雾装置。

【操作 2】温度和光照管理

嫩枝扦插棚内的温度控制在 18~28℃ 为宜。如果温度过高，要采取降温措施，如喷水、遮阴或通风等。但因插穗生根需要其叶片合成物质的供应，需要有适宜的光照条件，采用遮阴措施降温时，遮阴度不能过大，以利于插穗叶片进行光合作用。采用全光喷雾法时嫩枝插条成活率较高的原因也在于此。

【操作 3】移栽

因插壤中有机质和其他养分有限，插穗成活后要及时进行移植，或移于苗圃地，或移于容器中继续培育。在移植的初期，应适当遮阴、喷水，保持一定的湿度，可提高成活率。

【操作 4】炼苗

插穗生根后，若用塑料棚育苗，要逐渐增加通风量和透光度，使扦插苗逐渐适应自然条件。若为在塑料棚扦插的容器苗，可搬出大棚外露地炼苗。其他管理参照硬枝扦插育苗。

◇ 巩固训练

1. 以实训小组(3~5 人一组)为单位，选择 2~4 种乡土树种制订园林植物嫩枝扦插育苗方案。

2. 选择其中 1~2 种树种进行方案实施。

要求：组内分工合作，相互配合；选择树种要有代表性和针对性，方案制订要依据嫩枝扦插育苗的工作流程，要保证成活率。

◇ 自主学习资源库

1. 园林植物栽培养护. 成海钟. 高等教育出版社, 2002.
2. 园林苗圃. 俞禄生. 中国农业出版社, 2007.
3. 森林培育. 黄云鹏. 高等教育出版社, 2002.
4. 苗圃学. 古腾清, 潘坚. 广东省林业职业技术学校, 2010.
5. 园林树木栽植养护学. 5版. 叶要妹, 包满珠. 中国林业出版社, 2019.
6. CJ/T 23—1999 城市园林苗圃育苗技术规程.
7. 中国苗木网: http://www.miaopu.net/
8. 中国苗木网: http://www.miaopu.com.cn
9. 园林苗圃育苗规程: http://www.docin.com/p-5953298.html/
10. 农博花木网: http://flower.aweb.com.cn/

项目4 嫁接育苗

◇ **知识目标**

(1) 了解苗木嫁接的特点及作用。
(2) 掌握嫁接成活的原理、影响嫁接成活的因素、砧木和接穗的相互影响。

◇ **技能目标**

(1) 能独立选择砧木、接穗。
(2) 能根据生产实际,采用合适方法进行接穗贮藏、蜡封。
(3) 能熟练地应用常用嫁接技术。
(4) 能熟练应用嫁接工具。
(5) 能进行嫁接后的常规管理。

任务4.1 枝接育苗

◇ **理论知识**

4.1.1 嫁接繁殖的概念与特点

嫁接是指将一株植物的枝或芽接到另一株植物的茎(枝)或根上,使之愈合生长在一起,形成一个独立植株的繁殖方法。

供嫁接用的枝、芽称接穗或接芽;承受接穗或接芽的植株(根株、根段或枝段)称砧木。用枝条作接穗的称枝接,用芽作接穗的称芽接。通过嫁接繁殖所得的苗木称为嫁接苗。嫁接苗与其他营养繁殖苗的不同点是借助于另一植物的根从土壤中吸收养分和水分,因此,嫁接苗为"它根苗"。

嫁接繁殖是园林植物育苗生产中一种很重要的方法。它除具有一般营养繁殖的优点外,还具有其他营养繁殖所不具备的特点:

(1) 快繁良种

嫁接育苗具有方便、快捷、成活率高等优点,是目前苗木生产中广泛应用的方法。通过嫁接可以大量繁育性状基本一致的苗木,对苗木生产意义重大。

(2) 增强抗性

通过嫁接可以利用砧木的乔化性、矮化性等特性以及抗寒性、耐涝性、抗旱性、耐盐碱性和抗病虫等优点，增强嫁接品种的适应性、抗逆性，并增强苗木的生长势，有利于扩大苗木的适宜栽培范围和栽植密度。

(3) 更新加快

随着新的苗木品种不断问世，对特色品种苗木的需要明显增长。重新定植苗木费工、费事，要达到理想效果所需要的时间较长。而利用嫁接技术进行高接换头，仅仅需要2~3年的时间即可恢复。

4.1.2 嫁接成活的原理

嫁接能否成活取决于嫁接后砧木和接穗的组织能否愈合，而愈合的主要标志是维管组织的联结。嫁接能够成活，主要是依靠砧木和接穗之间的亲和力以及结合部位和形成层的再生能力。形成层是介于木质部与韧皮部之间再生能力很强的薄壁细胞层。在正常情况下，薄壁细胞层进行细胞分裂，向内形成木质部，向外形成韧皮部，使树木加粗生长。在树木受到创伤后，薄壁细胞层还具有形成愈伤组织把伤口保护起来的功能。所以，嫁接后砧木和接穗结合部位各自的形成层薄壁细胞进行分裂，形成愈伤组织，逐渐填满接合部的空隙，二者的新生细胞紧密相接，形成共同的形成层，向外产生韧皮部，向内产生木质部，两个异质部分从此结合为一体。这样，由砧木根系从土壤中吸收水分和无机养分供给接穗，接穗的枝叶制造有机养料输送给砧木，二者结合形成了一个能够独立生长发育的新个体。

◇ 实务操作

技能4-1　砧木培育

【操作1】砧木选择

性状优异的砧木是培育优良园林树木的重要环节。选择砧木的条件是：与接穗亲和力强；对接穗的生长和开花有良好的影响，并且生长健壮、寿命长；对栽培地区的环境条件有较强的适应性；来源充足，容易繁殖；对病虫害抵抗力强。

【操作2】砧木培养

以播种的实生苗作砧木最好。它具有根系发达、抗性强、寿命长和易大量繁殖等优点，但对种源很少或不易进行种子繁殖的苗木也可用扦插、分株、压条等营养繁殖苗作砧木。

砧木的大小、粗细、年龄与嫁接成活率和嫁接后苗木的生长有密切关系。生产实践证明，一般园林苗木所用砧木，粗度以1~3cm为宜。生长快而枝条粗壮的核桃、楸树等，砧木宜粗；而小灌木及生长慢的苗木，砧木可稍细。砧木的年龄以1~2年生为最佳，生长慢的针叶树也可用3年生以上的苗木作砧木。

目前，生产上针叶树的砧木苗，都采取与接穗相同树种的种子作播种材料（共砧），在嫁接前2~4年开始培育，然后选择壮苗作砧木。通常落叶松选用2~3年生苗；油松、樟子松选用

3~4年生苗；红松、云杉选用4~5年生苗；阔叶树选用1~2年生苗。榆树、槐树、刺槐等甚至可用大树进行高接换头，但在嫁接方法和接后管理上需做相应的调整。

技能4-2　采集母树及接穗

【操作1】选择母树及接穗

采穗母树必须是品质优良、观赏价值及经济价值高、优良性状稳定的优良母株。

接穗应选择母株生长健壮、发育良好、无病虫害的树冠外围枝条，尤其是向阳面光照充足的生长旺盛、发育充实饱满的当年生新梢（秋季芽接）或1年生枝条（春季芽接）。但针叶常绿树接穗应带有一段2年生发育粗壮的枝条，以提高嫁接成活率并促进生长。

【操作2】采集接穗

针叶苗木采集接穗，多于2月下旬至3月中旬树木萌动前进行。以采集优树树冠中部、中上部的外围枝条最好。这种枝条光照充足、生长健壮、顶芽饱满，具有发育阶段老而枝龄较小的特点，不但能提早结实，而且可塑性大，生长势强。采集接穗长度为50~70cm。

落叶阔叶树枝接用的接穗，在落叶后即可采集，最迟不得晚于发芽前2~3周。

采集的接穗要注明品种（或类型）、树号，分别捆扎，拴上标签，以防混杂。装入塑料袋中或用水浸蒲包、草帘包装好，迅速运输。运回的接穗及时窖藏，保持低温、湿润状态，以防干枯、霉烂，注意经常检查。

芽接用的接穗多采用当年生的枝条，最好是随采随接，采集的接穗要立即剪去叶片（留一段叶柄），以减少水分蒸发。

【操作3】贮藏接穗

如果接穗过多一时接不完，特别是芽接接穗，应按不同品种（或类型）分别贮存。可将接穗下端浸水，置于阴凉处，每日换水，或放在阴凉的通风处，接穗下端用湿沙埋上。如果数量不多，可在井内贮存（不要浸入水中）。采取上述方法可保存1周以上，但不宜超过10d，否则影响成活。

近几年来，采用蜡封法贮藏接穗，取得良好效果。即将采集的接穗在100~105℃的石蜡中速蘸（3~5s），将枝条全部蜡封，放在0~5℃的低温条件下贮藏，翌年随时都可取出嫁接，直到夏季取出已贮存半年以上的接穗，接后成活率仍很高。这种方法不仅有利于接穗的贮存和运输，并且可有效地延长嫁接时间，在生产中有很好的推广价值。

技能4-3　嫁接

【操作1】确定嫁接时间

适宜的嫁接时间是嫁接成活的关键因素之一，嫁接时间的选择与植物的种类、嫁接方法、物候期有关。

一般来讲，枝接宜在春季萌芽前2~3周即2月下旬至3月中下旬进行。因为在这段时间内，砧木的形成层已开始活动，可以供给接穗所需的水分和养料，促进愈伤组织的形成。同时，在这段时间里接穗的芽刚刚萌动，因此嫁接后容易成活。

【操作2】嫁接

嫁接方法很多，常因植物种类、嫁接时期、气候条件、砧木大小、育苗目的不同而选择不同的方法，一般根据接穗不同分为枝接和芽接。以带有2~3个芽的枝段作为接穗进行的嫁接称为枝接，以芽作接穗进行的嫁接称为芽接。枝接又根据枝条木质化的程度分为硬枝接和嫩枝接。枝接的方法有：劈接、切接、腹接、插皮接、靠接等。

(1) 劈接

这是最常用的方法。通常在砧木较粗、接穗较细或砧木与接穗等粗时使用。根接、高接换头和芽苗砧嫁接均可使用。

把采下的接穗去掉梢头和基部不饱满的部分，剪成5~8cm长、有2~3个芽的枝段，在芽上0.5~0.8cm处剪断。然后把接穗基部削成楔形，削面长2.5~3.5cm，削面要平滑，外侧比内侧稍厚。

将砧木在离地面10cm左右光滑处剪断，并削平切口，用劈接刀从其横断面的中心垂直下切，深3~4cm。

用劈接刀撬开劈口，插入已削好的接穗，使砧木、接穗一侧的形成层对齐，并注意削面稍厚的一侧朝外。砧木较粗时，可同时插入2个接穗。插接时要露0.2~0.3cm的削面在砧木外，即俗称"露白"。这样接穗和砧木形成层接触面积大，有利于分生组织的形成和愈合。接穗插入后用嫁接膜绑紧接口。绑扎时注意不要露出嫁接部位，不要触动接穗，以免二者形成层错开，影响愈合(图4-1)。接口也可培土覆盖，或套塑料保湿袋。

图 4-1 劈 接

1. 削接穗(楔形) 2. 劈砧 3. 插入接穗(露白) 4. 绑扎

(2) 切接

切接也是枝接中最常用的方法之一，其特点是砧木、接穗均带木质部切削。通常在砧木较细时使用。

接穗长5~8cm，一般不超过10cm，带2~3个芽。将接穗从下芽背面用切接刀向内切后即向下与接穗中轴平行切削到底，内切深度不超过髓心，切面长2~3cm，再把该切面背面末端切削成一个长0.5cm左右呈45°的小斜面。削面必须平滑，最好一刀削成。

砧木宜选用直径1~2cm的幼苗，稍粗也可以。在距地面10cm左右或适宜高度处剪砧，削平断面，选取较平滑的一侧，用切接刀在砧木一侧略带木质部（在横断面上为直径的1/5~1/4处）垂直向下切，深2~3cm。

将削好的接穗的大削面向内插入砧木切口中，使砧木与接穗形成层对齐。如果砧木切口过宽，可对准一边形成层。接穗的削面上端要露出0.2~0.3cm，然后用塑料条由上而下捆扎紧密。必要时，可在接口处封泥、涂抹接蜡或埋土，达到保湿的目的（图4-2）。

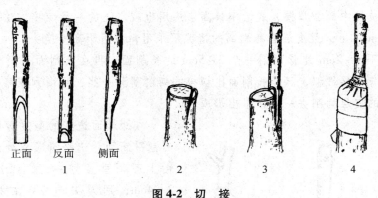

图4-2 切 接

1. 削接穗 2. 切砧 3. 插入接穗 4. 绑扎

（3）腹接

腹接又称为腰接，是在砧木腹部进行的枝接。可在嫁接后立即剪砧，也可在嫁接后不剪砧木，仅除去砧木顶梢，待成活后再剪砧。常用于龙柏、五针松等针叶树种的繁殖。腹接有切腹接和嵌腹接等。

①切腹接 选择与砧木粗细相同的枝条作接穗，剪成6~12cm长、上有3~4个芽的枝段，将其基部削成正、背2个楔形削面，其中一个削面稍长，为2.5cm左右，另一个削面稍短，为2.0~2.3cm。

将1~2年生的砧木，在距地面10cm左右处，选择其光滑的侧面，与干成20°~30°的斜角斜削下去，深度达到砧木直径的1/3~1/2，然后插入楔形接穗，使接穗的长削面朝内，短削面朝外，对准形成层，再进行绑扎和套袋。

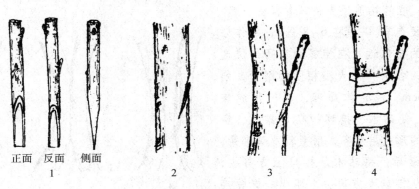

图4-3 腹 接

1. 削接穗 2. 砧木接口 3. 插入接穗 4. 绑扎

②嵌腹接　这种腹接选用的砧木较粗。将接穗剪成 6~12cm 长并有几个芽的枝段，将其基部削成一个 3.5cm 左右的斜面，在其反面削成一个 0.5cm 左右的短削面。

在砧木距地 15cm 左右处，选取平滑的一面，将砧木皮层切成"Π"字形的切口，掀开皮层，嵌入接穗，再把砧木的皮层包住接穗，用嫁接膜绑紧（图 4-3）。

(4) 插皮接

插皮接是枝接中最易掌握、成活率最高、应用也较广泛的一种嫁接方法。要求砧木较粗，直径在 3cm 以上，且皮层容易剥离的情况下采用，多用于高接换头。

在接穗芽下 1~2cm 处背面削一个 3~5cm 的长削面，再在长削面后削 0.5cm 的短削面。削面形状与切接近似，只是长削面比切接的切削稍深一些，可削到或略超过髓心，也可将削面两侧的皮层稍削去一些，露出形成层。

在距地面适宜的高度剪断砧木，用快刀削平断面，选平滑顺直处，将砧木皮层由上而下垂直划一刀，深达木质部，长 2~4cm，用刀尖向左、右挑开皮层（图 4-4）。

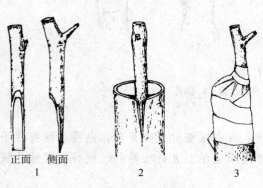

图 4-4　插皮接
1. 削接穗　2. 砧木切口形状及插入接穗　3. 绑扎

将削好的接穗在砧木切口处沿皮层和木质部中间插入，长削面朝向木质部，并使接穗的背面对准砧木的切口正中。接穗插入时要轻，注意留白。如果砧木较粗或皮层韧性较好，砧木皮层也可不开口，直接将削好的接穗插入砧木皮层即可，最后用嫁接膜绑缚。高接时如果砧木很粗，一个砧木上可同时接上 3~4 个接穗，接后可在接穗上套袋保湿。

(5) 靠接

靠接主要用于培育一般嫁接难于成活的珍贵树种，要求砧木和接穗均为自根植株，且粗度近似，在嫁接前还要将二者移在一起。

在生长季节（一般在 6~8 月），将作砧木和接穗的苗靠近，在相邻的等高部位选取光滑处，各削一个大小相同的削面，削面长 3~6cm，深达木质部，露出形成层（图 4-5）。使砧木、接穗的切口靠近、密接，双方的形成层对齐，用塑料薄膜绑紧，待愈合成活后，将砧木从接口上方剪去，并将接穗从接口下方剪去，即成一株嫁接苗。这种嫁接方法的砧木和接穗均有根，不存在接穗离体失水问题，故容易成活。

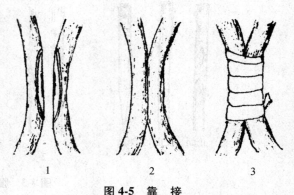

图 4-5　靠接
1. 砧木与接穗削面（大小一致）　2. 形成层对接　3. 绑扎

技能 4-4　嫁接后管理

【操作 1】检查成活情况

一般枝接需在 20~30d 后才能看出成活与否。若接穗保持新鲜，皮层不皱缩、不失水，或接穗上的芽已萌发生长，即为嫁接成活。成活后应选留方向位置较好、生长健壮的上部一枝延长生长，其余去掉。

冬季寒冷、干旱地区，于结冻前培土。应培至接芽以上，以防冻害。春季解冻后应及时扒开，以免影响接芽的萌发。

【操作 2】松绑

生产上苗木嫁接大多使用嫁接膜作为捆绑物，其能保湿、弹性好、绑得紧，并且经济、操作方便、成活率高，但是塑料嫁接膜难腐烂，不解除会影响苗木生长。

解除塑料绑缚物一定要掌握好时间，若解除过早，嫁接口愈合不牢固，嫁接苗容易折断；若解除过晚，嫁接捆绑处会出现缢痕，风吹后苗木会从缢痕处折断。具体解除时间掌握在嫁接捆绑处即将要出现缢痕时解除为宜，解除方法为用小刀竖向上下划破即可。

枝接由于接穗较大，愈合组织虽已形成，但砧木和接穗结合常常不牢固，因此解绑不宜过早，以防风吹脱落，最好在新梢长到 20~30cm 时解除绑缚物。

【操作 3】剪砧、抹芽和除萌

枝接在嫁接的同时进行剪砧，剪口位于接芽以上 1cm 左右，切口削平。

苗木嫁接剪砧后，砧木会长出许多萌蘖。为减少萌蘖消耗大量的营养，促进嫁接成活的新梢迅速成长，对砧木上的萌蘖则及时进行抹除。如果不及时抹除，砧木萌蘖生长快，而接穗得到养分少，新梢会因养分供应不足而生长慢甚至逐渐死亡。第一次抹除萌蘖在嫁接后 7d 左右进行，以后发现砧木长出萌蘖就及时进行抹除，一般抹除萌蘖 3~4 次后，接穗进入生长旺盛阶段，萌蘖就相应停止萌发生长。注意抹除萌蘖时要蹲在过道上，不要刮碰接穗而影响嫁接成活率。

【操作 4】补接

嫁接失败后，应抓紧时间进行补接。应从根蘖中选一壮枝保留，其余剪除，使其健壮生长，留作芽接或翌春枝接用。

【操作 5】田间管理

嫁接前彻底清除苗圃内杂草。嫁接后出现杂草时，要用小锄小心除草，不要刮碰接穗。解除绑缚物后，用大锄正常进行田间除草。

通常在嫁接前灌 1 次透水。嫁接后解除绑缚物前，不特别干旱时不进行浇水，以防止刮碰嫁接苗，影响成活率。解除绑缚物后，若出现干旱，及时进行浇水。

苗木进入迅速生长阶段后(6 月中下旬)，追施尿素，追肥后及时进行浇水。追肥方法多采取沟施。

嫁接后必须经常检查有无病虫害发生。以预防为主，早期诊治。

◇ 巩固训练

1. 训练要求

（1）以小组为单位开展训练，组内要分工合作、相互配合、团队协作。

（2）各小组拟定执行方案，技术方案应具有科学性和可行性。

（3）做到安全生产，操作程序符合要求。

2. 训练内容

（1）结合园林绿化苗木生产任务，以小组为单位，在咨询学习、小组讨论的基础上制订具体嫁接技术方案。

（2）以小组为单位，依据技术方案进行一定任务的嫁接技能训练。

3. 可视成果

园林绿化苗木生产技术（枝接）方案及具体实施方案；嫁接操作规范及成活苗木。

◇ 自主学习资源库

1. 园林苗木生产与经营. 魏岩, 等. 中国科学技术出版社, 2012.
2. 园林苗木生产技术. 苏付保. 中国林业出版社, 2004.
3. 园林苗木生产技术手册. 谢云. 中国林业出版社, 2012.
4. 园林苗木生产技术. 王国东. 中国农业出版社, 2011.
5. 园林苗木生产技术. 黄云玲. 厦门大学出版社, 2013.
6. 园林苗圃育苗技术. 任叔辉. 机械工业出版社, 2011.
7. 林木种苗生产技术. 2版. 邹学忠, 钱拴提. 中国林业出版社, 2014.
8. CJ/T 23—1999　城市园林育苗技术规程(营养繁殖).
9. 中国苗木网: http://www.miaomu.net/
10. 中国苗圃网: http://www.miaopu.com.cn/
11. 园林苗圃育苗规程: http://www.docin.com/p-5953298.html/
12. 南方地区苗木行情调查分析: http://www.huamu.com/show_hdr.php/

任务4.2　芽接育苗

◇ 理论知识

4.2.1　影响嫁接成活的因素

4.2.1.1　影响嫁接成活的内因

影响嫁接成活的内因包括砧木和接穗的亲和力、砧木和接穗的生活力及树种的生物学特性等。

（1）砧木和接穗的亲和力

嫁接亲和力就是接穗与砧木经嫁接而能愈合生长的能力。具体地说，就是接穗和砧木在形态、结构、生理和遗传性上彼此相同或相近，因而能够互相亲和而结合在一起的能力。嫁接亲和力的大小，表现在形态、结构上，是彼此形成层和薄壁细胞的体积、结构等相似度的大小；表现在生理和遗传性上，是形成层或其他组织细胞生长速率、彼此代谢作用所需的原料和产物的相似度的大小。

嫁接亲和力是嫁接成活最基本条件。不论用哪种植物，也不论用哪种嫁接法，砧木和接穗之间，都必须具备一定的亲和力。亲和力高，嫁接成活率也高；反之，嫁接成活的可能性越小。亲和力的强弱与树木亲缘关系的远近有关。一般规律是，亲缘关系越近，亲和力越强。所以品种间嫁接最易接活，种间次之，不同属之间又次之，不同科之间则较困难。

（2）砧木和接穗的生活力及树种的生物学特性

愈伤组织的形成与植物种类及砧木和接穗的生活力有关。一般来说，砧木和接穗生长健壮，营养器官发育充实，体内营养物质丰富，生长旺盛，形成层细胞分裂活跃，嫁接就容易成活。所以砧木要选择生长健壮、发育良好的植株，接穗也要从健壮母树的树冠外围选择发育充实的枝条。如果砧木萌动比接穗稍早，可及时供应接穗所需的养分和水分，嫁接易成活；如果接穗萌动比砧木早，则可能因得不到砧木供应的水分和养分"饥饿"而死；如果接穗萌动太晚，砧木溢出的液体太多，则可能"淹死"接穗。有些种类如柿树、核桃富含单宁，切面易形成单宁氧化隔离层，阻碍愈合；松类富含松脂，处理不当也会影响愈合。

接穗的含水量也会影响嫁接的成功。如果接穗含水量过少，形成层就会停止活动，甚至死亡。一般接穗含水量应在50%左右。所以接穗在运输和贮藏期间，不要过干或过湿。嫁接后也要注意保湿，如低接时要培土堆，高接时要绑缚保湿物，以防水分蒸发。

此外，如果砧木和接穗的细胞结构、生长发育速度不同，则嫁接会形成"大脚"或"小脚"现象。如在黑松上嫁接五针松，在女贞上嫁接桂花，均会出现"小脚"现象。

4.2.1.2 影响嫁接成活的外因

外因主要是温度、湿度、光照和通气的影响。在适宜的温度、湿度和良好的通气条件下进行嫁接，有利于愈合成活和苗木的生长发育。

（1）温度

温度对愈伤组织形成的快慢和嫁接成活有很大的影响，温度过高或过低，都不适宜愈伤组织的形成。在适宜的温度下，愈伤组织形成最快且易成活。一般植物在25℃左右嫁接最适宜，但不同物候期的植物，对温度的要求也不一样。物候期早的比物候期迟的适温要低，如桃、杏在20~25℃嫁接最适宜，而山茶则在26~30℃嫁接最适宜。春季进行枝接时，各树种安排嫁接的次序主要以此来确定。

（2）湿度

湿度对嫁接成活的影响很大。一方面，嫁接后愈伤组织的形成需具有一定的湿度条件；另一方面，保持接穗的活力亦需一定的空气湿度。大气干燥会影响愈伤组织的形成和造成接穗失水干枯。土壤湿度、地下水的供给也很重要。嫁接时，如果土壤干旱，应先灌水增加土壤湿度。

(3) 光照

光照对愈伤组织的形成和生长有明显抑制作用。在黑暗的条件下，有利于愈伤组织的形成，因此，嫁接后一定要遮光。低接用土埋，既保湿又遮光。

(4) 通气状况

通气状况对愈合成活也有一定影响。给予一定的通气条件，可以满足砧木与接穗接合部形成层细胞呼吸作用所需的氧气。

4.2.1.3 嫁接技术

在所有嫁接操作中，用刀的技术和速度是最重要的。

(1) 接穗的削面是否平滑

嫁接成活的关键因素是接穗和砧木形成层的紧密结合。这就要求接穗的削面一定要平滑，这样才能与砧木紧密贴合。如果接穗削面不平滑，嫁接后接穗与砧木之间的缝隙就大，需要填充的愈伤组织就多，就不易愈合。因此，削接穗的刀要锋利，削时要做到平滑。

(2) 接穗削面的斜度和长度是否适当

嫁接时，接穗和砧木间同型组织接合面越大，二者的输导组织越易连通，成活率就越高；反之，成活率就越低。

(3) 接穗与砧木的形成层是否对准

大多数植物的嫁接成活是接穗与砧木的形成层积极分裂的结果。因此，嫁接时二者的形成层对得越准，成活率就越高。

(4) 嫁接速度

嫁接速度快而熟练可避免削面风干或氧化变色，从而提高成活率。熟练的嫁接技术和锋利的接刀，是嫁接成功的基本条件。

4.2.2 砧木和接穗的相互影响

(1) 砧木对接穗的影响

一般砧木都具有较强和广泛的适应能力，如抗旱、抗寒、抗涝、抗盐碱、抗病虫等，因此能增加嫁接苗的抗性。如用海棠作苹果的砧木，可增加苹果的抗旱和抗涝性，同时也增加对黄叶病的抵抗能力；用枫杨作核桃的砧木，能增加核桃的耐涝和耐瘠薄性。

砧木对接穗长成植株达到结实年龄的早晚及果实的成熟期、色泽、品质、产量、耐贮性等方面都有一定的影响。如'金冠'苹果嫁接在河南海棠上结果早，而嫁接在'三叶'海棠上结果较晚。甜橙嫁接在酸柚上，果盘变厚，风味变淡，但嫁接在酸橙上则相反。

有些砧木能控制接穗长成植株的大小，使其乔化或矮化。能使嫁接苗生长旺盛、高大的砧木称为乔化砧，如山桃、山杏是梅花、碧桃的乔化砧；相反，有些砧木能使嫁接苗生长势变弱，植株矮小，称为矮化砧，如寿星桃是桃和碧桃的矮化砧。一般乔化砧能推迟嫁接苗的开花、结果期，延长植株的寿命；矮化砧则能促进嫁接苗提前开花、结实，缩短植株的寿命。

（2）接穗对砧木的影响

嫁接后砧木根系的生长要依靠接穗所制造的养分，因此接穗对砧木也会有一定的影响。例如，杜梨嫁接后，其根系分布较浅，且易发生根蘖。

◇ 实务操作

技能 4-5　采集接穗

【操作1】选择接穗

在接穗的选择上要注意采集的树龄和部位，幼树和成龄树上徒长枝嫁接后开花结实晚；成龄树上部的发育枝生长健壮，嫁接后开花结实早。如果采集带花芽的枝作接穗，开花结果最早，但此类枝条往往比较细弱，嫁接后生成愈伤组织少，成活率较低。

【操作2】剪取接穗

选取枝条中段充实饱满的芽作接芽，上端的嫩芽和下端的隐芽都不宜采用。芽片大小要适宜，芽片过小，与砧木的接触面小，接后难成活；芽片过大，插入砧木切口时容易折伤，造成接触不良，成活率低。削取芽片时应注意保护芽垫或带少量木质部。接芽一般削成盾形或环块形，盾形接芽长 1.5~2.0cm，环块形接芽大小视砧木及接芽枝粗细灵活掌握。

技能 4-6　嫁接

【操作1】确定嫁接时间

芽接可在春、夏、秋三季进行，最适宜为立秋前后。这个时期正是嫩枝发育充实、树液流动旺盛时期，多数花木砧木树皮易于剥离，因此接后成活率高。但秋季嫁接不可过晚，否则因气温逐渐降低，不仅砧木皮层与木质部不易剥离，而且容易遭受冻害，成活率不高。

【操作2】嫁接

芽接的方法有："T"字形芽接、嵌芽接、块状芽接等。

（1）"T"字形芽接

"T"字形芽接为目前应用最广泛的芽接技术，操作简单，嫁接速度快，成活率高，一般在夏、秋季皮层易剥离时进行，以直径 1~3cm 的砧木为宜。

在已去掉叶片仅留叶柄的接穗枝条上，选健壮饱满的芽，在芽上方1cm左右处先横切一刀，深达木质部，再从芽下1.5cm处从下往上削，略带木质部，使刀口与横切的刀口相交，削出盾形芽片，然后用拇指横向推取芽片（图4-6）。

在砧木距地面 10~15cm 处背阴面的光滑部位，用芽接刀横切一刀，再从横切口中央

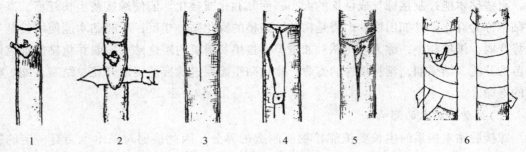

图 4-6 "T"字形芽接

1、2. 切削芽片　3、4. 切砧　5. 插入接穗　6. 绑扎(仅露出芽及叶柄或全封闭)

垂直纵切一刀，长 1.5~2.0cm，切断皮层，在砧木上形成一个"T"字形切口。

用芽接刀撬开砧木切口，将芽片插入"T"字形切口内，并向上推一下，使其横断面与砧木横切口皮层紧密相连，芽片被挑开的砧木皮层包裹，用嫁接膜绑扎，仅露出芽及叶柄或全封闭。

(2) 嵌芽接

嵌芽接又称为带木质部芽接。此法不受树木离皮与否的季节限制，且嫁接后接合牢固，利于成活，已在生产实践中广泛应用。嵌芽接适用于大面积育苗。

切削芽片时，自上而下切取，在芽的上部 1.0~1.5cm 处稍带木质部往下斜切一刀，再在芽的下部 1.5cm 处横向切一刀，即可取下芽片。一般芽片长 2~3cm，宽度不等，依接穗粗度而定。砧木的切法是在选好的部位自上向下稍带木质部削一个与芽片长宽均相等的切面。将此切开的稍带木质部的树皮上部切去，下部留 0.5cm 左右，接着将芽片插入切口使二者形成层对齐，再将砧木切口留下部分贴到芽片上，用嫁接膜绑扎好即可（图 4-7）。

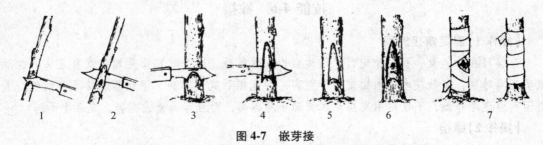

图 4-7 嵌芽接

1、2. 切削芽片　3~5. 切砧　6. 插入接穗　7. 绑扎(露芽绑扎或封闭绑扎)

(3) 块状芽接

此法芽片与砧木形成层接触面积大，成活率较高，多用于柿树、核桃等较难成活的树种。因其操作较复杂，工效较低，一般树种不采用。其具体方法是：取长方形芽片，再按芽片大小在砧木上切开皮层，嵌入芽片(图 4-8)。砧木的切法有两种，一种是切成"冂"字形，称"单开门"芽接；另一种是切成"工"字形，称"双开门"芽接。注意嵌入芽片时，使芽片四周至少有两面与砧木切口皮层密接，嵌好后用嫁接膜绑紧。

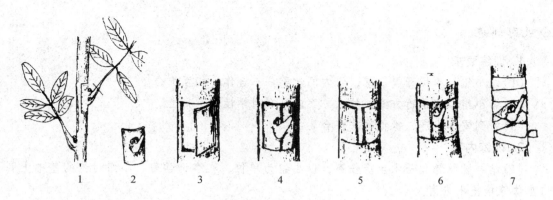

图 4-8 块状芽接

1、2. 切削芽片　3、4. 切砧、插入接穗（单开门）　5、6. 切砧、插入接穗（双开门）　7. 露芽绑扎

技能 4-7　嫁接后管理

【操作1】检查成活情况

对于大多数芽接苗木来说，嫁接后 10~15d 检查成活率。检查的方法是用手轻轻推动接芽上的叶柄，如果一触即掉说明该接芽已经成活。成活的接穗表现为：新鲜，芽眼饱满，接穗与砧木已互相愈合，叶柄变黄、发霉甚至发黑。这是因为接活后具有生命力的芽片叶柄基部会产生离层。未活的接穗表现为：发黄、干枯或霉烂，不能产生离层，故叶柄不易碰掉。对未接活的，在砧木尚能离皮时，应立即补接。

【操作2】松绑

夏季芽接在成活 15d 左右可解除绑缚物，以防绑缚物绕入砧木皮层内，使芽片受伤，影响成活。秋季芽接当年不发芽的应于翌年萌芽后松绑。

【操作3】剪砧、抹芽和除萌

夏、秋芽接的应在翌春萌芽前剪砧，在我国南方，夏季桃、李芽接成活后可立即剪砧，促进萌芽生长；春季芽接可在嫁接时或芽接成活后剪砧。剪口应在接芽以上 1cm，并稍倾斜，剪口过高会影响接芽萌发生长，过低则伤害接芽。

幼苗芽接剪砧后，在砧木基部会长出很多萌蘖，其生长均比接芽快，必须除去，否则接芽生长受影响乃至死亡。由于砧木上的主芽、侧芽、隐芽、不定芽都能不断萌发生长，因此，清除1次是不够的，必须随时除萌（一般要进行 4~5 次）。待接穗生长旺盛时，萌蘖才能停止生长。

【操作4】补接

8 月芽接，在接后 10~15d 进行补接。9~10 月嫁接，可在翌春 3 月补接。

【操作5】田间管理

嫁接后的植株由于生长旺盛，需肥量大，要及时追施适量的化肥，以氮肥为主。也可进行叶面喷肥，前期用 0.5% 尿素溶液喷施 2~3 次，后期用 1% 磷肥过滤浸出液和 0.5% 的硫酸钾溶液喷施。追肥后应浇一次透水。

嫁接后的苗木应经常查看，防止新梢遭受虫害。如果发现有虫害发生，应及时喷杀。

◇ 巩固训练

1. 训练要求

(1) 以小组为单位开展训练,组内同学要分工合作、相互配合。

(2) 各小组拟定执行方案,技术方案应具有科学性和可行性。

(3) 做到安全生产,操作程序符合要求。

2. 训练内容

(1) 结合园林绿化苗木生产任务,以小组为单位,在咨询学习、小组讨论的基础上制订具体嫁接技术方案。

(2) 以小组为单位,依据技术方案进行一定任务的嫁接技能训练。

3. 可视成果

园林绿化苗木生产技术(芽接)方案及具体实施方案;嫁接操作规范及成活苗木。

◇ 自主学习资源库

1. 园林苗圃学. 2 版. 成仿云. 中国林业出版社, 2019.
2. 园林苗圃. 王秀娟. 中国农业大学出版社, 2009.
3. 园林苗圃. 石进朝. 中国农业出版社, 2009.
4. 园林苗圃. 杨玉贵, 王洪军. 北京大学出版社, 2007.
5. 园林苗圃. 鞠志新. 化学工业出版社, 2009.
6. 园林苗圃育苗技术. 任叔辉. 机械工业出版社, 2011.
7. 林木嫁接技术图解. 高新一, 王玉英. 金盾出版社, 2009.
8. 园林苗圃学. 刘晓东, 韩有志. 中国林业出版社, 2011.
9. 中华园林网: http://www.yuanlin365.com/
10. 中国苗木花卉网: http://www.cnmmhh.com/
11. 中国园林网: http://www.yuanlin.com/
12. 中国风景园林网: http://www.chla.com.cn/
13. 中国园林绿化网: http://www.yllh.com.cn/
14. 中国农业科学院: http://www.caas.net.cn/

项目 5　压条与分株育苗

◇ **知识目标**

(1) 了解苗木压条与分株的特点。
(2) 掌握压条育苗、分株育苗的基本方法及应用。
(3) 掌握压条苗与分株苗的养护管理知识。

◇ **技能目标**

(1) 能根据品种特性及气候条件制订压条、分株的生产方案。
(2) 能根据生产需要进行压条苗、分株苗的养护管理。
(3) 能进行压条育苗。
(4) 能进行常见园林苗木分株育苗。

任务 5.1　压条育苗

◇ **理论知识**

5.1.1　压条育苗的概念与特点

压条繁殖是无性繁殖的一种,是将连着母体的枝条压埋于土中或包埋于生根介质中,待不定根产生后切离母体,形成一株完整的新植株。在自然条件下,常可看见一些树种如黄桷树、山毛榉属和悬钩子属植物等无需人为帮助也能自行压条繁殖。

压条繁殖方式简单,设备少,但操作费工,繁殖系数低,不能大规模采用。适于扦插难以生根的树种,如龙眼、荔枝、杧果、榛子、番石榴、圆叶葡萄及苹果无性系砧木等繁殖。

5.1.2　压条生根的原理

压条前一般在芽或枝的下方发根部位进行创伤处理,然后将处理部位埋压于基质中。这种前处理如环剥、绞缢、环割等,将顶部叶片和枝端生长枝合成的有机物质和生长素的向下输送通道切断,使这些物质积累在处理口上端,形成一个相对高浓度区。由于其木质部又与母株相连,所以继续得到源源不断的水分和矿质营养的供给,使切口处像扦插生根一样,产生不定根。

◇ 实务操作

技能 5-1　枝条、压条部位选择

【操作 1】选择枝条

选择发育充实、健壮的 1~3 年生的枝条。

【操作 2】确定压条部位

压条部位在适当的枝条基部向上 15~30cm 处。

技能 5-2　压条生根处理

为了促进压条生根，需要对压条做促根处理。

【操作 1】刻伤

在压条部分节下纵向刻出几道短小的伤痕或横向环割一圈；或用刀在枝干上向上斜切一刀，深度约为干径的 1/2，在裂缝中夹一块石头；或在干上先横切一刀，然后纵向劈一裂缝，缝内塞一块石头。

【操作 2】扭枝

在压条下边切一个伤口，然后扭弯伤口使上端枝垂直向上生长。这种方法伤口较大，截断了一部分枝条与母株的连接，刺激伤口生根。

【操作 3】环剥

选择 2 年生或 1 年生成熟枝条，在枝条节、芽的下部剥去约 2cm 宽的枝皮，深度达木质部且把真皮剥除。

【操作 4】缩缢

用金属丝在枝条的节下面绞缢，以阻止上部养分及激素向下运输，促进生根。

技能 5-3　压条育苗

【操作 1】确定压条育苗时间

压条时间依植物的生长阶段分为休眠期压条和生长期压条，而以休眠期压条较为常用。

①休眠期压条　在秋季落叶后或早春发芽前，利用 1~2 年生的成熟枝条进行压条。早春枝叶未萌发，枝条积累的养分充足，此时压条，容易生根成活。

②生长期压条　在生长期中进行，一般在雨季进行。北方多在春末至夏初，南方常在春、秋两季，利用当年生的枝条压条。

【操作 2】确定压条育苗方法

压条育苗方法有普通压条和高枝压条两种。普通压条分为单枝压条、连续压条、波状压条和堆土压条。主要用于植株低矮，基部枝条较低，枝条柔嫩，易于弯曲的植物种类，如夹竹桃、茉莉花等。高枝压条主要用于大型、具木质茎、枝条不易弯曲的植物，如橡皮树等。

(1) 单枝压条法

此法多用于乔木类花卉,如桃花、樱花、梅花、海棠、玉兰、紫荆、垂丝海棠等少量繁殖时,可以利用主干上的徒长枝进行单枝压条繁殖(徒长枝很长且比较柔软,可轻易压倒在地面上)。

压条时将母株接近地面的一、二年生枝条或徒长枝向下弯曲,再把下弯的部分刻伤或环状剥皮,有条件的话可以涂抹上2000mg/g的NAA,然后埋入土中(深15cm左右),用钩子把埋入土内部分固定,同时将被压枝条的枝梢部分露出地面,并用竹竿绑扎固定,使其竖立生长。待刻伤部分生根后即可剪离母株另行栽植(图5-1)。

(2) 连续压条法

此法多用于金银花、紫薇、爬山虎、木香、凌霄、葡萄等藤本花卉。这些花木的生根能力很强,碰到湿润土壤时就会自然生根,节间腋芽也能同时萌发并向上抽生新梢。

压条时先把母株上靠近地面的枝条的节部轻轻刻伤,再将刻伤部位浅埋进事先挖好的沟内,深度不要超过3cm,使枝梢露出地面。经过一段时间,埋入土内的节部可萌发出新根,不久节上的腋芽也会萌发顶出土面。待幼苗老熟后即可用利刀深进土层,将各段的节间切断,经过半年以上的培养即可移植(图5-2)。

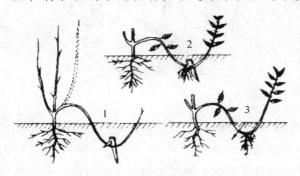

图5-1 单枝压条

1. 刻伤压条 2. 压条生根 3. 分株

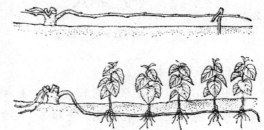

图5-2 连续压条

(3) 波状压条法

此法多用于蔷薇、迎春、连翘等花灌木,它们的腋芽不耐水湿,因此不能采用连续压条法把枝条全部埋入土中,否则腋芽经常腐烂而不能抽生新枝。

正确的方法是将其枝条呈波浪状逐节埋入土内,一节埋入土中,一节露出土面,同时将埋入土中的部分用铁丝等物固定,以防止它们反弹。一般不用刻伤,经20~30d便可发根,此时将露在外面的节间部分逐段剪断即可(图5-3)。

图5-3 波状压条

(4) 堆土压条法

多用于枝条不易弯曲、丛生性强、根

部发生萌蘖较多的花木，如榆叶梅、珍珠梅、贴梗海棠、金银木等。由于这些花木分枝力弱，枝条上没有明显的节，腋芽不明显，而且枝条比较粗壮，要想把它们压倒是相当困难的，但通过培土后可使枝条软化，促使其生根，一次可得到大量株苗。此法宜在生长旺季进行。

选用多年生丛生老株作母本，先在枝条的下部距地面20~30cm处进行环状剥皮，然后堆土，将整个株丛的下半部分埋住，埋后经常保持土堆湿润。经过一段时间，从环剥伤口部分长出新根，翌年早春萌芽以前刨开土堆，并从新根的下面逐个剪断后移植(图5-4)。

图5-4　堆土压条

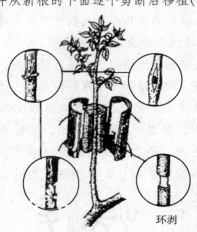

图5-5　高枝压条

（5）高枝压条法

此法用于枝条发根困难而枝条又不易弯曲的常绿花木，如白兰、米兰、含笑、变叶木、叶子花、山茶、杜鹃花、金橘等，一般在生长旺季进行。

这种方法不是将枝条压倒在地上，而是在树冠上挑选发育充实的二年生枝条，先在枝条中部一个节位狠狠刻伤，最好剥掉0.3cm宽的一圈皮层，然后用塑料袋（或竹筒）装上泥炭土、山泥、青苔等，包裹住枝条并浇透水，将袋口（或竹筒）包扎固定，以后及时供水，经常保持培养土湿润。待生根后自袋(筒)的下方剪离母株，带土栽入盆中，放置在疏阴下养护，待大量萌发新梢以后再见全光(图5-5)。

技能5-4　压条后管理

【操作1】田间管理

压条由于枝条不脱离母体，因而管理比较容易。要经常检查压入土中的枝条是否压稳，有无露出地面，发现露出地面的要及时重压。如果情况良好，尽量不要触动，以免影响生根。压条之后保持土壤适当湿润，并要经常松土、除草，使土壤疏松、通气良好，有利于生根。冬季寒冷的北方应覆草或覆土，避免冻害。留在地上的枝条若是生长过旺，可适当剪除顶梢，尽量不动已压入土中的枝条。

一般温度22~28℃、相对空气湿度80%时适合压条生根。温度过高，介质容易干燥，长出的不定根会萎缩；温度太低，则会抑制生根。

【操作2】分株

切离母体的时间依其生根快慢而定，大多数种类埋入土中30~60d即可生根。有些需翌年切离，如牡丹、蜡梅、桂花等；有些需当年切离，如月季等。切离之后即可分株，栽植时尽量带土，并注意保护新根。

【操作3】分株后管理

压条时由于其不脱离母体，水分、养分的供应问题不大，而分离后必然会有一个转变、适应、独立的过程。所以，开始分离后要先放在荫蔽的环境，切忌烈日暴晒，以后逐步增加光照。刚分离的植株，要剪去一部分枝叶，以减少蒸腾，保持水分平衡，有利于其成活。移栽后注意水分供应，空气干燥时要进行叶面喷水及室内洒水，并保持土壤湿润。适当施肥，保证生长需要。

◇ 巩固训练

1. 训练要求

(1) 以小组为单位开展训练，组内要分工合作、相互配合。

(2) 各小组拟定执行方案，技术方案应具有科学性和可行性。

(3) 做到安全生产，操作程序符合要求。

2. 训练内容

(1) 结合园林绿化苗木生产任务，以小组为单位，在咨询学习、小组讨论的基础上制订具体压条育苗技术方案。

(2) 以小组为单位，依据技术方案进行一定任务的压条技能训练。

3. 可视成果

园林绿化苗木生产技术(高空压条)方案及具体实施方案；压条操作规范及生根分株苗木。

◇ 自主学习资源库

1. 园林苗木生产与经营. 魏岩. 科学出版社, 2012.
2. 园林苗木生产技术. 苏付保. 中国林业出版社, 2004.
3. 园林苗木生产技术手册. 谢云. 中国林业出版社, 2012.
4. 园林苗木生产技术. 尤伟忠. 苏州大学出版社, 2009.
5. 园林苗木生产技术. 黄云玲. 厦门大学出版社, 2013.
6. 园林苗圃育苗技术. 任叔辉. 机械工业出版社, 2011.
7. 园林苗木生产与营销. 张康健, 刘淑明, 朱美英. 西北农林科技大学出版社, 2006.
8. 林木种苗生产技术. 2版. 邹学忠, 钱拴提. 中国林业出版社, 2014.
9. 中国林业网: http://www.forestry.gov.cn/
10. 中国苗木网: http://www.miaomu.com/
11. 中国花卉网: http://www.ny3721.com/

任务 5.2 分株育苗

◇ 理论知识

5.2.1 分株育苗的概念与特点

一些园林树木容易产生根蘖或茎蘖。根蘖是在根上长出不定芽,伸出地面形成的一些未脱离母体的小植株;茎蘖是在茎的基部长出许多茎芽,形成许多不脱离母体的小植株。这些植株可以形成大量的灌木丛,把这些灌木丛分别切成若干个小植株,或把根蘖从母树上切挖下来成为新的植株,这种从母树分割下来而得到新植株的方法就是分株繁殖(图 5-6)。分株育苗方法简单易行,成活率高,成苗快,主要用于丛生性很强、萌蘖性很强的树种以及部分灌木的育苗。北方地区常用分株方法繁殖的树种有香椿、大枣、玫瑰、黄刺玫、珍珠梅等,南方地区常用分株育苗的植物有牡丹、一叶兰、鸢尾、蜡梅等。

图 5-6 分株繁殖

5.2.2 分株方法

分株法分为全分法和半分法两种。

(1) 全分法

全分法又称为掘分法。将母株连根全部从土中挖出,用手或剪刀分割成若干小株丛,每一小株丛可带 1~3 个枝条,下部带根,分别移栽到他处或花盆中。经 3~4 年后又可重新分株(图 5-7)。

项目 5　压条与分株育苗

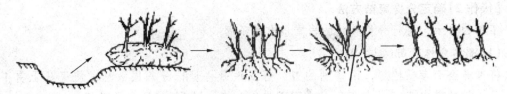

图 5-7　全分法

（2）半分法

半分法又称为侧分法。分株时不必将母株全部挖出，只在母株的四周、两侧或一侧把土挖出，露出根系，用剪刀剪成带 1~3 个枝条的小株丛，下部带根，这些小株丛移栽别处，就可以长成新的植株（图 5-8）。

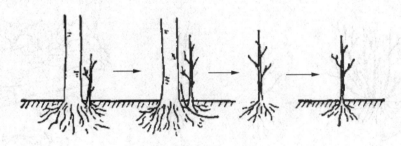

图 5-8　半分法

◇ 实务操作

技能 5-5　分株前的准备

【操作 1】育苗地准备

选择位置适当的地块，清除地上的树枝、杂草等杂物，使耕作区达到基本平整。栽植地块要施足底肥，一般施腐熟的粪肥，将肥料与土壤拌均匀。

【操作 2】确定分株时间

分株的时间常在春、秋两季。落叶花木类分株繁殖宜在休眠期进行，南方可在秋季落叶后进行，北方宜在开春土壤解冻而尚未萌芽前进行；常绿花木类，南方多在冬季进行，北方多在春季进行。由于分株法多用于花灌木类的繁殖，因此要考虑分株对开花的影响。一般秋季开花者宜在春季萌芽前进行，春季开花者宜在秋季落叶后进行，而竹类则宜在出笋前一个月进行。

技能 5-6　分株育苗

【操作 1】选择分株苗

选择植株健壮、根系发达的苗木。

【操作2】确定分株育苗方法

不同的苗木,进行分株繁殖的器官也有所不同。

(1) 灌木分株育苗(图5-9)

将母株全部带根挖起,用锋利的刀、剪或铁锹将母株分割成数丛,使每丛上有1~3个枝干,每枝带有3~5个枝芽,枝条下面带有一部分根系(尽量多带须根),适当修剪枝、根,准备栽植。如果繁殖量很少,也可不将母株挖起,而采用侧分法,只挖掘分蘖苗另行栽植即可。

挖掘时注意不要将母株根系损伤太多,以免影响母株的发育生长。如有两株相连的苗,可从带根处剪断劈开,并修剪过长的根及伤根,然后埋藏假植,以备翌春栽植。

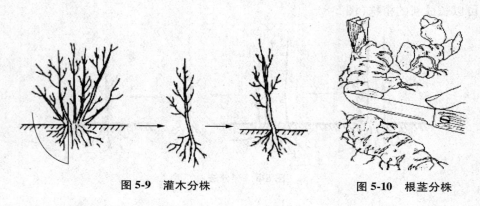

图5-9 灌木分株　　　　　图5-10 根茎分株

(2) 根茎和块根分株育苗(图5-10、图5-11)

有些植物如鸢尾等能形成根茎。鸢尾的根茎分株繁殖应在开花后立即进行。分株时,使每一小植株包含一段根和茎。

图5-11 块根分株

块根植物则以大丽花为代表,其具粗大纺锤状肉质块根。一般将大丽花的块根跨年贮存。在春季(3~4月)栽植之前,可用小刀将大丽花休眠块根取出分割,分割后的每一块根上必须有带芽。

(3) 鳞茎和球茎分株育苗

鳞茎花卉(如水仙、郁金香和风信子等)和球茎花卉(如唐菖蒲、小苍兰和藏红花等)在它们的基部周围形成后代,称为小鳞茎和小球茎(图5-12至图5-14)。将母鳞茎和母球茎于叶片枯死后从土中挖出,并将它们周围附生的幼小鳞茎和球茎取下,贮放在干燥的地方,作为下次栽植的繁殖材料。

大多数鳞茎和球茎栽植时间为秋季(9月或10月),而唐菖蒲的种球播种时间多为晚春(3~4月)。若要实现一年内均衡供花,也可将种球分期播种。鳞茎和球茎在土壤中的播种深度应稍浅一些。这类花卉一般在播种当年即可开花,但有些小鳞茎和球茎需要2年或3年才能开花,因此对它们要有耐心。例如,马蹄莲可在秋季分栽小球茎,2年才可开花(图5-15)。

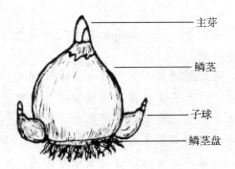

图 5-12　水仙鳞茎　　　　　　图 5-13　鳞茎分株

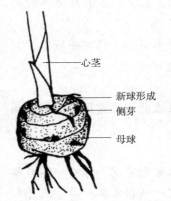

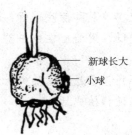

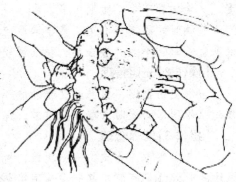

图 5-14　唐菖蒲球茎　　　　　　图 5-15　球茎分株

(4) 吸枝分株育苗

有许多灌木和多浆植物可以形成吸枝(或吸芽)。吸枝就是由以根为主体的地下部生出的小枝,它是植物自然繁殖的一种方式,有些植物沿母株周围可形成大量的吸枝。在冬季或早春(11月至翌年3月),在植物休眠期间,可将吸枝小心带根挖出栽培。常用这种方式繁殖的灌木种类包括火炬树等,多浆植物有芦荟、景天和石莲花等。

(5) 观叶植物分株育苗

有些观叶植物如蕨类、一叶兰、吊兰及其他丛生状植物在母株丛太大时,可进行分株繁殖。在繁殖时,将母株丛于花钵中取出,抖掉泥土,进行分株。最后将分开的小植株重新栽入盛有新鲜混合土的花钵中。观叶植物的分株繁殖多在春天植株萌芽前进行,在这个时期分株可减少对新芽的损伤,而且植株长势强,容易适应新环境。适于分株繁殖的观叶植物种类很多。例如,文竹、万年青、一叶兰、天门冬、铁线蕨、海芋、竹芋等,能依靠横生的地下茎使株丛不断扩大;而君子兰、龙舌兰等,能从假鳞茎基部萌发出许多幼小的株丛。

技能 5-7　分株后管理

【操作1】水分管理

露地栽培虽然可以从天然降雨中获得部分水分,但降雨不均匀,且不能满足苗木生长需要。因此，需要进行灌溉。

灌溉可分地面灌溉、地下灌溉、喷灌和滴灌等。一、二年生草本花卉露地栽培主要采用地面灌溉。地面灌溉的方法主要是畦灌和浇灌。

灌溉用水以软水为好，避免使用硬水。最好用河水，其次是池塘水和湖水。工业废水常有污染，对植物有害，未经处理不可使用。井水温度较低，对植物根系发育不利，应先将井水抽出储于水池内，待水温升高后使用。有泉水的地方可用泉水灌溉。

灌溉的次数及时间，北京花农常在移植后连续灌水3次，称为"灌三水"。即在栽植后随即灌水1次，3d后第二次灌水，再过5~6d第三次灌水。每次灌水要灌透。有些植物移植后容易恢复生长，可不必三次灌水，2次即可。有些植物移植后不易恢复生长，则需第三次灌水后10d进行第四次灌水。灌水量与灌水次数根据季节、土质、苗木种类不同而定。夏季和春季干旱时期应多灌水。

灌溉时间因季节而定。夏季灌溉应在清晨和傍晚进行，这时水温和土温相差较小，对根系生长影响不大。冬季早、晚气温较低，灌溉应在中午前后进行。

【操作2】光照管理

苗木栽植初期，根系的吸收功能不强，容易因蒸腾失水而造成死亡。这一段时间要加强光照管理，必要时采取遮阴措施，保证移植成活。

【操作3】营养管理

生产实践中，为减少施肥次数，特别是为了改良土壤，一般施用基肥，即在准备栽植地块的时候施足底肥。基肥多选用腐熟的有机肥，如厩肥、堆肥、油饼或粪干等。厩肥和堆肥在整地前翻入土中，粪干及豆饼等在移植前进行沟施或穴施。一些无机肥如硝酸铵、过磷酸钙等也可作为基肥。

苗木移植后的生长过程中，可进行追肥，弥补基肥的不足，满足植物不同生长发育期对营养的需要。追肥次数与苗木种类、土壤肥力等有关。栽培土壤肥力较差或生长期较长的花卉，追肥次数应多一些。施肥前要先松土，以利于根系吸收。施肥后要及时灌透水。不要在中午或者有风的时候追肥，以免伤及植株。追肥时肥液浓度不宜过高，掌握"薄肥勤施"的原则。选用化学肥料追肥时，要严格掌握施肥浓度。

【操作4】土壤管理

移植前要进行中耕松土，为根系的生长和吸收养分创造良好的条件。在中耕的同时可除去杂草，雨后或灌溉后也要进行中耕。

移植后，由于幼苗较小，大部分土面暴露在空气中，土面极易干燥，也易生杂草，这时要进行及时中耕。幼苗逐渐长大后，枝叶覆盖地面，有利于抑制杂草的生长，这时根系已经扩展至株间，要减少中耕次数或停止中耕，以免过多损伤根系，影响植株生长。

中耕深度要根据花卉种类及生长时期而定，一般为3~5cm。根系分布浅的花卉要浅耕，反之要深耕；幼苗期要浅耕，以后随着植株的生长逐渐加深；中耕时株行中间要深耕，接近植株处要浅耕。

除草可以减少土壤中养分、水分的消耗，也有助于控制病虫害发生，有利于植株的生长发育。地面覆盖可以防止杂草发生，也能起到中耕的效果。常用的覆盖材料有腐殖土、泥炭土、作物秸秆等。用塑料薄膜覆盖不但能抑制杂草的生长，同时还可以提高土温，为植物生长创造良好的土壤环境。

【操作 5】防寒越冬

在我国北方，露地栽培的二年生或多年生植物必须防寒越冬。即使在我国中部地区，有时候甚至在我国南方地区，冬季或早春也需要采取防寒措施。各地区气候不同，采用的防寒方法也有所不同。如北方干旱地区多采用灌冻水、设防风障等方法，华东地区多采用培土、覆盖等方法。

◇ **巩固训练**

1. 训练要求

(1) 以小组为单位开展训练，组内要分工合作、相互配合。

(2) 各小组拟定执行方案，技术方案应具有科学性和可行性。

(3) 做到安全生产，操作程序符合要求。

2. 训练内容

(1) 结合园林绿化苗木生产任务，以小组为单位，在咨询学习、小组讨论的基础上制订具体分株技术方案。

(2) 以小组为单位，依据技术方案进行一定任务的分株技能训练。

3. 可视成果

园林绿化苗木生产技术(分株育苗)方案及具体实施方案；分株操作规范及成活苗木。

◇ **自主学习资源库**

1. 园林苗圃学. 2 版. 成仿云. 中国林业出版社, 2019.
2. 园林苗圃. 王秀娟. 中国农业大学出版社, 2009.
3. 园林苗圃. 石进朝. 中国农业出版社, 2009.
4. 园林苗圃. 杨玉贵, 王洪军. 北京大学出版社, 2007.
5. 园林苗圃. 鞠志新. 化学工业出版社, 2009.
6. 园林苗圃育苗技术. 任叔辉. 机械工业出版社, 2011.
7. 林木嫁接技术图解. 高新一, 王玉英. 金盾出版社, 2009.
8. 园林苗圃学. 2 版. 刘晓东, 韩有志. 中国林业出版社, 2018.
9. 中华园林网: http: // www. yuanlin365. com/
10. 中国苗木花卉网: http: // www. cnmmhh. com/
11. 中国园林网: http: // www. yuanlin. com/
12. 中国风景园林网: http: // www. chla. com. cn/
13. 中国园林绿化网: http: // www. yllh. com. cn/
14. 中国农业科学院: http: // www. caas. net. cn/

项目6 园林苗木培养和苗木出圃

◇ **知识目标**

(1) 了解大苗培育的基本过程、容器育苗的设施。
(2) 掌握苗木移植成活和整形修剪的基本知识。
(3) 熟悉苗木出圃的过程及程序。

◇ **技能目标**

(1) 能完成不同时期不同类型苗木的移植,完成各类绿化大苗的培育。
(2) 能根据苗木的观赏需要、绿化功能需要,完成整形修剪和养护。
(3) 能根据苗木培育状况和技术规程,完成出圃计划的编制。
(4) 能组织苗木的起苗、包装和运输、假植与储存。

任务6.1 地栽苗的移植与培育

◇ **理论知识**

6.1.1 苗木移植成活的基本原理

苗木移植成活的基本原理是维持地上部与地下部的水分和营养物质供给的平衡。移植挖掘时苗木根系受到了大量损伤,一般苗木所带根量只是原来根系的10%~20%,这就打破了原来地上部与地下部的平衡关系。为了达到新的平衡,应进行地上部的枝叶修剪,减少部分枝叶量,减少水分和营养物质的消耗,使供给与消耗相互平衡,这样苗木移植就能成活。相反,不对地上部进行修剪,就会出现水分和营养物质供不应求的局面,苗木就会因缺少水分和营养物质而死亡。在地上部不修剪或少修剪枝叶的情况下,尽量保持地上部水分少蒸腾和营养物质少消耗,并维持较长时间的平衡,苗木仍可移植成活,特别是常绿树种的移植。

6.1.2 苗木移植的时间、次数与密度

6.1.2.1 移植的时间

根据苗木移植成活的原理,应选择有利于根系及时恢复,保证生理代谢平衡的时期移

植苗木。因此，尽管苗木移植的时间要根据当地气候条件和树种特性而定，但原则上要在苗木休眠期进行移植，即苗木在秋季落叶后到翌年春季萌芽前，尤以早春和晚秋为最适宜的移植季节。一般以春季移植为主，秋季为辅。对于常绿树种，也可在生长期移植。如果当地条件允许，一年四季均可进行移植。

(1) 春季移植

春季土壤解冻后直至苗木萌芽前，都是苗木移植的适宜时期。早春移植，树液刚刚开始流动，枝芽尚未萌发，蒸腾作用很弱，土壤温度和湿度已能满足苗木根系生长要求，移植后苗木的成活率高。

春季移植的具体顺序还应根据树种的发芽时间来安排，一般针叶树先移植，阔叶树后移植，常绿阔叶树最迟；发芽早的先移植，晚者后移植。总之，在萌芽前或者萌芽时必须完成移植工作。有的地方春季干旱大风，如果不能保证移植后充分供水，早移植反而不易成活，应推迟移植时间或加强保水措施。

(2) 夏季移植

夏季移植也称雨季移植。南方的常绿阔叶树种和北方的常绿针叶树种苗木可在雨季初进行移植。这个季节雨水多、湿度大，苗木蒸腾量较小、根系生长较快，移植较易成活。

(3) 秋季移植

秋季移植一般在冬季气温不太低，无冻伤危害和春旱危害的地区应用。秋季移植在苗木地上部分停止生长后即可进行，因这时根系尚未停止活动，移植后成活率高。

(4) 冬季移植

南方地区冬季较温暖，苗木生长较缓慢，可以在冬季进行移植。北方有些地区冬季也可带冰坨移植。

6.1.2.2 苗木移植的次数与密度

(1) 苗木移植的次数

培育大规格苗木要经过多次移植，移植次数取决于树种的生长速度和园林绿化对苗木的规格要求低。树种生长速度慢或对苗木的规格要求低，移植次数就少；反之，若树种生长快或对苗木规格要求高，则移植次数就多。

一般来说，园林应用的阔叶树种，在播种或扦插苗龄满1年时，即可进行第一次移植。以后根据生长快慢和株行距大小，每隔2~3年移植一次，并相应地扩大株行距。常绿树的幼苗需要移植两次，这是因为常绿树的幼苗群生性强，过早加大株行距，既不利于幼苗生长发育，也浪费土地。目前生产上对普通的行道树、庭荫树和花灌木用苗只移植两次，在大苗区内生长2~3年，苗龄达到3~4年即可出圃。而对一些特殊要求的大规格苗木，常需培育5~8年，甚至更久，这就需要两次以上的移植。对生长缓慢、根系不发达而且移栽后较难成活的树种，如栎类、椴树、七叶树、白皮松等，可在播种后第三年开始移植，以后每隔3~5年移植一次，苗龄8~10年甚至更大一些方可出圃。

(2) 苗木移植的密度

苗木移植的密度即株行距，关系到定植苗木的营养空间、培养成品苗的最终质量与合格苗的产量,也关系到养护管理的成本及土地利用的成本,进而影响经济效益。

移植密度大小与苗木培育目的、培育年限、生长速度、气候条件、土壤肥力、抚育管理措施等因素有关,但确定移植密度的原则是:既能培养出良好干形和树姿,又不浪费土地。因此,移植密度应重点考虑培育目的和培育年限。

苗木培育目的不同,移植密度有别。在群体发育的条件下,为了争夺阳光和生长空间,苗木向上生长,茎干挺拔直立。如果移植密度过小,就会使树木侧枝生长旺盛,导致树冠加大,树干容易弯曲。因此,以养干为目的应密植,以养冠为目的则要求适当稀植。例如,对那些养干较困难的落叶乔木,如槐、栾树等,播种小苗可不急于移植,留床养护2~3年,树干高至2~3m后开始进行移植;或第一次移植密度要大,促使其向上生长,达一定干高后再加大株行距,进行树冠和树干的培养。对那些常绿乔木,重点是养成完美树冠,必须及时调整株行距,促使侧枝生长,进行树冠和树形的培养。

6.1.3 苗木施肥

6.1.3.1 肥料种类

肥料分为有机肥料、无机肥料和微生物肥料。肥料种类不同,其营养成分、性质、施用对象与条件都不同。

(1)有机肥料

这是指以有机质为主的肥料。如人粪尿、厩肥、堆肥、绿肥、枯枝、落叶、饼肥等,一般农家肥均为有机肥。有机肥要经过土壤微生物的分解逐渐为树木所利用,为迟效性肥料。

(2)无机肥料

无机肥料又称化学肥料、矿质肥料。种类很多,按其所含营养元素种类,可分为氮肥、磷肥、钾肥、钙肥、镁肥、微量元素肥料、复合肥料等。无机肥料大多属于速效性肥料。

(3)微生物肥料

微生物肥料指用对植物生长有益的土壤微生物制成的肥料。严格地说,微生物肥料是菌而不是肥,其本身并不含有植物需要的营养元素,而是通过所含的大量微生物的生命活动来改善植物的营养条件。微生物肥料分细菌肥料和真菌肥料两类,细菌肥料由固氮菌、根瘤菌、磷化细菌和钾细菌等制成,真菌肥料由菌根菌等制成。

6.1.3.2 施肥依据

(1)根据树木种类及需肥特性施肥

树木的需肥量因树种不同而有很大差异,如泡桐、杨树、樟树、月季等生长速度快、生长量大的种类比柏木、油松、小叶黄杨等慢生耐瘠树种需肥量大,因此根据不同树种来确定施肥量。

苗木施肥还要根据需肥特性掌握。苗木在不同的发育阶段对营养元素的需求不同,在水分充足的条件下，新梢的生长很大程度上取决于氮的供应，其需氮量是从生长初期到生长盛期逐渐提高的，随着新梢生长的结束，树木的需氮量虽有很大程度的降低，但仍有少量吸收。所以，树木的整个生长期都需要氮肥，但需要量的多少是不同的。在新梢生长缓慢期，除需要氮、磷外，还需要一定数量的钾肥，充分供应钾肥，有利于维持植株叶片较高的光合作用能力，提高树木的抗寒性。在氮、钾供应充足的情况下，多施磷肥有利于形成花芽。在开花、坐果和果实发育时期，钾肥的作用更为重要，有利于促进树木的生长和花芽分化。

苗木在春季和夏初需肥量多，而此期内由于土壤微生物的活动能力较弱，土壤内可供吸收的养分较少，因此，需要施肥解决养分供应矛盾。树木生长后期，对氮和水分的需要一般很少，但此时土壤可供吸收的氮及水分却很高，故应控制施肥和灌水。此外，不同树种各发育时期对氮、磷、钾的吸收情况亦有不同，施用氮、磷、钾的时期也要因树种而异。

（2）根据气候条件施肥

施肥措施与气候条件有关。确定施肥措施时，主要考虑温度和降水量两个因素。如不考虑树木的越冬情况，盲目增加施肥量和追肥次数，会因后期树木贪青徒长而易造成冻害。温度高时，树木吸收养分多，反之则少。此外，夏季大雨后，土壤中硝态氮大量淋失，这时追施速效氮肥效果较雨前好。

（3）根据土壤条件施肥

土壤的物理性质、酸碱度等均对苗木的施肥有很大影响。如砂土施肥宜少量多次，黏土施肥可减少次数而加大每次施肥量。土壤在酸性反应的条件下，有利于硝态氮的吸收；而在中性或微碱性反应下，则有利于铵态氮的吸收。因此，在施肥时应考虑以上问题。

（4）根据肥料性质施肥

一些易流失挥发的速效性肥料，如碳酸氢铵，宜在苗木需肥期稍前施入；而迟效性的有机肥，需腐熟分解后才可被树木吸收利用，故应提前施入。氮肥在土壤中移动性强，可浅施；而磷肥移动性差，则宜深施。肥料的施用量应本着宜淡不宜浓的原则，否则易烧伤根系。实际工作中，应提倡复合配方施肥，以全面、合理地供应树木正常生长所需的各种养分。

6.1.3.3 施肥时间

苗木施肥时期应根据生产经验并且通过科学试验来确定。一年生苗木追肥时间通常定在夏季，把速效氮肥分1~3次施入，以保证苗木旺盛生长对养料的大量需要。秋初使用磷、钾肥作后期追肥，目的是促进横向生长以及增加磷、钾在苗木体内的贮存，加速苗木木质化进程。对于一些生根快、生长量大的扦插苗可早期追肥，播种苗可在夏、秋季追肥。通常认为，苗圃追施氮肥的时间最晚不得超过8月，个别树种在南方可推迟到9月。为了苗木能顺利越冬，要严格控制施肥时间，不可太晚。要根据不同树种的需要，在其最需要的时期施肥，才能得到良好的效果。

6.1.3.4 施肥方法

肥料可按不同的施用时期、施用目的和方法,分为基肥、种肥和追肥等。施肥方法具体如下:

①环状沟施肥法 在树冠外围稍远处挖30~40cm宽环状沟,沟深据树龄、树势以及根系的分布深度而定,一般深20~50cm,将肥料均匀地施入沟内,覆土填平后灌水。随树冠的扩大,环状沟每年外移,每年的扩展沟与上年沟之间不要留隔墙。此法多用于大树施基肥。

②放射沟施肥法 以树干为中心,从距树干60~80cm的地方开始,在树冠四周等距离地向外开挖6~8条由浅渐深的沟。沟宽30~40cm,沟长视树冠大小而定,一般是沟长的1/2在冠内,1/2在冠外,沟深一般20~50cm。将充分腐熟的有机肥与表土混匀后施入沟中,封沟灌水。下次施肥时,调换位置开沟,开沟时要注意避免伤大根。此法适用于中壮龄树木。

③穴施法 在有机物不足的情况下,以集中穴施最好,即在树冠投影外缘和树盘中,开挖深40cm、直径50cm左右的穴,其数量视树木的大小、施肥量而定,施肥入穴,填土平沟后灌水。此法适用于中壮龄树木。

④全面撒施法 把肥料均匀地撒在树冠投影内外的地面上,再翻入土中。此法适用于群植、林植的乔灌木及草本植物。

⑤灌溉式施肥法 结合喷灌、滴灌等形式进行施肥。此法供肥及时,肥分分布均匀,不伤根,不破坏耕作层的土壤结构,生产率高。

苗圃地的大苗施肥一般是在苗木根部的一侧刨(挖)5~10cm(深、宽可等同)的施肥穴,施肥后覆土即可,一般情况下,北方的施肥可在雨季来临前进行,省工、省力、效率高。

以上土壤施肥的方法可根据具体情况选用,且应交替更换不同的施肥方法。

⑥根外追肥 又称为叶面追肥。指根据植物生长需要将各种速效肥水溶液喷洒在叶片、枝条及果实上的追肥方法,是一种临时性的辅助追肥措施。主要用于补充急需的磷、钾及微量元素,常用于小苗及花卉类施肥。

根外施肥最适温度为18~25℃,湿度较大些效果好,因而最好的时间应选择无风天气的10:00以前和16:00以后。根外追肥一般要喷3~4次。

◇ 实务操作

技能6-1 移植苗木准备工作

【操作1】制订移植计划

根据不同苗木生长情况、培育目的以及不同地区、气候条件等制订移植计划。

【操作2】移植准备

①移植工具准备 锄头、铁锹、断根铲、枝剪等。

②圃地灌水　起苗前3~5d对苗圃灌水，使根系分布层的土壤湿润，便于起苗。

③土地清理　将苗圃地上的杂物清理干净。

技能6-2　起苗与栽植

【操作1】起苗

起苗有不带土(裸根)起苗和带土起苗两种。

(1)不带土起苗技术要点

①起苗　挖苗时要避免损伤主干和尽量少伤须根，挖深20~25cm，挖起后轻轻敲去泥土。

②修剪　挖起的苗木要进行适当修剪，剪去挖裂及受伤的根系、生长不充实的枝梢和一部分叶片。

③分级、蘸泥浆及包扎　起苗后按苗木质量优劣分为不同等级(生产中一般分为大、中、小3级苗)，然后蘸泥浆护根，再用塑料薄膜包扎根部，置于阴凉处待运。

(2)带土起苗技术要点

①起苗　起苗时以苗木主干为中心，将起苗器插入土中，用大铁锤敲打起苗器铁柄，至起苗器插入土中20~25cm为止，握紧起苗器的铁柄左右前后摇摆，然后把起苗器连泥带苗一块拔起，打开起苗器，就得到带有泥团的苗木。

②修剪、包扎　剪去过长主根，用塑料薄膜袋将整个泥团包好，再用绳子扎紧泥团，最后剪去生长不充实的枝梢。

【操作2】栽植

①沟植　按移植的行距开沟，将苗木按株行距排列于沟中，填土、扶直、踩实。开沟深度应大于苗根长度，以免根部弯曲。此种方法一般用于移植小苗，适用于根系发达的苗木移植。

②穴植　用于大苗移植或较难成活的苗木移植。移植时按预定的株行距挖穴，植穴直径应略大于苗木的根系。栽植时要扶直苗木，再填土踩实，可在填土至穴深1/3~1/2时将苗木向上稍提一下，使苗木的根系在穴内舒展，不窝根。栽植带土球苗木时，要将包扎物拆除或剪开，使根系接触穴内土壤，覆土后踩实。

③缝植　适用于小苗和主根长而侧根不发达的苗木，移植时用铁锹开缝，随即把苗木放在适当位置，然后压实土壤。

栽植时要深浅适度，规格整齐，位置正确，横竖成行，密度合理。移植苗的密度取决于苗木生长速度、苗冠和根系的发育特性、苗木的喜光程度、培育年限、抚育管理措施等。一般针叶树的株行距比阔叶树要小些；速生树种株行距应大些，慢生树种应小些；苗冠开展、侧根及须根发达或培育年限较长者，株行距应大些，反之应小些；以机械化进行苗期管理的株行距应大些，以人工进行苗期管理的株行距可小些。

【操作3】假植

苗木出圃后如果不能及时运输或不能及时种植，必须进行假植。假植就是临时性短期种植，是将苗木的根系置于具有一定湿度的土壤或河沙中养护起来。假植有按单株假植和接束假植。假植后应标明树种、品种、数量、时间等。同时，假植期还应注意经常检查，发现干旱要及时淋水，并搭遮阳网遮阴、降温。

技能 6-3 移植苗的抚育管理

【操作 1】浇水

浇水是保证苗木成活的关键。苗木移植后要立即浇水，最好能连浇 3 次水。一般要求栽后 24h 内浇第一次透水，直到坑内或沟内水不再下渗为止，隔 2~3d 再浇第二次水，再隔 4~7d 浇第三次水（俗称连三水）。以后视天气和苗木生长情况而定，浇水不能太频繁，否则地温太低，不利于苗木生长。浇水一般应在早晨或傍晚进行。

【操作 2】覆盖

覆盖材料的选取以就地取材、经济适用为原则，如树皮、谷草、树叶、豆秸、泥炭等。覆盖不宜过厚，一般以 3~6cm 为宜。覆盖时间一般在生长季节土温较高而较干旱时。

【操作 3】扶正

移植苗经灌溉或降水后，因填土或踏实不够，或受人为、大风等影响容易出现露根、倒伏，应及时将苗木扶正，并在根际培土踏实，否则会影响苗木正常生长发育。扶苗时应视情况挖开土壤扶正，不能硬扶，以免损伤树体或根系。

【操作 4】中耕、除草

中耕的深度取决于苗木根系生长的情况。苗木初期应浅耕，耕深 2~4cm，以后逐渐加深到 10~20cm。除草应掌握"除早、除小、除了"的原则，一般结合中耕进行，不能在阴天、雨天除草。

【操作 5】施肥

（1）基肥

一般是在耕地前将肥料全面撒于圃地，耕地时把肥料翻入土层中，深度应在 15~17cm。

（2）追肥

①撒施 在下雨时把尿素、碳酸氢铵等肥料均匀地撒在苗床上。

②条施 在苗床行间开沟，把肥料施入后覆土。开沟的深度以达到吸收根最多的土层为宜，即表土下 5~20cm。

③浇施 把经过腐熟的人粪尿或畜粪尿稀释后，均匀地撒施在苗床上；或将 0.5% 尿素溶液撒施在苗床上。

④根外追肥 磷、钾肥浓度为 1%，磷、钾比例为 3∶1。尿素浓度为 0.2%~0.5%。用喷雾剂均匀地喷洒在叶片上。

注意施肥的浓度不能过高，否则易烧叶、烧根；特别注意化肥硝酸铵不能用铁器敲击，否则易燃、易爆；根外追肥时叶片的正、反两面都要喷洒。

【操作 6】病虫害防治

苗木在生产的过程中，常常会受到各种病虫的危害。对苗木的病虫害，要贯彻"防重于治、综合防治"的方针。对种子、芽条、种根、插穗、砧木等繁殖材料，要进行严格检疫，防止病虫蔓延成灾。苗木生长期要经常巡查，一旦发生病虫害，要及时诊断，合理用药。特别要强调的是，在幼苗期和速生期初期，对病害较多的植物，不论有无病害发生，都要定期（一般 10d 左右）喷洒杀菌剂或保护剂。

【操作 7】排水

灌溉后有多余的水及降雨过多时，应及时排出苗圃，以免因积水而引起病虫害或烂根。雨后应及时清沟培土，平整苗床，做到"外水不侵，内水能排"。在南方降水量大的地方，排水尤为重要；北方高原地带降水量较小，主要考虑浇水的问题，但也不能忽视排水设施建设。

【操作 8】越冬防寒

（1）栽培措施

①适时早播　适时早播可以延长苗木的生长发育期，使苗木生长充分，组织充实，有利于安全越冬。

②控制肥水管理　苗木生长后期，控制水分的供给和氮肥的施用，增加磷、钾肥的施用，可以有效地控制苗木的徒长，从而使组织成熟，安全越冬。

③合理修剪　合理的整形修剪可以使树冠在形成目标树形的同时，改善通风透光条件，增加光合产物积累，减少病虫害的滋生，使枝芽发育健壮，提高抗寒能力。

（2）苗木越冬保护措施

①灌冻水　入冬前应浇足冻水，增加土壤湿度。幼苗在入冬前吸足水分，可相对增加抗风能力，减少抽条的可能性。对一些比较耐寒的树种，在一般情况下也需浇灌冻水。灌冻水的时间不要太早，一般在封冻前较好，灌水时水量要大。

②埋土防寒　对规格较小而苗干且富于弹性的苗木，可进行埋土防寒，这种方法既经济，又易操作，对预防生理干旱很有效。埋土防寒应在土地封冻前进行，埋土时如果土壤过于干燥，可在埋土前 7~10d 适量浇水以增加土壤湿度。埋土时先把幼苗顺行向按倒，再用细碎的土将苗木埋严，埋土厚度 10cm 左右。落叶树种需待落叶完成后再埋土，以免发热霉烂。对一年生常绿树苗如锦熟黄杨、圆柏等，由于苗木规格小，在埋土前可先用蒲包片覆盖，然后往蒲包片上压土，四面再用土封严，这样便于翌春 3 月下旬或 4 月上旬除去覆土。

③覆盖防寒　用稻草、枯草、落叶、锯末、谷壳、马粪等将苗木完全掩埋起来御寒，或仅覆盖床面。如新移植的雪松苗，可在架风障的同时，在根部覆以马粪、落叶或锯末等物，从而使土壤晚结冻、早解冻，并使冻土层减薄，利于苗木安全越冬。

④设风障防寒　当苗木规格较大，苗干较粗硬，或较珍贵的大苗如雪松、龙柏、玉兰等，不能采用埋土防寒时，可架设风障防寒。风障材料多用麦秸、芦苇等物。根据冬季的风向，风障设在苗区的北侧和西侧。防寒的有效距离一般为风障高度的 10 倍左右。为了使风障坚固，在风障中要加设支柱，以免被风吹倒。在设风障防寒的同时，还可结合松土、涂白，或铺马粪等其他防寒措施，这样会更有效。

⑤根部培土防寒　有些树种,在小气候条件好的情况下或大苗阶段,在北方能安全越冬,但在幼苗阶段,或在小气候条件差的地方,则需要加以保护才能安全越冬,如女贞、石榴、新栽植的苹果小苗等,除灌冻水、涂白外,还可以在根际部培土。其方法是直接用土于苗木根部堆成 20~30cm 高的土堆;或在苗木根部的西北侧距根干 10~15cm 处,培成弯月形半环土堆,高 25~30cm,这样苗根部封冻晚、解冻早,冻结期缩短,有利于安全越冬。

⑥塑料大棚防寒　塑料薄膜大棚在育苗生产中有很好的使用前景,它具有推迟土壤结冻期、提前解冻期、延长生长期的作用。同时还因为棚内无风、湿度大,幼苗不会出现生理干旱,故对珍贵小苗及南方引种的幼苗,如有条件,应搭塑料棚防寒。其方法是先用钢筋或竹板、木棍等做弓形棚架架于苗上,然后把塑料薄膜盖上并拉紧埋好。冬季下雪后应及时清扫棚上的积雪,并应注意随时检查有无破口,如有破口应随时修补。对较大的塑料棚还应用绳子拉牢,以免被大风吹坏。早春需注意塑料棚的通风。

⑦假植防寒　入冬前将苗木掘起,按不同规格分级入窖或移于阳畦,将苗木的根系用湿润的土壤进行临时性的埋植。

⑧熏烟防寒　多霜地区,可预先在圃地内用稻草、麦草、秸秆、落叶等堆成堆,当温度下降到 0℃,有降霜时,点火熏烟,使苗圃地面上形成浓密的烟幕,可提高近地面温度 1~2℃,从而达到预防霜害的目的。

⑨涂白防寒　幼苗树干涂白,可以抗风,减少干部水分蒸腾,且白色涂剂白天能反射日光使温度不至太高,夜晚又使温度不至于太低,减少温差,故能起防寒作用。对一些苗龄较大,不能埋土的落叶乔木和苗干怕日灼的苗木,如香椿、柿树、合欢、悬铃木等可用此法。具体方法是:取优质生石灰 6kg、食盐 1.00~1.25kg,先将石灰化开,制成石灰乳,然后加水 18kg,若结合病虫害防治可适当加些农药。

◇ **巩固训练**

1. 训练要求

(1)以小组为单位开展训练,组内要分工合作、相互配合。

(2)各小组拟定执行方案,技术方案应具有科学性和可行性。

(3)做到安全生产,操作程序符合要求。

2. 训练内容

(1)结合园林绿化苗木生产任务,以小组为单位,在咨询学习、小组讨论的基础上制订具体苗木移植技术方案。

(2)以小组为单位,依据技术方案进行一定任务的苗木移植技能训练。

3. 可视成果

园林绿化苗木生产技术(苗木移植)方案及具体实施方案。

◇ 自主学习资源库

1. 园林苗木生产与经营. 魏岩. 科学出版社,2012.
2. 园林苗木生产技术. 苏付保. 中国林业出版社,2004.
3. 园林苗木生产技术手册. 谢云. 中国林业出版社,2012.
4. 园林苗木生产技术. 尤伟忠. 苏州大学出版社,2009.
5. 园林苗木生产技术. 黄云玲. 厦门大学出版社,2013.
6. 园林苗圃育苗技术. 任叔辉. 机械工业出版社,2011.
7. 园林苗木生产与营销. 张康健,刘淑明,朱美英. 西北农林科技大学出版社,2006.
8. 林木种苗生产技术. 2 版. 邹学忠,钱拴提. 中国林业出版社,2014.
9. 中国林业网: http://www.forestry.gov.cn/
10. 中国苗木网: http://www.miaomu.com/

任务 6.2　容器苗培育

◇ 理论知识

6.2.1　容器苗栽培设施

(1) 排灌系统

灌水是容器育苗的关键环节之一,小的容器苗可用喷灌,而较大的容器苗可用滴灌,这样既有利于节约用水,又有利于植物的生长。同时,还需要有与之配套的水泵房、排水系统,保证植物的水分供应和过多水分的排出。

(2) 苗床

苗床依其形式可分为高床、低床和平床 3 种。

①高床　床面高于步道 10~25cm,一般床宽 100cm,苗床间设步道。作床时,从步道挖土覆于床面,床缘呈 45°斜坡。高床有利于侧方灌溉及排水,床面不致发生板结。适宜于降水多、地下水位高、土壤黏重、排水不良的地区。

②低床　床面低于步道 15~25cm,一般床宽 100~150cm。作床时,先将表土拢在中央,挖心土筑成步道,修成斜坡并拍实,最后将表土平铺床面。低床利于灌溉,保墒性能好,适宜于气候干旱、水源不足的地区。

③平床　床面与步道基本相平。在平整好的圃地,按要求将步道踩实,使床面比步道略高几厘米即可。适宜于水分条件好,不需要灌溉和排水的地方。

(3) 容器

容器育苗是在装有配制好的营养基质的容器(穴盘)中培育苗木。

育苗容器种类很多,根据制作材料可分为以下 4 类:

①泥质容器　用泥炭、牛粪、苗圃土、塘泥等掺入适量的过磷酸钙等肥料为材料制

成，也有用土、秸秆、木屑、禽畜肥料、粉煤灰、腐殖质等制成的各型容器，也称环保型育苗容器。可用手工制造或添加纸浆用压力机和模具等机械制造成营养砖、营养杯、营养钵（泥钵）等。

目前，生产上已有研制成功的新型育苗容器，可以针对不同植物对肥料的不同要求加入相应的有机肥压制成真正的营养钵，实现配方施肥；也可以加入保水剂制成旱作育苗容器，提高旱地移栽的成活率；还可以加入农药，减少土传病害的感染和虫害，使育苗容器集环保、育苗、配方施肥、保水、病虫害防治于一体。

②塑膜容器　一般用厚度为 0.02～0.06mm 的无毒塑料膜加工制作而成的容器，简称塑料袋或营养袋。塑膜容器又可分为以下两种：

有底塑膜容器　将塑膜吹成筒状，切割热压黏合而成。为排水、通气，在塑料袋下半部需打 6～12 个直径为 0.4～0.6cm 的小孔（小孔间距 2～3cm）或者剪去两边底角。

无底塑膜容器　将塑料膜吹成筒状切割而成。制作简单，成本较低。无底塑膜容器又分单筒式和联筒式两种。联筒式便于机械化育苗。

容器规格应根据培育的苗木规格而异。培育 3～6 个月苗木，以直径 4～5cm、高 10～12cm 为宜；培育一年生苗，以直径 5～6cm、高 12～15cm 为宜。

③硬质塑料容器　用聚氯乙烯或聚苯乙烯通过模具制成的容器。例如，硬塑料杯（又分单杯式和联体多杯式），塑料营养钵和硬质塑料花盆，平顶式育苗盘和穴式育苗盘等。

瑞典林业育苗方式主要以容器育苗为主，用育苗盘来生产播种苗和扦插苗。目前，我国在花卉育苗方面已大量使用育苗盘。虽然育苗盘一次性投入大，但使用寿命长，在热带可用 8 年，在温带地区可用 10 年。因此，育苗成本较低，且便于机械化作业。

④纸质容器　以纸浆和合成纤维为原料制成的单体式纸质育苗钵和多杯式容器。多杯式容器是采用热合或不溶于水的胶黏合而成的无底六角形纸筒。纸筒侧面用水溶性胶粘成蜂窝状，折叠式的 250～350 个纸杯可在瞬间张开装土。在灌水湿润后纸杯可以单个分离。通过调整纸浆和合成纤维比例，来控制纸杯的微生物分解时间。

⑤其他容器　因地制宜使用竹篓、竹筒以及泥炭、木片、牛皮纸、树皮、陶土等制作的容器。

6.2.2　栽培介质与肥料

(1) 栽培介质

容器育苗的育苗基质是苗木获得水分和营养元素的主要途径，因此，育苗基质直接影响苗木的生长，也是容器育苗成败的关键环节。

①育苗基质应具备的条件　具有苗木生长所需要的各种营养物质，不含对苗木生长有害的物质；保水性能好，通气性强，经多次浇水，不易板结；质量轻，适于搬运；基质要消毒，消灭病虫害及杂草种子，防止苗木发生病虫害，减少育苗过程中的

除草用工。

② 基质的类型　目前，国内苗木生产企业使用的基质大致有以下两种类型。

纯无土基质　原料有泥炭、蛭石、河沙、珍珠岩等，不含土壤成分。常见于生产管理较先进的苗木生产企业，培育的苗木整齐一致，质量较好。

培养土　以耕作过的熟土或园土为主要原料，添加一些堆肥及无土栽培的基质，以改良土壤性状。我国目前的多数苗木生产企业应用此类基质。

（2）栽培肥料

与地栽苗培育相同。

◇ 实务操作

技能 6-4　准备育苗容器和介质

【操作1】苗床地准备

根据容器育苗要求整地作苗床。苗床做成平床或低床。

【操作2】选择育苗容器

根据苗木大小选择育苗容器。目前应用最广的是硬质塑料盆，其大小有 3.785L、11.355L、18.925L、26.495L、56.775L、113.55L 等规格。盆壁有防止缠根和灼根的凹凸条纹。较大型的容器苗，可用木框、铁丝网、钢板网、可开拉式塑网袋容器，也可用一次性的各种规格的软质塑料种植袋。

【操作3】配制栽培基质

基本材料是园土、腐熟有机肥、泥炭、腐熟树皮、腐熟木鳞片等。配制混合介质时，宜选用树皮介质，比例在 1/2~2/3，再配加 1/3~1/2 泥炭；或 1/3 泥炭、1/3 园土、1/3 其他，可少量添加粗沙或其他当地特别廉价的腐熟甘蔗渣、山核桃壳、菇渣等。

技能 6-5　容器苗培育

【操作1】起苗

与地栽苗起苗相同。

【操作2】栽植

苗木在移入容器之前，对苗木根系进行修剪，缩小根幅，使其能够栽入容器之中；锯掉不具有营养吸收功能的过粗老根，使其露出新茬，刺激发生新根，再剪去部分枝条，以维持树木地上部分与地下部分关系平衡，有利于苗木成活。

栽植时先在营养袋中装 1/3 的土量，然后放入苗木。放入苗木后要扶正，继续填营养土，当营养土填到苗木原根颈处时，进行提苗，促使苗木根系与土壤充分接触，对土壤进行压实，接着继续填土至原根颈上方 1~2cm 为止，最后浇定根水。

【操作3】苗木摆放

大规格容器苗移动是很困难的，摆放的株行距要相对大些，避免管理过程中的移动。

摆放时一般按容器苗的类型进行分区摆放，如乔木区、灌木区、标本区等。避免在风口摆放。

【操作4】容器苗的固定捆扎

由于容器苗初期摆放较密，植株生长较快，茎较软弱，一般需要用立柱支撑，用塑料或绳索绑定。用于苗木固定的支柱多是竹竿。

【操作5】灌溉

灌水最好用滴灌或细孔喷壶喷灌，不可用大孔喷头冲灌。灌水要适时、适量，在出苗期和幼苗生长初期，多次少量，保持基质湿润；速生期应多量少次，在基质达到一定干燥程度后再灌水；生长后期控制灌水。灌水时注意不宜过急，水滴不宜过大，防止水从容器表面溢出，不能湿透底部及基质溅到叶面影响苗木生长。

【操作6】施肥

容器育苗的施肥一般采用基肥为主、追肥为辅的方式。基肥是在配制基质时添加适量的有机肥，以增加土壤中的有机质含量并改善土壤的理化性质。追肥常结合灌水，使用速效肥料。某些微量元素采用叶面施肥的办法。

【操作7】病虫害及杂草防治

控制好用水量，保持容器袋有一定的通透性，以防幼苗烂根。为预防叶枯病发生，每隔7~10d喷药1次，使用的药剂有200倍等量式波尔多液、2%硫酸亚铁溶液、500倍敌克松药液、0.5%高锰酸钾溶液。喷施药液要均匀，以药液渗到苗根为度。坚持预防为主，对症下药。在生长期每隔7~15d使用1次杀菌剂，在虫害高发期要及时用药防除。

掌握"除早、除小、除了"的原则，做到容器内、床面和步道上无杂草，人工除草在基质湿润时连根拔除，要防止松动苗根。

◇ 巩固训练

1. 训练要求

（1）以小组为单位开展训练，组内要分工合作、相互配合。

（2）各小组拟定执行方案，技术方案应具有科学性和可行性。

（3）做到安全生产，操作程序符合要求。

2. 训练内容

（1）结合园林绿化苗木生产任务，以小组为单位，在咨询学习、小组讨论的基础上制订具体容器育苗技术方案。

（2）以小组为单位，依据技术方案进行一定任务的容器育苗技能训练。

3. 可视成果

园林绿化苗木生产技术（容器育苗）方案及具体实施方案。

◇ 自主学习资源库

1. 林木容器育苗技术. 邓华平. 中国农业出版社, 2008.

2. 园林苗木生产技术. 苏付保. 中国林业出版社, 2004.
3. 园林苗木生产技术手册. 谢云. 中国林业出版社, 2012.
4. 园林苗木生产技术. 尤伟忠. 苏州大学出版社, 2009.
5. 园林苗木生产技术. 黄云玲. 厦门大学出版社, 2013.
6. 园林苗圃育苗技术. 任叔辉. 机械工业出版社, 2011.
7. 网袋容器育苗新技术. 张建国. 科学出版社, 2007.
8. LY/T 10000—1991 容器育苗技术规程.

任务 6.3　苗木整形修剪

◇理论知识

6.3.1　整形修剪的时间

苗木整形修剪应根据苗木目标树形要求、苗木生长状况和环境条件有计划地多次进行,不能没有计划,也不能一劳永逸。一般来讲,苗木的修剪可以分为冬季修剪和夏季修剪。

(1) 冬季修剪

自秋季落叶后至翌年春季发芽前(一般 12 月至翌年 2 月)进行的修剪,称为冬季修剪,又称休眠期修剪。凡是修剪量较大的整形、截干、缩剪更新等修剪,都应在冬季进行,以免影响树势生长。但也有例外,如葡萄,在发芽前修剪易形成伤流,故需在落叶后防寒前进行修剪;核桃、元宝枫等树种进行冬季修剪也容易发生伤流,可在发芽后再行修剪。

(2) 夏季修剪

夏季修剪又称生长期修剪。自春季发芽后至停止生长前(4~10 月)修剪都称为夏季修剪。夏季修剪主要是摘除蘖芽,调整各主枝方位,疏除过密枝条,摘心或环剥等,以起到调整树势的作用。

6.3.2　整形修剪的方法

苗木修剪的方法很多,主要有抹芽、摘心、剪梢、短截、回缩、疏枝、伤枝等。

(1) 抹芽

树木发芽时,有些树木的芽能全部萌发,如一年生杨、柳的苗。若任其全部生长,则根部吸收的水分和无机盐类不能集中使用,影响长成理想树形,所以应及时将下部无用的芽剥掉,使水分和营养集中用于留下的芽,促使上部枝条发育旺盛。

(2) 摘心与剪梢

摘心是在生长季摘除新梢幼嫩顶尖的措施,通常在新梢长到 30~40cm 时摘除先端 4~8cm 的嫩梢。剪梢是在生长季剪截未及时摘心而生长过旺、伸展过长且部分木质化新梢的技术措施。摘心与剪梢可削弱顶端优势,改变营养物质的输送方向,使营养集中于下部已形成的组织内，可增加分枝、促进花芽分化和果实发育。

（3）短截

短截是剪去一年生枝条的一部分，这对枝条生长有刺激作用，可促使剪口以下的芽萌发。根据短截的程度不同分为以下几种：

①轻短截 只剪去一年生枝的少量枝段，一般剪去枝条的1/4~1/3。如在春、秋梢的交界处（留盲节），或在秋梢上短截。截后易形成较多的中、短枝，单枝生长较弱，能缓和树势，利于花芽分化。

②中短截 在春梢的中下部短截，剪去枝条的1/3~1/2。截后形成较多的中、长枝，成枝力高，生长势强，枝条加粗生长快，一般多用于各级骨干枝的延长枝或复壮枝。

③重短截 在春梢的中下部短截，剪去枝条的2/3~3/4。对局部的刺激作用大，对全树总生长量有影响，剪后萌发的侧枝少，由于树体的营养供应较为充足，枝条的长势较旺，易形成花芽，一般多用于恢复生长势和改造徒长枝、竞争枝。

④极重短截 仅在春梢基部留1~2个芽，其余剪去，此后萌发出1~2个弱枝，一般多用于处理竞争枝或降低枝位。

（4）回缩

回缩又称缩剪，是指对多年生枝条（枝组）进行短截的修剪方式。一般修剪量大，刺激较重。将较弱的主枝或侧枝压缩到一定的位置，压低或抬高其角度，有更新复壮的作用，同时可以使后部发枝，避免"光腿"。

（5）疏枝

将枝条从分枝基部全部剪去称为疏枝。一般用于疏除枯枝、病虫枝、过密枝、徒长枝、竞争枝、衰弱枝、交叉枝、萌蘖枝等。疏枝能减少树冠内部的枝条数量，使枝条分布疏密适中，改善树冠内膛的通风与透光条件，使树木生长健壮。园林中绿篱或球形树的修剪，常进行短截，造成枝条密生，致使树冠内枯死枝、"光腿"枝过多，因此，必须与疏枝结合起来应用。一些萌芽力强的灌木，如黄刺玫、连翘、金银木等，往往枝条丛生、细弱，应及时进行疏枝。但萌芽力弱的树种应慎用疏枝法。

（6）伤枝

伤枝是指用各种方法损伤枝条的韧皮部和木质部，从而削弱枝条的生长势，缓和树势。伤枝多在生长季进行，对局部影响较大，但对整个树木的生长影响较小。

①环剥 在枝条或枝条基部的适当位置用刀环状剥去一定宽度的树皮。主要用于处理旺树的直立旺枝。时间应以春季新梢叶片形成之后最需要同化养分时，如落花期、落果期、果实膨大期或花芽分化期以前，有时为了调节某些枝的生长势或促进萌芽，也可在春季萌动前选择适当部位进行环剥。

环剥宽度要根据树种、枝条粗细来确定。一般以1个月内环剥伤口能愈合为限，宽0.3~0.5cm。伤口过宽不易愈合，伤口过窄起不到环剥的作用。若不能达到目的，可再剥几道。对计划疏除的大枝或高枝压条繁殖的枝条，环剥应宽，以防止愈合。环剥深度以达到木质部为宜，过深伤及木质部会造成环剥枝梢折断或死亡，过浅则韧皮部残留，环剥效果不明显。环剥的长度一般为整圈，但有时也从控制程度和安全考虑，只剥1/3~2/3圈，并相互平行、错落分布地剥几道。实施环剥的枝条上方需保留有足够的枝叶量，以供正常光合作用之需。伤流过旺、易流胶的树种不易采用环剥。

②刻伤　可分为横向刻伤和纵向刻伤两种。横向刻伤是用刀横切枝条的皮层，深达木质部。如果在芽的上部刻伤，刻伤处以下的芽得到充足的养分，有利于芽的萌发和生长，形成良好的枝条。如夏季在芽的下部刻伤，可促进花芽形成和枝条成熟。因此，要想在树的某一部位补充枝条时可在芽上刻伤，要想使某一枝条成为果枝时可在芽下刻伤。

纵向刻伤是在树干或干、枝分杈处，用刀纵向切伤树皮，深达木质部的方法。它可抑制树体的过旺生长，促进花芽分化和多结果，促进枝条的加粗生长。通常小枝只要纵伤一刀，树干要纵伤多刀。纵向刻伤宜在春季树木开始生长前进行。

（7）拉枝、别枝、圈枝、屈枝

拉枝是将开张角度小的枝条用绳子将其拴住，或用树体撑住，给一定的力量使其角度开张，通常是将直立枝条拉成斜生、水平或下垂状态。别枝是把直立徒长枝按倒，别在其他枝条上。圈枝是把直立徒长枝圈成近水平状态的圆圈。屈枝是指在生长季将新梢、新枝或其他枝条弯曲成近水平或下垂姿态，或按造型上的需要，弯曲成一定的形状，然后用棕丝、麻绳或金属丝绑扎，固定形状。这些方法是改变枝向、调节枝条生长势和进行造型的辅助措施。

（8）缓放

缓放又称长放或甩放，即一年生枝条不做任何短截，任其自然生长。利用单枝生长势逐年减弱的特点，对部分长势中等的枝条长放不剪，下部易发生中、短枝，停止生长早，同化面积大，光合产物多，有利于花芽形成。幼树、旺树，常以长放缓和树势，促进提早开花、结果。长放用于中庸树平生枝、斜生枝效果较好，但对幼树骨干枝的延长枝或背生枝、徒长枝不能长放；弱树也不宜多用长放。

（9）平茬

平茬指从地面全部去掉地上枝干，利用原有的发达根系刺激根颈附近萌芽更新的方法。多用于培养优良主干和花灌木及绿篱的复壮更新。经过平茬，苗木生长旺盛，树干通直、粗壮，病虫危害少，优质化程度大大提高。

上述各种修剪方法应结合植物生长发育的情况灵活运用，再加上严格的土肥水管理，才能取得较好的效果。

◇ 实务操作

技能6-6　准备修剪工具

【操作1】准备修枝剪

修枝剪又称枝剪，包括普通修枝剪、绿篱剪、高枝剪等。普通修枝剪由一个主动剪片和一个被动剪片组成，主动剪片的一侧为刀口，需要提前重点打磨。一般用于剪截直径

3cm 以下的枝条。绿篱剪适用于绿篱的修剪，高枝剪适用于庭园孤立木、行道树等高干树的修剪。因枝条所处位置较高，用高枝剪可免登高作业。

【操作2】准备修枝锯

修枝锯有单面修枝锯和高枝锯，用于锯除较粗的枝条。

【操作3】准备梯子

在修剪高大树体的高位干、枝时登高而用。在使用前首先要观察地面凹凸及软硬情况，以保证安全。

【操作4】准备劳动保护用品

劳动保护用品包括安全带、安全帽、工作服、手套、胶鞋等。

技能6-7　整形修剪

【操作1】自然式修剪整形

在保持原有的自然冠形的基础上适当修剪，称为自然式修剪。该方式能充分体现园林植物的自然美。自然式整形的主要任务是幼龄期培育恰当的主干高度及合理配置主、侧枝，以保证迅速成形；以后做到"行而不乱"，只是对枯枝、病弱枝及少量扰乱树形的枝条做适当处理。

【操作2】整形式修剪整形

根据园林观赏的需要，将树冠修剪成各种特定形式。此方式不是按树木的生长规律进行的，经过一定时期自然生长后会破坏造型，需要经常不断地整形。一般适用于耐修剪、萌芽力和成枝力都很强的树种。常见的整形树形有：几何形体，如正方体、长方体、球体、半球体或不规则几何体等；建筑物形式，如亭、楼、台等；动物形式，如鸡、马、鹿、兔、大熊猫等；古树盆景式，是运用树桩盆景的造型技艺，将树木的冠形修剪成单干式、多干式、丛生式、悬崖式、攀缘式等各种形式。

【操作3】混合式修剪整形

在自然树形的基础上，结合观赏和树木生长发育的要求进行人工改造而进行的整形方式。

①杯形　树木无中心干，仅留很短的主干，主干上部分生3个主枝，夹角约45°，3个主枝各自分生2个枝而形成6个侧枝，每个侧枝分生2枝而形成12枝，即所谓"三股六杈十二枝"的形式。冠内无直立枝、内向枝。

②自然开心形　由杯形改进而来，没有中心主干，分枝较低，3个主枝错落分布，自主干向四周放射而出，中心开展，故称自然开心形。主枝分枝为二叉分枝，树冠不完全平面化，能较好地利用空间。

③中央领导干形　留一个强中央领导干，其上配列疏散的主枝。若主枝分层着生，则称为疏散分层形。这种树形，中央领导枝的生长优势较强，能向外和向上扩大树冠，主枝分布均匀，通风透光良好。适用于干性较强的树种，能形成高大的树冠，宜作庭荫树、观赏树。

④多主干形　在2~4个领导干上分层配置侧生主枝，形成规则优美的树冠。适用于

观花乔木和庭荫树，如紫薇、紫荆、蜡梅、桂花等树种。

⑤丛球形　类似多主干形，只是主干较短，干上留数主枝成丛状。叶层厚，美化效果好。

⑥棚架形　先建各种形式的架、棚、廊、亭，种植藤本植物后，按生长习性加以修剪、整形和诱引。

园林树木修剪整形，应以自然式修剪整形为主，充分利用树木的自然树形，可节省人力、物力；其次是混合式修剪整形，在自然树形的基础上加以人工改造，即可达到最佳的绿化、美化效果；整形式修剪整形，既改变了植物自然生长习性，又需要较高的整形修剪技艺，只在园林局部或有特殊要求时使用。

◇ 巩固训练

1. 训练要求

（1）以小组为单位开展训练，组内要分工合作、相互配合。

（2）各小组拟定执行方案，技术方案应具有科学性和可行性。

（3）做到安全生产，操作程序符合要求。

2. 训练内容

（1）结合园林绿化苗木生产任务，以小组为单位，在咨询学习、小组讨论的基础上制订具体整形修剪技术方案。

（2）以小组为单位，依据技术方案进行一定任务的整形修剪技能训练。

3. 可视成果

园林绿化苗木生产技术（整形修剪）方案及具体实施方案；修剪后的苗木。

◇ 自主学习资源库

1. 园林苗木整形修剪技术. 杭州市园林文物局. 浙江科学出版社，2011.
2. 观赏植物整形修剪技术. 马元建，陈绍云. 浙江科学出版社，2008.
3. 园林树木整形修剪学. 李庆卫. 中国林业出版社，2011.
4. 图解园林树木整形修剪. 张钢，陈段芬，肖建忠. 中国农业出版社，2010.
5. 园林树木移植与整形修剪. 王鹏，贾志国，冯莎莎. 化学工业出版社，2010.
6. 园林树木整形修剪技术. 王韬璆. 中国林业出版社，2007.
7. 园林植物修剪与造型造景. 鲁平. 西北农林科技大学出版社，2006.
8. 林木种苗生产技术. 2版. 邹学忠，钱拴提. 中国林业出版社，2014.
9. 中国林业网：http://www.forestry.gov.cn/
10. 中国苗木网：http://www.miaomu.com/

任务6.4　苗木出圃

◇理论知识

6.4.1　苗木质量相关指标

（1）苗高

苗高是最直观、最容易测定的形态指标，测定时从苗木的根颈处或地面量到苗木的顶芽，如果苗木还没有形成顶芽，则以苗木最高点为准。苗木高度并非越高越好，虽然高的苗木有可能在遗传上具有一定的优势，然而同一批造林苗木的大小以整齐为好，以防将来林分的强烈分化。

（2）地径

地径又称地际直径，是指苗茎土痕处的粗度。在所有形态指标中，地径是反映苗木质量的最好指标之一。地径与苗木根系的大小、苗木鲜重、干重和抗逆性等关系紧密。多数研究表明，地径与栽植成活率及苗木生长量成正比。

（3）高径比

高径比是指苗高与地径之比，它反映了苗木高度和粗度的平衡关系，是反映苗木抗性及栽植成活率的较好指标。一般高径比越大，说明苗木越细高，抗性越弱，造林成活率越低；相反，高径比越小，则苗木越矮粗，抗性越强，栽植成活率越高。由于是比值，高径比不能单独使用，将它与苗高、地径等指标结合起来，才是一个好的指标。一般来说，在苗高达到要求的情况下，高径比越小越好。

（4）根系指标

根系是植物的重要器官，栽植后苗木能否迅速生根是决定其能否成活的关键。目前生产上采用的根系指标主要是根系长度、根幅、侧根数等。此外，根重、根体积、根长、根表面积指数等在科学研究中也常被采用。

（5）茎根比

茎根比是苗木地上部分与地下部分（重量或体积）之比，反映出苗木根、茎两部分的平衡状况。栽植后苗木能否成活，其关键之一是能否保持苗木体内的水分平衡。从理论上讲，根系发达，茎根比小，苗木地上部分的蒸腾量小，而地下部分的吸收量大，有利于苗木的水分平衡，苗木成活的可能性就大。茎根比在一定程度上体现了这种平衡关系，因而这一指标格外受到关注。

6.4.2　出圃苗木的质量和规格要求

（1）出圃苗木的质量要求

①品种纯正，名实相符　园林苗圃的苗木，都应是经过嫁接、扦插等营养繁殖生产的园艺品种，不能用实生苗以次充好。如各品种玉兰、重瓣榆叶梅、重瓣黄刺玫、重瓣棣棠

等，不能用它们的种播实生苗出圃。

②树形优美、生长健壮　要求树形完好、树干通直、枝干匀称、枝叶丰满。

③根系发达　主要是要求有发达的侧根和须根，根系分布均匀，根系长度符合要求。

④无病虫害和机械损伤　出圃苗木要求无明显病害，无检疫的病虫，除少数苗木需截干外，应无明显机械损伤。

⑤顶芽发育正常饱满　顶芽对萌芽力弱的针叶苗来说尤为重要。

（2）出圃苗木的规格要求

苗圃培育的苗木必须达到额定规格才能出圃。出圃苗木的规格依其类别、用途来确定。随着城市建设的发展，出圃苗木有逐渐加大规格的趋势。出圃苗木在规格质量上应有统一的要求。苗木出圃时，要做到不够规格、树形不好、根系不完整、有机械损伤、有病虫害的苗木不能出圃。现将北京市园林绿化局对园林苗木出圃的规格标准列举如下。

①常绿乔木　如油松、白皮松、华山松等。出圃常绿乔木要求苗木树冠丰满，有全冠和提干两种，有主尖的要求主尖苗壮。常绿乔木的规格，主要以苗木高度为计量标准，高度在1.5m以上为合格苗木，高度每提高0.5m即提高一个出圃规格级别。

②大、中型落叶乔木　如毛白杨、小叶白蜡、千头椿、槐、栾树、银杏等大、中型落叶乔木，要求树干通直，分枝点在2.8m、胸径在3cm以上即可出圃，胸径每增加0.5cm为提高一个级别规格。绿化工程用落叶乔木，设计规格常为胸径7~10cm。

③落叶小乔木及乔化灌木　小乔木如桃叶卫矛、北京丁香、紫叶李、西府海棠、垂丝海棠、嫁接品种玉兰、高接碧桃等要求树冠丰满、主干通直。出圃规格以地径（地面以上30cm处的直径）为计量标准，地径达2.5cm为最低出圃规格，在此基础上地径每增加0.5cm为提高一个规格级别。

④多干式灌木　要求自地际分枝处有3个以上分布均匀的主枝。丁香、金银木、紫荆、紫薇等大型灌木出圃高度要求在80cm以上，在此基础上每增加30cm即提高一个规格级别；珍珠梅、黄刺玫、木香、棣棠、鸡麻等中型灌木类，出圃高度要求在50cm以上，苗木高度每增加20cm即提高一个规格级别；月季、郁李、'金叶'女贞、牡丹、'紫叶'小檗等小型灌木类，出圃高度要求在30cm以上，苗木高度每增加10cm即提高一个规格级别。

⑤绿篱类　绿篱苗木如圆柏、侧柏、大叶黄杨、锦熟黄杨等要求树势旺盛，全株成丛，基部枝叶丰满，冠丛直径不小于20cm，苗木高度在50cm以上为出圃最低标准，在此基础上，苗木高度每增加20cm即提高一个规格级别。

⑥攀缘类藤本　苗木要求生长旺盛，枝蔓发育充实，腋芽饱满，根系发达丰满。此类苗木不易以量化来规定等级，常以几年生来表示，即增加1年生长量为提高一个规格级别。如爬山虎、美国地锦、紫藤、金银花、小叶扶芳藤等，都以几年生来表示规格。

⑦人工造型苗木　由于经过人工修剪、嫁接等作业程序，增加了不少工作量，影响了

植株的正常年生长量，量化标准比较复杂。既然是造型苗木，就要求达到造型标准才能出圃。如大叶黄杨球、锦熟黄杨球，经过3~5年修剪，必须已经形成球形，再以球的高度及冠幅进行量化，如高1.5m、冠径1m的大叶黄杨球或锦熟黄杨球。又如'龙爪'槐、'垂枝'榆、'垂枝'碧桃等，是以经过3~5年造型修剪后，基本形成垂枝树冠，冠幅达到1m以上为合格造型苗木，在此基础上对其胸径进行量化，与落叶乔木一样每增粗0.5cm即提高一个规格级别。

6.4.3 苗龄表示方法

苗龄即苗木年龄，是指从播种、插条或埋根到出圃，苗木实际生长的年龄。以经历一个年生长周期作为1苗龄单位。苗龄用阿拉伯数字表示，第一个数字表示苗木在原地上生长的年龄，第二个数字表示第一次移植后培育的年限，第三个数字表示第二次移植后培育的年限，数字间用短横线间隔，各数字之和为苗木的年龄，称几年生。

1-0　表示1年生播种苗。

2-0　表示2年生留床苗。

2-2　表示4年生移植苗，移植1次，移植后继续培育2年。

1-1　表示2年生移植苗，经过1次移植。

1-2-1　表示4年生移植苗，经过2次移植，共培育3年。

2-2-2　表示6年生移植苗，移植2次，每次移植后各培育2年。

0.2-0.8　表示1年生移植苗，移植1次，0.2年生长周期移植后培育0.8年生长周期。

0.5-0　表示半年生播种苗或扦插苗，未经移植。

1(2)-0　表示1年生的干(2年生的根)未经移栽的扦插苗、插根苗或嫁接苗。

2(3)-1　表示2年生的干(3年生的根)移植1次，培育1年的扦插苗、插根或嫁接苗。

2/3-1　表示2年生的干(3年生的根)移植1次的嫁接或移植苗。

1/2-1　表示1年生的干(2年生的根)移植1次的嫁接或移植苗。

◇ 实务操作

技能6-8　苗木调查

【操作1】苗木调查准备

①确定调查方案　包括调查的苗木种类、要求、地域范围、技术指标、进度和人员配备等。

②对调查工作人员进行技术培训。

③准备用具　记录表格、皮尺、钢尺、游标卡尺、测高器等。

【操作2】苗木调查

通过苗木调查，能全面了解全圃各种苗木的产量和质量。调查结果能为苗木出圃提供数量和质量依据，也可掌握各种苗木的生长发育情况，科学地总结育苗技术经验，指导今后的苗木生产。苗木调查一般在秋季苗木停止生长后进行，此时苗木的质量不再发生变化。常用苗木调查的方法有以下几种。

①标准行法　在要调查的苗木生长区中，每隔一定的行数（如5的倍数），选一行或一垄作为标准行。全部标准行选好后，如苗木数量过多，在标准行上随机抽取出一定长度的地段。在选定的地段上进行苗木质量指标和数量的调查，然后计算调查地段的总长度，求出单位长度的产苗量，以此推算出每公顷的产苗量和质量，进而推算出全生产区该苗木的产量和质量。适用于移植、扦插、条播、点播的苗区。

②标准地法　在调查区内，随机抽取 $1m^2$ 的标准地若干个，逐株调查标准地上苗木的高度、地径（或胸径）等指标，并计算出 $1m^2$ 标准地上的平均产量和质量，最后推算出全生产区苗木的产量和质量。适用于播种的小苗区。

③准确调查法　数量不太多的大苗和珍贵苗木，为了数据准确，应逐株调查苗木数量。抽样调查苗木的树高、地径、冠幅等，计算其平均值以掌握苗木的质量。苗圃中一般对地径在 5cm 以上的大苗采用准确调查法，可给出圃提供方便。

苗木调查是全圃内所有苗木进行调查，调查时应按不同树种、育苗方式、苗木种类以及苗木年龄分别进行调查和记载，分别计算，并将合格苗和不合格苗分别统计，汇总后填入苗木调查表。

技能6-9　起苗

起苗又称掘苗。起苗作业质量的好与坏，对苗木的产量、质量和栽植成活率有很大影响，必须重视起苗环节，确保苗木质量。

【操作1】确定起苗季节

起苗时间与栽植季节相结合，要根据当地气候特点、土壤条件、树种特性（发芽早晚、越冬假植难易）等确定。

春季是最适宜的植树季节。针叶树种、常绿阔叶树种以及不适合长期假植的根部含水量较多的落叶阔叶树种（如榆树、泡桐、枫树等）的苗木适宜春季起苗，随起苗随栽植。春季干旱风大的西部、西北部地区，有时进行雨季绿化。因此，常绿针叶树种苗木可在雨季起苗，随起苗随栽植。

秋季也是植树的好时机。多数树种，尤其是落叶树种可秋季起苗，春季发芽早的树种（如落叶松）更应在秋季起苗。秋季起苗一般在地上部分停止生长开始落叶时进行。起苗的顺序可按栽植需要和树种特性的不同进行合理安排，一般是先起落叶早的（如杨树），后起落叶晚的（如落叶松等）。起苗后可栽植，也可假植。在比较温暖，冬天土壤不冻结或结冻时间短，天气不太干燥的地区，冬季也是起苗植树的适宜时期。

【操作2】确定起苗方法

（1）裸根起苗

适用于落叶树大苗、小苗和常绿树小苗的起苗。大苗裸根起苗要单株挖掘。挖苗前先将树冠拢起，防止碰断侧枝和主梢；然后以树干为中心按要求的根幅划圆，在圆圈外挖沟，切断侧根；挖到一半深时逐渐向内缩小根幅；挖到要求的深度时缩小至根幅的2/3，使土球呈扁圆柱形，将苗木向一侧推倒，切断主根，震落泥土，将苗取出，并修剪被劈裂和过长的根系。

小苗裸根起苗沿着苗行方向，距苗行20cm处挖一条沟，沟的深度应稍深于要求的起苗深度，在沟壁下部挖出斜槽，按要求的起苗深度切断苗根，再从苗行中间插入铁锹，把苗木推倒在沟中，取出苗木。

(2) 带土球起苗

适用于常绿树、珍贵树木的大苗和较大的花灌木的起苗。土球的直径要根据苗木的大小、根系特点、树种成活难易而定。一般乔木土球的直径为根颈直径的8~10倍，土球高度为直径的2/3；灌木的土球高度为其直径的1/4~1/2。在天气干旱时，为了防止土球松散，于挖前1~2d灌水，增加土壤的黏结力。挖苗前先将树冠拢起，防止碰断侧枝和主梢；然后以树干为中心按要求的根幅划圆，在圆圈外挖沟，切断侧根；挖到一半深时逐渐向内缩小根幅，挖到要求的深度时缩小至根幅的2/3，使土球呈扁圆柱形，用草席或草绳包裹好，将苗木向一侧推倒，切断主根，将苗取出。

(3) 冰坨起苗

东北地区可利用冬季土壤结冻层深的特点进行冰坨起苗。冰坨起苗的做法与带土球起苗大体一致。在入冬土壤结冻前进行，先按要求挖好土球，挖至应达到的深度时暂不取出，待土壤结冻后再截断主根将苗取出。冰坨起苗，运途不远时可不包装。

(4) 机械起苗

目前，北方地区尤其是东北三省有条件的大中型苗圃多采用机械起苗。一般由拖拉机牵引床式或垄式起苗犁起苗，生产上应用的4QG-2-46型床(垄)式起苗犁和4QD-65型起大苗犁，不仅起苗效率高、节省劳力、减轻劳动强度，而且起苗质量好、成本低，值得大力推广使用。

技能6-10　苗木分级、检疫、包装与运输

【操作1】苗木分级

苗木分级又称为选苗，即按苗木质量标准把苗木分成等级。分级的目的，一是保证出圃苗符合规格要求；二是使栽植后生长整齐美观，更好地满足设计和施工的要求。

苗木种类繁多，规格要求复杂，目前各地尚未统一和标准化。一般说来，都根据苗龄、高度、地径(或胸径、冠幅)来进行分级。根据分级标准将苗木分为合格苗、不合格苗和废苗3类。合格苗是达到规格要求的苗木，具体又可分为Ⅰ级苗、Ⅱ级苗。不合格苗是达不到规格要求，但仍有培养价值的苗木。废苗是既达不到规格要求，又无培养价值的苗木。如断顶针叶苗，病虫害和机械损伤严重的苗。

苗木的分级工作应在背阴避风处进行，并做到随起随分级假植，以防风吹日晒或损伤根系。

【操作2】苗木检疫

苗木检疫的目的是防止危害植物的各类病虫、杂草随同植物及其产品传播扩散。苗木

项目6 园林苗木培养和苗木出圃

在省份之间调运或与国外交换时,必须经过有关部门的检疫,对带有检疫对象的苗木应进行彻底消毒。经消毒仍不能消灭检疫对象的苗木,应立即销毁。所谓检疫对象,是指国家规定的普遍或尚不普遍流行的危险性病虫及杂草。具体检疫措施可参考有关书籍。

【操作3】苗木包装

(1)裸根苗的包装

长距离运输(如1d以上),要求细致包装,以防苗根干燥。生产上常用的包装材料有草包、草片、蒲包、麻袋、塑料袋等。包装技术可分包装机包装和手工包装。手工包装操作步骤:先将湿润物(如苔藓、湿稻草和麦秸等)放在包装材料上,然后将苗木根对根地放在上面,并在根间加些湿润物,如此放苗到适宜的重量(20~30kg)后,将苗木卷成捆,用绳子捆紧。在每捆苗上挂上标签,标明树种、苗龄、苗木数量、等级和苗圃名称。

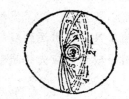

打包顺序

短距离运输,可在筐底或车上放一层湿润物,将苗木根对根地分层放在湿铺垫物上,分层交替堆放,最后在苗木上再放一层湿润物即可。用包装机包装也要加湿润物,保护苗根不致干燥。

(2)带土球苗木的包装

带土球的大苗应单独包装。一般可用蒲包和草绳包装,大树最好采用板箱式包装。小土球和近距离运输可用简易的四瓣包扎法,即将土球放入蒲包或草片上,拎起蒲包或草片四角将土球包好。大土球和较远距离的运输,可采用橘子式、井字式、五角式等方法包装。

①橘子式 先将草绳一头系于树干上,再在土球上斜向缠绕,草绳经土球底绕到对面经树干折回,顺同一方向按一定间隔缠绕至满球。接着再缠绕第二遍,缠绕至满球后系牢(图6-1)。

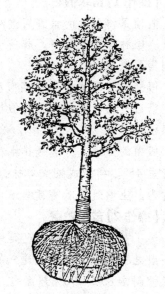

打包后的形状

图6-1 橘子式

②井字式 先将草绳一端系于腰箍上,然后按图6-2所示数字顺序,由1拉到2,绕过土球下面拉到3,经3绕过土球上面拉到4,经4绕过土球下面拉到5……最后经8绕过土球下面拉回到1。按此顺序包扎满6~7道井字形为止。

③五角式 先将草绳一端系于腰箍上,然后按图6-3所示数字顺序,由1拉到2,经过土球下面拉到3,经3绕过土球上面拉到4,经4绕过土球下面拉到5……最后经10绕过土球下面拉回到1. 按此顺序包扎满6~7道井字形为止。

【操作4】苗木运输

长途运输苗木时,为了防止苗木干燥,宜用席子、麻袋、草席、塑料膜等盖在苗木上。在运输期间要检查包装内的湿度和温度,如果包装内温度高,要把包装打开通风,并

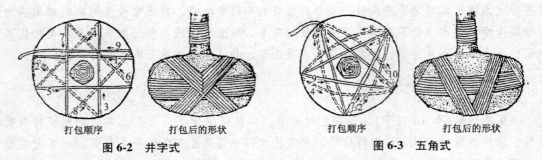

图6-2 井字式　　　　　　　　　图6-3 五角式

更换湿草以防发热。如果发现湿度不够，可适当喷水。为了缩短运输时间，最好选用速度快的运输工具。苗木运到目的地后，要立即将苗打开进行假植；如果运输时间长，到达目的地后苗根较干，应先将根部用水浸一昼夜后再行假植。

技能6-11　苗木假植与贮藏

【操作1】苗木假植

假植是将苗木的根系用湿润的土壤进行埋植处理。目的是防止根系干燥，保证苗木的质量。园林绿化过程中，起苗后一般应及时栽植，不需要假植。若起苗后较长时间不能栽植则需要假植。

假植分临时假植和长期假植。起苗后不能及时运出苗圃和运到目的地后未能及时栽植，需进行临时假植。临时假植时间不超过10d。秋天起苗，假植到翌春栽植的，称为长期假植。

假植的方法是：选择排水良好、背风、庇荫的地方挖假植沟，沟深超过根长，迎风面沟壁呈45°。将苗成捆或单株排放于沟壁上，埋好根部并踏实，如此依次将所有苗木假植于沟内。土壤过干时需适当淋水。越冬假植需覆盖以便保湿、保温。

【操作2】苗木贮藏

为了苗木的安全越冬，延缓苗木萌发，延长栽植时间，需要对苗木进行贮藏。苗木贮藏一般是在低温、高湿、通气的情况下进行。低温贮藏的条件是温度控制在1~5℃，相对湿度控制在85%~90%范围内。常利用室内、冷库、地窖、地下室或建筑物背阴处进行苗木低温贮藏。

◇ **巩固训练**

1. 训练要求

（1）以小组为单位开展训练，组内要分工合作、相互配合。

（2）各小组拟定执行方案，技术方案应具有科学性和可行性。

（3）做到安全生产，操作程序符合要求。

2. 训练内容

（1）结合园林绿化苗木生产任务，以小组为单位，在咨询学习、小组讨论的基础上制订具体苗木调查的技术方案。

（2）以小组为单位，依据技术方案进行一定任务的苗木调查训练。

3. 可视成果

园林苗木调查方案及具体实施方案；园林苗木调查成果表。

◇自主学习资源库

1. CJ/T 23—1999 城市园林苗圃育苗技术规程.
2. CJ/T 24—1999 城市绿化和园林绿地用植物材料——木本苗.
3. 园林苗木生产与经营. 魏岩. 科学出版社，2012.
4. 园林苗木生产技术. 苏付保. 中国林业出版社，2004.
5. 园林苗木生产技术手册. 谢云. 中国林业出版社，2012.
6. 园林苗木生产技术. 尤伟忠. 苏州大学出版社，2009.
7. 园林苗木生产技术. 黄云玲. 厦门大学出版社，2013.
8. 园林苗圃育苗技术. 任叔辉. 机械工业出版社，2011.
9. 园林苗木生产与营销. 张康健，刘淑明，朱美英. 西北农林科技大学出版社，2006.
10. 林木种苗生产技术. 2版. 邹学忠，钱拴提. 中国林业出版社，2014.
11. 中国林业网：http://www.forestry.gov.cn/
12. 中国苗木网：http://www.miaomu.com/

项目 7　园林苗圃管理

◇ **知识目标**

(1) 了解生产经营管理中生产管理的基本知识。
(2) 了解苗木市场的预测方法、苗圃的经营策略、销售渠道、档案管理等。
(3) 熟悉生产计划的制订。
(4) 熟悉苗木生产质量的监督方法、苗木生产成本核算内容。
(5) 掌握苗木生产管理特点、任务、内容。

◇ **技能目标**

(1) 能根据市场需求制订生产计划。
(2) 能进行苗木生产技术管理。
(3) 能按照苗木质量规程要求监督苗木生产质量。
(4) 能初步核算苗木的生产成本。
(5) 能进行苗木生产档案管理。

任务 7.1　苗圃生产管理

◇ **理论知识**

园林苗圃是城市园林的重要组成部分,是繁殖和培育园林苗木的基地,其任务是用先进的生产技术,在尽可能短的时间内,以较低的成本投入,有计划地生产培育出园林绿化美化所需要的园林苗木产品。园林苗圃的苗木产品除具有公共性之外,更重要的一个特点是"活物管理"占有更大的比重。园林苗圃的经营管理就是要充分运用关于自然的和人类的各种知识和信息,形成时间上和空间上的特定顺序和流程,减少无效劳动和浪费,鼓励相互配合与创新,从而"最经济地"进行苗圃的建设、生产和经营。

7.1.1　园林苗圃经营类型划分

传统的园林苗圃分类,主要是为生产及管理服务的,其分类的依据主要是苗圃的规模或苗圃使用年限等。随着我国苗木事业的发展及市场经济的逐步发展与完善,苗木市场的竞争日趋激烈,园林苗圃分类应转移到从市场的适应性、市场的竞争能力等角度进行划分。参照企业类型划分依据,以经营苗木产品(品种)、经营规格、经营方向、经营条件、经营方式、生产技术等为标志，结合苗木生产特点，以经营为核心划分园林苗圃经营类型更具有实际意义，以提高园林苗圃的经营管理水平，增强园林苗圃适应市场和地方经济的能力，实现可持续发展目标。

①按苗木规格　分为大树经营苗圃、小苗经营苗圃、大小苗木混合经营苗圃、地方特色苗木兼其他品种经营苗圃。

②按苗木种类　分为单一树种经营苗圃、多树种经营苗圃。

③按苗木培育方式　分为大田育苗苗圃、容器育苗苗圃、保护地育苗苗圃、组织培养育苗苗圃。

④按苗木出圃方式　分为面向园林工程的苗圃，以及为苗圃提供种苗、小苗的生产用苗圃。

⑤按植物性质　分为花卉苗圃（花圃）、木本植物苗圃、草坪植物苗圃。

⑥以苗圃经营依托对象　分为以生态林带为依托的苗圃、以经济林为依托的苗圃、以生态旅游为依托的苗圃、以植物盆景为依托的苗圃等。

此外，有的苗圃以政府为依托，有的苗圃以公司为依托，以公司为依托的苗圃经营类型主要有工程公司加苗圃、外贸公司加苗圃等。

7.1.2　园林苗圃质量管理

质量的区分要借助于测量来把各种基本特征数量化。质量标准是根据人类需要而选定的某一数值或数值区间，正常情况下，仅用一个特征来评价某一事物是不全面的，人们往往用几个特征来共同反映一个事物的质量，即用综合性的数量化方案来评价质量，就比较准确而全面。例如，评价一棵树的优劣，要通过它的年生长量、枝干健壮与否、叶片的表现、病虫害的多少、树形是否美观等各方面情况来共同评价，才能得出对该树更科学、更全面的质量评价。

质量管理就是为了达到一定的质量标准而进行的程序制定、执行和调节。要实行园林苗圃的全面质量管理，就必须把制定的有关程序层层分解到每一个已知的基础环节，在程序执行的过程中，及时发现问题，找出影响质量的原因，并通过信息反馈对新的环节及特征加以数量化并纳入程序当中，从而对旧的特征制定新的指标。

园林苗圃生产的质量管理包括4个环节，即确定生产规程、执行规程、检查执行规程情况、纠正违规或修订规程。

园林苗圃生产中相应的规程主要包括种实的采收、制种、净种、种子贮藏、选地、整地作床、播种、扦插、嫁接、压条、分株繁殖、圃地排灌水、中耕除草、制肥施肥、苗木的修剪造型、防治病虫害以及掘苗出圃等。这些规程的每一个环节都应有相应的质量标准与其相对应。

7.1.3　园林苗圃数量管理

数量管理的目的是在一定的建设时期内，以较少的投入获取一定的产出，或在较少的时期内，以一定的投入获取较高的产出。要搞好园林苗圃的数量管理，必须对人、财、物进行合理适当的调度，制定可行的定额和科学的工程进度。

园林苗圃的生产、施工、养护各环节工序复杂烦琐，给调度工作带来很大的难度，有时只能随机应变或现场指挥。对工作头绪较多、时间要求严格的园林工作进行调度时，可采用网络计划技术，即通过绘制网络图或横道图的形式进行统筹规划。

在园林建设中，因为花草树木都是有生命的植物，不可能像其他工业原料一样事先储备，以供流水作业。因此，对于工序分解不宜过细，以留出机动的余地。对网络图和横道图中每一个工序所用时间的估算是关键的环节。它要依赖于管理者对生产施工单位自身人员素质、数量、经验、设备配套能力以及施工地的配套条件、经济文化背景的充分了解，并对各工序的人员进行定额管理。定额就是在一定的工作时间内完成的一定的有效生产量。定额的制定应以大多数员工能达到或超过，同时又能充分发挥工具设备的潜力为宜。由于定额的管理涉及相当具体的操作行为，所以还与人类行为的动机、外界环境刺激以及相互协调程度等因素有关。

定额时间除包括直接实现操作过程的"作业时间"之外，还应包括相关的结束和准备时间及中间休息、餐饮等时间。但就整个定额时间的组成来看，"作业时间"占有绝对大的比例，因而确定"作业时间"是定额管理的关键。确定"作业时间"应对若干测定对象测定若干次，一般应在上班后、收工前及二者之间各测一次，同时选定数名先进、落后和一般生产者测出平均值。对于较难分解和测定"作业时间"的工序，如整地、栽植花草树木、树木的整形、修剪等，常根据经验来估算，以确定时间定额，这需要定额编制者在该项工序上具有丰富的实践经验，也可通过"试工"来加以确定。如果需要"试工"，可以将其作为一个工序纳入调度计划并绘入网络图或横道图中。

由于园林苗圃建设、生产、施工等多在露天下进行手工操作或半机械化作业，受风霜雨雪、土壤结构、地形地势等因素影响很大，常常难以制定出准确的定额，因此提高劳动生产率的主要措施，常是以承包责任制或目标管理为主。无论实施标准化定额制还是承包定额制，都可能因为执行过程中的条件变化而出现误差，因而，还必须对园林建设的实际进度进行有效管理。对关键工序，应定期检查进展情况。如果实际进度没能达到计划进度，应及时采取补救措施。如增加施工人员、机械设备，对原方案进行修订或制订新的施工方案等。

7.1.4 园林苗圃物资管理

园林苗圃的物资管理是园林苗圃经营管理中不可或缺的组成部分，它包括对苗圃所需生产资料的管理和苗圃所生产的苗木产品的管理。前者通常包括所需物资的计划制订、采购、储备几个环节，后者则包括储备、包装等环节。

在园林苗圃中对于大的物质需求，一般在年初要制订计划，并详明列出所需物资的品种、数量、规格、使用日期及最迟到货日期等，以便进行审批或组织采购。对于临时需要的小型物品，可以根据具体情况补充采购。

物资采购可采用定点协作供应、物资部门合同供应、市场供应等形式。近几年来，大型国有苗圃的大宗物资采购，有时采用"政府统一采购"的形式来实现。除此之外，则多采用协作供应与合同供应的形式。小型、小额物资则常采用市场供应的形式来完成。

物资储备管理包括制定储备定额和保证定额储备两个方面。储备定额要根据物资进出等情况来制定，力争合理。保证定额储备，就是要把库存物资控制在最高储备量与最低储备量之间，防止超储备积压和停工待料。在园林苗圃中，所储备物资繁多零乱，仓库管理是物资储备管理的重要组成部分，它包括验收入库、登账立卡、定位摆放、防变质、防火、防盗等。验收时要核查采购手续及单据，以及物资数量与质量等。登账立卡及定位摆放通常采用"分类分区"法，即具有相同的品种或规格的物品分为一类，放在一区，顺序编号，以保证物、位、卡、账相符。防止物资变质要通过一系列的技术措施来实现，对相应的技术措施最好制定相应的技术规程；防火、防盗需要制定相应看护措施和规章制度。

园林苗圃苗木产品的储备管理，也是园林苗圃物资管理的重要组成部分。园林苗圃苗木产品储存，要保持苗木产品的生命力和新鲜度，就要采用相应的技术措施，同时将在储存中发现的问题反馈到生产和科研部门，以改进生产和储存工艺。

包装既可以防止苗木产品"变质"或"受损"，又便于运输、销售和消费。好的包装设计还具有良好的广告效应，可以提高苗木产品的竞争力。

园林苗圃的设备管理也具极其重要的作用。在园林苗圃建设、生产、施工中需要各种各样的机械设备，如浇水车、耕作机械、割灌机、草坪修剪机、草坪切根疏理机、草坪打孔机等。设备的安装要由专业技术人员进行，并按照设备说明书载明的各项功能逐一检查调试，看是否达到要求。使设备高效运行是降低无效消耗、发挥设备潜力的有效途径。如果盲目追求大型设备和先进机械，而不能使设备高效运行，设备潜力不能很好发挥，必然降低经济效益。在设备的使用过程中要杜绝超载超负荷运行，制定相应的安全规程，避免事故发生，确保操作人员的人身安全和设备的安全运行。加强设备的维修与保养工作，并定期检修，排除隐患。

7.1.5 园林苗圃财务管理

有关资金收支方面的事务称为财务。财务管理是组织财务活动、处理财务关系的一项经济管理工作。当今在多变、竞争的市场环境中，企业作为独立的商品生产经营者，按照财务管理原理去更好地生财、聚财、用财，是企业管理的核心所在。财务管理可分为预算、收入、支出、决算等内容。

预算是相对独立的经济实体对于未来年度（或若干年）的收入和支出所列出的尽可能完整准确的数据构成。对于有经常性业务收入的单位，如公园、动物园、游乐园等，预算管理可以实行差额式，即单位预算中一部分支出由本单位的收入来支付，大于收入的支出部分由上级预算拨款来支付，而大于支出的收入要上缴，作为其上级单位的预算收入。对于苗圃、花圃、花木公司等单位，其苗木产品或服务受需求影响而周转较快，盈亏幅度也受经营水平影响而起伏较大，因而对这类企业多实行企业化管理，即预算收入全部来自单位自身的收入、集资或贷款，不含上级财政的预算拨款，同时预算支出也由其预算收入来支付。

园林行业是新兴的行业，园林苗圃具有企事业双重性质，苗木产品多是具生命的活物，因而对园林苗圃的预算的编制是一个十分复杂而又欠缺经验和依据的工作，需要逐步积累经验。园林苗圃经营管理支出项目主要有：员工工资及福利补贴、环卫费、引种费、苗木费、水电费、肥料费、维修费、工具材料费、机械费，以及其他费用，将这些项目按劳动定额及物资消耗定额等加以汇总，可制定出"经常养护支出定额"。一般情况下，苗圃绿地的养护费按面积（m^2）计算，而乔、灌木养护费用多以株或面积为单位计算。目前，全国或地方性的市政工程预算中都给出了相应的预算定额，在实际工作中可参照执行。

园林苗圃的收入管理，重点是对企业在经营过程中所获得的收入如出售苗木产品、对外施工或提供服务所获得的收入的管理。收入管理的主要措施是对每一项收入都建立相关的票据、凭证。开出凭据的人员或售票人员接收货币，交出苗木产品或提供服务的人员核收等值票据，二者在财务部门汇总核对。如果收入与票据不等值，就要追查原因，堵塞漏洞，票据本身应连续编号，要防止伪造和涂改。

支出管理的主要措施也与收入管理相似，即每一项都要有收款人签章，除稳定性的支出（如工资）外，还要有票据等凭证，由主管人签章和付款人签章。支出汇总后与财务依据相符。支出管理人员要熟练掌握重要的开支标准，如差旅费报销标准、现金支付标准等都要按照国家和地方制定的标准严格执行。支出管理人员有权拒绝支付违反财务规定的资金，同时有义务向行政、业务主管部门提出建设性的"节流"建议和举报有关财务违纪违法行为。

决算是相对独立的经济实体对于过去年度（或过去几年）的实际收入和支出所列出的完整、详尽、准确的数据构成。决算与预算的差异，源于实际收入、支出环节出现的各种条件变化以及预算外收支。决算结果比预算方案具有更强的实践性，可成为后续预算的重要参考。决算常采用决算表格的形式来表现，其中包括决算收支表、基本数字表、其他附表3类。

◇ 实务操作

技能7-1　制订生产计划

【操作1】设计苗木产品结构，确定主要生产苗木品种

通过调研区域苗木市场经济情况、查阅相关资料、请行业专家论证等途径，确定苗圃特色与经营主要方向，设计苗木产品结构，确定好苗圃主推品种。选择品种时要有前瞻性，选择种植能适应将来市场发展的品种，应以本国的优良绿化观赏植物为主，以引入国外或外地新优品种为辅。同时，在引种时应特别注意引入品种的生长习性和生态适应性，以防止不必要的损失。

苗木产品结构是苗圃生产经营的基础，确定、设计苗木产品结构的依据有两个：一是本地区园林树木品种规划。该规划是城市绿化美化经验的总结，园林绿化设计者、绿化行业的用户、城市居民都欣赏认可这些树种，这些苗木产品有广阔的市场。二是引进新优苗木品种。园林工作者不断引进、开发新的优良的园林苗木品种，这些新优苗木生产并被推向绿化苗木市场，有一个被人们认识的过程，谁掌握了新优品种生产的主动权，谁就具有

竞争实力。例如，20世纪80年代苗圃只繁育乡土品种'粉红色'锦带；80年代后期引进了'四季'锦带，花期长，颜色红白相间，逐步被人们重视；90年代北京植物园从国外引进了更新的品种——'红王子'锦带，其颜色红艳、花期长，被大多数人认可，市场供不应求。

苗木产品的一个属性是长线苗木产品和短线苗木产品，长线苗木产品在苗圃培育时间较长，一般在10年以上。这些苗木大都为常绿乔木和大规格落叶乔木，因为占地面积大、在圃时间长、资金周转慢、相对投入成本高，很多小型苗圃很难经营。但这些苗木又是园林绿化美化热销的、不可缺少的，常为大、中型苗圃的主项。短线苗木产品是指在圃繁殖养护周期短、繁殖率高、技术工艺简单的苗木品种，一些个体、集体小苗圃热衷于这些苗木品种，它们以量取胜、以低成本取胜。这些短线苗木树种是典型的市场调剂苗木产品，往往产大于销，被低价抛售。园林绿化设计人员希望园林苗圃提供品种丰富、功能多样的苗木供他们应用，但是经营品种过多，经济效益不见得提高，相对增加了生产管理的难度，加大了生产成本。这个任务只能由国有园林苗圃承担。国有园林苗圃还必须考虑各类树种的比例，如常绿树、落叶树、乔木、灌木、地被植物、果树等所占比例，以及大规格苗木、新优苗木所占比例，以保证满足城市绿化的需求。国外园林苗圃与我国不同的是，他们经营的苗木树种、品种比较单一，甚至在繁殖小苗和大苗养护上都有明确分工。这样单一品种、单一规格的规模化生产，可以降低成本，追求苗木的高品质和高效益，值得借鉴。

【操作2】制订生产实施计划

苗圃的生产目的是生产具有优良株形且整齐一致的苗木，能够在苗木市场上获得较高的价格，创造较高的利润。为了实现最高利润目的，苗圃经营管理者要重视苗木生产管理中的每一步，要使苗圃的生产能够有序进行，关键是生产计划的制订和根据生产计划采取的各项具体措施。苗圃生产计划就是企业为了生产出符合市场需要的苗木，所确定的在什么时候生产、在哪个地方生产以及如何生产的总体计划。企业的生产计划是根据销售计划制订的，同时它又是企业制订物资供应计划、设备管理计划和生产作业计划的主要依据。所有的苗圃生产措施都按生产计划进行，并在执行的过程中，适当加以改进和补充，使生产管理更加完善。

制订生产计划的主要步骤包括：调查和预测社会对苗木的需求，核定苗圃的生产能力，确定目标，制定策略，选择计划方法，正确制订生产计划、生产进度计划和计划工作程序以及计划的实施与控制方法等。

制订苗木生产计划指标，是苗圃生产的重要内容之一。苗木生产计划的主要指标有：苗木品种、苗木质量、苗木产量和产值。

当然，制订生产计划需要对苗圃所栽植的苗木的生长发育习性及生态适应性有所了解，这样才能更为合理。和农业生产一样，苗木的田间栽培受到多方面因素的影响，如气候因素、土壤因素、人为因素等，在制订生产计划时一定要加以考虑。在苗圃生产计划的制订过程中，还要根据苗圃的具体情况，制订适合苗圃自身发展的合理计划。

技能7-2　苗木生产技术管理

【操作1】熟悉苗木生产技术管理特点

苗木生产技术管理是指苗木生产过程中对各项技术活动过程和技术工作的各种要素进行科学管理的总称,是苗木质量管理的基础和保证。加强技术管理,有利于建立良好的生产秩序,提高技术水平,提高苗木产品质量,扩大品种,降低消耗,提高劳动生产率和降低苗木培育成本。尤其是大规模的园林苗圃的苗木生产,对技术的组织、运用工作要求更为严格,技术管理显得尤其重要。苗木生产技术管理具有多样性、多学科性、季节性、连续性、阶段性、自然劳动与社会劳动结合性等特点。

(1) 多样性

园林苗圃育苗要适应园林绿化苗木的种苗供应与需求趋向多元化,发展名特优新品种。发展观赏园林绿化树种和品种选择的原则是:以乡土树种为主,适地适树;根据当地气候、土壤条件选择树种;坚持多样性,城市的绿化应由乔木、灌木、草本组成,乔、灌、草搭配。根据观赏绿化树种和品种的发展趋势,选择常绿树种、彩叶树种、色叶树种、观花树种、观果树种、抗旱树种、抗寒树种、耐水湿树种、抗盐碱树种等。

(2) 多学科性

苗圃生产管理涉及多学科知识,如园林植物学、植物生理学、土壤肥料学、植物保护学、植物栽培学、经营管理学等。

(3) 季节性

苗圃生产季节性强,如播种与扦插等各项生产管理都有明显的季节性,因此对苗圃生产管理的进度控制尤显重要。

(4) 连续性与阶段性

苗圃的生产是连续的,可能延续几年或十几年。在苗木生产的过程,每个阶段、每一年的不同季节生产苗木的重点不一样。所以,编制生产计划就显得很重要,比如编制年度生产计划,不仅要确定全年总的产量任务,而且要进一步将全年生产任务具体安排到各个季度和各个月份,并合理安排,如播种进度、扦插进度、移栽进度、除草进度等,保证苗圃生产过程的连续性、节奏性和不同工序的交叉进行,以提高苗圃的生产效率。

(5) 自然劳动与社会劳动结合性

苗圃生产经营的目的和所包含的项目很多,既具有农业劳动的特点,又具有社会劳动的特点,有时还具有旅游服务劳动的特点。

【操作2】明确苗木生产技术管理任务及内容

苗木生产技术管理应因地制宜。具体可以划分为四季,依据不同季节的气候特点及植物的生长规律来进行有效的管理,促进苗木的快速、健壮生长,从而缩短生产周期,实现尽快盈利的目的。

(1) 春季管理

随着气温回升、雨水增多,一些感温性强的苗木开始萌芽,病虫害也随之而来。此时，应及时加强对苗圃的早春管理，具体内容如下：

①施肥　对于冬季未完成施肥工作的，应抓紧施肥，并在苗木发芽前完成施肥工作（新栽植的苗木半年以后才能施肥）。

②清沟排水　此时属于苗圃管理上的相对淡季，应抓紧时间完成苗圃排水沟的清理工作，为雨季的到来提前做好排涝准备。

③清除冬草　对于成年苗木来说，基本上不会受到冬草的危害，但对于小苗及地被植物来说，随着气温的回升，受冬草的危害较大，特别是南方，部分冬草对小苗及地被的危害相当大，此时应加强冬草的清理工作。

④虫害防治　此时对于北方来说，基本上不会受到任何虫害的影响。但在南方，随着气温升高、天气干旱及苗木嫩芽的萌发，极易发生蚜虫危害。应引起注意，提前做好防治工作。

⑤病害防治　主要针对繁殖圃及花卉生产，此时主要病害有猝倒病、立枯病、炭疽病等，此类病害是繁殖圃及花卉生产中的大敌，而且会伴随着整个生产周期，应引起高度重视。

⑥苗木的繁殖、移栽、补苗工作。

⑦抗旱工作　遇到春旱年份，应及时浇水抗旱。

(2)夏季管理

夏初是苗木一年中生长的第一个高峰期，但也是病虫害高发期。此时应加大管理力度，具体内容如下：

①防旱、防涝　遇到干旱天气，要及时进行灌溉。苗木速生期的灌溉要采取多量少次的方法，每次要浇透、浇匀，且尽量避开中午阳光最强烈的时候浇水(特别是小苗、新栽苗及地被植物等)。此时亦是阵雨多发期，雨前、雨后应及时做好清沟排水工作。

②除草　夏季是田间杂草生长的旺盛期，必须做好杂草的清理工作，应尽量做到"除早、除小、除了"的原则。并结合使用一些触杀性的除草剂，来达到控制田间杂草的目的。

③虫害防治　随着苗木的旺盛生长，田间大量的食叶害虫(如刺蛾类、天蛾类、蚕蛾类)、蛀干害虫(如天牛类、蠹蛾类)及地下害虫(主要是蛴螬)等大量出现危害苗木。此时应加强田间调查，提前做好害虫预测，并及时、合理地采取防治措施。

④夏剪　相对于冬剪来说工作量较小，主要做好苗木的抹芽、过密枝的疏剪及分蘖枝的清除工作。如果此时不能及时对苗木进行修剪，不仅造成苗木的营养消耗，而且加大冬剪的工作量，还影响苗木的品质。

⑤追肥　为了满足苗木的旺盛生长需求，应及时对苗木进行追肥，追肥以速效肥为主。尽量采取沟施、穴施的方法，以提高肥料的利用率。

⑥防风　夏季天气变化莫测，大风天气极易给苗木造成损伤，应提前做好大树及新栽苗木防风工作。

(3)秋季管理

秋季管理与夏季管理基本类似，具体内容如下：

①除草　初秋仍是田间杂草猖獗的时候，必须加强田间杂草的清除管理工作，并可结合除草进行田间松土。

②防旱、防涝　秋季是苗木生长的第二个高峰期，遇到干旱天气应及时进行田间灌溉。遇到秋雨连绵天，应及时排涝。

③虫害防治　此时仍是蛀干害虫及地下害虫的高发期，应加大防治力度。

④科学施肥　对于小苗及地被植物来说，秋季应加强磷、钾的施用，以促进其木质化程度，提高苗木的抗逆性。尽量减少或停止施用氮肥。

⑤繁殖、移栽　秋季气温适宜，应及时进行苗木扦插繁殖、移栽等工作。

(4) 冬季管理

冬是秋的延续，此时虽迈入冬季，但部分苗木的木质化程度仍未完全完成，极易受到突然寒潮的伤害。此时应密切关注天气变化，提前做好防寒准备，并做好冬剪工作，为苗木翌春的生长储存养分及提高苗木的抗寒性，以保证苗木安全越冬。具体内容如下：

①冬剪　除去苗木下部弱枝、徒长枝、交叉枝、病虫枝等，并结合冬剪工作完成苗木的整形、定干。

②病虫害防治　此时病虫害防治工作主要为清理易发病虫害苗圃的杂草、落叶。将杂草、落叶进行集中烧毁，以破坏病虫害的越冬环境，并配合使用石硫合剂对易感病虫害的苗木进行树干涂白处理。

③深施基肥　基肥的肥效较慢。应在苗木的生长期到来之前完成施肥工作，只有这样，才能为翌春苗木的生长提供充足的养分。

④越冬防寒　随着冬季的来临，应提前做好新栽苗木及不耐寒苗木的越冬保暖措施。

⑤苗木存活率统计　做好本年度苗木存活率的统计核查工作，为翌年田间补苗做好生产准备。

技能7-3　监督苗木生产质量

【操作1】苗木入圃

(1) 苗木质量标准

出圃苗木应达到生长健壮、树叶繁茂、冠形完整、色泽正常、根系发达、无病虫害、无机械损伤、无冻害等基本质量要求。参照国家或地方苗木质量标准，制定公司或苗圃苗木质量标准，有下列之一情形的，验收不合格：

①苗木不符合合同规定的规格尺寸的。

②有显著病虫害、折枝断干、裂干、肥害、药害、衰老、老化、树皮破损的。

病虫害：含有检疫对象的病虫害(主要针对天牛等)。

折枝断干：严重影响苗木原有造型。

树皮破损：干身不能有大面积的切口或明显的外力损坏，切口直径要在干径的10%以下，外力损坏表面的长度或直径要在50mm以下，以确保干枝有自我修复能力。

③树形不端正、干过于弯曲、树冠过于稀疏、偏斜或畸形的。

④挖取后搁置过久、根部干涸、叶芽枯萎或掉落的。

搁置过久：从起苗算起超过3d(骨架苗除外)。

根部干涸：严重影响根系的水分吸收。
⑤造型类苗木其形状不显著或损坏原型的。
⑥护根土球不够大、破裂、松散不完整或偏斜的。
土球大小：不能低于合同标准10%。
土球破裂：土球破裂程度不能超过原土球的20%。
土球松散不完整或偏斜：土球松散数量比例不能超过30%。
⑦高压苗、扦插苗根系达不到掘苗规格的。
⑧灌木、草花分枝过少，树叶不茂盛的。
⑨树上有明显有害生物（薇甘菊、菟丝子等）。
⑩针叶树类失去原有端正形态、断枝、断梢的。

（2）检测方法

①测量苗木产品干径、基径等时用游标卡尺，读数精确到0.1cm。测量苗木产品树高、冠高、分枝点高或者叶点高、冠径和蓬径等时用钢卷尺、皮尺或木制直尺，读数精确到1.0cm。地径或者胸径测量用树围尺；高度、根系和土球大小用钢卷尺测量，读数精确到1mm。

②测量苗木产品干径，当主干断面畸形时，取最大值和最小值的平均值。测量苗木产品基径，当基部膨胀或变形时，从其基部近上方正常处测量。

③测量乔木树高，应测量从基部地表面到正常枝最上端顶芽之间的垂直高度，不计徒长枝。对棕榈类等特种苗木，从最高着叶点处测量其主干高度。

④测量冠高时应取每丛3枝以上主枝高度的平均值。

⑤测量冠径或蓬径应取树冠蓬径垂直投影面上最大值和最小值的平均值，最大值与最小值的比值应小于1.5。

⑥检验苗木苗龄和移植次数，应以出圃前苗木档案记录为准。

⑦根系长度：垂直根为从地径至主根末端长度，水平根为根幅半径。

（3）检验原则

①珍贵苗木、大规格苗木和有特殊规格、质量要求的苗木要逐株进行检验。

②成批（捆）的苗木按批（捆）量的10%随机抽样进行质量检验。

③同一批出圃苗木应统一进行一次性检验。

④同一批苗木产品的质量检验的允许误差范围为2%；成批出圃苗木产品数量检验的允许误差为±0.05%。

⑤根据检验结果判定出圃苗木合格与不合格。当检验工作有误或其他方面不符合有关标准规定必须进行复检时，以复检结果为准。

⑥涉及出圃苗木产品进出国境检验时，应事先与国家口岸植物检疫主管部门和其他有关主管部门联系，按照有关技术规定，履行植物进出境检验手续。

⑦苗木产品出圃应附《苗木检验合格证书》，一式三份，其格式见表7-1。

表 7-1 苗木检验合格证书

编 号		发苗单位			
树种名称		拉丁学名			
繁殖方式		苗 龄		规 格	
批 号		种苗来源		数 量	
起苗日期		包装日期		发苗日期	
假植或贮存日期		植物检疫证号			
发证单位		备 注			

检验人(签字)：　　负责人(签字)：　　签证日期：　年　月　日

⑧严格按合同进行验收。

⑨检验方法包括：卷尺测量，观察检查，以及对照合同中苗木品种、规格等详细信息核实苗木数量和质量。

⑩进场苗木允许偏差值(表 7-2)。

表 7-2　进场苗木规格允许偏差值和检验方法

苗木品种	规格/cm		允许偏差/cm	检验方法
乔木(含棕榈科、竹类植物)	胸径	≤5	-0.2	观察和尺量检查
		5~30	-0.5	
		>30	-1.0	
	高度	≤300	-30	
		>300	-50	
	冠幅	≤150	-20	
		150~250	-40	
		>250	-60	
灌　木	高度		-5	观察和尺量检查
	冠幅		-5	
造型灌木	高度	≤100	-10	观察和尺量检查
		100~200	-20	
		>200	-25	
	冠幅	≤100	-10	
		100~200	-20	
		200	-25	

【操作 2】苗木出圃

(1)苗木出圃前，将准备出圃的苗木品种、规格、数量、质量进行统计和检验，并做好标志。

(2)苗木出圃一般掘苗规格参照表 7-3 至表 7-5。对生根慢和深根性树种可适当增大规格。

项目7 园林苗圃管理

表7-3 小苗出圃掘苗规格　　　　　　　　　　　　　　　　　　　　　　　　　　cm

苗木高度	应留根系长度	
	侧根(幅度)	直根
<30	12	15
31~100	17	20
101~150	20	20

表7-4 大、中苗出圃掘苗规格　　　　　　　　　　　　　　　　　　　　　　　　cm

苗木胸径	应留根系长度	
	侧根(幅度)	直根
3.1~4.0	35~40	25~30
4.1~5.0	45~50	35~40
5.1~6.0	50~60	40~45
6.1~8.0	70~80	45~55
8.1~10.0	85~100	55~65
10.1~12.0	100~120	65~75

表7-5 带土球苗出圃掘苗规格　　　　　　　　　　　　　　　　　　　　　　　　cm

苗木高度	应留根系长度	
	侧根(幅度)	纵径
<100	30	20
101~200	40~50	30~40
201~300	50~70	40~60
301~400	70~90	60~80
401~500	90~110	80~90

（3）出圃苗木应符合园林苗木产品标准和工程要求，做到品种不对、规格不符、质量不合格、有病虫害者不出圃。

（4）出圃苗木应防止风干和失水，及时组织打包和装运。裸根苗掘苗时，土壤含水量不得低于17%，带土球苗的土壤含水量不得低于15%。带土球苗的土球应打包扎紧。

（5）苗木出圃时要填写《苗木出库单》，经过苗圃质量检验员和工程工地负责人验收签字。

【操作3】落实质量管理责任

应规范苗木出入圃管理，保证出入圃的苗木的质量和成活率。购销中心采购员应提前1d通知验收小组来苗的具体信息，验收环节严格执行苗圃场长负责制。验收小组由苗圃场长、技术员、仓管员和财务人员组成。

（1）苗木出圃管理

①工程中心调用苗圃苗木的，需要出具审批手续，不得私自调用。

②苗木出库时要统一填写出库单。出库单的格式由财务中心制作，填写内容包括：出库时间、苗木名称、单位、数量、具体项目，出库单由领用人、领用部门主要负责人、仓管员三方签字。

③出库单一式三联，第一联领用部门留存，红联和绿联交仓管员，仓管员统计核实，红联记账留存备查，绿联按物资类别，统计后每月月底前交会计（出入库单统计截止日期为每月25日）。

④出库苗木要逐一登记，与出库单保持一致，且形成流水记录明细。

⑤苗圃苗木出库量大或名贵品种需由负责人签字确认，按出库程序出圃。

⑥每月底对苗圃苗木进行统计，出、入库苗木与实际情况相符。

(2) 验收流程

①苗木到达苗圃后，仓管员、财务人员第一时间到现场验收，仓管员计量、财务人员复核记录，主管或场长监督，验收完毕后仓管员根据验收记录汇总后对合格的按购进价填《入库单》，不合格的及时通知采购员与供应商联系做出处理，当不合格率超过50%时可以退货。经验收不合格的苗木应及时运离，不得留置现场。

②可以先收货种植的，应在供应商送货单中注明并待双方协商结果出来后根据结果另填《入库单》，仓管员做好苗木库存登记后当天将《入库单》交给财务人员记台账。

③属公司统一采购的，《送货单》和《入库单》由场长审核后及时交苗圃中心审核并转购销中心与供应商结算。

④仓管员必须对入圃苗木做好编号管理，并定期向生产技术部报告可出圃苗木清单和照片。

⑤自育小苗需按照苗木生长周期盘点可出圃数量后再做入库单，并按生产成本价核算。

(3) 苗木入圃质量管理

①苗木采购人员提前与苗圃负责人联系，通知来苗的具体信息。

②苗圃做好种植前的准备。

③苗圃场长组织技术员、财务、仓管员按照苗木验收标准验收。

④按照《苗木生产技术规范》栽植和管养。

技能 7-4　核算苗木生产成本

【操作 1】苗木生产成本分析

按照《企业会计准则第 5 号——生物资产》（以下简称《生物资产准则》）的相关规定，苗木属于消耗性生物资产，其成本的构成应当包括初始直接成本以及后续分摊的间接成本。初始直接成本主要指：采购价、运输费以及运输过程中的合理损耗（主要指在运输过程中未能存活的苗木采购价、种植费）。分摊的间接成本主要指种植后至达到预定的生产经营目的前发生的合理费用，主要包括：田租（或土地成本的摊销、土壤改良费用的摊销）、养护人员的工资、折旧、农药、化肥等。根据苗木种植业的特点，其成本核算应当按照苗圃（林场）、组（一个苗圃可能包括若干个组）以及具体的树种这3个层次来设置。

【操作2】间接成本分摊

间接成本应当按照合理的方法在各成本中心进行分摊，间接成本划分为：发生时可以直接指认到一、二级成本中心（苗圃、组）的间接成本，如田租、养护人员的工资等；发生时不能明确指认到一、二级成本中心的间接成本（如折旧、农药、化肥等）。对于发生时能直接指认到一、二级成本中心的间接成本，可以直接计入该成本中心的待分配成本，在月末按照合理方法分摊到具体的树种；对于发生时不能明确指认到一、二级成本中心的间接成本，可按照合理方法先分配至一、二级成本中心，然后将其进一步分配到具体的树种。不能直接指认到成本中心的间接成本，有几种可供选择的分摊方法：

按土地的面积分摊：土地的面积与可种植苗木的数量以及需要配备的养护人员的数量密切相关，而田租（或土地成本的摊销）和养护人员的工资是间接成本的主要构成内容。

按苗木的计价标准分摊：由于成年苗木的计价标准主要是其规格，如乔木的胸径、灌木的冠幅和地径等，采用这种分配方法的基础是销售价格高的苗木相对应该承担比较多的成本。该方法从理论上而言相对合理，但从实务操作上来看较烦杂，因为树木的规格是在不断变化的，如果每月都采用同一标准就违背了采用该方法的初衷，如果每月统计一次规格又不太可行，而且设置不同标准间的转换系数时可能存在着较大的人为因素。

按照每期末各中心的苗木数量进行简单的算术平均：采用这种方法最大的优点是简便易行，但可能会造成数量多、售价低的树木承担较高的成本。因此，对于间接成本的分配可先按照土地面积在一、二级成本中心间进行分配，再按照各树种的数量进行分配。

【操作3】成本结转

《生物资产准则》规定："对于消耗性生物资产，应当在收获或出售时，按照其账面价值结转成本。结转成本的方法包括加权平均法、个别计价法、蓄积量比例法、轮伐期年限法等。"由于个别计价法主观随便性比较大，蓄积量比例法和轮伐期年限法不适用于苗木种植业。

【操作4】截干移栽（嫁接）苗木成本计量

植物生长、繁育的特殊性决定了很多苗木可以通过嫁接的方法培育幼苗，对于嫁接存活幼苗的成本计量，目前尚无具体的规定对其进行规范，有3种计量方法可供参考：

《生物资产准则——应用指南》第13条规定："企业应当按照名义金额确定天然起源的生物资产的成本，同时计入当期损益，名义金额为1元。"采用该方法的优点是简便易行，缺点是未能真实反映嫁接苗木真实的成本情况，而且如果当期企业嫁接存活的苗木数量非常巨大，可能会对当期损益造成比较大的影响。

按实际成本核算：嫁接成本主要是由土地的田租、人员工资以及农药、化肥构成，可以采用间接成本分摊的方法将实际发生的成本分摊到嫁接存活的幼苗。采用这种方法的优点是能反映嫁接幼苗的实际成本，缺点是可能比较烦琐。

标准成本法：企业可以通过测算每棵嫁接存活幼苗标准成本的方法来计量其成本。采用这种方法的优点是相对简便易行，能够相对合理地反映嫁接苗木的成本，并且能够通过定期调整标准成本的方式来调整测算误差。

【操作5】间接成本资本化与费用计量

《生物资产准则——应用指南》规定:"郁闭通常指林木类消耗性生物资产的郁闭度达0.20以上(含0.20),郁闭度是指森林中乔木树冠遮蔽地面的程度,是反映林分密度的指标,以林地树冠垂直投影面积与林地面积之比表示,完全覆盖地面为1。"各类林木类消耗性生物资产的郁闭度一经确定,不得随意变更。郁闭之前的林木类消耗性生物资产处在培植阶段,需要发生较多的造林费、抚育费、营林设施费、良种试验费、调查设计费等相关支出,这些支出应当予以资本化计入林木成本;郁闭之后的林木类消耗性生物资产基本上可以比较稳定地成活,一般只需要发生较少的管护费用,应当计入当期费用。从实务操作来看,绿化苗木不仅包括乔木,还包括灌木,对于灌木的郁闭标准尚未规范。绿化苗木的品种繁多,而且在实际种植时还存在着不同品种、不同种植期的苗木混种的情况,对于各品种郁闭度标准的确定以及确定处于郁闭状态的各品种苗木的数量非常复杂。对于划分应资本化和费用化的成本费用还可以参考《生物资产准则》关于生产性生物资产的规定,将达到预定生产经营目的后的间接费用开支进行资本化,即将达到一定规格标准的苗木所发生的间接费用开支费用化,还可以将已达到可销售状态的苗木为提高其移植存活率进行一定技术处理所发生的间接费用资本化。

【操作6】计提资产减值损失计量

《生物资产——应用指南》规定:"企业至少应当于每年年度终了对消耗性和生产性生物资产进行检查,有确凿证据表明生物资产发生减值的,应当计提消耗性生物资产跌价准备或生产性生物资产减值准备。"苗木种植企业的实际情况、自然灾害以及市场需求变化对苗木资产的可变现净值可能产生较大影响。其中市场需求对行道树的销售价格产生的影响可能较小,但对观赏苗木销售的影响可能比较大,因此在考虑观赏苗木是否存在减值迹象时,应重点考虑市场需求的因素。如果市场需求发生重大变化或企业存在着长期种植无法实现销售的苗木,应考虑计提合理的资产减值损失。

◇ **巩固训练**

1. 训练要求

(1)以小组为单位开展训练,组内要分工合作、相互配合。

(2)各小组拟定执行方案,技术方案应具有科学性和可行性。

(3)做到安全生产,操作程序符合要求。

2. 训练内容

(1)结合园林绿化苗木生产任务,以小组为单位,在咨询学习、小组讨论的基础上进行具体生产计划的制订、苗圃生产管理方案的制订、苗木出入圃管理。

(2)以小组为单位,依据技术方案进行一定任务的苗木出入圃检测技能训练。

3. 可视成果

苗圃生产计划、苗圃生产管理方案、苗木出入圃检测报告等。

项目7　园林苗圃管理

◇自主学习资源库

1. 园林苗木生产. 王国东. 中国农业出版社, 2011.
2. 林木种苗生产技术. 2版. 邹学忠, 钱拴提. 中国林业出版社, 2014.
3. 园林苗木生产与经营. 魏岩, 等. 中国科学技术出版社, 2012.
4. 园林苗木生产. 江胜德, 包志毅, 等. 中国林业出版社, 2004.
5. CJ/T 23—1999　城市园林育苗技术规程(技术档案).
6. 中国苗木网: http://www.miaomu.net/
7. 中国苗圃网: http://www.miaopu.com.cn/
8. 园林苗圃育苗规程: http://www.docin.com/p-5953298.html/
9. 南方地区苗木行情调查分析: http://www.huamu.com/show_hdr.php/
10. 农博花木网: http://flower.aweb.com.cn/

任务7.2　苗圃经营管理

◇理论知识

7.2.1　市场调查

7.2.1.1　市场营销调研

市场营销调研就是运用科学的方法,有目的、有计划、系统地收集、整理和分析研究有关市场营销方面的信息,并提出调研报告以便帮助管理者了解营销环境,成为市场预测和营销决策的依据。

(1) 市场营销调研的基本思路

① 调查市场供求情况　要调查在一定时期内,某类园林苗木在市场上的可供量和市场对该苗木产品的需求量情况以及变化的趋势。在调查市场需求量时要注意:

第一,社会需求不等于市场需求,市场需求包括社会需求。社会上要确实需要该类苗木产品,并且该类苗木产品在社会上处于短缺状态。只有社会需求而无购买能力,那只不过是一种愿望,还没有形成现实的需求。购买者需经过一段时间的权衡和思考,产生了购买意向,并准备采取购买行动。苗木产品必须具备一定的竞争实力,否则虽然存在着上述条件,被购买的也不一定是这种苗木产品。这就要求调研者和管理者经过具体分析,了解影响市场需求的因素,主动采取措施,创造条件,使各个因素具备起来。

第二,区别基本用户和其他用户的需求。所谓基本用户,是指大宗和传统购买苗木产品的用户。其他用户是指小量和零散购买的用户。在确定基本用户之后,就要调查基本用户的需求和变化,以便更好地为其服务。同时要努力寻找可争取的新基本用户,从而制定企业的市场竞争策略。在苗木产品俏销的时候,要特别注意首先满足基本用户的需求,树立良好的企业信誉。

第三，力求掌握现实需求和潜在需求。现实需求是目前社会上对该苗木产品的需求，潜在需求是未来可能出现的一种新的需求。对潜在需求的调查是至关重要的。

在调查市场供应量时，要注意：调查某种苗木产品的社会供应总量、本企业在同行业中的地位、本企业在市场竞争中的优劣势，了解竞争对手生产苗木产品的实力。

②调查苗木产品质量情况　苗木产品质量决定其在市场上是否有吸引力。苗木产品质量应包括苗木产品内在质量、外在质量、包装质量和服务质量。内在质量要求性能稳定，外在质量要求造型新颖，包装质量要求美观大方，服务质量要求周到及时。在质量调查的过程中，要树立"满足了用户需要才是好质量"的观点，切忌以主观感受作为标准来确定质量的内涵。在质量调查的过程中，要注意调查不同的客户对质量的特殊要求，要调查用户对苗木产品质量的具体要求，还要调查竞争对手的苗木质量。

③调查苗木产品价格动向　价格是消费者十分敏感的问题，也是苗木产品竞争力的重要组成因素。现实价格很容易调查，关键是掌握价格动向，唯此才能把握竞争的主动权。调查产品价格动向，要调查产品市场供求情况、生产该种产品的场（厂）家数量、竞争企业动向、消费者购买该类产品所满足的需求以及该产品的信誉如何等。

(2) 市场营销调研的方法

市场营销调研的方法有观察法、深度小组访问法、调查法、试验法等。

观察法：即由调查人员或运用摄像等手段现场观察有关的对象和事物。又可分为直接观察和测量观察。

深度小组访问法：即有选择地邀请数人，用几个小时，对某一企业、苗木产品、服务、营销等话题进行讨论，以期通过小组的群体激励带来深刻的感知和思考，从中了解消费者的态度和行为。

调查法：是介于观察法和深度小组访问法的偶然性和严谨性之间的一类方法。包括个案调查法、重点调查法、抽样调查法、专家调查法、全面调查法、典型调查法、学校调查法等。

试验法：是最正式的一种调研方法，通过小规模的市场进行试验，并采用适当方法收集、分析试验数据资料，进而了解市场。包括包装试验、新苗木产品试验、价格试验等。

上述调研方法各有特点。一般说来，观察法和深度小组访问法最适宜于探索性研究，调查法最适宜于描述性研究，而试验法最适宜于因果研究。

7.2.1.2　市场信息的收集

市场信息是一种特定的信息，是企业所处的宏观和微观环境的各要素发展变化和特征的真实反映。企业的市场信息又分为内部信息和外部信息。企业内部的市场信息包括物资供应方面的市场信息、企业销售方面的信息。企业外部的市场信息包括政治、经济、科技、人口、社会、文化、法律、自然、心理和其他方面的有关信息。

7.2.2　市场预测

市场预测方法很多，但归纳起来不外乎两大类，即定性预测法和定量预测法。

(1) 定性预测法

定性预测主要是通过社会调查，采用少量的数据和直观材料，结合人们的经验加以综合分析，做出判断和预测。其主要优点是：简便易行，易于普及和推广。定性预测常采用的方法有：购买者意向调查法、销售人员意见综合法、专家意见法和市场试销法等。

(2) 定量预测法

定量预测是依据市场调查所得的比较完备的统计资料，运用数学特别是数理统计方法，建立数学模型，用以预测经济现象未来数量表现的方法。它一般需要大量的统计资料和先进的计算手段。定量预测法亦可分为两大类，即时间序列预测法和因果分析预测法。

①时间序列预测法　时间序列预测法是指将某种经济指标的统计数值，按时间先后顺序排列成序列，通过编制和分析时间序列，根据时间序列所反映的发展过程、发展方向和趋势，加以外推或延伸来预测下一时间可能达到的水平。发展趋势要配合相关的曲线来分析，主要有水平式发展趋势、线形变化趋势、二次曲线趋势、对数直线趋势、修正指数曲线趋势、龚佩子曲线趋势等。

长期保持固定发展趋势不变的时间序列是不存在的，选择该方法预测时，营销者必须不断地调查研究新情况、新问题，根据最新资料去修正趋势线或其参数，并对预测结果进行必要的调整。

②因果分析预测法　这是以事物之间的相互联系、相互依存关系为根据的预测方法。是在定性研究的基础上，确定出影响预测对象（因变量）的主要因素（自变量），从而根据这些变量的预测值建立回归方程，并由自变量的变化来推测因变量的变化。利用这种方法预测时，首先要确定事物之间相关性的强弱，相关性越强，预测精度越高，反之亦然。同时还要研究事物之间的相互依存关系是否稳定，如果稳定性差，依此建立的回归模型的可靠性就差。用回归方程进行分析预测的方法有：一元回归预测、多元回归预测和自回归预测等。

7.2.3　苗木定价

园林苗木如果定价过高，会影响苗木的销售量；如果定价过低，则育苗的利润空间小。可以根据以下几个方面巧定价格。

(1) 苗木价值

①苗木的珍贵程度　苗木同样有审美价值和文化背景，审美价值越高、传统栽培越久，其价位往往越高，如罗汉松、银杏、桂花等树种，特别是它们的大树，古朴苍劲，富有浓厚的文化韵味和内涵，是园林植物中造景的精品，因而定价可高些。

②苗木的树体特征　主要包括苗木的干径大小、冠围丰满程度和大小、长势以及枝条生长情况和树体健康状况等。苗木的干径大、冠围丰满、长势好、枝叶生长优、健康状况佳，则价格高。

③苗木自身生长速度　园林树木可分为慢生树种和速生树种。前者生长速度慢，生长周期长，价格较高，如大中型罗汉松、桂花、松柏类树木等定价就较高；后者生长速度快，生产周期相应较短，则价格较低，如木芙蓉、天竺桂等。

④苗木的繁殖方法和繁殖材料的来源　苗木的繁殖方法主要有播种、嫁接、分株和扦插等。如果一种苗木可以采用扦插繁殖，且成活率很高，则价格肯定会走低；采用嫁接等方法繁殖的，难度较大，价格相应较高。

⑤苗木的生熟程度　生树是指异地树木，以及一直在原生地生长和多年（至少5年以上）未进行翻植的树木。此类树木一旦移植至绿化工地栽植，死亡率较高，因而卖价较低。熟树是指在本地且经过苗圃培育的反复移植或多次做过断根处理的树木，因其须根发达，土球紧实，移植成活率很高，因而定价可高些。同一规格、同一长势的同一树种，因生熟有异，价位相差一般较大。

(2) 绿化工程对苗木的特殊要求

因规划设计方案不同，树木的配置千差万别，其中自然式绿地的树木配置情况有时非常特殊，其要求树木的姿态、长势独特，一地一景，避免重复。目前，园林苗圃地生产的苗木，多以同规格、同形态为多，生产方和需求方很难合拍，这就给个别姿态和长势奇特的树木留下了较多的高价位空间。

(3) 竞争程度和企业的竞争力

①考虑同行业竞争　由于园林绿化企业的产品主要面向城市绿化、美化，所以绝大多数苗木企业都建在城市近郊和交通方便、离城市不远的乡镇。另外，各企业的产品差异很小，目前绝大多数企业都是经营速生的种类，如各种杨树、柳树、泡桐、黄杨、槐，以及其他速生、易繁殖的观赏乔、灌木树种等，原因是这些树种生长快、市场需要量大、利润丰厚。因此，要在激烈的竞争中取胜，苗木企业需要开展良种苗木（品牌）的研发，提高产品性能，创立自己的新、特、优品牌，并用降低生产成本、加强营销宣传、加强服务等措施来吸引客户。

②新进入者的竞争　因苗木市场仍在不断扩大，利润可观，苗木行业仍具有很大吸引力。当前，新的苗木企业还在不断产生，如果新的竞争者拥有新的品牌并实现了规模经营，就可能构成竞争态势，因而苗木整体价格就会下降。

(4) 土地价格的影响

土地供应总量是有限的，但由于苗木生产企业的数量还在迅速增长，导致土地的价格越来越高。虽然远郊或者边远农村的土地更便宜，但苗木生产以及销售时的运输成本就会提高。由于受苗木生产的供应品数量（土地）的限制，后进入行业的企业生产成本提高，一般是进入得越早，就越容易得到低价优质的生产用地，从而生产成本越低。因此，在同样的利润预期下，成本低，销售价格可低一些，以销量大取胜；反之，如果成本高，定价过低就会亏本。

7.2.4　苗木营销

在竞争激烈的园林苗木市场中，经营者要想使自己的企业、自己的苗木具有竞争力，除了采用新的品种、新的技术以外，营销策略在整个园林苗木经营中显得越来越重要。面对苗木市场营销渠道处于瓶颈的现状，首先必须确立正确的苗木市场营销理念，从而从营销渠道内、外部的各个因素来阐述苗木市场营销渠道向多元化发展的趋势。一个高度发展的行业，其行业的整体营销水平应该是不低的，也只有高端的营销理念，才能推动行业整体水平的提升，进而形成行业利润的高回报。

园林苗木与其他工业产品有很大的不同，它是活的有生命的产品。同品种、同体量产品的质量与其生长状况、病虫害情况、花色、花形、植株的丰满程度等因素有关。另外，园林苗木的营销工作受季节的限制较大，应充分考虑气候和地域情况对它的影响。还有，园林苗木这种产品，目前的应用范围仍集中在城市公共园林绿地、企事业单位庭院和居民区等场合。对于千家万户来说，对花卉盆景的需求较多，而对绿化苗木的需求则是少之又少。园林苗木的营销是一项较新型的营销工作，没有成熟的经验可言。因而，园林苗木的营销，既要广泛借鉴一般商品的营销经验，又不能照抄照搬已有的模式。只有结合本行业的特点和企业自身的实际，才能创造出成功的园林苗木营销策略。

现阶段，随着园林苗木产销由卖方市场向买方市场转变，营销正在成为苗木经营者谋求可持续发展的必要手段。正确的苗木营销策略，不仅能赢得竞争，而且还能为生产的发展带来广泛的发展空间。园林苗木营销应树立以下4个理念：

（1）树立稀有品种营销与批量苗木营销适时定位和适时转化的理念

苗木稀有品种是以苗木新品种的发表、推出为主体，强调品种的差异性与核心品种的占有，要求经营者不断地把更好的新品种与服务提供给种植者，它的突出特点是品种新、品种独有或少有。园林苗木稀有品种营销具有巨大的市场销售动力和潜力，利润大，具有垄断性。进行园林苗木稀有品种营销要求经营企业具有强大的品种与技术积累，同时必须洞察园林绿化发展方向和育种进步，及时发现园林苗木品种发展趋势。

苗木的批量营销是以苗木的产量和销售量为衡量，依托次核心品种，以低成本为竞争手段，强调敏捷性、灵活性。要求及时抓住品种信息，引入品种，快速扩大苗木的供应量，占领市场，以量取胜。

在生产中，企业不管是进行名、特、新、稀的苗木稀有品种营销与还是进行苗木批量营销，都应准确定位，至少在一定的时间内准确定位。同时要注意苗木稀有品种营销与批量营销不是截然的，而是相互转化的。进行苗木稀有品种营销一定要迅速提高生产规模，提高市场占有率，把企业做大做强，否则会被市场弱化。进行苗木批量营销，在有一定的基础以后，要适时地转向或部分转向苗木稀有品种营销，以创新性引领企业向更高层次发展。

（2）树立先营销理念

苗木生产的连续性和长期性，需求的变动性、间隔性、不规则性，要求园林苗木经营者要跳出先育种、进种后销售的传统生产营销观念，树立销售是"买"（买客户、买信誉）不是"卖"的观点，要不断地通过适时营销加强售后服务，永久赢得长期忠实的客户与市场。同时通过先营销为潜在的购种者提供服务，以优质无偿服务换信任、换注意力、换感情，创造苗木潜在市场。

（3）树立营销价值理念

营销价值是指通过向购种者提供最新品种与高质量的售后服务，创造出领先的竞争优势,强调的是物有所值。园林苗木不只是一种简单的商品,而是生产资料。园林绿化工程首先关注的是苗木的质量,而后才是价格。所以进行苗木营销首先要推出高品质的苗木、高质量的服务,而后才是价格,不树立价值营销理念,不注重质量与服务,只在价格上过多纠缠,是没有竞争力、没有市场的。

(4)树立合作经营理念

在市场经济条件下,任何一个苗木企业,要想使企业长久地保持竞争优势、扩大规模,合作经营是一个重要途径。合作经营意味着规模的扩大,意味着可以联盟广泛的共同力量,创造新的优势,聚合新的市场竞争力。合作经营可以以资金、品种、品牌、信息和营销渠道为纽带,实现横向、纵向的联合,广泛地构筑营销链,降低成本,实现共赢。

◇ 实务操作

技能7-5 预测苗木市场

园林苗木行业前景预测分析要点:

(1)预测园林苗木行业市场容量及变化

市场商品容量是指有一定货币支付能力的需求总量。市场容量及其变化预测可分为生产资料市场预测和消费资料市场预测。生产资料市场容量预测是通过对国民经济发展方向、发展重点的研究,综合分析预测期内园林苗木行业生产技术、产品结构的调整,预测园林苗木行业的需求结构、数量及其变化趋势。

(2)预测园林苗木行业市场价格的变化

企业生产中投入品的价格和产品的销售价格直接关系到企业盈利水平。在商品价格的预测中,要充分研究劳动生产率、生产成本、利润的变化,市场供求关系的发展趋势,货币价值和货币流通量变化,以及国家经济政策对商品价格的影响。

(3)预测园林苗木行业生产发展及其变化趋势

对生产发展及其变化趋势的预测,是指对市场中商品供给量及其变化趋势的预测。

◇ 巩固训练

1. 训练要求

(1)以小组为单位开展训练,组内要分工合作、相互配合。

(2)各小组拟定执行方案,技术方案应具有科学性和可行性。

(3)做到安全生产,操作程序符合要求。

2. 训练内容

(1)结合园林绿化苗木生产任务,以小组为单位,在咨询学习、小组讨论的基础上制订苗木市场调查方案。

(2)以小组为单位,并对本省份苗木市场进行营销调研与市场信息的收集,完成苗木市场预测分析报告。

3. 可视成果

苗木市场调查方案、苗木市场预测分析报告等。

◇ **自主学习资源库**

1. 园林苗木生产. 王国东. 中国农业出版社, 2011.
2. 园林苗木生产与经营. 魏岩, 等. 中国科学技术出版社, 2012.
3. 园林苗木生产. 江胜德, 包志毅, 等. 中国林业出版社, 2004.
4. CJ/T 23—1999 城市园林育苗技术规程(技术档案).
5. 中国苗木网: http://www.miaomu.net/
6. 中国苗圃网: http://www.miaopu.com.cn/
7. 园林苗圃育苗规程: http://www.docin.com/p-5953298.html/
8. 南方地区苗木行情调查分析: http://www.huamu.com/show hdr.php/
9. 农博花木网: http://flower.aweb.com.cn/

任务 7.3　建立苗圃档案

◇ **理论知识**

7.3.1　建立与完善园林苗圃经营档案的必要性

苗圃经营档案就是通过不间断地记录、积累、整理、分析和总结苗圃地的使用情况、苗木的生长情况、病虫害发生情况、所采取的技术措施及效果、苗木的出售情况、苗木成活率的反馈情况，物料使用情况，以及苗圃日常作业的劳动组织和用工等，通过文字、表格、图表等系统地记录下来，作为档案资料保管。根据这些档案资料，能够及时、准确地掌握苗圃所产苗木的种类、数量、质量和调出栽植成活情况的数据，掌握各种苗木的生长规律和适应性，分析育苗技术经验，探索土地、劳力和物料的合理使用，提供科学管理的重要依据。

7.3.2　园林苗圃经营档案的标准化和信息化

7.3.2.1　苗圃经营档案的标准化

近年来国家对林木种苗监督、经营、管理工作一直在不断加强，种苗行政法规日趋完善，技术标准初步形成体系。在已颁布实施的《中华人民共和国种子法》中，包括了种苗生产、基地建设、质量检测、良种审定与推广等一系列经营管理相配套的法规和规章，并覆盖了基因资源收集、引种、选育、繁殖、产品质量及质量检验办法、储藏和流通等 31 项国家标准和行业标准。其中《林木种子检验规程》《林木种子质量分级》和《主要造林树种苗木质量分级》3 项国家标准已与国际标准接轨。这些都为建立和完善苗圃经营档案奠定了基础。苗圃经营档案是种苗生产标准化建设的重要内容之一。目前我国尚没有规范的苗圃经营档案标准。从苗圃生产的全过程来看，苗圃经营档案的标准化应该包括以下几个部分内容：

①苗圃规划　包括组织管理、立地选择、基础条件、田间设计与规划等。苗圃的规划是苗圃生产经营管理的开端。其中包括总体规划和实施方案，这也是苗圃原始的资料，实施方案必须尽可能详尽。

②种子采集、种条及幼苗来源　这是苗圃生产正式开始的种质材料前期准备，目的是弄清种质来源，确保品种的遗传品质。

③苗圃生产记录　这部分以生产记录为主。包括采种、种子贮存、种子处理、播种（插条）、灌溉、施肥、病虫害防治、间苗、除草、松土、移栽、苗木分级、出圃等。育苗季历应作为原始档案。

④出圃记录　在一个生产周期结束后，苗木出圃必须有完整的出圃记录。包括树种、育苗方式、苗龄、生长指标（地径、苗高、根长）、等级、起苗日期、数量。

⑤苗圃经营记录　包括销售客户、销售收益、成本、投入及其他经济指标。

上述 5 个方面只是苗圃经营档案标准化的核心部分，也就是与生产直接相关的部分。除此之外，苗圃的人事、文书、财务等各方面也应作为组织管理档案而纳入苗圃经营档案。

7.3.2.2　苗圃经营档案的信息化

随着计算机技术的快速发展与普及，现代社会已逐步进入信息化社会，充分利用现代信息技术手段进行苗圃档案的管理，不仅可以丰富档案管理内容，提高工作效率，还方便利用档案更好地为苗圃生产服务。苗圃档案信息化管理包括以下几个方面内容：

①建立档案的信息管理系统　将苗圃档案材料全部实现电子化，建立科学、完善的检索系统，并实现内部微机联网，以方便档案的利用。

②配备必要的硬件设备　苗圃档案除了单一的文字、数据之外，应充分利用数码设备，如复印机、扫描仪、数码相机、数码摄像机等，以记录大量的图片、影像资料，使苗圃生产中品种、技术等档案保存更加逼真有效。还可添置自动气象仪等科研设备，对苗圃生产的气象、水文等资料进行自动记录并长期保存，为苗圃的生产提供重要信息。

7.3.3　建立苗圃田间档案的要求

苗圃田间档案是苗木生产的真实反映和历史记载，也是继续进行苗圃生产的依据。要使这项工作真正落实，在生产中起到应有的作用，必须做到：

①设专职或兼职管理人员。多数苗圃，可由业务主管或技术员兼管。管理人员要同技术员密切合作，共同做好这项工作。

②田间观察记载应认真负责、实事求是、及时准确。要求做到边观察，边记载，务求全面、清晰，既反对粗估冒料，又反对烦琐哲学。

③一个生产周期结束后,有关人员必须对田间观察记载材料进行汇集整理及分析总结,以便从中找出规律,指导今后苗圃生产。

④按照材料形成时间的先后顺序或重要程度,连同总结等分类整理装订,登记造册归档,长期妥善保管。

◇ 实务操作

技能 7-6　苗圃档案的整理与建立

【操作 1】建立苗圃技术档案

为适应现代化发展的需要,提高现代化管理水平,苗圃技术档案按年份以文字和表格的形式完成。文字主要记载年初的苗圃育苗技术实施方案、期中和年终技术总结和日常的苗圃作业日记。表格主要记载土地利用情况、育苗技术措施、苗木生长调查情况、物候观测情况和追踪记录苗木调运后栽植地环境、气候和成活情况。

（1）育苗技术实施方案

按照育苗技术规程,结合本苗圃上一年技术总结,从工作目标、工作内容、工作方法及工作步骤等方面做出全面、具体而又明确的育苗技术实施方案。如无特殊情况,育苗技术措施都按此方案进行(表 7-6)。

表 7-6　××年度育苗生产实施方案

单位名称：　　　　　　　　　　　　　　　　　　　　　　　　　　　　万株/hm^2

作业类别		合　计		苗木类别							备注
		面积/hm^2	产量	针叶树	阔叶树	灌木	果苗	藤本	绿篱	草坪	
合　计											
播　种											
扦插	硬枝										
	软枝										
分根、嫁接											
换　床											
留　植											
移大苗											
定　植											
育大苗											
引种苗											
草　坪											
轮　作											

(2) 期中和年终技术工作总结

总结本年度技术措施的精华部分、亮点部分和不足部分，设想下一年突出亮点和弥补不足的方式方法。

(3) 苗圃土地利用情况

主要记录苗圃地的利用和耕作、施肥等情况，以便从中分析圃地土壤肥力的变化与耕作、施肥之间的关系，为实行合理的耕作制、轮作制和科学施肥、改良土壤等提供依据。可用表格形式完成。为方便查阅，每年绘制一张苗圃土地利用情况平面图，标出圃地总面积、各作业区面积、育苗树种、育苗面积和休闲面积等(表7-7)。

表 7-7　苗圃土地利用情况

作业区号：_____　　作业面积：_____　　土壤质量：_____　　填表人：_____

年度	树种	育苗方式	作业方式	整地情况	施肥情况	除草剂情况	灌水情况	病虫害情况	苗木质量	备注

(4) 育苗技术措施

育苗技术措施档案主要是把每年苗圃内各种苗木的整个培育过程，即从种子、插条和接穗等处理开始，直到起苗、包装或假植、贮藏为止，所采取的一系列技术措施用表格形式分别记载下来。根据这些资料，可分析总结育苗经验，提高育苗技术水平(表7-8)。

表 7-8　育苗技术措施

树种：_____　　苗龄：_____　　育苗年度：_____　　填表人：_____

育苗面积(公顷数、畦数)：_____

繁殖方法					
实生苗	种子来源：____	贮藏方法：____	贮藏时间：____	催芽方法：____
	播种方法：____	播种量/(kg/hm^2)：____	覆土厚度：____	覆盖物：____
	覆盖情况：____	间苗时间：____	留苗密度：____	
	起止日期：____			
扦插苗	插条来源：____	贮藏方法：____	扦插方法：____	
	扦插密度：____	成活率：____		
嫁接苗	砧木名称：____	砧木来源：____	接穗名称：____	接穗来源：____
	嫁接日期：____	嫁接方法：____	绑扎材料：____	
	解缚日期：____	成活率：____		
移植苗	移植时间：____	移植时的苗龄：____	移植次数：____	株行距：____
	苗木来源：____			
整地	耕地日期：____	耕地深度：____	作畦日期：____	
施肥	基肥：____	施肥日期：____	肥料种类：____	用量：____	方法：____
	追肥：____	追肥日期：____	肥料种类：____	用量：____	方法：____

(续)

育苗面积(公顷数、畦数): _____								
灌水	次数: ___		时间: ___		遮阳时间: ___			
中耕	次数: ___		时间: ___		深度/cm: ___			
病虫防治		名称	发生时间	防治日期	药剂名称	浓度	方法	效果
	病害							
	虫害							
出圃		日期	总面积/hm²	每公顷产量/株		合格苗/%		起苗与包装
	实生苗							
	扦插苗							
	嫁接苗							
新技术应用效果及问题								
存在问题和改进意见								

(5)苗圃作业日记

苗圃作业日记就是记录苗圃一天的所有工作，便于查阅总结，而且还可以根据作业日记统计各树种的用工量、机具的利用和物料、药料、肥料的使用情况，核算成本，制定合理定额，加强计划管理，更好地组织生产(表7-9至表7-11)。

表7-9 苗圃作业日记

日期：_____年__月__日　　　　　　　　　　　　　填表人：_____

树种	作业区号	作业方式	作业项目	人工	机工	作业量		物料使用量			工作质量说明	备注
						单位	数量	名称	单位	数量		
总计												
记事												

表7-10 苗圃年用工计划　　　　　　　　　　　　　　　　　　　　　工·日

地号	树种	育苗方法	作业面积/hm²	合同用工		每公顷劳动定额														
				每公顷人工	总用工人工	种子处理 人工	整地作床 人工	播种覆盖 人工	扦插/移植/嫁接 人工	松土除草		间苗抹芽		开沟培土	抗旱遮阴	病虫防治		施肥		起苗假植	其他
										次数	人工	次数	人工	人工	人工	次数	人工	次数	人工	人工	人工

表 7-11　苗圃年种、穗、肥料、物料、药料消耗计划　　　　　　　kg

树种	作业面积	种、穗		肥料			数量		物料			数量		药料			数量	
		每公顷	合计	名称	用途	次数	每公顷	合计	名称	用途	次数	每公顷	合计	名称	用途	次数	每公顷	合计

（6）苗木生长调查情况

苗木生长调查档案，主要是对各种苗木的生长发育情况进行定期观测，并用表格形式记载各种苗木的整个生长发育过程，以便掌握其生长发育周期及自然条件和技术管理对苗木生长发育的影响，确定适时而有效的培育技术措施。完成苗木生长调查表（表 7-12）和苗木生长总表（表 7-13）。

（7）气象观测

气象的变化与苗木的生长发育及病虫害的发生发展有密切关系，记载气象因素，可以分析它们之间的关系，确定适宜的措施及实施时间，避免或防止自然灾害，达到苗木的优质高产。在一般情况下，气象资料可以从附近的气象站抄录，如果本单位有条件自己进行气象观测更好。记载时可按气象记载的统一表式填写，记载与苗木生长发育关系最密切的气象因素如气温、地温、降水量等（表 7-14）。此外，还要对当地的早霜、晚霜、风进行观测记录。

（8）物候观测

对于大多数苗圃来说，需进行物候观测：选 2~3 个物种进行物候观测，通过各物候期的观测分析它们与育苗技术措施及实施时间的关系，利用物候期，避免和防止自然灾害，确保苗木的优质高产。例如，山杏花开之前需进行落叶松播种，洋姜开花预示霜冻在 10d 后来临等。

表 7-12 苗木生长调查

育苗年度：_____ 　　　　　　　　　　　　　　　　填表人：_____

树种		苗龄		繁殖方法		移植次数	
开始出苗				大量出苗			
芽膨大				芽展开			
顶芽形成				叶变色			
开始落叶				完全落叶			

项目	生长量/cm										
	日/月	日/月	日/月	日/月	日/月	日/月	日/月	日/月	日/月	日/月	日/月
苗高											
地径											
根系											

	级别	分级标准		每公顷产量/株	总产量/株
出圃	一级	高度/cm			
		地径/cm			
		根系/cm			
		冠幅/cm			
	二级	高度/cm			
		地径/cm			
		根系/cm			
		冠幅/cm			
	三级	高度/cm			
		地径/cm			
		根系/cm			
		冠幅/cm			
	等外苗				
	其他		备注		

表 7-13 苗木生长总表（_____ 年度）

树种：_____　播种（扦插、嫁接、移植）日期：_____

播种量/(kg/hm², 粒/m²)：_____　种子催芽方法：_____

发芽日期：自___月___日至___月___日

发芽最盛期：自___月___日至___月___日

耕作方式：_____　土壤：_____　酸碱度：_____　土壤厚度：_____　坡向：_____　坡度：_____

施肥种类：_____　施肥量/(kg/hm²)：_____　施肥时间：_____

调查次序	调查时间(日/月)	标准地		前次调查各点合计株数	损失株数				现存株数	生长情况											灾害发生发展情况摘记
		行数	合计面积/hm²		病害	虫害	间苗	作业损失		苗高			苗粗		苗根		冠幅				
										较高	一般	较低	较粗	较细	根长	根幅	较宽	一般	较窄		

表 7-14　气象记录

年份：_____　　　　　　填表人：_____

月份	平均气温/℃				平均地表温/℃				蒸发量/mm				降水量/mm				相对湿度/%				日照/h			
	平均	上旬	中旬	下旬	平均	上旬	中旬	下旬	平均	上旬	中旬	下旬	平均	上旬	中旬	下旬	平均	上旬	中旬	下旬	平均	上旬	中旬	下旬
全年																								
1月																								
⋮																								
12月																								

（9）记录苗木调运后栽植地环境、气候和成活情况

随着市场经济的发展，苗木市场竞争愈趋激烈，苗圃为了在众苗圃中立于不败之地，必须对所生产的苗木质量负责。所以必须对调出苗木进行跟踪调查，调查内容包括苗木的基本属性、栽植地的地理位置、地理环境、栽植成活率、栽植保存率等。这些不仅反映苗木质量的优劣，而且对苗圃苗木销售尤其是向外地销售调运提供科学依据。

【操作2】建立苗圃经营档案（表7-15至表7-17）

表 7-15　苗木生产成本测算　　　　　　　　　　　　　　万元

费用名称		实际金额	折每公顷金额
直接费用	种（穗）费		
	物料费		
	肥料费		
	药料费		
	搬运费		
	小计		
间接费用	管理费用		
	各项折旧		
	土地费		
	间接物料		
	小计		
合计			

表 7-16 ××年各项收支情况   元

收入					支出							其他支出		
合计	苗木	花卉	草坪	其他	合计	行政费	人工费	种苗费	物料	药料	肥料	水电	合计	建筑	维修

表 7-17 ××年苗木调查

品种	育苗方式	苗龄	面积/m²	苗高/m	胸径/cm	冠幅/m	株数

苗圃经营档案主要包括基本情况、生产管理、销售管理、科学试验内容等。具体有以下几个方面内容：

①苗木市场调查档案。

②种子生产、经营许可证复印件，是良种的必须附有良种证书复印件(必须符合发证规定并在有效期内)。

③基本情况，包括苗圃位置、面积、苗圃平面图、立地条件、圃地规划、固定资产、经营方式等。

④年度生产计划。

⑤苗木品种及数量。

⑥苗木移植与出圃记录。

⑦育苗成本记录。

⑧苗木销售情况，包括苗木出圃登记表、苗木标签、苗木检验证书、购销合同、往来票据、运输证明、检疫证明；属自用的应有调拨单、苗木出圃登记表及能够证明苗木流向、出圃数量的各类凭证。

⑨科学试验内容，包括各项实验的田间设计和试验结果、物候观测等。

◇ 巩固训练

1. 训练要求

(1)以小组为单位开展训练，组内要分工合作、相互配合。

(2)各小组拟定执行方案，技术方案应具有科学性和可行性。

2. 训练内容

(1)以小组为单位，结合苗圃技术档案内容，收集或编写相关技术档案资料。

(2) 以小组为单位,结合苗圃经营档案内容,收集或编写相关经营档案资料。

3. 可视成果

苗圃技术档案资料,含目录并装订成册;苗圃经营档案资料,含目录并装订成册。

◇ **自主学习资源库**

1. 园林苗木生产与经营. 魏岩. 科学出版社,2012.
2. 园林苗木生产技术. 苏付保. 中国林业出版社,2004.
3. 园林苗木生产与营销. 张康健,刘淑明,朱美英. 西北农林科技大学出版社,2006.
4. 园林苗木生产技术. 黄云玲. 厦门大学出版社,2013.
5. 中国林业网:http://www.forestry.gov.cn/
6. 中国苗木网:http://www.miaomu.com/
7. CJ/T 23—1999 城市园林苗圃育苗技术规程(技术档案).

模块 2
花卉生产与经营

项目8 设施应用

◇ 知识目标

(1) 了解常见花卉栽培设施的类型、特点。
(2) 掌握栽培设施环境调节控制的方法。

◇ 技能目标

(1) 能根据生产经营情况和当地气候条件，合理选择适宜的花卉栽培设施。
(2) 能根据天气状况、花卉要求调节栽培设施的各种环境因子，为花卉生产创造适宜的生长环境。

任务8.1 选择设施

◇ 理论知识

花卉生产设施主要包括大棚、日光温室和现代化连栋温室等增温保温设施以及防虫网、遮阳网、荫棚等防护设施。通过这些设施，可以人为地创造适宜花卉植物生长的小气候环境，来扩大花卉的栽培区域、调节花卉生长时间或者达到提高产品质量的目的。花卉生产设施经历了由简单到复杂、由低级到高级的发展过程。花卉生产设施是花卉生产的基础，也是进行花卉生产所需的必要条件。设施的建造要量力而行，根据生产的品种特性、产品质量，在充分考虑建造成本和运行成本的前提下，达到"够用"即可。

8.1.1 大棚

按棚的高度和跨度不同，一般分为塑料小拱棚(简称塑料小棚)、塑料中拱棚(简称塑料中棚)和塑料大拱棚(简称塑料大棚)3种类型。

8.1.1.1 塑料小拱棚

塑料小拱棚用细竹竿、竹片等弯曲成拱，一般棚高低于1.5m，跨度3m以下，棚内有立柱或无立柱。棚体低矮，跨度小，空间比较小，蓄热量少，保温能力比较差，一般适合于小规模应用。

8.1.1.2 塑料中拱棚

塑料中拱棚是指棚顶高度1.5~1.8m、跨度3~6m的中型塑料拱棚。棚体大小和结构的复杂程度以及环境特点等均介于塑料小拱棚和大拱棚之间，可参考塑料大、小拱棚。

塑料中拱棚易于建造，建棚费用比较低，但栽培空间较小，不利于实行机械化生产，应用规模不大。目前，塑料中拱棚主要用于温室和塑料大拱棚欠发达地区，进行临时性、低成本的保护地栽培。

8.1.1.3 塑料大拱棚

塑料大拱棚是指棚体顶高1.8m以上、跨度6m以上的大型塑料拱棚。

（1）塑料大拱棚的基本结构

塑料大拱棚主要由拱架、立柱、拉杆、棚膜和压杆5个部分组成(图8-1)。

（2）塑料大拱棚的类型

①按拱架建造材料分类

竹拱结构大棚 该类大棚用横截面(8~12)cm×(8~12)cm的水泥预制柱作立柱，用径粗5cm以上的粗竹竿作拱架，建造成本比较低，是目前农村中应用最普遍的一类塑料大拱棚。该类大拱棚的主要缺点：一是竹竿拱架的使用寿命短，需要定期更换拱架；二是棚内的立柱数量比较多，地面光照不良，也不利于棚内的整地作畦和机械化管理。为减少棚内立柱的数量，该类大棚多采取"二拱一柱式"结构，也叫"悬梁吊柱式"结构(图8-2)。

钢拱结构大棚 该类大棚主要使用φ8~16mm的圆钢以及φ1.27cm或φ2.54cm的钢管等加工成双弦拱圆形钢梁拱架(图8-2)。为节省钢材，一般钢梁的上弦用规格稍大的圆钢或钢管，下弦用规格小一些的圆钢或钢管。上、下弦之间距离20~30cm，中间用φ8~10mm的圆钢连接。钢梁多加工成平面梁，钢材规格偏小或大棚跨度比较大，单拱负荷较重时，应加工成三角形梁。钢梁拱架间距一般1~1.5m，架间用φ10~14mm的圆钢相互连接。钢拱结构大棚的结构比较牢固，使用寿命长，并且棚内无立柱或少立柱，环境优良，也便于在棚架上安装自动化管理设备，是现代塑料大拱棚的发展方向。该类大棚的主要缺点是建造成本比较高，设计和建造要求也比较严格。另外，钢架本身对塑料薄膜容易造成损坏，

图8-1 塑料大拱棚的基本结构

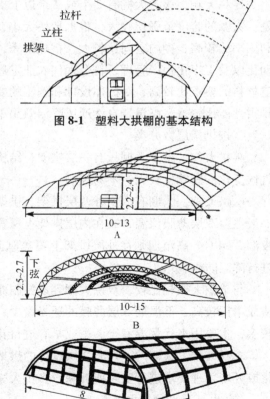

图8-2 各种材料结构大棚的主要形式(单位：m)
A. 悬梁吊柱竹拱结构大棚 B. 钢拱结构大棚
C. 管材组装结构大棚

缩短薄膜的使用寿命。

管材组装结构大棚 该类大棚采用 $\phi(25\sim32)\text{mm}\times(1.2\sim1.5)\text{mm}$ 的薄壁热镀锌钢管，并用相应的配件，按照组装说明进行连接或固定而成（图8-2）。管材组装结构大棚的棚架由工厂生产，结构设计比较合理，多种规格，易于选择，也易于搬运和安装，是未来大棚的发展主流。

② 按棚顶数量分类

单栋大棚 整座大棚只有一个拱圆形棚顶，有比较完整的棚边和棚头结构，占地面积一般667 m^2左右，大型大棚2000 m^2左右。单栋大棚的主要优点是：对建棚材料的要求不甚严格，建棚成本低，容易施工；扣盖棚膜比较方便，扣膜的质量也容易保证；棚面排水、排雪效果较好；通风降温以及排湿性能较好。其主要缺点是：土地利用率较低；棚内温度、湿度以及光照等分布不均匀，低温期的保温性能较差；大棚的跨度比较小，一般只有6～15m，棚内空间小，特别是两侧较为低矮，不适合机械化和工厂化栽培管理。

连栋大棚 该类大棚有2个或2个以上拱圆形或屋脊形的棚顶。连栋大棚的主要优点是：大棚的跨度范围比较大，根据地块大小，从十几米到上百米不等，占地面积大，土地利用率比较高；棚内空间比较大，蓄热量大，低温期的保温性能好；适合进行机械化、自动化以及工厂化生产管理，符合现代农业发展的要求。连栋大棚的主要缺点是：对棚体建造材料的要求比较高，对棚体设计和施工的要求也比较严格，建造成本高；棚顶的排水和排雪性能比较差，高温期自然通风降温效果不佳，容易发生高温危害。

③ 按拱架层数分类

单拱大棚 整个大棚只有一层拱架，结构简单，成本低，光照好。但棚内环境受外界气候变化的影响比较大，不易控制。

双拱大棚 大棚有内、外两层拱架，拱架多为钢架结构或管材结构。双拱大棚低温期一般覆盖双层薄膜保温，或在内层拱架上覆盖无纺布、保温被等保温，可较单拱大棚提高夜温2～4℃。高温期则在外层拱架上覆盖遮阳网遮阴降温，在内层拱架上覆盖薄膜遮雨，进行降温防雨栽培。

与单拱大棚相比较，双拱大棚容易控制棚内环境，生产效果比较好。其主要不足是建造成本比较高，低温期双层薄膜的透光量少，棚内光照不足。双拱大棚在我国南方应用比较多，主要用来代替温室于冬季或早春进行花卉育苗和栽培。

多拱大棚 大棚内、外有2层以上的拱架。一般内层拱架为临时性支架，根据季节变化或环境管理要求进行安装或拆除。多拱大棚易于控制棚内环境，但管理比较麻烦。

(3) 塑料大拱棚的环境特点

① 温度变化特点

增、保温特点 塑料大拱棚的空间比较大，蓄热能力不强，故增温能力不强，一般低温期的最大增温能力（一日中大棚内、外的最高温度差值）只有15℃左右，一般天气下为10℃左右，高温期达20℃左右。塑料大拱棚的棚体宽大，不适合从外部覆盖草苫保温，故其保温能力较差,一般单栋大棚的保温能力(一日中大棚内、外的最低温度差值)为3℃左右,连栋大棚的保温能力稍强于单栋大棚。

日变化特点　通常日出前棚内的气温降低到一日中的最低值,日出后棚温迅速升高。晴天在大棚密闭不通风的情况下,一般到10:00前,平均每小时上升5~8℃;13:00~14:00棚温升到最大值,之后开始下降,平均每小时下降5℃左右,夜间温度下降速度变缓。一般12月至翌年2月的昼夜温差为10~15℃,3~9月的昼夜温差为20℃左右或更高。晴天棚内的昼夜温差比较大,阴天温差较小。

地温变化特点　大棚内的地温日变化幅度相对较小,一般10cm土层的日最低温度较最低气温晚出现约2h。在气温低于地温前,地温值上升到最高。

②光照变化特点

采光特点　塑料大棚的棚架材料粗大,遮光多,采光能力不如中小拱棚强。根据大棚类型以及棚架材料种类不同,采光率一般为50.0%~72.0%不等。双拱塑料大棚由于多覆盖了一层薄膜,其采光能力更差,一般仅是单拱大棚的50%左右。大棚方位对大棚的采光量也有影响。一般东西延长大棚的采光量较南北延长大棚稍高一些。

光照分布特点　垂直方向上,由上向下,光照逐渐减弱,因此大棚越高,上、下光照强度的差值也越大。水平方向上,一般南部光照强度大于北部,四周高于中央,东、西两侧差异较小。南北延长大棚的背光面较小,其内水平方向上的光照差异也较小;东西延长大棚的背光面相对较大,其棚内水平方向上的光照分布差异也相对较大,特别是南、北两侧的光照差异比较明显。

8.1.2　日光温室

8.1.2.1　日光温室的基本结构

日光温室主要由墙体、后屋面、前屋面、立柱、保温覆盖物以及加温设备等几部分构成(图8-3)。

(1)墙体

墙体分为后墙和东、西侧墙,主要由土、草泥以及砖石等建成。草泥、土墙通常做成上窄下宽的"梯形墙",一般基部宽1.2~2.0m,顶宽1.0~1.2m。砖石墙一般建成"夹心墙"或"空心墙",宽度0.8m左右,内填充蛭石、珍珠岩、炉渣等保温材料。后墙高度1.5~3m。侧墙前高1m左右,后高同后墙,脊高2.5~4.0m。

墙体的主要作用:一是保温防寒;二是承重,主要承担后屋面的重量;三是在墙顶放置草苫和其他物品;四是在墙顶安装一些设备,如草苫卷放机。

(2)后屋面

普通温室的后屋面主要由粗木、秸秆、草泥以及防潮薄膜等组成。秸秆为主要的保温材料,一般厚20~40cm。砖石结构温室的后屋面多由钢筋水泥预制柱(或钢架)、泡沫板、水泥板和保温材料等构成。后屋面的主要作用是保温以及放置草苫等。

(3)前屋面

前屋面由屋架和透明覆盖物组成。屋架的主要作用是前屋面造型以及支持薄膜和草苫

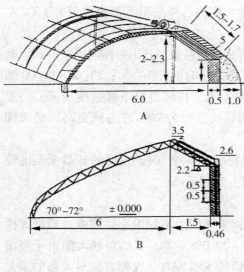

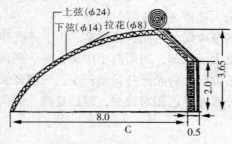

图8-3 日光温室(单位：m)
A. 钢竹混合结构日光温室　B. 辽沈Ⅰ型日光温室
C. 改进冀优Ⅱ型节能日光温室

等，分为半拱圆形和斜面形两种基本形状。竹竿、钢管及硬质塑料管、圆钢等易于弯拱的建材，多加工成半拱圆形屋架，角钢、槽钢等则多加工成斜面形屋架。

按结构形式不同，一般将屋架分为普通式和琴弦式两种。

①普通式　一般只有一种拱架，拱架间距1.0~1.2m，结构牢固，易于管理，但造价偏高。

②琴弦式　拱架一般分为主拱架(粗竹竿或粗钢管、钢梁)和副拱架(细竹竿或细钢管)两种。主拱架强度较大，支持力强，持久性好，一般间距3m左右；副拱架的强度弱，支持力也差，容易损坏，持久性差。在主拱架上纵向固定粗铁丝或钢筋，将副拱架固定到粗铁丝上，拱架、铁丝一起构成琴弦状的屋架。琴弦式屋架综合了主拱架和副拱架的优点，用材经济，费用低，温室内的温、光环境也比较好。但主拱架的负荷较大，容易损坏，加之副拱架的持久性差等原因，整个屋架的牢固程度不如普通式屋架。目前，琴弦式屋架主要用于简易日光温室。

透明覆盖物的主要作用是白天使温室增温，夜间起保温作用。使用材料主要有塑料薄膜、玻璃和硬质塑料板材等。

(4)立柱

普通温室内一般有3~4排立柱。按立柱所在温室中的位置，分别称为后柱、中柱和前柱。后柱的主要作用是支持后屋面，中柱和前柱主要支持和固定拱架。

立柱主要为水泥预制柱，横截面规格为(10~15)cm×(10~15)cm。高档温室多使用粗钢管作立柱。立柱一般埋深40~50cm。后排立柱距离后墙0.8~1.5m，向北倾斜5°左右埋入地里，其他立柱则多垂直埋入地里。

钢架结构温室以及管材结构温室内一般不设立柱。

(5)保温覆盖物

保温覆盖物的主要作用是在低温期减少温室内的热量散失，保持温室内的温度。主要有草苫、纸被、无纺布、宽幅薄膜以及保温被等。

(6)加温设备

日光温室主要通过火墙、水暖、热风炉等方式加温。冬季不甚寒冷地区，一般不设加温设备或仅设简单的加温设施。

8.1.2.2 温室的类型

(1) 根据温室的前屋面坡形分类

通常将温室划分为拱圆型和斜面型两种类型,每类温室又分为多种形式。

①拱圆型温室 该类温室以多角度采光,采光量比较大,温度高,同时温室内的空间也比较大,保温性好,有利于植物生长。其主要缺点是对拱架材料要求比较严格,所用材料必须易于弯拱并且还要有一定的强度。该类温室中,以圆-抛物面组合型的综合性能最好,应用也最多。椭圆型温室的南部空间较大,但坡面较平,采光性差,并且草苫卷放困难、排水和排雪性能也比较差,冬季寒冷地区以及多雪地区不宜使用。

②斜面型温室 屋面建造材料主要有木材、角钢、槽钢等,玻璃及塑料板材温室的前屋面属此类型。斜面型温室的排水、排雪性能比较好,也易于卷放草苫。其主要缺点是:两折式温室的中、前部比较低矮,栽培效果较差;三折式温室虽然中、前部加高、加大,但结构的牢固性下降,并且对建造材料和施工的要求也变高。

(2) 根据骨架的材料分类

通常将温室分为竹拱结构温室、水泥预制骨架结构温室、钢骨架结构温室和混合骨架结构温室4种。

①竹拱结构温室 该类温室用横截面(10~15)cm×(10~15)cm的水泥预制柱作立柱,用径粗8cm以上的粗竹竿作拱架,建造成本比较低,也容易施工建造。该类温室的主要缺点是:竹竿拱架的使用寿命较短,需要定期更换拱架;棚内的立柱数量比较多,地面光照不良,也不利于棚内的整地作畦和机械化管理。它是普通日光温室的主要结构类型,一般采取悬梁吊柱结构形式,二拱一柱,以减少立柱的数量。改良型日光温室目前在广大农村也普遍采用此类结构,为了减少立柱的数量,大多采用琴弦式结构或主、副拱架结构形式。

②水泥预制骨架结构温室

玻璃纤维增强水泥骨架结构 即GRC结构温室。该温室的拱架由钢筋、玻璃纤维、增强水泥、石子等材料预制而成。

塑料纤维增强水泥骨架结构 即PRC结构温室。将一定长度的塑料纤维均匀分布在水泥浆、混凝土基材中,用以增强基材的物理性能(提高抗弯、抗拉强度,提高抗冲击性能,保持裂纹后构件的整体性和降低自重)。

硅镁复合材料骨架温室 以高强度镁质水泥为胶结料,硅质的粉煤灰、炉渣等为填充料,配以轻质保温材料(如锯末、废聚苯颗粒或农作物的秸秆、谷壳等)和增强材料(如竹筋、芦苇、玻璃纤维等)以及高效改性外加剂复合制作而成。

③钢骨架结构温室 该类温室所用钢材一般分为普通钢材、镀锌钢材和铝合金轻型钢材3种,我国目前以前两种为主。单栋日光温室多用镀锌钢管和圆钢加工成双弦拱形平面梁,用塑料薄膜作透明覆盖物。双屋面温室和连栋温室一般选用型钢(如角钢、工字钢、槽钢、丁字钢等)、钢管和钢筋等加工成骨架,用硬质塑料板作透明覆盖物。

钢架结构温室的结构比较牢固,使用寿命长,并且温室内无立柱或少立柱,环境优良，也便于在骨架上安装自动化管理设备，是现代花卉生产的发展方向。钢架温室的建造成本比较高，设计和建造要求也比较严格，适合用于花卉生产。

④混合骨架结构温室　主要为主、副拱架结构温室。主拱架一般选用钢管、钢筋平面梁或水泥预制拱架，副拱架用细竹竿或细钢管。在主拱架上纵向拉几道钢筋或焊接几道型钢，将副拱架固定到纵向钢筋或型钢上。

混合骨架结构温室综合了钢骨架温室和竹拱架温室的优点，结构简单、结实耐用、制造成本低、生产环境优良，较受农民欢迎，发展较快，是当前我国农村温室发展的主要方向。

(3) 根据后屋面长短分类

分为长后屋面式温室和短后屋面式温室两种。

①长后屋面式温室　后屋面内宽2m左右，温室自身的保温性能较好，主要用于冬季比较寒冷的地区。该类温室后屋面所承受的负荷比较大，对屋架材料的种类和规格要求比较严格，同时后屋面的遮光面也比较大，温室北部的光照不良。

②短后屋面式温室　后屋面内宽小于1.5m，所承受的负荷减小，对建造材料和规格的要求不甚严格，易于建造。同时，温室的遮光面减少，室内的光照条件也较好。但温室自身的保温性能不如长后屋面式温室，多用于华北、西北等一些冬季不甚寒冷的地区。

(4) 根据薄膜的层数分类

分为单层膜温室和双层膜充气式温室两种。

①单层膜温室　前屋面只覆盖一层棚膜，大多数温室属于此类。该类温室的透光性好，薄膜管理简单，但自身的保温性较差。

②双层膜充气式温室　前屋面覆盖双层棚膜，膜间距30～50mm，膜间用鼓风机不停地鼓入空气，形成动态空气隔热层。该类温室的保温性能好，冬季不甚严寒地区可以代替"薄膜+草苫"覆盖形式进行冬季栽培，节能效果好。但由于需要不间断充气，不仅需要电力支持，使用范围受到电力限制，而且维持费也较高。

8.1.2.3　温室的环境特点

(1) 温度特点

①增、保温特点　一般来讲，单屋面温室无太阳直射光的死角，在光照下增温比较快，增温性优于塑料大棚。据测定，潍坊式改良型日光温室冬季晴天的增温能力约30℃，普通日光温室也在20℃以上。阴天的增温能力比较弱，冬季阴天的增温幅度只有几摄氏度。双屋面温室以及连栋式温室由于有太阳直射光的死角，且背光面比较大，增温能力与塑料大拱棚基本相近。

温室有完善的保温结构，保温性能比较强。据测定，冬季晴天，潍坊式第三代改良型日光温室卷苫前的最低温度一般比室外高20～25℃，采取多层覆盖保温措施后，保温幅度更大。连日阴天日光温室的保温能力降低，一般仅为10℃左右。普通日光温室白天的升温幅度小，夜间的保温措施也不完善，保温能力相对比较弱，冬季一般为10℃左右。

加温温室在温度偏低时，能够进行加温，增、保温性能优于日光温室，特别是抗连阴天的能力比较强。

②日变化特点　温室的空间较大，容热能力强，温度变化相对比较平缓。据原山东省昌潍农业学校对改良型日光温室观测：冬季晴天上午从卷起草苫到10:00前，温度上升较为缓慢，每升高1℃平均需要12min左右，10:00~12:00升温速度加快，平均每10min升温1℃；13:00前后温度升到最高值，之后开始降温，从13:00~16:00，平均每15min温度约下降1℃；覆盖草苫后，降温速度放慢，一般从16:00到第二天8:00，降温10℃左右。一日中，温室南部的温度变化幅度比较大，昼夜温差约23℃；中部和北部的温度变化比较平缓，昼夜温差约20℃。东西方向上，东部上午升温慢，下午接受光照多，温度比较高，降温晚，夜温较高。西部上午升温快；温度高，但下午降温早，散热多，夜间温度较低，故温室的门多开于东部。

③地温变化特点　地温高低受气温变化的影响很大。据原山东省昌潍农业学校观测：冬季，一般白天气温每升高4℃，10cm耕层的地温平均升高1℃，最高地温出现时间一般较最高气温晚2~3h；夜间气温每下降4℃，地温下降约1℃，没有人工加温时，最低地温一般较最低气温高4℃左右。

(2) 光照特点

①采光特点　温室的跨度小，采光面积和采光面的倾斜角度比较大，加上冬季覆盖透光性能优良的玻璃或专用薄膜，故采光性比较好。特别是改良型日光温室，由于其加大了后屋面的倾斜角度，消除了对后墙的遮阴，使冬季太阳直射光能够照射到整个后墙面上，采光性更为优良。一般情况下，温室内的光照能够满足花卉栽培的需要。

②光照分布特点　温室内由于各部位的采光面角度大小以及高度等的不同，地面光照的差异也比较明显。东西方向上，由于侧墙的遮阴和反射光作用，地面光照的差异也比较明显。通常上午西部增光较快，东部由于侧墙遮阴，光照较弱；下午东部增光明显，而西部则迅速减弱；以温室中部的光照为最好。

③季节性变化特点　冬季太阳出于东南，落于西北，自然光照时间短，北方大部分地区的日照时数只有11h左右，而温室因保温需要，草苫晚揭早盖，其内的日照时数更短，通常仅为8h左右。另外，冬季由于太阳斜对温室，反射光数量较多，温室的采光量也不足。故不论是从光照时数还是从光照强度上，冬季温室内的光照均不能满足喜光花卉的要求，需要采取增、补光措施。春季太阳升高，自然光照的时间加长，温室内的光照时间也延长至11h左右，基本上能够满足喜光花卉的需光要求。夏季温室内的光照比较充足，容易引起高温，需要采取遮光措施，防止高温危害。秋季的9~10月，温室内的光照基本上能够满足花卉生长的需要，但晚秋由于秋冬交替，连日阴天较多，光照强度下降明显，不能满足需要，应适时补光。

8.1.3　现代化连栋温室

现代化连栋温室除结构骨架外，一般所有屋面（除北墙的墙体）都选用透明或半透明的材料，温室内部可根据需要进行空间分隔。现代化连栋温室土地利用率高，内部作业空间大，自动化程度较高，内部配置齐全，可以实现规模化、工厂化生产，也便于机械化、自动化管理。现代化连栋温室依据屋面覆盖材料，可分为薄膜连栋温室、玻璃连栋温室和PC板连栋温室3种。现代化连栋温室的骨架多采用热镀锌钢骨架结构装配，防腐、防锈。

（1）薄膜连栋温室

薄膜连栋温室有单层膜温室和双层充气膜温室两种。单层膜连栋温室以单层塑料薄膜作为覆盖材料，有拱顶和尖顶两种。单层膜温室造价低，但保温性能不佳，北方地区冬季运行成本太高，而在南方地区适当加温就可以四季应用。

双层膜连栋温室通过用充气泵不断给两层薄膜之间充入空气，维持一定的膨压，使温室内与外界之间形成一层空气隔热层，这种温室的保温性能好。双层充气膜温室一般有两种形式：一种侧墙为硬质板材板，顶部为双层充气膜；另一种顶部和侧墙均为双层充气膜，前者应用比较多。双层膜温室适合北方寒冷、光照充足的地方。

（2）玻璃连栋温室

玻璃连栋温室以玻璃作为覆盖材料，常见的有双坡面温室和Venlo型温室。Venlo型温室是一种源于荷兰的小屋面双坡面玻璃温室。玻璃温室的造价比其他覆盖材料的温室高，但玻璃不会随使用年限的延长而降低透光率，当温室使用超过20年时，玻璃温室的造价低于其他材料的温室。玻璃温室的透光性能最好，但玻璃导热系数大，所以保温性能较差，适于冬季较温暖的地区使用，或者用于对光照条件要求较高的花卉栽培。

（3）PC板连栋温室

PC板连栋温室又称阳光板温室，它主要是以PC板作为覆盖材料的一种温室。PC板是继棚膜、玻璃之后的温室保温材料。近年来，在温室建设中被广泛应用。PC板透光率较好、密封性好、抗冲击性好、保温性好，但存在冬天温室内屋顶易结露的问题，从而影响透光率。另外，PC板连栋温室存在造价较高、使用年限不长的问题。

◇ 实务操作

技能8-1　设施的选择

【操作1】选择适宜的类型

大棚是一种应用比较广泛、成本比较低廉的花卉生产设施，利用大棚进行花卉产品的春提前、秋延后生产，能够提前或延长产品供应时间。由于其创造的小气候环境抵御春、夏、秋季自然灾害的能力比露地生产强，棚内可以进行多种类的花卉产品生产，比较适合于华北、华中和西南地区。

日光温室能充分采光、蓄热，严密保温，并能适当加温，即使在冬季寒冷的北方，也能进行花卉生产。这种日光温室在设计和建造上，主要考虑在寒冷季节如何保证花卉的正常生长,并能提高花卉产品质量,但造价和运行成本比较高,比较适合于东北和华北地区。

现代化连栋温室是一种高级花卉栽培设施。温室环境调控实现了计算机自动控制,基本上不受自然气候条件下灾害性天气和不良环境条件的影响,能周年全天候进行园艺作物生产。但此种温室造价高,运行成本较高,尤其在北方地区的冬季,加温费用极高,此种温室比较适宜栽培各类高档花卉。

在选择栽培设施时,针对生产的品种,既要满足植物生长的需要,又要考虑建造成本和运行成本,要按照适用、实用、易用的原则进行选择。

【操作2】场地的选择
①要选择南面开阔、无遮阴的平坦矩形地块,同时要选择避风地带。
②要选择靠水源近、水源丰富、水质好、排水好的地方。
③要选择地基土质坚实的地方。
④要选择交通便捷、电力供应充足和通信较发达的地方。

◇ 巩固训练

1. 以工作小组(4~6人一组)为单位,根据生产所在地气候和生产经营实际情况,制订简易大棚生产设施建设方案和资金预算方案。
2. 按方案组织建设和实施。
3. 要求:组内既要分工明确,又要紧密合作;简易大棚建设方案要详细,资金预算方案合理。在操作过程中,要严格按技术要求执行,管理要科学、细致;按操作规程使用各种设备。

◇ 自主学习资源库

1. 设施园艺.李志强,等.高等教育出版社,2006.
2. 园艺设施.陈杏禹.化学工业出版社,2011.
3. 设施园艺.胡繁荣.上海交通大学出版社,2008.
4. 中国设施园艺网:http://www.greenovo.cn/
5. 设施园艺网:http://www.agri-garden.com/

任务8.2　设施资材应用

◇ 理论知识

8.2.1　塑料薄膜

塑料薄膜要求选择无毒、无滴性能好、透光率高、拉力强、使用寿命长、保温及增产性能好的薄膜。目前市场上可供选择的种类繁多,对其进行深入的了解是搞好设施园艺生产的前提。适合温室和大、中、小拱棚覆盖的薄膜,按树脂原料可分为PVC棚膜、PE棚膜和 EVA 棚膜。其中 PE 棚膜应用最广，数量最大，其次是 PVC 棚膜，EVA 棚膜已在少数地区试用。按性能特点又可分为普通膜、无滴膜、长寿膜、漫反射膜、复合多功能膜等多种棚膜。其中普通膜应用最早、分布最广，应用量也最大，其次是长寿膜和无滴膜，近年来长寿无滴膜也有了较快的发展。

①PVC 膜　保温性能好，较耐高温、强光，也较耐老化；可塑性强，拉伸后容易恢复；雾滴较轻；破碎后容易粘补。但容易吸尘，透光率下降比较快；耐低温能力较差，在 $-20℃$ 以下容易脆化；成本比较高。PVC 膜种类不多，主要有普通 PVC 膜、PVC 无滴膜、PVC 多功能长寿膜等，目前主要使用的是 PVC 多功能长寿膜。PVC 多功能长寿膜是在普通 PVC 膜原料中加入多种辅助剂后加工而成，具有无滴、耐老化、拒尘和保温等多种功能，是当前冬季温室的主要覆盖用膜。目前，PVC 膜主要在北方地区使用。

②PE 膜　透光性好，吸尘轻，透光率下降缓慢，耐酸、耐碱。但保温性和可塑性均比较差；薄膜表面容易附着水滴，雾滴较重；耐高温能力差，破碎后不容易粘补，寿命短，一般连续使用时间只有 4~6 个月。

③EVA 膜　集中了 PE 膜与 PVC 膜的优点，近年来发展很快。EVA 膜发展重点是多功能三层复合棚膜，由共挤吹塑工艺制得。该种膜的外层添加防尘和耐老化剂，中层添加保温成分，内层添加防雾剂，具有无滴、消雾、透光性强、升温快、保温性好以及使用寿命长等优点。另外，该种膜较薄，厚度只有 0.07mm 左右，用膜量少，生产费用低。

与 PVC 多功能复合膜相比较，EVA 多功能复合膜的抗破损能力比较差，初期透光性不如 PVC 膜，低温期使用效果不如 PVC 膜。

EVA 多功能复合膜也属于"半无滴膜"，覆盖时有正、反面的区别，一般正规厂家生产的 EVA 膜标有"正面"字样。

8.2.2　草苫

一般覆盖一层新草苫(厚度 4cm 以上)，可提高温度 5~7℃，但随着草苫层数的增多，单层草苫的保温性能下降。草苫主要进行单层覆盖，较少进行双层覆盖。

(1) 草苫种类及特点

①稻草苫　用稻草加工制成。稻草苫材料来源广，制作成本低，价格便宜；质地柔软，易于覆盖，覆盖严实，保温性好；防潮能力好，不易霉烂。其主要不足是：厚度大，用料多，重量大，不方便搬运和贮存；稻草秸秆短，一幅草苫需要多个草把接长，接头处容易开裂，影响使用寿命。在正常使用和保管情况下，一般可连续使用 2~3 年。

②蒲草苫　用蒲草加工制成。蒲草的种植量少，材料有限，蒲草苫的使用量也少。与稻草苫相比较，蒲草苫质地硬，容易折断，覆盖也不严密，保温性差；蒲草秸秆的下端尖硬，容易刺破薄膜；密度小，重量轻；蒲草较长，适于加工制作超宽幅草苫。

(2) 草苫的规格要求

①长度　适宜的草苫长度为"棚面宽+1~2m"。较棚面宽多出的 1~2m，用来压入后坡和前地面，增强保温效果。

②宽度　稻草秸秆短，不适合作宽幅草苫，适宜的宽度为1.2~2.0m。若草苫过宽，草把接头增多，牢度性差。蒲草苫宽度一般为1.5~2.5m。

③厚度　普通温室要求草苫厚度不少于3cm，改良型日光温室的草苫厚度应不少于4cm。草苫厚度测量方法是：将草苫按标准松紧度卷好，然后量取草苫卷的直径，用直径除以草苫层数所得数值，便为单层草苫的厚度。

(3) 草苫的质量要求

①草把排列要紧密　编制草苫的草把排列要紧密。用手从两侧拉、拽草把，草把不容易被抽出。用力抖动草苫，不掉草。

②规格要均匀　要求草把大小、草苫厚度、草苫宽度等均匀一致。

③编草要新而干燥　编制草苫的草要求新而干燥。发霉的陈草质地柔软，容易断裂，不宜用来编制草苫。

④径绳的道数要适宜　编制草苫的径绳间距不超过15cm，1.2m宽草苫一般不少于8道径绳。

⑤径绳要结实耐用　编制草苫要使用尼龙绳，塑料绳容易老化，不能用来编制草苫。

8.2.3　保温被

保温被是由多层不同功能的化工纤维材料组合而成的保温覆盖材料，一般厚度6~15mm。

(1) 保温被的构成

保温被一般由防水层、隔热层、保温层和反射层4个部分组成。

①防水层　为保温被的最外层。主要采用耐老化、耐腐蚀、强度高、寿命长的镀膜防水苫布。其主要作用是隔水，防止雨水渗入保温被内。

②隔热层　主要由阻隔红外线的保温材料构成。主要作用是减少热量向外传递，增强保温效果。

③保温层　是保温被的主要保温部分，多用膨松无纺布、腈纶棉、微孔泡沫等作保温材料。

④反射层　一般选用反光镀铝膜。其主要功能为反射远红外线，减少辐射散热。

(2) 保温被的类型

近几年来，我国各地研制开发的日光温室新型保温被已有成型规格，主要类型有：

①复合型保温被　保温被采用2mm厚的蜂窝塑膜2层加2层无纺布外加化纤布缝合制成。该保温被重量轻、保温性好，适于机械卷动。其主要缺点是：经一个冬季使用后，里面的蜂窝塑膜和无纺布经机械传动辗压后容易破碎。

②针刺毡保温被　保温被用针刺毡作主要防寒保温原料，一面覆上化纤布，另一面用镀铝薄膜与化纤布相间缝合作面料，采用缝合方法制成。针刺毡是用旧碎线、布等经一定处理后加工而成，具有造价低、保温性好等优点。该保温被自身重量较复合型保温被重，防风性、保温性均较好。其最大缺点是防水性较差，水容易从针线孔渗入，保温被受湿后降低保温效果。另外，保温被的晾晒也很麻烦，需要大的场地晾晒。

③腈纶棉保温被　保温被采用腈纶棉、太空棉作主要防寒材料，用无纺布作面料，采用缝合方法制成。该保温被在保温性上能满足要求，但其结实耐用性差，无纺布几经机械传动辗压后，很快破损。另外，该保温被防水性也不佳，雨（雪）水能够从针眼渗到里面，洇湿腈纶棉。

④泡沫保温被　保温被采用微孔泡沫作主要防寒材料，上、下两面采用化纤布作面料加工而成。该保温被的主要材料具有质轻、柔软、保温、自防水、耐化学腐蚀和耐老化等特性，经加工处理后的保温被不仅保温性持久，且防水性极好，容易保存，具有较好的耐久性。其主要缺点是自身重量太轻，防风性差。

上述几种保温被都有较好的保温性，都适合机械卷动。虽然各自存在不同的缺点，但近年来仍得到一定程度的推广应用。

(3) 保温被的主要性能

①保温性能　保温被的规格和结构是根据保温需要进行设计的，针对性强，并且保温被较草苫覆盖严实，紧贴薄膜，保温性能较好。一般单层保温被可提高温度 5~8℃，与加厚草苫相当。同草苫一样，保温被使用一段时间后，由于结构损坏，其保温能力也有所下降。

②使用寿命　按照规定标准制作出的保温被，在正常使用和保管情况下，根据所用材料不同，一般可连续使用 5~10 年。

8.2.4　防虫网

防虫网是夏季栽培用的园艺设施。防虫网主要是采用机械阻隔的方法，来阻止或减轻害虫对园艺作物的侵害。目前防虫网被广泛地应用在夏季花卉生产上。防虫网是一种新型的覆盖材料，多以优质的聚乙烯为原料，并添加防老化、抗紫外线等化学助剂等，经拉丝织造而成，形似窗纱，具有耐拉强度大、抗紫外线、抗热、耐水、耐腐蚀、耐老化、无毒、无味等优点，使用年限为 3~5 年。良好的防虫网必须具备两个条件：一是能有效防止害虫的进入；二是对于设施通风不能造成妨碍。

防虫网的选择分以下几种：

①不锈钢线或铜线织成的防虫网　其耐用性最好，但是成本高。

②聚乙烯材料防虫网　这种防虫网又分为两种：一种是以单线编成的防虫网，单线的形态类似钓鱼线；另一种是利用乙烯制成的薄膜，然后打洞制成。这两种防虫网造价便宜，但是强度差，抗紫外线能力差，风阻较大。

③有机玻璃纤维材料防虫网　以有机玻璃纤维为原料，有多线绞合和单线编织两种。优点是不易滑动，因此，即使有洞口也容易保持完整。

④尼龙防虫网　以尼龙为材料织成，成本低、质量轻，但是耐久性不良，而且阻碍空气流动。

另外，防虫网规格种类较多，多在 20~40 目。目数越大，网孔越小，防虫效果越好，但防虫网内温度提高，通风透气性能减弱。颜色有白色、银灰色和黑色等，白色防虫网较银灰色防虫网和黑色防虫网内温度高，银灰色防虫网具有驱避蚜虫的作用。生产上建议选用银灰色的防虫网为好，既适宜花卉正常生长，又利于防止害虫侵入。

8.2.5 遮阳网

遮阳网是用塑料扁丝纺织成的一种轻质、高强度、耐老化的网状新型农用遮光覆盖材料。遮阳网质量轻、柔软，便于运输和操作，一般使用寿命为3~5年。

优质遮阳网在外观上要求色泽均匀，表面平整，无断丝，无编印丝。遮阳网的宽度有90cm、150cm、200cm、220cm、400cm等多种。农用遮阳网颜色主要有黑色和银灰色，也有少量绿色、蓝色和黄色等不同颜色的产品。不同遮光率的遮阳网的遮光效果不一样。一般黑色遮阳网的遮光率为50%~75%，白色的为10%~20%，银灰色的为40%~75%。遮阳网的遮光情况还会因天气变化而变化。

◇ 实务操作

技能 8-2　设施材料的应用

【操作1】塑料薄膜的应用

（1）改进相关设施

无滴膜须在一定角度且无障碍物阻挡的情况下，水滴才能沿膜面顺利流下，而不滴在作物上。因此，应合理加大棚室高跨比，适当缩小拱杆间距，并使拉杆或拉索与膜保持一定的距离，以保证流滴通畅。

好的棚膜连续覆盖使用寿命可达12~24个月，但若棚室骨架处理不当，如拱杆表面粗糙带刺，则易破坏薄膜，严重影响使用寿命和保温效果。因此，要对棚室骨架材料表面进行光滑处理。对于钢骨架要进行防锈处理。防锈处理最好采用热镀锌或涂刷银粉。不宜在骨架上涂刷油漆，以防止薄膜接触后加剧老化而撕裂。

（2）正确使用焊接技术

有些膜宽度不足，许多情况下需要采用熨斗热焊接。热焊接时重叠部分应控制在30mm以上，否则，可能会由于重叠部分过窄而影响焊接的牢固程度。

（3）扣膜

扣膜作业应选择晴天无风的中午进行。扣膜时，应拉平、绷紧、压牢，以免产生皱折影响流滴效果。纵向骨架材料不能与膜接触，否则易将薄膜夹在骨架与压线中间，时间长了很容易把薄膜磨出洞。另外，使用耐老化长寿膜时，由于有效使用期长，不宜采用上、下竹竿加铁丝穿透薄膜的方法绑扎固定，而应采用压膜线固定。

（4）精心使用

在低温、弱光季节最好覆盖地膜，并采取膜下暗灌或滴灌，杜绝大水漫灌，以减少雾气，延长流滴持效期。由于耐老化长寿膜尤其是EVA耐老化长寿膜透光好，升温快，应注意及时通风，以免由于高温而影响使用寿命。施药要谨慎使用含硫、铁元素的农药，应注意不要喷洒在薄膜上，以免影响使用寿命。在薄膜使用过程中出现裂口，应及时修补，以免遭遇风害时加剧破损。耐老化长寿膜在使用过程中，表面吸尘不但影响透光，还会加剧薄膜老化，因此应注意擦洗。雨后出现雨水兜，或雪后膜上有积雪，都要及时清除。

【操作2】草苫的应用

(1) 上苫前处理

①加固两端　新购置的草苫上苫前，要对草苫的两端进行固定，以增强两端的耐拉性能，避免将草把拉出。具体做法是：取两根长度同草苫宽度的细竹竿（直径3cm左右），分别用细铁丝固定到草苫的两端。

②接长　购回的草苫长度偏短时，需要接长。具体做法是：将两幅草苫的连接端上、下叠压齐，叠压部分宽20cm左右，然后用细尼龙绳或塑料绳按10cm间距，缝上、下两道横线，将草苫连接好。

(2) 上苫

草苫的上苫形式主要有"品"字式、斜"川"字式和混合式3种。

①"品"字式　草苫在温室顶部分前、后两排摆放，前、后两排草苫间位置交错，相邻3个草苫呈"品"字形排列。该上苫形式的前、后排草苫间相互独立，易于卷放。人工卷放草苫时，可同时进行多人卷放，工效较高，也便于进行局部草苫的卷放，草苫管理比较灵活。但该上苫形式的草苫覆盖后，草苫间的相互防风能力比较差，容易被风掀起。

②斜"川"字式　草苫在温室的顶部成"一"字斜放，相邻草苫顺序叠压，呈一边倒形。该上苫形式的草苫覆盖后，草苫间顺风向叠压，防风效果好，不易被风掀起，保温效果也比较好，较适合多风地区使用，也适合机械卷放草苫选用。但该上苫形式的草苫间相互牵扯，人工卷放草苫时，只能从一端逐个卷起或放下，费工费事，工效低，草苫卷放前后设施内东、西两端的环境差异幅度也比较大。

③混合式　该上苫形式将5~10个草苫分为一组，组内草苫按斜"川"字式排放，组间草苫按"品"字式排放。该式兼顾了前两种形式的优点，适用于多风地区人工卷放草苫。

(3) 草苫的修补

草苫使用一段时间后，局部容易发生开裂或被老鼠咬坏，需要修补。具体做法是取一块较破损处稍大的完整草苫，覆盖到破损处，两边对齐后，将上、下两端用尼龙绳缝好。

【操作3】保温被的应用

①要严格按照安装要求将保温被与卷帘机连接安装好。

②卷帘电机在开启和关闭到极限位置时，应及时使电机停止，防止保温被撕裂。

③雨天过后，应及时把保温被打开晾干，以防保温被发霉缩短使用寿命。

④雪天过后，应及时清扫掉保温被上的积雪，防止保温被因结冰打滑而影响卷放。

⑤保温被在下放和卷起过程中，如果出现温室两侧卷放不同步现象，应松开保温被的卡子，重新调整保温被的位置，并重复以上操作直到温室两侧同步卷放为止。

⑥入夏后，应将保温被晾干、卷好，放到通风干燥处保存。

【操作4】防虫网的应用

(1) 覆盖

①大、中棚覆盖　适用于有大、中棚设施的地块，是利用夏季闲置的大棚或中棚骨架

进行防虫网覆盖的栽培方式。可分为全网覆盖和网膜结合覆盖两种。其中全网覆盖是在棚架上全部覆盖防虫网，即将防虫网如同使用塑料膜扣大棚一样，完全覆盖在大棚顶上。生产期间不揭开，实行全程封闭覆盖。

②平棚覆盖　用水泥柱或毛竹等搭建成平棚，面积根据实际情况而定，最好每亩为一块。棚高2m，上面及四周完全用防虫网覆盖并压严，保留1~2个出口。

③小拱棚覆盖　采用钢筋或竹片弯成拱棚，将防虫网覆盖在拱架上，这种形式特别适合于没有钢管大棚的地区推广，同样能起到防虫的效果。

④通风口覆盖　防虫网只设置在设施的通风口处，即将所有的通风口都设置上防虫纱窗，设施的门也用防虫网封好，这样也能起到很好的防虫效果。这种方式特别适合于玻璃温室、大型连栋温室等。

(2) 在应用过程中应注意的问题

①实行全程覆盖　防虫网遮光率小，夏、秋季覆盖栽培一般不会对园艺作物造成光照不足。为切断害虫危害途径，整个生育时期都要进行防虫网覆盖，尽可能先覆盖防虫网，然后进行播种或定植。在一般风力情况下，不用拉压网线，但如果遇到5级以上大风，要拉上压网线。

②土壤消毒　防虫网覆盖前一定要进行土壤消毒，杀死残留在土壤中的病菌和害虫，消灭病虫的传播源。覆盖时四周要压实、压严，防止害虫潜入。

③棚高适宜　小拱棚或小平棚覆盖时，棚高应高于作物株高，避免植株贴紧防虫网从而被网外跳甲等害虫取食或产卵于叶片。若在高温期间进行覆盖栽培，则棚内空间越大越好，因而，以棚高2m的大平棚覆盖栽培为宜，既便于人工操作，又利于作物生长。

④肥水管理　夏、秋高温期间浇水应选择在清晨或傍晚进行，小棚可以直接浇于网上，如果采用大棚进行平棚覆盖，就能避免因防虫网覆盖给肥水管理带来的不便，其使用效果会更佳。

⑤防止害虫由其他途径进入　人员进入设施时，不能使门保持开启状态，防虫网有破损时要立刻补上。自外界运入的植物、基质等必须对其检查，看是否有昆虫附着。设施附近的杂草或是虫类喜欢的作物都必须清除，以减少寄主。

⑥要充分考虑通风　对于只在通风口处设防虫网的温室，在未装设机械风扇而只利用自然通风作业时，防虫网的装设对通风的风力将造成显著影响。

【操作5】遮阳网的应用

(1) 选择遮阳网

要根据作物种类、栽培季节和不同地区的天气情况，选择相应颜色、规格的遮阳网。黑色遮阳网遮光降温效果较好，适于夏季或对光照强度要求较低的作物。银灰色遮阳网透光性较好，一般适用于初夏、早秋对光照要求较高的作物。

(2) 应用遮阳网

必须根据天气状况、光照强度、作物种类、生育阶段以及覆盖目的因地制宜地采用相应的遮阳网覆盖方式，灵活地选择不同规格、适宜颜色的遮阳网，并坚持覆盖与通风相结合的原则。覆盖方式主要有外遮阳和内遮阳两种。

①内遮阳　在玻璃温室内，将遮阳网覆盖于植株上方，或将遮阳网直接覆盖于日光温室和大棚的棚膜上。这种覆盖方式，可以达到遮光的目的，但其降温效果不好，多用于早春和晚秋季节。

②外遮阳　这种遮阴方式是将遮阳网覆盖于日光温室和大棚的棚膜上方并留有50cm左右的距离。这种覆盖方式，既可以达到遮光的目的，同时降温效果非常好，多用于炎热的季节。

遮阳网在生产中起到了增产、增值、增效的作用，应用面积逐年扩大，但还须在普及中继续完善。不同时期、不同品种、不同栽培目的选择的遮阳网的遮光率、覆盖形式也应不同。天气变化、气温高低和日夜变化等，都与光合作用密切相关，应根据需要遮光，否则植物会徒长失绿，诱发病害，降低品质，影响质量，适得其反。

◇巩固训练

1. 以工作小组（4~6人一组）为单位，根据生产所在地气候和生产经营实际情况，选择适宜棚膜，完成2栋日光温室扣棚膜任务。

2. 要求：组内既要分工明确，又要紧密合作；在操作过程中，要严格按技术要求执行，并注意安全。

◇自主学习资源库

1. 设施园艺.李志强,等.高等教育出版社,2006.
2. 园艺设施.陈杏禹.化学工业出版社,2011.
3. 设施园艺.胡繁荣.上海交通大学出版社,2008.
4. 中国设施园艺网：http://www.greenovo.cn/
5. 设施园艺网：http://www.agri-garden.com/
6. 中国园艺资材网：http://www.yyzc.cm/

任务8.3　设施环境调控

◇理论知识

8.3.1　光照的作用

光照是作物生长的基本条件，并且对温室作物的生长发育会产生光效应、热效应和形态效应。因此，加强设施内光照条件的合理调控，尽量满足作物生长发育所需的光环境要求，是必要的。

光照过强，可造成植株节间缩短和粗壮低矮；光照偏弱，可造成植株瘦弱、花芽死亡等现象。此外，光照强度还影响植株开花的颜色，强光能使植株开花颜色鲜艳、亮丽。

8.3.2　温度的作用

任何作物的生长发育和维持生命活动都要求一定的温度范围，即温度的"三基点"。温度高低和昼夜温度变化会影响作物的生长发育、植株形态、产量、品质和生长周期。人为创造稳定的温度环境是作物稳定生长的重要保证。

植物对温度的反应非常敏感，对于大多数花卉植物而言，温度持续高于植株生长所需要的适宜温度，能促进植株提早成熟，但大大影响品质；相反，温度持续低于植株生长所需要的适宜温度，能造成植株生长缓慢，影响品质，严重时会造成植株冻害。因此，温度是作物设施栽培的首要环境条件，并且作为控制温室作物生长的主要手段被生产者使用。

8.3.3 空气湿度的作用

空气湿度是指大气的干湿程度，它取决于空气中水汽含量的多少。空气湿度的大小常用水汽压、绝对湿度、相对湿度来表示。空气湿度主要影响园艺作物的气孔开闭和叶片蒸腾作用，直接影响作物生长发育。

每种花卉植物都需要一定的空气相对湿度，当空气相对湿度长期低于植株所需相对湿度时，会造成植株生长缓慢；当空气相对湿度长期高于植株所需相对湿度时，会造成植株病虫害严重。

◇ 实务操作

技能8-3 设施环境的调控

【操作1】光照条件的调控

（1）加强设施管理

经常打扫、清洗，保持屋面透明覆盖材料的高透光率；在保持室温的前提下，不透明内、外覆盖物尽量早揭晚盖，以延长光照时间，增加透光率；在温室后墙张挂反光幕，以增加光照和光分布的均匀度。

（2）加强栽培管理

作物合理密植，注意行向（一般南北向为好），扩大行距，缩小株距，摘除秧苗基部的侧枝和老叶，增加光透过率。

（3）适时补光

人工补光栽培的目的是调节光周期（称为电照栽培），要求光照强度较低；或者促进光合作用（称为补光栽培），补充自然光照的不足，要求光照强度在补偿点以上。电照栽培多用白炽灯，补光栽培多用高压气体放电灯，而荧光灯则两种栽培方式都可利用。补光灯设置在内保温层下侧，温室四周常采用反光膜，以提高补光效果。补光强度因作物而异。因补光不仅设备费用高，耗电也多，运行成本高，只用于经济价值较高的花卉或季节性很强的育苗生产。生产上常用荧光灯和碘钨灯作为温室的补光光源。

（4）根据需要遮光

园艺植物进行短日照处理、越夏栽培、软化栽培时，需要利用遮光或遮黑来调控。生产上一般根据光照情况选用25%~85%的遮阳网或铝箔复合材料，要求具有一定的透光性、较高的反射率和较低的吸收率,而且最好是活动式的,使用时要协调好温度与光照之间的矛盾,适时张开和合拢。玻璃温室也可在温室顶喷涂石灰等专用反光材料,减弱光照强度,夏季过后再清洗掉。保持设施黑暗,可选用黑色的PE膜、黑色编织物等。

【操作2】温度条件的调控

(1) 保温

①可采用双层充气膜或双层聚乙烯板,利用静止空气导热率低来进行透明屋面的保温。

②设置保温层 二层、三层保温幕的开发和应用在大型温室的保温中发挥了重要的作用。保温幕材料有薄膜、纤维、纺织材料和非纺织材料(无纺布)以及这些材料的复合体。近年来,北方还有一些地区采用保温被,据调查,其保温效果极佳。在设置内保温层时,一定要保证保温层相对密闭。

图8-4 空气加温器

(2) 加温

冬季生产设施温度低、作物生长缓慢时,可通过空气加温、基质加温等方式适当加温。

①空气加温 可通过暖气片、地热、热风炉等设备设施进行加温。暖气片和地热加温的方式稳定性好,分布均匀,波动小,生产安全可靠,供热负荷大,是北方地区常用的加温方式;热风炉加温效应快,但温度稳定性差(图8-4)。在实际生产中,加温方式要视具体的生产品种特性、当地气候条件、加温成本而定,既可采取单一的方式,也可采取多种方式相结合。

②基质加温 提高基质温度的方法有电热加温和水加温。电热加温使用专用的电热线,埋设和撤除都较方便,热能利用效率高,采用控温器容易实现高精度控制,但耗电多,电热线耐用年限短,多用于育苗床加温。水加温的方法是在每次浇水和喷药之前,用加热棒对灌溉水进行加温,达到提高水温的目的,进而提高作物生长的速度。

(3) 降温

夏季设施降温的途径有减少热量的进入和增加热量的散出,如用遮阳网遮阴、透明屋面喷涂涂料(石灰)和通风、喷雾、安装湿帘风机系统等。

①遮光降温法 夏季强光、高温是作物生长的限制因素,可利用遮阳网或遮光幕遮光降温。有外遮光和内遮光两种。外遮光是在温室、大棚屋顶外部相距40cm左右处张挂遮光幕,对温室降温很有效,当遮光20%~30%时,室温可相应降低4~6℃。内遮光是在温室内安装遮阳网来降温。

②屋顶面流水降温法 屋顶面形成的流水层可吸收投射到屋面的太阳辐射8%左右,并可通过吸热来冷却屋面,室温一般可降低3~4℃。水质硬的地区需对水质做软化处理再用。

③蒸发冷却法 使空气先经过水的蒸发冷却降温后再送入室内,达到降温目的。大致有3种形式:

湿帘排风法：在温室进风口内设10cm厚的纸垫窗或棕毛垫窗，不断用水将其淋湿，温室另一端用排风机抽风，使进入室内的空气先通过湿垫窗被冷却再进入室内。实验证明，湿帘-风机降温系统可降低室温5~6℃（图8-5）。湿帘降温系统的不利之处是在湿帘上会产生污物并滋生藻类，且在温室中会引起一定的温度差和湿度差；在湿度大的地区，其降温效果会显著降低。

图8-5 大型温室的湿帘-风机降温系统
A. 湿帘 B. 排风机

细雾降温法：在室内高处喷以雾滴直径小于0.05mm的细雾，用强制通风气流使细雾蒸发达到全室降温。喷雾适当时室内可均匀降温。此种降温法比湿帘排风法的降温效果要好，尤其是对一些观叶植物，因为许多观叶植物会在风扇产生的高温气流环境里被"烧坏"。注意喷雾降温只适用于耐高湿的花卉。

屋顶喷雾法：在整个屋顶外面不断喷雾湿润，使屋面下冷却了的空气向下对流。

④通风　是降温的重要手段，自然通风的原则为由小渐大，先中部、再顶部、最后底部通风，关闭通风口的顺序则相反。强制通风的原则是空气应远离植株，以减少气流对植物的影响，并且许多小的通风口比少数的几个大通风口要好。冬季以排气扇向外排气散热，可防止冷空气直吹植株，冻伤作物；夏季可用带孔管道将冷风均匀送到植株附近。在通风换气时也可直接向作物喷雾，通过叶面水分的蒸发来降低作物体表的温度。

【操作3】空气湿度的调控

（1）除湿

除湿的目的主要是降低空气湿度，从而调整植株生理状态和抑制病害发生。根据是否使用动力，分为主动除湿和被动除湿两类除湿方法。

①主动除湿　主要靠加热升温和通风换气（特别是强制通风）来降低室内湿度。热交换型除湿机就是一种通过强制通风换气来降低温度的方法。其工作原理是：通过热交换中的吸气扇和排气扇两台换气扇，从室外吸入低温低湿空气，进入温室后先变成高温低湿空气，进而吸湿形成高温高湿空气，然后排出温室外变成低温高湿空气，从而在早晨日出后消除植物体上的结露。

②被动除湿　目前较多使用的方法有：

自然通风：通过打开通风窗、揭薄膜、扒缝等通风方式来降低设施内湿度。

地面硬化和覆盖地膜：将温室的地面做硬化处理或覆盖地膜，可以减少地表水分蒸发，使空气湿度由95%~100%降低到75%~80%，从而减少设施内部空气中水分含量。

科学供液：采用滴灌、渗灌、地中灌溉等方式，特别是膜下滴灌，可有效减少空气湿度。也可通过减少供液次数、供液量等降低相对湿度。

采用吸湿材料：如设施的透明覆盖材料选用无滴长寿膜，二层幕用无纺布，地面铺放稻草、生石灰、氧化硅胶等，用以吸收空气中的湿气或者承接薄膜滴落的水滴，可有效防止空气湿度过高和作物沾湿。

喷施防蒸腾剂，减少绝对湿度。

植株调整：通过植株调整，有利于株行间通风透光，减少蒸腾量，降低湿度。

(2) 加湿

在夏季高温强光下，空气过分干燥，对作物生长不利，严重时会引起植物萎蔫或死亡，尤其是栽培一些要求湿度高的花卉时，一般相对湿度低于40%时就需要提高湿度。常用方法是喷雾或地面洒水，可采用103型三相电动喷雾加湿器、空气洗涤器、离心式喷雾器、超声波喷雾器等。湿帘降温系统也能提高空气湿度，此外，也可通过降低室温或减弱光照强度来提高相对湿度或降低蒸腾强度。通过增加浇水次数和浇灌量、减少通风等措施，也可增加空气湿度。

◇ 巩固训练

1. 以工作小组(4~6人一组)为单位，根据生产所在地气候和生产经营实际情况，制订温室温度、湿度和光照调控方案。

2. 按方案组织建设和实施。

3. 要求：组内既要分工明确，又要紧密合作；方案要适合植物生长的需要。在操作过程中，要严格按技术要求执行，管理要科学、细致；按操作规程使用各种设备。

◇ 自主学习资源库

1. 设施园艺.李志强,等.高等教育出版社,2006.

2. 园艺设施.陈杏禹.化学工业出版社,2011.

3. 设施园艺.胡繁荣.上海交通大学出版社,2008.

4. 园林植物生长发育与环境.关继东,等.中国林业出版社,2013.

5. 中国设施园艺网: http://www.greenovo.cn/

6. 设施园艺网: http://www.agri-garden.com/

7. 设施园艺学.张福墁.中国农业大学出版社,2002.

项目 9　盆花生产

◇ **知识目标**

(1) 了解蝴蝶兰、杜鹃花、凤梨、绿萝的生态习性和生长发育规律。

(2) 掌握制订盆花周年生产计划的相关知识与方法。

(3) 掌握制订盆花周年生产管理方案的相关知识与方法。

(4) 掌握蝴蝶兰、杜鹃花、凤梨、绿萝等植物日常养护相关知识与技能。

(5) 掌握盆花经济效益分析的相关知识与方法。

◇ **技能目标**

(1) 能根据需要，组织及实际参与蝴蝶兰、杜鹃花、凤梨、绿萝盆花产品周年生产。

(2) 能根据花卉生长习性、企业发展规划及市场供求状况制订花卉产品周年生产计划。

(3) 能根据生产目标与计划和企业实际情况编制盆花生产管理方案。

(4) 能根据实际盆花生产成本和销售收入进行经济效益分析。

将花卉栽植于花盆等栽培容器中的生产栽培方式，称为盆栽。盆栽花卉是商品花卉中的重要组成部分，其以移动灵活、管理方便、易于调控、花色丰富、花期长等特点，被广泛用于庭园美化、居室观赏以及重大节日庆典、重要场合装饰摆放等。

我国的盆栽花卉生产历史悠久，但 20 世纪 80 年代前，我国的花卉栽培以传统栽培方法为主，盆栽规模小、种类少、栽培技术落后，常以生产自用为主，上市量不大。20 世纪 80 年代后，盆花生产逐步走上规模化，并广泛应用于展览和景观布置。20 世纪 90 年代后期，由于国外先进栽培技术、先进设施与优良品种的引进，盆栽花卉生产开始步入规模化和商品化时期。近些年我国盆花发展迅猛，如广东成为了我国盆栽观叶植物生产、销售和流通的中心，其产量约占全国观叶植物总产量的 70%；上海、北京等地成为盆栽花卉的生产、销售中心。一批盆栽花卉的龙头企业逐步形成，如上海交通大学农业科技有限公司以生产流行的 F_1 代盆栽花卉为主，上海盆花市场的 30% 盆花由该公司提供。天津园林绿化研究所的仙客来、广州花都先锋园艺有限公司的一品红、江苏宜兴杜鹃花试验场的杜鹃花等全国闻名，部分已供应国际市场。盆栽花卉已成为国际花卉贸易的重要组成部分。

任务9.1 选择品种

◇ 理论知识

9.1.1 市场需求调查

进行盆花生产必须经常关注花卉市场动态，掌握相关信息，并在深入调查及对消费市场特征分析的基础上，确定所要经营的花卉品种。

市场调查主要围绕产、销两大方面，并要做到"一了解，二探索，三掌握"。

"一了解" 主要通过市场调查或产品参展等方式，了解行业发展趋势及市场需要什么样的花卉产品，哪些品种受欢迎、销售好。同时，为增强产品的市场竞争力，降低生产和销售成本，还要注意吸收花卉种苗实现"本土化"及规模生产等方面的适用技术和先进管理经验，以便少走弯路，节约人力、物力、财力。

"二探索" 一是鉴于打通生产和销售之间的渠道是盆花产业发展中的关键环节，因此在市场调查中，不仅要了解市场需要的产品，还要注意探索各种销售模式，以便为产品搭建起产销之间的桥梁。二是探索盆花运输途中保证花卉质量的方法。物流也是市场产品销售不可忽视的重要环节。从扩大产品的辐射面出发，在市场调查中需要有目的地探索、借鉴在盆花长途运输中保鲜、保温等确保花卉质量的好方法、好措施，以便为己所用。

"三掌握" 市场调查中应掌握以下信息，以便为制订生产计划提供决策依据。一是掌握消费市场中具有拓展趋势和发展前景的花卉品种；二是掌握消费层次上由团体向个人和家庭消费转变的花卉品种；三是掌握消费功能从"礼品花卉"向普通消费品延伸的花卉品种。

总之，花卉生产应该选择在市场有相当程度购买力或尚未满足消费需求因而具有潜在购买力以及竞争对手尚未控制市场的花卉品种。

9.1.2 品种选择

①因地制宜选择品种 在选择盆花品种时，所选择的品种要适应当地的气候条件。

②选择盆花的品种要考虑栽培技术是否成熟 不同花卉品种对栽培管理技术要求各不相同，只有全面掌握该品种的生产技术，才能生产出高品质产品盆花，最后才能取得好的经济效益。

③选择盆花品种要考虑投入的成本，量力而行，注意规避风险 花卉生产要有一定的规模才能获得更好的经济效益，但花卉产业是高投入、高风险的产业，因此，对一些盆花品种需投入较大且风险又较高时，应慎重考虑其市场风险。

④选择盆花品种应考虑销售范围和市场需求量 要充分考虑本地区的市场需求量，防止供大于求，造成经济损失。

⑤选择盆花品种应该考虑与生产设施的配套 近年来随着生活水平的提高，许多盆花品种作为年宵花卉越来越受到人们的青睐，不仅收益高，还有良好的发展前景，但是不容忽视的是必须要有现代化生产设施作保障，才能达到周年生产。

任务9.2　基质配制与消毒

◇理论知识

9.2.1　基质的选择

盆栽基质是盆栽植物赖以固定在容器内的介质，也是盆花吸收水分和养分进行自养生长的基础。栽培基质种类繁多，在选择时既要保证配制的基质有充足的养分，又要从实际出发，就地取材，以降低费用。只有对每种基质的理化性质、EC值、pH等方面进行全面了解，才能保证盆栽植物健康成长。

①腐叶土　由阔叶树的落叶堆积腐熟而成（以杨、柳、榆、槐、悬铃木等容易腐烂的落叶为好）。可于林下自然形成，也可人工堆制。pH 4.6~5.2，呈弱酸性，适合于栽培多数盆栽花卉。具有以下优点：一是质轻、疏松，透水通气性能好，且保水保肥能力强；二是多孔隙，长期施用不板结，营养成分易被植物吸收，与其他土壤混用能改良土壤，提高土壤肥力；三是富含有机质、腐殖酸和少量维生素、生长素、微量元素等，能促进植物的生长发育；四是分解发酵过程中的高温能杀死其中的病菌、虫卵和杂草种子等，减少病虫、杂草危害。

②泥炭　国产泥炭（草炭土）是由沼泽土、芦苇等多年腐烂堆积形成的，有一定的缓冲能力，偏酸，不能直接用于种植植物，一般需要用生石灰或白云质石灰石等将pH提高，或与其他中性、弱碱性基质混配。泥炭较轻，透气性好，但养分含量低，保水性差，容易干，一些大的观叶盆栽常用泥炭作为主要基质，注意多追肥。进口泥炭多为欧洲产，是泥炭藓堆积形成的，原产地一般是高寒的北欧，如丹麦、立陶宛等。进口泥炭加工工艺先进，不但按粗细分类，还添加了润湿剂，调节pH至5.5或6.0，有的还添加了可溶性肥料，可直接单一使用或与珍珠岩等混配使用。进口泥炭本身含养分很少，所以这种基质生产盆花要多追肥，最好的搭配是多元缓释复合肥，并且注意不能干透才浇水，因为泥炭疏水，干透了很难再浇透。

③园土　是花圃、菜园等经多年耕作地的表土。园土重量适中，养分含量较多，是培养土的基本成分，偏酸性。

④堆肥土　含有较多的腐殖质和矿物质。

⑤松针土　在山区森林里松树的落叶经多年的腐烂形成的腐殖质，即松针土。松针土呈灰褐色，较肥沃，腐殖质含量多，不具石灰质成分，透气性和排水性良好，pH 3.4~4.0，呈强酸性反应，适于杜鹃花、栀子、茶花等喜强酸性的花卉。

⑥草皮土　矿物质较多，腐殖质含量较少，常用于栽培水生花卉、月季、石竹等。pH 6.5~8.0。

⑦沼泽土　含多量腐殖质，呈黑色，pH 3.5~4.0，强酸性，适于栽培杜鹃花及针叶树等。

⑧河沙　排水好、透气性强，保水、保肥能力差，与其他基质混合使用。用河沙作为基质的主要优点在于其来源容易，价格低廉，作物生长良好，但由于沙的密度大，给搬运、消毒和更换等管理带来了很大的不便。中性或微碱性。

⑨珍珠岩　通常与其他基质混合使用，可改善盆土的物理性能，使土壤更加疏松、透

气、保水。中性或微酸性。

⑩蛭石 是由硅酸盐材料在高温下膨胀而成。其吸水力强，通气良好，保温能力高。配在培养土中使用容易破碎变致密，使通气和排水性能变差，最好不用作长期盆栽的材料。可用作扦插基质，且应选颗粒较大的，使用不能超过一年。中性。

⑪砻糠灰 是将稻壳进行高温炭化之后形成的。营养含量丰富，价格低廉，通透性良好，但孔隙度小，持水能力差，使用时需经常淋水。使用前宜用水冲洗。如果使用前没有经过水洗，炭化形成的碳酸钾会使其pH升至9.0以上。中性或弱酸性。

⑫煤渣 为烧煤之后的残渣。其来源丰富，未受污染、不带病菌，不易产生病害，含有较多的微量元素，通透性好，但保水、保肥能力较差。煤渣如果与其他基质混合使用，种植时可以不加微量元素。煤渣密度适中，种植作物时不易倒伏，但必须经过适当的粉碎、过筛方能使用。偏碱性。

⑬陶粒 经特殊方法炼制烧结而成的蓬松的石砾状产品。具良好的保水性和通气性，无菌、无臭，为优秀的介质。细粒陶粒可用于调整土壤排水性，适宜铺设于盆栽基质的底部，可防止土壤流失，增加排水及透气性。铺设于盆栽上层可增加美观。园艺用陶粒可以吸收植物根部所散发的乙醛等有害物质。中性。

⑭树皮 透气性好，持水量低，常用于附生兰科植物栽培。与其他基质混合使用时要破碎堆积，腐熟后方能使用（杉树皮、龙眼树皮、槐树皮等较好）。偏酸性。

⑮蕨根 透气性好，耐腐朽。适于栽培热带附生兰、凤梨科植物及其他附生类观赏植物。可连续使用4~5年。偏酸性。

⑯水苔 为高海拔苔藓类植物经采集晒干后的产品。富含纤维素，吸水力强，最适合兰花类及高级观叶植物栽培。优质水苔茎粗而长，质差水苔茎细而短，碎屑很多。在使用前应先泡水浸透，然后拧干，放入盆中待用。pH 5.5~6.5。

⑰椰糠 是由椰子果实外皮加工过程中产生的粉状物。含有较多的养分，特别是速效钾、有效磷，因此基质中混配椰糠通常能提升花卉的品质及抗性。其透气性、保水性均较好，含盐（养分）偏高，通常与泥炭、珍珠岩混配。偏酸性。

⑱锯末 是指木材在加工时留下的残留物。质地轻、通气排水性能较好，可与其他基质混合后作为盆栽基质。pH 4.2~6.0。

9.2.2 配制基质

基质是花卉赖以生存的基础物质，最常见的基质是土壤。盆栽花卉其根系被局限在有限的容器内，营养物质丰富、物理性能良好的基质才能满足花卉生长发育的要求，所以盆栽花卉必须用经过特制的培养土来栽培。

花卉种类繁多，对基质的要求各异。配制花卉的培养土，需根据花卉的生态习性、培养土材料的性质和当地的土质条件等因素灵活掌握。适宜栽培花卉的基质应具备下列条件：应有良好的团粒结构，疏松而肥沃；通气、排水与保水性能良好；含有丰富的腐殖质；酸碱度适合（一般温室花卉都要求微酸性）；不含任何杂菌。

（1）普通基质配制

常用于多种花卉栽培。一般盆栽花卉的常规基质配制比例见表9-1。

表9-1 常规花卉基质配制比例

土壤类型	腐叶土	园土	河沙	适宜植物
疏松培养土	3	1	1	多浆类植物，一、二年生植物播种、幼苗移植用土
中性培养土	2	2	1	宿根、球根花卉定植用土
黏性培养土	1	3	1	木本花卉

（2）各类花卉基质配制

①扦插成活苗（原来扦插在沙中者）上盆用土　河沙2份、壤土1份、腐叶土1份（喜酸植物可用泥炭）。

②移植小苗和已上盆扦插苗用土　河沙1份、壤土1份、腐叶土1份。

③一般盆花用土　河沙1份、壤土2份、腐叶土1份、干燥厩肥0.5份，每4kg上述混合土加入适量骨粉。

④较喜肥的盆花用土　河沙2份、壤土2份、腐叶土2份、0.5份干燥肥和适量骨粉。

⑤一般木本花卉上盆用土　河沙2份、壤土2份、泥炭2份、腐叶土1份、干燥肥0.5份。

⑥一般仙人掌科和多肉植物用土　河沙2份、壤土2份、细碎陶粒1份、腐叶土0.5份、适量骨粉和石灰石。

9.2.3 消毒基质

（1）日光消毒

将配制好的培养土摊在清洁的水泥地面上，经过10余天的高温和烈日直射，利用紫外线杀菌、高温杀虫，从而达到杀菌灭虫的目的。这种消毒方法虽然不太严格，但可使有益的微生物和共生菌仍保留在土壤中。

（2）高温消毒

只要加热80℃，连续30min，就能杀死盆土中的虫卵和杂草种子。但如果加热温度过高或时间过长，容易杀灭有益微生物，影响它的分解能力。在少量种植时可以用铁锅、铁板等将培养土干炒，不断地翻动，温度保持在80℃以上，处理20～30min即可。

（3）药物消毒

药物消毒主要用40%的福尔马林溶液、0.5%高锰酸钾溶液。在每立方米栽培用土中，均匀喷洒40%的福尔马林400～500mL，然后把土堆积，上盖塑料薄膜。经过48h后，福尔马林溶液化为气体，除去薄膜，等气体挥发后再装土上盆。

也可用二硫化碳消毒法。先将培养土堆积起来，在土堆的上方穿几个孔，每100m³土壤注入350g二硫化碳，注入后在孔穴开口处用草秆等盖严。经过48～72h，除去草盖，摊开土堆使二硫化碳全部散失即可。

（4）蒸汽消毒

将已配制好的基质用耐高温薄膜密封，用蒸汽锅炉加热，通过导管把蒸汽输送到基质中心进行消毒，在密封的薄膜上打一些小孔，蒸汽由小孔喷发出来。蒸汽温度在100~120℃，消毒时间为40~60min，几乎可以杀灭土壤中所有的有害生物。此法要求设备比较复杂，成本较高。

(5) 冻结法消毒

利用冬季的低温使基质在室外冻结，也可以起到消毒作用。

9.2.4 基质的贮藏

制备一次培养土，使用后剩余的需要贮藏以备需要时应用。贮藏宜在室内设土壤仓库，不宜露天堆放，否则会因养分淋失和结构破坏，失去优良性质。贮藏前可稍干燥，防止变质。若无室内贮藏条件不得不露天堆放，应注意防雨淋、日晒。

任务9.3 花盆选择及处理

◇ 理论知识

花盆种类很多，了解每种花盆的用途、特点之后，在选择花盆时要综合考虑它的适用性、实用性、美观性、经济性等特点，使之既适合花卉生长发育，又能给企业降低成本，带来更大的经济效益。花盆类型及特点见表9-2。

表9-2 常用花盆类型及特点

花盆种类	特 点	适宜花卉种类
素烧盆(瓦盆)	排水、透气性良好，质地粗糙，不美观、价格低廉	各类花卉
塑料盆	轻便、耐用、保水性好、透气性差、节水、美观	各类花卉
陶瓷盆	美观但排水、透气性差	作为套盆
木 盆	用红松、杉木、柏木等制作，不易腐烂，透气性好	适宜较大型花木盆栽
紫砂盆	美观、透气性好，适宜植物生长，价格较贵	各类花卉
兰 盆	有各种形状孔洞，空气流通好	兰花专用
水养盆	盆底无孔、美观	水生植物
盆景用盆	盆底无孔、美观	盆景植物
营养钵	适于植物生长	播种、扦插等生根后小苗上盆(培养幼苗)

上盆前要根据植株的大小或根系的多少来选用大小适当的花盆。首先应掌握小苗用小盆，大苗用大盆的原则。小苗栽大盆既浪费基质，又造成"老小苗"。其次要根据花卉种类选用合适的花盆，根系深的花卉要用深筒花盆，不耐水湿的花卉用大水孔的花盆。

花盆选好后，对新盆要"退火"，即新使用的瓦盆先浸水，让盆壁充分吸水后再栽盆栽苗，防止盆壁强烈吸水而损伤花卉根系。对旧盆要洗净，经过长期使用的旧花盆，盆底和盆壁都沾满了泥土、肥液甚至青苔，透水和透气性能极差，应清洗干净并消毒晒干后再用。

任务9.4 盆花栽植

◇ 理论知识

9.4.1 上盆

在盆花栽培中，将花苗从苗床或育苗器皿中取出移入花盆中的过程称为上盆。

上盆过程：选择适宜的花盆，盆底垫瓦片（凹面向下）、石子或其他材料盖住排水孔。然后把较粗的培养土放在底层，并放入有机肥或缓释性肥料，再用细培养土盖住肥料。并将花苗放在盆中央使苗株直立，四周加土将根部全部埋入，轻提植株使根系舒展，用手轻压根部盆土，使土粒与根系密切接触。再加培养土至离盆口2~3cm处留出浇水空间。

新上盆的盆花盆土很松，要用喷壶洒水或浸盆法供水。花卉上盆后的第一次浇水称作浇"定根水"，要浇足、浇透，以利于花卉成活。刚上盆的盆花应摆放在庇荫处缓苗一周，然后逐步给予光照，待枝叶挺立舒展恢复生机，再进行正常的养护管理。

9.4.2 换盆与翻盆

花苗在花盆中生长了一段时间以后，植株长大，需将花苗换入较大的花盆中，这个过程称换盆。花苗植株虽未长大，但因盆土板结、养分不足等原因，需将花苗脱出修整根系，重换培养土，增施基肥，再栽回原盆，这个过程称作翻盆。各类花卉盆栽过程均应换盆或翻盆。换盆次数多，能使植株强健，生长充实，植株高度较低，株形紧凑，但会使花期推迟。一、二年生花卉视根生长情况适时换盆，一般一年换3~4次。宿根、球根花卉成苗后1年换盆1次。木本花卉小苗每年换盆1次，大苗2~3年换盆或翻盆1次。

换盆或翻盆多在春季进行。多年生花卉和木本花卉也可在秋、冬停止生长时进行。观叶植物宜在空气湿度较大的春夏间进行。观花花卉除花期不宜换盆外，其他时间均可进行。

多年生宿根花卉，主要是更新根系和换新土，还可结合换盆进行分株。把原盆植株土球脱出后，将四周的老土刮去一层，并剪除外围的衰老根、腐朽根和卷曲根，以便添加新土，促进新根生长。木本花卉应根据不同花木的生长特点换盆。有的花卉换盆后会明显影响其生长，可只将盆土表层掘出一部分，补入新的培养土，也能起到更换盆土的作用。

换盆后须保持土壤湿润，第一次充分灌水，以使根系与基质密接，以后灌水不宜过多，保持湿润为宜，待新根生出后再逐渐恢复正常浇水。另外，由于修掉了外围根系，造成很多伤口，有些不耐水湿的花卉在上新盆时，用含水量60%的基质换盆，换盆后不马上浇水，每天进行喷水，待缓苗后再浇透水。

9.4.3 转盆

在光线强弱不均的花场或日光温室中盆栽花卉时，因花苗向光性的作用而偏方向生长，以致生长不良或降低观赏效果。所以在这些场所盆栽花卉时应经常转动花盆的方位，这个过程称转盆。转盆可使植株生长均匀、株冠圆整。此外，经常转盆还可防止根系从盆孔中伸出长入土中。在旺盛生长季节，每周应转盆1次。

9.4.4 倒盆

倒盆即调换花盆的位置。目的是随着植株的长大，增大盆间距离，增加通风、透光，减少病虫害和防止徒长。另外，在温室的不同位置，环境条件有很大差异，经常调换花盆位置可以使植株生长均衡。通常倒盆与转盆结合进行。

9.4.5 松盆土

因不断地浇水，盆土表面容易板结，伴生有青苔和杂草，影响土壤的气体交换，不利于花卉生长，也难以确定盆土的湿润程度。通常用竹片、小铁耙等工具疏松盆土，促进根系发展，利于浇水和提高施肥肥效。

任务9.5 盆花栽植后管理

◇理论知识

9.5.1 浇水

9.5.1.1 浇水方式

（1）浇水

用浇壶或水管放水，将盆土浇透，称作浇水。在盆花养护阶段，凡盆土变干，都应全面浇水。水量以浇后能很快渗完为准，既不能积水，也不能浇半截水，掌握"见干见湿"的浇水原则。这是最常用的浇水方式。

（2）喷水

用喷壶、胶管或喷雾设备向植株和叶片喷水的方式称作喷水。喷水不但供给植株水分，而且能起到提高空气湿度和冲洗灰尘的作用。一些生长缓慢的花卉，在荫棚养护阶段，盆土应经常保持湿润，虽表土变干，但下层还有一定的含水量，每天需向叶面喷水1~2次，但不浇水。

（3）找水

在花场中寻找缺水的盆花进行浇水的方式称作找水。如早晨浇过水后，中午检查时发现漏浇或浇水量不足的应再浇1次水，可避免过长时间失水造成伤害。

（4）放水

放水是指结合追肥对盆花加大浇水量的方式。在傍晚施肥后，次日清晨应再浇水1次。

（5）勒水

连阴久雨或平时浇水量过大，应停止浇水，并立即松土，称作勒水。对水分过多的盆花停止供水，并松盆土或脱盆散发水分，以促进土壤通气，利于根系生长。

（6）扣水

在翻盆换土后，不立即浇水，放在荫棚下每天喷1次水，待新梢发生后再浇水称作扣水。换盆、换土时修根较重，不耐水湿的植物可采用湿土上盆，不浇水，每天只对枝叶表面浇水，有利于土壤通气，促进根系生长。

9.5.1.2 浇水原则

①通常情况盆土见干才浇水，浇就浇透。要避免形成"腰截水"，造成下部根系缺乏水分。
②通过眼看、手摸、耳听，准确掌握盆土干、湿度，确定是否浇水。

③浇水时间：水温和土温越接近越好。
④耐阴花卉、观叶植物要保持较高空气湿度，经常向叶面喷水。
⑤叶面有茸毛、带刺的花卉种类，不宜向叶面喷水。
⑥花木类在盛花期不宜多喷水。
⑦夏季天气炎热时，应注意经常给花卉喷水降温。

9.5.1.3　技术措施

（1）水质

自来水应存放2~3d，使氯气挥发，待水温和气温接近再浇水，水温和气温差不应超过5℃。

（2）浇水量和浇水次数

盆栽植物浇水次数和浇水量要根据植物种类、习性、生长发育阶段、季节、天气等多种因素灵活掌握。

①根据植物种类确定浇水量

耐旱植物　在干旱条件下能正常生长发育的植物，如仙人掌类、景天类。宁干勿湿。

半耐旱植物　包括叶片呈革质或蜡质的植物，如山茶、天竺葵，以及枝叶呈针状或片状的天门冬等。干透浇透。

中生植物　大多数花卉属于这种类型。既能适应干旱环境，又能适应多湿环境，如月季、菊花等。间干间湿。

湿生植物　无主根，只能靠须根吸收表层水分的植物，如马蹄莲、竹芋等。宁湿勿干。

②根据生长发育期确定浇水量　休眠期少浇或停浇。从休眠期转入生长期，浇水量要逐渐增加。生长旺盛要多浇，如果需水量大，可每天向叶片喷水，以提高空气湿度。开花期前和结实期少浇水。

③根据季节确定浇水量　春季盆栽植物逐渐进入旺盛生长期，浇水量要逐渐增多。夏季植物生长旺盛，蒸腾作用强，浇水量要充足(夏季休眠的球根花卉要控水以防烂根)。立秋后由于气温降低，植物生长缓慢，应逐渐减少浇水量，但秋、冬季开花的植物要给予充足的水分以免影响开花。冬季气温低，植物进入休眠或半休眠期，要严格控制浇水量。

（3）浇水时间

①根据盆土干湿程度确定　盆栽植物的浇水时间应根据盆土表面干燥度来掌握，具体是采用眼看、手捏、耳听的方法。看：一般盆土表面失水发白应是浇水的适宜时间。捏：手摸盆土表面，如果土硬，用手指捏土成粉状，说明要浇水。听：用手指或木棍轻敲盆壁，如果声音清脆，说明盆土已干，需要浇水。

②一天中的浇水时间　应根据季节、温度确定，掌握水温与土温相接近的原则。一般春、秋季应在9:00~10:00进行，夏季应在8:00前、18:00后进行，冬季应在10:00左右、15:00左右进行。

（4）浇水方法

根据盆栽植物种类不同、生长发育阶段不同，可分别采取浇、喷、浸的方式。

①浇　正常浇水量刚好浇到盆缘(水量刚好湿润全部盆土)，盆底有水流出，水要一次灌透。

草本花卉　没开花时应从上往下浇，起到冲刷叶片上尘土的作用，开花时则应从花株基部浇水，不应让花瓣沾水。

木本花卉　盆花长时间放室内，易落上灰尘，使叶片脏污，每月应把花盆拿到户外2~3次，从顶部向下浇水，清洁叶片，有利于植物的呼吸。

②喷　向叶面喷水，可增加空气湿度，降低温度，冲洗掉叶片上的尘土，有利于光合作用。一般夏季炎热干燥时应适当喷水，如龙血树、橡皮树等观叶植物高温时就需要经常向叶面喷水。冬季休眠期要少喷或不喷水。

③浸　木本花卉如扶桑、石榴、茉莉、八仙花等，在夏季高温时除盆土干燥正常浇水外，还应每隔半个月将花盆浸泡于水中，浸透后取出，以保持盆土湿度均匀。

9.5.2　施肥

盆栽花卉生长在有限的基质中，需要不断地补充营养才能达到生长要求。

9.5.2.1　施肥方式

（1）基肥

基肥指栽植前直接施入土壤中的肥料。结合培养土的配制或晚秋、早春上盆、换盆时施用。以有机肥为主，与长效化肥结合使用。主要有饼肥、牛粪、鸡粪等。注意根系不能直接接触肥料。

（2）追肥

追肥依据花卉生长发育进程而施用。以速效肥为主，本着薄肥勤施的原则，分数次施用不同营养元素的肥料。生长期以氮肥为主，与磷、钾肥结合施用，花芽分化期和开花期适量施磷、钾肥。通常是沤制好的饼肥、油渣、无机肥和微量元素等肥料。

追肥次数因种类而异。盆栽花卉中，施肥与灌水常结合进行。生长季中，每隔3~5d，灌水中加入少量肥料。生长缓慢的可两周施肥1次，有的可1个月施肥1次。观叶植物应多施氮肥，每隔6~15d施1次即可。

在温暖的生长季节施肥次数多些，保护地较冷时适当减少施肥次数或停施。每次追肥后要立即浇水，并喷洒叶面，以防肥料污染叶面。

（3）根外追肥

根外追肥是对花枝、叶面进行喷肥，也称叶面喷肥。当花卉急需养分补给或遇上土壤过湿时均可采用此法。

9.5.2.2　施肥方法

盆栽植物常用的施肥方法有：

①混施　把土壤与肥料混匀作培养土，是施基肥的主要方法。

②撒施　把肥料撒于土面，浇水使肥料渗入土壤，是追肥常用的方法。

③穴施　以较大型盆栽花卉为主，在植株周围挖3~4个穴施入肥料，再埋土浇水。

④液施　把肥料配成一定浓度的液肥，浇在栽培土壤中。通常有机肥的浓度不超过0.5%，无机肥浓度一般不超过0.3%，微量元素的浓度不超过0.05%，每周1次。

9.5.2.3 施肥三忌

忌浓肥：浓肥引起细胞液外渗而死亡。

忌热肥：夏季中午土温高，追肥伤根。

忌坐肥：盆花盆底施基肥后，要先覆一层薄土，然后栽花。忌根系直接接触肥料。

不同盆栽植物种类，根据生长发育进程的需要、肥料的种类、施肥方法、施肥量按"少、勤、巧、精"的原则进行施肥，具体施肥技术措施详见表9-3。

表 9-3 施肥技术措施

（一）	肥料选择	盆栽植物在日常养护中，应尽量选择肥效长、外观干净、无异味、速效、环保的花卉专用肥			
（二）	肥料种类及用途	环保型肥料种类	用途	环保型肥料种类	用途
		花宝1号速效肥	室内植物追肥	观花植物专用营养液	适于草本花卉生长期作追肥
		花宝3号速效肥	开花结果期使用	爱贝施长效控释肥	适于木本观叶植物使用
		花宝4号速效肥	适用于各种观叶植物	观叶植物专用营养液	稀释后可喷洒在叶面或施于盆土中
		芝麻饼长效有机肥	适于盆花作基肥或追肥	30-8-8 园林专用缓释肥	适于牡丹、贴梗海棠春季施肥
		磷酸二氢钾	常用速效磷肥，适于花前使用	21-7-7 酸性肥	适于龙船花等秋季施肥
		卉友20-20-20通用肥	适合球根花卉整个生长期使用	20-8-20 四季用高酸钾肥	适于月季、龙吐珠等
（三）	施肥量	根据植物对肥料的需求	需肥量较多	天竺葵、菊花、一品红、非洲紫罗兰、香石竹、洋甘菊等	
			需肥量中等	杜鹃花、月季、橡皮树、君子兰、虎尾兰、西洋杜鹃、朱顶红等	
			需肥量较少	茶花、万年青、石榴、观赏凤梨、蝴蝶兰、铁线蕨、栀子等	
		根据植物种类	宿根类、花木类	可根据开花次数施肥。对1年生开花的月季、香石竹等花前及花后要施肥，生长缓慢的品种可两周1次，有的可1个月1次	
			球根类	多施磷、钾肥，如郁金香、百合等	
			观叶植物	多施氮肥，如苏铁、橡皮树、朱焦等	
			观茎植物	不能缺钾肥，如山影拳、虎刺梅等	
			观花植物、观果植物	不能缺磷肥，如金橘、石榴、观赏辣椒等	
		根据植物生长期	在营养生长期以氮肥为主，生殖生长期以磷、钾肥为主。在花芽分化期和开花期应适量施磷、钾肥，生长旺期要多施一些，半休眠期、休眠期要少施或不施		
		根据季节	一般要掌握春季多施、夏季少施、秋季适量、冬季不施的原则		
（四）	施肥时间	按植物需要	原则上按盆栽植物的需要进行施肥。通常春、夏、秋都是生长期，也是追肥的适期（但有些夏季休眠的植物不能施肥），冬季休眠期不施肥		
		视植株状态	在植株出现叶色黄、淡绿，叶与芽小于正常，叶质薄、花芽形成不良，枯枝多、侧枝细小，植株生长细弱等缺肥的现象时应有针对性及时施肥。在植株出现节间变长、茎叶变软、色淡，是氮多钾少症状（但应与室内摆放植物光线不足出现的症状相区别），叶茎无光泽为缺磷		
（五）	施肥方法	一般采取根部液施、叶面喷施等方法。施肥应与浇水结合，掌握薄肥勤施原则。施肥在晴天进行，施肥前先松土，待盆土稍干再施，施肥后立即用水喷洒叶面，以清除残留肥液，第二天必须浇一次水。根外追肥不宜在低温下进行，正常应在中午前后温度较高时进行；由于叶背面吸收力强，应多喷叶的背面			

(续)

（六）常规无机肥料（化肥）施用方法及施用量	氮肥：尿素、硫酸铵、硝酸铵等	追 肥	0.1%~0.5%水溶液
	磷肥：过磷酸钙、钙镁磷肥、磷矿粉等	追 肥	1%~2%浸泡液
	磷酸二铵	根外追肥	0.1%水溶液
	钾肥：硫酸钾、硝酸钾等（适用于球根类盆栽植物）	追 肥	0.1%~0.5%水溶液，也可用盆土的0.5%作基肥
		追 肥	0.1%~0.2%水溶液
		基 肥	用量为盆土的0.1%~0.2%

9.5.3 温度调节

温度是植物生长最基本的外界环境条件之一，也是影响植物生长发育最重要的因素之一，制约着植物生长发育速度以及体内的一切生理生化变化。因此，要根据盆栽植物种类的生物学特性调控温度。具体调控温度技术措施详见表9-4所列。

表9-4 温度调控技术措施

（一）植物与温度	植物与温度的生态关系		温度对植物的作用有两个方面：一是直接影响植物的生长，影响植物体内的一切生理活动；二是影响其他因子的作用，如微生物活动、水分的蒸发。温度的三基点为最高温度、最低温度、最适温度。一般植物生长温度是5~38℃，适中温度为25℃左右。通常原产于热带的植物三基点温度需高。原产于寒带的植物三基点温度需低。原产于温带的植物三基点温度适中。温带植物一般随温度变化而春生、夏长、秋收、冬眠，但也有些花卉为高温夏眠植物，如仙客来、郁金香等
	植物生长昼夜温差		植物生长需要一定的昼夜温差变化（较高的日温和较低的夜温），夜温较低对植物生长有利。通常热带植物的昼夜温差宜在3~6℃，温带植物为5~7℃，而沙漠植物宜在10℃以上。在日常养护中应注意温差的调节
	根据植物耐（抗）寒力类型	耐寒性植物	原产于寒带和温带地区，包括大部分多年生落叶木本植物，松柏科常绿针叶观赏树木和一部分落叶宿根及球根类草花抗寒力强，可耐-10~-5℃的低温。如龙柏、紫藤等
		半耐寒性植物	原产于温带较暖地区，包括一部分一年生草花、二年生草花、多年生宿根草花、落叶木本和常绿树种。这一类有梅花、紫罗兰、郁金香、部分观赏竹等
		不耐寒性植物	原产于热带及亚热带地区的相当一部分常绿宿根花卉和木本植物，不能忍受0℃以下的温度，有的甚至不能忍受5℃左右的或更高的温度，大部分仙人掌类与多肉植物、观叶植物都属于这一类
	提高植物耐寒力措施		植物的耐寒能力虽然由遗传性决定，但有时也可以通过其他途径来提高其适应性和抵抗能力。如通过低温驯化、利用化学物质处理，以及低温来临之前采取多施些钾肥、减少浇水等养护管理措施
	耐热力及高温对植物危害		超过植物生长的最高温度，就会对植物造成伤害，除生理变化外，植株外观出现灼烧状坏死斑点或斑块甚至落叶，花朵、果实脱落甚至植株死亡。一般植物种类在35~40℃的温度下生长十分缓慢，也有一些在40℃以上能继续生长，但增至50℃以上时绝大多数种类的植株会死亡
		耐热力强的植物	耐寒力弱的植物耐热力都比较强，耐热力最强的是水生花卉，其次是仙人掌类和春播一年生草花，还有能在夏季连续开花的扶桑、夹竹桃、紫薇等以及大部分原产于热带的观叶植物
		耐热力差的植物	耐寒力强的植物耐热力都比较差，耐热力差的有秋播一年生草花，一些原产于热带、亚热带的高山植物，如倒挂金钟
	防止植物高温伤害的措施		加强浇水、松土或设荫棚等方法可达到降温的效果。天气炎热时应经常保持土壤湿润，以促进蒸腾作用，降低植物体温；叶面喷水可使叶面温度降低6~7℃

(续)

(二)养护技术措施		日常养护中为使盆栽植物生长迅速，一般应提供昼夜温差大的环境条件。白天温度应在该植物光合作用最佳温度范围，夜间温度应尽量在呼吸作用较弱的温度范围内，以积累更多的有机物质，促进其迅速生长发育。在花卉生产中，采取升温或降温的方法来提前或延迟花期以达到人为控制花期的目的，有关措施在各论中具体介绍，故未列入

9.5.4 光照调节

阳光是植物赖以生存的必然条件，是植物制造有机物质的能量源泉，它对植物生长发育的影响主要集中在光照强度和光照时间两个方面。养护工作也应根据植物对光照要求的差异采取相应的技术措施，具体见表9-5。

表9-5 光照调节技术措施

		植物分类	类型特点	代表植物	人为控制措施
(一)光照强度	光照度的变化规律	一年之中夏季光照最强，冬季最弱。一天之中以中午光照最强，早晚最弱。对盆栽植物，夏季晴天要遮光庇荫，防止直射光长时间照射，冬季和早春可视情况进行人工补光。一天中可采取定期交换摆放位置的方式调节光的强弱			
	植物对光照要求摆放盆栽植物及调整位置	喜光植物	具有较高的光补偿点和光饱和点，需要阳光充足照射条件才能发育良好，正常开花、结果。如果光照经常不足，则光合作用减弱，植株生长发育不良。如枝条纤细，节间伸长，叶片淡薄无光泽，不能开花或开花不良，花小而不艳，香味不浓，光照严重不足时则营养不良而死亡	大部分观花植物、观果植物和少数观叶植物	应摆放在光照比较充足的地方，但花盆之间不要过于紧密
		中性植物	对光强度要求介于耐阴和喜光植物之间。通常需光照充足，但遇光照强烈时需适当遮阴，在微阴下也能生长良好	杜鹃花、山茶、栀子、棕竹及针叶常绿树等	虽然对摆放位置要求不太严格，但每间隔一段时间应移到室内阳光较充足地方
		耐阴植物	具有较低的光补偿点和光饱和点。只有在一定庇荫环境下，才能生长良好。在5~10月注意遮阴。如将耐阴植物放在强光下，叶绿体容易被强光杀死，叶片会产生焦斑、焦边、发白枯焦或掉落等现象，严重时导致植株死亡	大部分观叶植物和少数观花植物。竹类、蕨类、天南星科类等	摆放位置应避开强烈直射光，荫蔽度应达到50%~70%
	植物适宜的需光量	一般植物适宜的需光量为全日照的50%~70%，多数植物在50%以下的光照条件下生长不良			
	养护中的应对措施	除上述措施外，养护过程中还应根据盆栽植物的生态习性采取个性化的管理措施 ①转盆：即每隔20~30d，对盆栽植物原地转盆 ②位置更换：即间隔一定时间，对室内同一环境不同位置摆放的盆栽植物进行位置互换			

(续)

		植物分类	类型特点	代表植物	人为控制措施
（二）光照长度	按植物类型实行人为控制开花措施	长日照植物	在较长的光照时间（一般为14h及以上）下，才能正常形成花芽和开花。如果没有达到这个条件，就会延迟开花或不开花。长日照植物约占全部植物的1/2	唐菖蒲、木槿、翠菊、鸢尾等许多春、夏开花的植物	在短日照季节用日光灯补光，一般每天光照时间应大于14h，同时要相应提高温度。短日照处理可用于抑制长日照植物开花
		短日照植物	在较短的光照时间（一般为14h及以下）下，促成花芽形成和开花，否则就会延迟开花或不开花。秋季温度高，适于植物生长发育，才能影响开花。短日照植物约占全部植物的26%	菊花、一品红、蟹爪兰等是典型的短日照植物，在秋季日照变短时才能进行花芽分化和开花	长日照季节给予短日照处理可促使开花，即用黑布进行遮光，减少光照时数，延长暗期
		日中性植物	这类植物对日照时间长短不敏感，只要温度适合一年四季都能够开花。日中性植物约占全部植物的24%	月季、扶桑、非洲菊等	
	通过光照处理培育节日花、年宵花、庆典花		在需要节日花、年宵花或庆典花时，可通过光照处理的方式促使长日照或短日照盆栽花卉按时开花		

9.5.5 病虫害防治

由于花卉鲜艳娇嫩，组织比较柔软，易感染很多病虫害，应积极贯彻"防重于治"的方针，已发生的要本着"治小、治早、治了"原则，经常性地做好防治工作。常见病虫害物理及环保型药剂防治措施见表9-6。

表9-6 常见病虫害物理及环保型药剂防治措施

	危害广的虫害种类		易受害的代表花卉	物理防治措施
虫害	食叶害虫	蚜虫	可以危害任何植物	有翅的成虫可用黄色板诱杀，或用毛笔蘸水刷出，严重时用药剂
		螨类	观叶植物危害较普遍	植株叶片淋水可以预防，发现为害时需要打药
根据虫害类型进行物理防治		介壳虫	危害较普遍	注意通风透光，温度、湿度不宜过大，多施磷、钾肥。对于成虫最有效的是用竹板刮。粉蚧刚发生时用棉棒蘸酒精杀虫体。盾蚧用透明胶粘贴虫体
		天牛类	危害较普遍	人工捕杀成虫或用小刀刮卵，用钢丝钩杀虫卵；枝干刷涂白剂，预防天牛产卵；剪掉虫枝
	蛀干害虫	蔗扁蛾	巴西铁、发财树、铁树、棕竹、袖珍椰子、龙血树、喜林芋、鹅掌柴等	发现虫害的枝干及时销毁，消灭虫源，花盆换土

虫害	应用环保型杀虫剂防治	杀虫剂种类		适用范围
		氨基甲酸酯类：该类杀虫剂通常对人和植株都比较安全	叶蝉散	对飞虱、蓟马有效
			混灭威	具强烈触杀作用
			呋喃丹	可防治各种害虫
		植物性杀虫剂	立藤酮乳油	可防治蚜虫及食叶害虫
		微生物源杀虫剂	阿维菌素	是一种抗生素类杀虫剂及杀螨剂
病害	针对不同品种病害采取个性化防治措施。病害名称及防治措施见各论部分			

9.5.6 整形与修剪

整形与修剪是盆花养护管理中的一项重要技术措施，它可以促进花芽分化，使植株矮化，创造和维持良好的株形，提高盆花的观赏价值和商品价值。

（1）整形

整形是根据各种盆花的生长发育规律和栽培目的，对植物实行一定的技术措施，以培养出人们所需要的结构和形态的一种技术。它有支缚、绑扎、诱引等方法，分自然式和人工式两种类型。自然式是利用植物自然株形，稍加人工修剪，使分枝布局更合理、美观。人工式是人为对植物进行整形，强制植物按人为的造型要求生长。如将没有经过矮化处理的一品红通过整枝作弯的方式编成花篮；利用金边富贵竹茎具有卷曲、低矮处叶片会凋落的特性，将其塑造成瓶状和筒状形式；"花叶"垂榕通过支缚、诱引等方法成花篮式艺术造型；将攀缘植物如球兰、旱金莲等绑扎成屏风形；将绿萝、喜林芋等有气生根的种类通过立支柱，绑扎成树形。总之，通过一定的技术措施塑成一定形状，使植株枝叶匀称、舒展，从而提高盆花的观赏价值和作为商品的经济价值。

（2）修剪

修剪是对植株的某些器官如根、茎、叶、花、果实、种子进行疏剪的操作。在修剪前应该对该品种盆栽花卉的生长习性有一个充分了解，确定修剪目的，正确选择修剪技术措施，以达到预期效果。具体整形修剪技术措施详见表9-7。

表9-7 整形修剪技术措施

（一）整形	整形作用	提高盆栽植物的观赏效果
	整形方法	绑扎、诱引：例如，将攀缘植物如球兰、旱金莲绑扎成屏风形；将绿萝、喜林芋绑扎成树形、圆球形；将蟹爪兰和菊花绑扎成圆盘形
		支缚：例如，大丽花、香石竹、唐菖蒲、满天星等由于花朵太重或茎干柔软或细长质脆，易弯曲倒伏，设支柱或支架支撑

(续)

(二) 修剪	修剪作用	控制植株大小、控制形态、调节生长发育、更新复壮、促进开花等
	修剪方法	造型修剪:从美观角度出发将植物树冠剪成特殊形状,如扶桑、米兰、小叶榕等常修剪成圆球形,此外还有柱形、卵形、杯形等
		摘心与剪梢:对草花摘除顶芽,木本植物剪掉枝梢顶部,促使花木侧枝萌发,让植株矮化,增加开花枝数及延迟花期
		除芽:防止分枝过多、丛株过密造成营养分散。应除去侧芽和脚芽,适用于菊花、香石竹、大丽花、白玉兰等
		摘蕾:为便于营养集中主蕾,要适时摘除小花蕾。适用于月季、茶花等
		摘叶:对植株影响通风、透光的过密叶片及出现的黄叶、枯叶、破损叶、感染病虫害叶进行摘除
		摘花与摘果:对生长过多的花及残、缺、僵化、有病虫损害而影响美观的花要及时摘除。为减少养分消耗,要摘除不需要的小果或病虫果
		疏剪:主要是剪掉树冠内的交叉枝、重叠枝、过密枝、徒长枝、伤残枝、病虫枝,增加分枝数量,改善通风透光条件,集中养分,促进生长和开花,增加美观。疏剪应从分枝点上部斜向下剪,伤口较易愈合,不留残桩
		短截:剪去枝条先端的1/3~3/4,以防枝条无限伸长,并使剪口下的侧芽萌发,以使植株更加丰满
	修剪时间	冬季开花结果的植物:春季进行。剪去开谢的花朵和剩余的果实、枯枝、徒长枝,促使翌年枝条生长旺盛
		夏季开花结果的植物:秋季进行。利于花芽分化,促进多开花结果
		生长过于旺盛的观叶植物:随时进行修剪及多次摘心。使植株丰满,防止枝条徒长,提高观赏价值
	修剪技术	剪枝:当年新生枝条开花的花木:可于休眠期短截,以降低翌年新枝形成的起点,使植株矮化;如果开花后立即修剪,可在萌发新枝上再次开花
		2年生枝条上开花的花木:修剪应紧接开花之后进行,使其早萌发新枝,为翌年开花做准备
		留芽:当需要枝条向上生长时,可留内侧芽。需要枝条向外开展时,可留外侧芽,剪口要背对芽,为一斜面,要平滑。剪口高于留芽0.3~1.0cm,不宜过高或过低。如果剪除整个枝条,应贴近分权处,不留残桩
		短截:在修剪时剪口应选择外侧芽上方2~3cm处,使枝条继续向外延伸,避免枝条因向内生长而影响株形。在修剪后枝条的剪口处会失水出现皱缩,如果剪口距芽太近,将会使剪口下的芽丧失萌发力而不能达到修剪的效果

任务9.6 盆花包装与运输

◇ 理论知识

9.6.1 盆花包装

盆花包装包括品名和商标、标符、运输用包装箱和专用套袋。品名、商标、标符组合形成一个品牌,是生产商面对销售商和直接用户的标识,是产品质量的代名词,同时良好的包装可以扩大销售范围,否则只能在本地进行销售。

包装材料主要包括运输用包装箱、专用套袋和卡板。产品的规格化是品牌包装的前提。因为包装箱的规格是不变的,因此,高度、冠幅的大小要做到统一才不会造成运输成本增加。

(1) 选择包装箱

一般选纸板(也有塑料箱,但造价较高),要有足够抗颠簸及抗压的硬度。包装箱的净高度以植株连盆高度再加上4~6cm为宜。箱的规格以盆径的倍数计算,但以一个人能方便搬运的尺寸、重量为宜,并根据盆花的实际确定开口。

(2) 选择专用套袋

套袋的材料应选用质地柔软的包装纸或塑料。直径大于盆径3~4cm,长度应比植株顶部高出3~5cm。

(3) 选择卡板

卡板的作用是固定花盆,卡板规格的选择要视盆花的具体情况而定。

9.6.2 盆花运输

运输通常包括空运、公路、铁路运输等方式。鉴于运输价格和损伤等因素,目前公路运输是盆花运输最常用的方式。

(1) 装箱

一般装车前一天应淋透水。基质中等湿润时套袋、装箱。运输前切勿施肥,以防根部烧伤,叶片受害。

(2) 装车

要轻拿轻放,注意不要倒置标志。包装箱与车厢之间的间隙应尽量小,空隙大的地方要用泡沫或其他材料尽量塞紧。

(3) 运输

运输中根据盆花品种习性,保持适温,并尽可能地缩短运输时间。

(4) 到货处理

到达后须立即除去包装,将植株放入明亮、温度适中的环境中,并根据盆花的状态,实施必要的温、光、水等专业养护措施,以便保持产品质量,延长货架寿命。

◇ 实务操作

技能9-1 蝴蝶兰盆花生产

蝴蝶兰为兰科蝴蝶兰属,为附生兰。蝴蝶兰原产于亚洲地区。根系十分发达,为气生根;茎节短,被交互生长的叶基彼此紧包;叶互生,宽大肥厚,有蜡质光泽;花大色艳,花形别致如彩蝶飞舞,花梗长。花期长。

蝴蝶兰喜高温、高湿、半阴环境。生长适温18~28℃,花芽分化适温18~20℃,日温25~28℃,夜温18~20℃,15℃停止生长,32℃以上高温进入半休眠状态,影响花芽分化。喜散射光,忌阳光直射,遮阴20%~40%,喜空气湿润、通风的环境;空气相对湿度70%~80%;忌根部积水,根部积水易引起根系腐烂。

【操作1】种苗选择

目前，市场上销售的蝴蝶兰种苗，在繁殖的方式上，主要为组培苗和播种苗。组培苗的优点是性状稳定、花芽分化比较整齐，缺点是价格比较昂贵；播种苗截然相反。所以在选择这两种种苗时，在经济条件允许的情况下，尽量选择组培苗。在规格上，蝴蝶兰种苗又分为瓶苗、1.5寸*盆种苗、2.5寸盆种苗、3寸盆种苗。显而易见，种苗的规格越大，价格越贵，同时，生产周期越短。所以，生产者应根据生产计划和资金，合理选用相应规格的种苗，达到利益最大化。

【操作2】上盆

(1)基质准备

蝴蝶兰常用的基质是水草，又称水苔。水草是一种苔藓植物，吸水力极强，吸水量相当于自身重量的15~20倍，保水时间长。水草以粗长、干净为上品。种植时一般不与其他基质混用，单用为好。使用前先将水草浸泡4h，用时甩干，以手捏团时有少量滴水但不成团为宜。用水草栽培时，盆下部填充碎砖块、树皮等粗粒状排水物，也可用泡沫塑料颗粒。

(2)营养钵消毒

用开水将营养钵洗烫或用500倍高锰酸钾溶液浸泡消毒。

(3)上盆(图9-1)

先在透明营养钵装入一层泡沫塑料颗粒，再在其上放入浸透水并挤去多余水分的水草，用手压平后在其上挖一个洞，然后小心将小苗的根放入洞内，铺上水草，轻轻一按将植株固定。基质表面要低于盆沿1~2cm。上完盆之后立即将小苗按株行距5cm×5cm摆到苗床上，叶片的方向为东西向，光照强度为6000lx左右。

【操作3】日常管理

(1)温度管理

温室的温度白天控制在25~28℃，夜间18~20℃。夜温长时间低于15℃时，易造成植株叶片发黄甚至死亡。生产上在夏季主要采用搭外遮阳网、高压喷雾、湿帘加风机来降低温室的温度；在冬季采用暖气加温设施来提高温室的温度。

(2)湿度管理

温室的相对湿度要控制在60%以上，最好控制在70%~80%。通常采用的办法有喷施叶面肥或喷雾，也可往地面上洒水。在喷水时要将水温提高至25℃左右。在温度较高时，必须加大室内的空气湿度。

(3)水分管理

浇水要及时，尤其在定植后要马上淋水灌溉。在生长阶段，要经常检查基质的湿度，通常在盆中的基质干到2/3时要浇水，以此为标准，一般在夏季1周浇2次水，冬天7~10d浇1次水。

---

* 1寸=3.3cm。

图 9-1 蝴蝶兰小苗栽植

在浇水的过程中，要注意浇透水一次后，挑选出见干快的，将这些盆花集中起来进行浇水或增加浇水次数。另外，还要挑选出根系不好的，这些要减少浇水量和浇水次数。

在蝴蝶兰栽培过程中，还要注意灌溉水的水质。天然雨水最适宜，但对于大多数地区而言，用井水灌溉比较多，最好安装净水器净水，并且还要将水温提高至25℃。

(4) 光照管理

定植时，光照强度要控制在6000lx，以后随着种苗生长要不断增加光照强度。4~5个月后，光照强度可增加至12 000~15 000lx；再换盆后，光照强度提高至20 000lx；在催芽至花蕾全部着生阶段，光照强度要控制在25 000lx，现蕾后至开花前要控制在20 000lx，开花后要控制在15 000lx。光照强度要通过遮阳网来控制，既要有内遮阳网又要有外遮阳网，遮阳网要求是多层的、可活动的。在具体生产中，遮阳网的具体遮光率和使用要根据当地的实际光照强度和种苗生长状况灵活应用。

(5) 养分管理

要保证高质量的蝴蝶兰，就必须保证按时、按量对蝴蝶兰进行追肥。在施肥过程中要遵循以下几个原则：

①每7~10d施一次肥。

②苗期氮、磷、钾的比例为20∶20∶20。

③催花前1~2个月，氮、磷、钾比例为10∶30∶20。

④抽梗后，氮、磷、钾比例为15∶10∶30。

⑤随水施肥。

⑥温室的温度低于15℃时不宜施肥，开花后停止施肥。

⑦调节肥水的 EC 值，小苗期 EC 值为 0.5~0.8mS/cm，大苗期 EC 值为 1.0~1.2mS/cm，pH 为 5.5~6.5。

表 9-8 至表 9-10 为蝴蝶兰不同时期的施肥配方，仅供参考。

表 9-8　苗期配方

种类	成分	1000L 用量/g	种类	成分	1000L 用量/mg
大量元素	硝酸钙	310	微量元素	螯合铁	175
	硝酸铵	120		硫酸锰	87
	硝酸钾	240		硼酸钠	19
	磷酸二氢钾	110		硫酸锌	16
	硫酸钾	90		硫酸铜	12
	硫酸镁	2.2		钼酸铵	12

表 9-9　催花前 1~2 个月配方

种类	成分	1000L 用量/g	种类	成分	1000L 用量/mg
大量元素	硝酸钙	100	微量元素	螯合铁	175
	硝酸钾	160		硼酸钠	19
	磷酸二氢钾	210		硫酸锌	16
	硫酸钾	90		硫酸铜	12
	硝酸铵	68		钼酸铵	12
	硫酸镁	2.2		硫酸锰	87

表 9-10　抽梗后配方

种类	成分	1000L 用量/g	种类	成分	1000L 用量/mg
大量元素	硝酸钙	180	微量元素	螯合铁	175
	硝酸钾	240		硼酸钠	19
	磷酸二氢钾	130		硫酸锌	16
	硫酸钾	120		硫酸铜	12
	硝酸铵	80		钼酸铵	12
	硫酸镁	2.2		硫酸锰	87

【操作 4】换盆

当苗根系长满盆钵时，要及时换盆。先将小苗从营养钵中倒出，根据新盆的大小，用适量润湿的苔藓将根系包裹，然后将根放入新盆基质中，用手轻轻压实。一个生长季通常要换 3~4 次盆。换盆后，控制浇水，待基质全干时再浇水。

【操作5】病虫害防治

（1）病害防治

①炭疽病

症状 这是经常发生的一种病害，发病时，叶上形成无数的黑色斑点。

防治措施 加强温室通风，加强栽培管理；每7~10d喷施一次800倍25%咪鲜胺溶液预防；发病之后要进行药剂喷施，常用的药剂是45%施宝克800倍液或75%百菌清800倍液，每隔5d喷施一次，连续2~3次，可达到治愈的效果。

②软腐病

症状 主要表现为叶片变黄，软弱下垂，根系呈褐色，严重时植株死亡。

防治措施 要保证适宜的基质湿度；及时清理病株；及时用药剂灌根，灌根的药剂一般有50%多菌灵500倍液或75%福美双500倍液。

③褐斑病

症状 感病后，叶片上出现褐色斑，斑点中央干枯，边缘发黄。

防治措施 注意加强温室的通风，保证适宜温度和湿度。一旦发现病叶，应立即剪除病叶并焚烧，以防止蔓延；及时喷洒药剂，采用25%世高800倍液或25%好力克800倍液，5d喷施一次，连续2~3次，可达到治愈的效果。

④镰刀菌病

症状 感病后，幼叶上出现褐色斑，花蕾出现褐色斑块，直至脱落。

防治措施 注意加强温室的通风，保证适宜温度和湿度。一旦发现病叶，应立即剪除病叶并焚烧，以防止蔓延；及时喷洒药剂，采用75%多菌灵500倍液和代森锰锌500倍液，或50%异菌脲600倍液和15%噁霉灵1000倍液，5d喷施一次，连续2~3次，可达到治愈的效果。

（2）虫害防治

①红蜘蛛 红蜘蛛一般在高温干燥气候条件下容易发生，主要危害叶片和花芽。防治的主要方法是喷施12.5%阿维菌素600倍液或15%五氯杀螨醇800倍液。

②蚜虫 蚜虫危害叶和花，危害严重时，叶片或花上常出现黑斑，花畸形。主要的防治方法是喷施90%啶虫脒800倍液或45%敌杀死600倍液。

③蓟马

症状 以成虫和若虫群集于叶片上面和下面，刺吸叶肉及汁液，被害处只残留表皮，形成白色斑，受害叶片无光泽、变脆而硬，直至干枯。植株生长迟缓、花小而开花推迟，甚至不开花。

防治措施 可用1.8%虫螨克乳油2000~3000倍液或15%速螨酮（灭螨灵）乳油2000倍液或25%灭扫利1000倍液轮换喷施。

技能9-2 杜鹃花盆花生产

杜鹃花又名映山红，是我国十大名花之一，有"花中西施"的美誉。杜鹃花较耐阴，是一种非常适宜居室栽培的花叶兼美的植物。花期长，陈设于室内，或布置会场、剧院大厅、宾馆的内庭，均光彩夺目。花谢后，满目青翠，又是美丽的观叶植物。花可入药，叶可提制栲胶，根可作根雕，是一种极佳的盆景材料。杜鹃花中只有少数种类生长在低山丘陵，大部分种类生长在海拔几千米的高山上。长期的自然选择形成了杜鹃花喜温凉湿润和比较耐阴的生态习性。为暖地树种，较速生，不耐酷暑、严寒，越冬最低温1~2℃，适生于土壤疏松、肥沃、排水良好的酸性土壤。

杜鹃花隶属杜鹃花科杜鹃花属，全属900余种，由于所处的生态环境不同，其形态差异悬殊。根据亲本来源和形态特征并结合生产和消费的关系，通常将其分为东鹃、毛鹃、西鹃、夏鹃、高山杜鹃五大品系。不同品系杜鹃花的特点见表9-11。

表9-11 常见的杜鹃花品系

杜鹃品系	代表品种	特　点
东鹃品系（东洋鹃）	包括石岩杜鹃及其变种。主要有'雪月''新天地'及'四季之誉'等	特征是株型矮小，分枝散乱；叶片薄而色淡，毛少，有光亮；4月开花，着花繁密，花朵小，少有重瓣；花色多种
毛鹃品系（春鹃）	锦绣杜鹃、白花杜鹃及其变种、杂交种，主要有'玉蝴蝶''紫蝴蝶''玉铃'等	株型高大，生长健壮，适应能力强。常用作嫁接西鹃的砧木。花大，少有重瓣，花色有红紫、粉、白及复色
西鹃品系（西洋鹃）	传统品种有'皇冠''锦袍''四海波'	其主要特征是株型矮壮，树冠紧密；叶片浓绿色，较厚，有光泽，毛少。花期4~5月。多数为重瓣，花色十分丰富
夏鹃品系（日本称皋月杜鹃）	'长华''大红袍''五宝绿珠'等	原产于印度和日本，先发枝叶，后开花。是开花最晚的种类，花期5~6月。花色和花形与西鹃一样丰富。也是制作桩景的好材料
高山杜鹃品系	高山杜鹃	高山杜鹃在浙江宁波地区经过人工驯化已成为园艺品种，尤其宁波市北仑区柴桥镇，数量最多，品质最优。广泛应用于盆花制作

【操作1】育苗

(1) 播种育苗

播种要求土壤疏松、细碎，盛于特制的播种箱内。将播种箱内基质浸湿，将种子混沙后，均匀地撒播，覆土厚度以不见种子为度；然后用玻璃或塑料薄膜盖住保湿、保温，将播种箱放置在半阴处，保持13~16℃，7~10d即可发芽。在发芽前一定要注意保持播种箱中土壤湿润，一般浇透水的基质在塑料薄膜或玻璃盖住的条件下不会干。

关键与要点：在发芽前一般不用再浇水，如果基质干了可放在水盆中采用浸盆的方法，不要从苗上面浇迎头水。

(2) 扦插育苗

扦插育苗是应用最广泛的方法，优点是操作简便、成活率高、生长快速、性状稳定。插穗取自当年生半木质化的枝条，剪去下部叶片，留4~5片叶。于夏末或秋初进行扦插，不同品系扦插时间不同。一般西鹃5月下旬至6月上旬，毛鹃6月上旬至下旬，东鹃、夏鹃6月中旬至下旬,此时插穗老嫩适中,天气温暖湿润,成活率可达90%以上。

基质可用泥炭、腐熟锯木屑、兰花泥、河沙、珍珠岩等,大面积生产多用泥炭和河沙作为基质。扦插深度为插穗的1/3～1/2。用生根剂速蘸,可促进生根。插后保持80%～90%的空气湿度和半阴条件,注意通风降温,约1个月即可生根(图9-2)。

(3) 嫁接育苗

嫁接育苗在繁殖西鹃时采用较多。其优点是:接穗只需一段嫩梢,可随时嫁接,不受限制;可将几个品种嫁接在同一株上,比扦插长得快,成活率高。嫁接方法很多,最常用的是嫩枝顶端劈接。5～6月最宜,砧木选用2年生独干毛鹃,接穗和砧木形成层一定要对齐。如果接穗较细,砧木较粗,就以一侧对齐。嫁接后要在接口处连同接穗用塑料薄膜条绑缚,然后置于荫棚下,忌阳光直射。接后1个月检查成活率。若接穗保持新鲜或接穗上的芽已经萌发生长,表示嫁接成活,此时对绑缚物进行松绑。当接穗芽长到20～30cm时已经接合很牢固,即可解除绑缚物。

(4) 压条育苗

杜鹃花压条育苗也是常用的育苗方法之一,一般采用高枝压条育苗。杜鹃花压条育苗常在4～5月进行。育苗方法如图9-3所示。

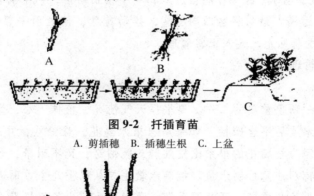

图9-2 扦插育苗

A. 剪插穗 B. 插穗生根 C. 上盆

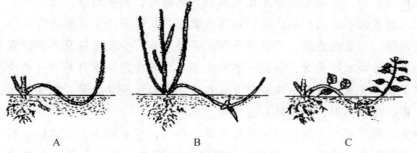

图9-3 压条育苗

A. 将基部枝条埋入土中 B. 压入土中的枝条生根 C. 将生根的枝条剪离母株

【操作2】上盆

(1) 花盆选择

栽培杜鹃花的花盆,根据用途一般选用泥盆和紫砂盆两种。泥盆通气透水性好,有利于根系生长。大规模生产也可用硬塑料盆,美观大方,运输方便。成型的杜鹃花,特别是已造型的杜鹃花,为供室内外陈设,一般栽于美观古雅的紫砂盆中。紫砂盆质地细腻,色彩丰富、造型美观，可使观赏价值倍增。但紫砂盆通透性能不及泥盆，仅在展览供欣赏时作套盆用。杜鹃花根系浅，扩张缓慢，栽培要尽量用小盆，以免浇水失控，不利于生长。应注意选择花盆的尺寸，切忌小苗用大盆。如果盆太大，盆土经久不干，会导致通气不良，同时根系不易达到盆壁，会影响幼苗的发育。盆的大小要视植株年龄选择，一般4~6年生植株用5寸盆，7~10年生植株用6寸盆，11~15年生植株用8寸盆。

（2）基质选择

杜鹃花被视为酸性土壤的指示植物。通常杜鹃花在酸性土壤才会长得旺盛，如果在碱性土壤中，则会叶黄衰竭而死。栽培杜鹃花的基质要求疏松、透气、排水良好、酸性、腐殖质丰富，以松叶腐殖土最好。可到山区松柏林下挖取，也可到庭院种植松柏树多的地上取土，并在使用前增加适量的硫黄粉、白矾，提高其酸性后再使用。腐殖质含量高的基质最适合杜鹃花的生长。腐殖质多，可及时补充基质中的营养成分，改善基质结构，使基质保水、保肥、通气、吸热、保温，还能减轻基质中有毒物质的危害，促进杜鹃花的根系向四处扩展。

（3）上盆

上盆时，应注意做好排水层，先用瓦片盖住排水孔，放入1/4的粗土粒，然后放配制好的基质(基质湿度适宜)。再将杜鹃苗放入，一手扶正幼苗，一手向盆中填土。填土至盆口下2cm处，不能过满。最后将盆四周压实，摇动花盆，使盆面平整。放在半阴处缓苗，每天喷水，1周后逐渐见光，进入正常管理。

【操作3】日常管理

（1）水分管理

杜鹃花浇水是一项很重要的工作。要根据天气情况、植株大小、盆土干湿及生长发育需要，灵活掌握。水质要不含碱性。如果用自来水浇花，最好在缸中存放1~2d，水温应与盆土温度接近。因为杜鹃花的根系比较细弱，既怕涝，又不耐旱，过干或过湿对植株生长都不利，因而要特别注意控制水量。控制水量主要从以下几个方面进行。

①生长时期　生长旺盛期、开花孕蕾期，要供足水，生长缓慢及冬季以保持土壤不干即可。生长季节若浇水不及时，会因根端失水萎蔫。展叶期缺水易导致叶色变黄，新叶不舒展，叶片下垂或卷曲，嫩叶从尖端起变成焦黄色，最后全株枯黄。花期缺水，则会造成花瓣绵软下垂，花朵凋萎，色不艳，花期短。

水分偏多，则使老叶变薄，轻者叶片变黄、早落，生长停止，严重时会引起死亡。挽救的办法是将植株置于通风良好地段，控制浇水次数与水量，加强病虫害防治，细心养护，需半年至一年可恢复过来，这一时期严禁施肥。

②培养土的干湿程度　判断土壤干湿，不能只看土层表面，还要用手触摸土的干硬度，手指无法掀动说明已经很干燥。如果是盆栽，盆壁颜色暗沉，说明盆土潮湿；泛白则干，如果发现叶片稍呈软垂，应立即浇水。

③新栽或新换盆　对于新栽盆或新换盆的杜鹃花，先不浇水，放在半阴处缓苗，每天进行喷水，1周左右，根系已经恢复，就应浇透水。一般应浇两次，第一遍渗下去后，再浇一遍。总之，在浇水时须浇至盆底有水渗出。如果水浇不透，只浇湿表层而湿不到内

层，形成"腰截水"，会使盆花干死。

（2）养分管理

杜鹃花不需要大肥，如果肥料施得太多或过浓，反而会对它的生长不利。但要使花开得多而大，需要适时适量地施一些肥。杜鹃花施肥常发生肥害，轻则黄叶，重则坏死。施肥的关键是：肥料要充分腐熟(宜采用沤熟的豆饼水、鱼水)，还须加7~8倍水稀释，切忌浓厚。在一般情况下，1~2年生的幼苗可以不施肥，因为腐殖土中含有的肥力已够供给幼苗生长发育的需要；2~3年生的小植株，从晚春或初夏起，可每隔10~15d施一次稀饼肥水或稀薄矾肥水；4年生以上的植株，可于每年春、秋季各施约20g的干饼肥。春季每隔一周施一次，5月需肥最多，可3~4d施一次，过了梅雨季节则应少施或停施。在萌发期或夏季如果施入人粪尿，常致死亡。6月中旬，可施一次速效性磷、钾肥，以促进花芽分化；6月以后就可停止施肥。在花谢之后，正是新枝生长的时候，可施一次浓度稍微高一些的液肥，但切不可施得太浓，更不可施生肥，否则会损伤根系。夏季施肥过多，会使老叶脱落，新叶发黄。大面积生产杜鹃花盆花，可采用复合肥或缓释肥料，一年施1~2次即可。秋季宜勤施磷、钾肥，如骨粉等。冬季停施追肥而宜施基肥，可将豆饼、骨粉、干厩肥等埋于土中。施肥要把握"干肥少施，液肥薄施"的原则。

（3）温度管理

杜鹃花喜温，怕低温、高温。生长适温在15~26℃，超过30℃生长缓慢，35℃则生长受到抑制。花蕾发育最适温度为15~25℃，30~40d即可开花，15℃以下开花时间延长50d以上。必须经过一个平均5℃以下积温值1000℃左右的低温春化期方能形成花芽开花，利用温度对生长的影响，可以人为进行调控花期。四季杜鹃孕蕾到开花约需5个月，在8月底、9月上旬摘心定枝，通过调温措施在春节开花。

（4）光照管理

杜鹃花既是半阴性植物，又是长日照花卉。既畏烈日、强光，又需较长时间的日照。喜弱光、散射光。在花芽孕育分化期、花蕾形成期与花前期，都需要得到较长时间的日照，才能使花蕾壮大、坚实，使花朵的色泽得以充分形成。在高温季节与干旱季节要进行适当遮阴，并要采取增加空气相对湿度的措施。

（5）整形修剪

杜鹃花的萌发力和再生力很强，每隔1~2年在花谢之后，就要换一个比原来大些的花盆，并换上新的培养土。在换盆的时候同时进行整形修剪。在进行疏剪时，应剪去过密枝、交叉枝、纤弱枝、下垂枝、徒长枝和病虫枝，这不仅是为了树形的美观，更是为了改善通风透光的条件，并且节省养分，促使主枝强壮，以便尽快萌发新梢，使翌年开花时能达到花多、花大、色艳的目的。杜鹃花开花后，它的残花常常经久不落，会耗去不少养分，因此花谢后应及时剪去残花，以减少养分的消耗，促进生长及形成新花芽。老龄植株应进行修剪复壮，可于早春新芽萌动前，将枝条留30cm左右，剪去上部。但应注意：不可一次进行，可分期修剪，每次选1/5~1/3枝条短剪，3~5年完成。这样不致影响赏花。在修剪后应加施肥料和精细管理。矮小品种更新修剪高度还要降低。平时管理注意徒长枝条的控制，可以较长时间保持植株生长旺盛不衰。

【操作4】病虫害防治

(1) 病害防治

① 根腐病

症状：杜鹃花患根腐病后，生长衰弱，叶片萎蔫、干枯，根系表面出现水渍状褐色斑块，严重时软腐，逐渐腐烂脱皮，木质部变黑。此病在温度高、湿度大的环境下最易发生。

防治措施：在翻盆前对培养土严格消毒，并保持土壤疏松、湿润，使其有良好的通透性，避免积水。如果发现植株患病，要及时处理病株及盆土。治疗时，可用0.1%的高锰酸钾水溶液或2%的硫酸亚铁淋洗病株，再用清水冲洗后重新上盆。用70%的托布津可湿性粉剂1000倍液喷洒盆土。

② 褐斑病

症状：褐斑病是杜鹃花的一种主要病害。病害初发时，叶面上出现褐色小斑点，逐渐发展成不规则状大斑点，病斑上产生许多黑色或灰褐色小点，使受害叶片变黄、脱落，影响当年开花及翌年花蕾的发育。这种病常发生于梅雨季节湿度大的时候。

防治措施：平时要注意植株通风透光，不使湿度过大，并增施有机肥及氮磷钾复合肥，增强植株抗侵染及生长能力。如果发现病叶，要及时摘除，集中烧毁。病害发生初期，喷洒0.5%波尔多液或0.4%波美度石硫合剂，并加4%面粉增加黏附力。叶斑病、黑斑病也可以用同样方法治疗。

③ 黄化病

症状：缺铁黄化病常发生在土壤偏碱的地区，病情轻时，只出现植株褪绿现象；严重时，叶组织可全部变黄，叶片边缘枯焦。发病时，以植株顶梢的叶片上表现最为明显，一般皆由内部缺铁造成。

防治措施：可用硫酸亚铁粉末均匀撒入盆土表面，直径30cm盆可用1.5g，然后喷大水使其溶解；也可溶于水中浇灌，浓度为0.1%，或加硫酸锌、硼砂等也可，直至恢复；选好栽培土，宜用疏松、排水良好、富含腐殖质的酸性砂质壤土，可选用腐叶土7份、园土1份、沙2份混匀配制，并加少量(每盆约50g)麻酱渣、骨粉等作为栽培土；在栽培管理过程中，土壤要干而不裂、潮而不湿，才能促进新根的萌发。

(2) 虫害防治

① 红蜘蛛

症状：开始时受害叶片因失绿呈灰白色，继而转为黄褐色，最后纷纷脱落。植株因受害，生长停滞、衰退，严重时会逐步趋于死亡。

防治措施：药物杀虫可用50%敌敌畏乳剂2000倍液、50%乐果1200～1500倍液喷洒叶背。平时要将杜鹃花放置在通风良好的地方。

② 军配虫

症状：军配虫成虫体小而扁平，长约4mm，黑色，是对常绿杜鹃危害最严重的一种害虫，常在叶片背后刺吸叶液危害，被害处叶面上面出现黄白色斑点，使叶片脱落，造成树势衰弱，影响生长及开花。

防治措施：主要用药物喷杀。可用90%敌百虫1000倍液、40%氧化乐果乳油1500倍液或50%杀螟松乳剂1000~1500倍液喷洒防治。

③蚜虫

症状：蚜虫主要危害杜鹃花幼枝叶，轻者可使叶片失去绿色，重者使叶片蜷缩、变硬、变脆，不能吸收养分，影响开花。

防治措施：平时要特别注意越冬期的蚜虫，入冬后可在植株上喷洒一次5波美度的石硫合剂，消灭越冬虫卵；铲去花卉附近杂草，消灭虫源；在蚜虫危害期，用40%的乐果或氧化乐果1200倍液进行连续喷治，3~4次即可见效。

【操作5】花期控制

以往种植杜鹃花，销售期只维持五六天时间。通过花期调控技术即应用修剪、控温、喷水和植物生长调节剂等，可以按照人们的意愿，使杜鹃花定期集中开放，突破了杜鹃花一年一次春天开花的局限，提高了杜鹃花的经济价值。

(1) 修剪

幼苗在2~4年内，为了加速形成骨架，常摘去花蕾，并经常摘心，促使侧枝萌发。长成大株后，主要是剪除病枝、弱枝以及交叉枝，均以疏剪为主。

在预定花期前7个月进行最后一次修剪，促其重新抽发新梢。计划春节上市的一般在6月修剪，劳动节上市的在9~10月修剪，国庆节上市的在2~3月修剪。

(2) 温度控制

杜鹃花在秋季进行花芽分化，通过冷藏和加温处理，可以人为控制花期。如西洋杜鹃在秋季短日照条件下诱导花芽形成并进行花芽分化，翌年5月开花。欲提前花期，可在春节前40~50d，将温度控制在25~30℃，并经常向西洋杜鹃枝叶上喷水，保持空气相对湿度80%以上，可以提早解除花芽休眠，提前一个半月开花，保证春节期间开花。欲使杜鹃花延迟开花，可使形成花蕾的杜鹃花一直处于低温状态，盆土保持干燥状态，向叶片喷水，维持基本的生理需要。夏、秋移至室外，2周后即可开花。这种低温处理最多可将花期延后2~3个月。总之，借助温度的调节，可以让杜鹃花在四季随时开放。

(3) 应用植物生长调节剂

应用植物生长调节剂可以促进花芽形成，常用的是比久(B_9)和矮壮素(CCC)。用0.1%~0.2%比久溶液喷雾，每周1次，共处理2~3次；或者用0.2%~0.3%矮壮素每周喷雾1次，共处理2~3次。处理后大约2个月，花芽发育完成，可将植株冷藏，促进花芽成熟。

(4) 通过使用综合技术措施进行花期调控

如欲使西洋杜鹃在元旦和春节期间开花上市，提高其观赏价值，用园艺栽培措施和药剂相结合的方法调控花期效果更好。如用嫁接的方法，选取毛鹃作砧木，选用不同花色品种的西洋杜鹃作接穗，嫁接到同一砧木上，嫁接后的西洋杜鹃根系粗壮，枝繁叶茂，通过修剪整形、控温喷水、应用植物生长调节剂等花期调控技术措施，使西洋杜鹃定期集中开放，作为时令商品花卉周年供应，提高了西洋杜鹃的经济价值。

【操作6】运输、销售

杜鹃花在显色时就可以销售，可以避免在运输过程中花朵损伤。短途运输可以在花开

25%~30%、运输途中温度5~10℃条件下进行。长途运输要在2~4℃低温条件下进行，保持基质湿润，时间不要超过1周。

技能9-3 凤梨盆花生产

观赏凤梨是凤梨科多年生草本植物，是凤梨科观赏植物的统称，原产于美洲热带与亚热带地区。观赏凤梨的种类繁多，有60个属1500余种及数百个杂交种。它花形奇特，花色艳丽，花期长达数月。既可观花、观果，又能赏叶，并适宜室内摆放，栽培管理较为容易，成为较畅销的年宵花卉和理想的室内租摆盆花种类。

观赏凤梨喜温暖、怕寒冷，喜湿润、半阴的环境。忌强光直射。光照过强时，叶片出现黄斑纹褪色现象，并且容易灼伤叶片，使叶片失去观赏价值；在明亮漫射阳光下叶片和苞片颜色鲜艳，也能正常开花。春、夏、秋应遮阴50%~60%。喜疏松、透气、排水良好的土壤。其生长适温是18~26℃，冬季温度不低于10℃。夏季温度过高时，应经常向叶片喷雾，增加空气湿度，并适当遮阴，加强通风，以降低温度。

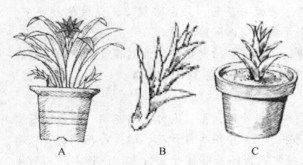

图9-4 观赏凤梨分株繁殖步骤
A. 母株长出的蘖芽 B. 从母株切下的蘖芽
C. 将切下的蘖芽去掉基部叶片，
切口稍微晾干后插在素沙中

【操作1】育苗

常用育苗方法是组培育苗和分株育苗。大量生产主要是使用进口组培苗。观赏凤梨分生能力强，极易从植株基部长出蘖芽，因此，还可以通过用分株育苗的方法进行观赏凤梨的扩大生产。

观赏凤梨植株开花后从母株基部长出一个至数个蘖芽，母株开花后，将其剪去，然后将大的蘖芽用利刀从芽基部切离，另行栽植（图9-4）。将小的蘖芽继续留在盆中生长，当长到原母株1/3以上大小或者已经生根时，再用利刀将其切离，另行栽植。盆中只留一个蘖芽让其继续生长。母株的蘖芽切下后还会再长出新的蘖芽，这样一株可以繁殖出许多小苗。将切下的无根蘖芽切口晾干后，插在消毒过的素沙中，在25℃条件下，15d左右生根，长叶后上盆；切下的有根蘖芽可以直接上盆。

【操作2】上盆

（1）准备基质

盆栽基质要求疏松、透气、排水良好的微酸性土。可用腐叶土、泥炭、河沙三者按3:1:1比例混合而成。基质要进行杀菌、杀虫或者高温消毒处理。

关键与要点：土壤的pH在5~6之间比较适宜。EC值小于0.3mS/cm为宜。

（2）花盆选择

观赏凤梨盆花根系对光线较为敏感，生产上通常选择不透光的塑料盆。规格的确定以花盆可以稳定植株并与株型相协调为原则，小株型（株高<40cm）品种可直接使用上口直径为

10~12cm 的塑料盆种植；中大株型（株高>40cm）品种，在小苗阶段（株高10~20cm）用上口直径为 8~10cm 的塑料盆种植，到中苗（株高>20cm）阶段再移栽到上口直径为 14~16cm 的塑料盆中。

（3）上盆

选择大小适宜的花盆消毒后，将花盆底部填上一层厚 2cm 左右比较粗的颗粒作排水层，然后将配制的培养土填到花盆高的 1/2 稍多，将生根的蘖芽栽在花盆中间，继续填培养土后，略加按压，并使盆土距盆沿口 2~3cm。浇透水后放到半阴处缓苗，逐渐见光。

【操作3】日常管理

（1）水分管理

观赏凤梨盆花在不同生长发育阶段对水分需求不同，幼苗阶段保持基质湿润；进入旺盛生长期，供给充足的水分；催花和开花期适当减少水分，控制其营养生长，促进花序鲜艳。

在高温季节，增加植株浇水量和浇水次数，保持基质湿润；淋水时以叶筒内水分溢出到基质再从盆底溢出为准。在高湿环境条件下适合凤梨植株生长，以空气相对湿度在 60%~80% 比较适宜。湿度太低会使凤梨叶片向内卷曲，出现叶尖干枯现象；湿度太高会使叶片上出现斑点。在生长期多浇水，经常喷叶面水，保持较高的空气湿度和充足的盆土水分，并保持凤梨的叶筒里存有清水。入秋以后，观赏凤梨生长缓慢，应适当控制浇水和喷水，盆土保持微潮即可，做到盆土不干不浇，叶筒底部保持湿润。

观赏凤梨盆花在不同温度条件下的湿度与生理要求见表 9-12 所列。

表 9-12　观赏凤梨盆花在不同温度条件下的湿度与生理要求

温度范围/℃	湿度要求	生理要求
16~19	40%~60%	降低湿度，利于保温防寒
20~30	60%~80%	最适生长温度和湿度
>30	70%~80%	加强通风，保持较高湿度，利于植株生长

（2）养分管理

生长期半个月施一次肥，花前要施 15-15-30 盆花专用肥，凤梨类植株根系不发达，施肥应向叶面喷施或向叶筒中浇灌。叶面追肥可喷施 0.1%~0.2% 尿素、0.1%~0.2% 硝酸钾、0.1%~0.2% 磷酸二氢钾和 0.05% 硫酸镁等液肥，施肥 1h 以后，应向叶面喷水，以免残留的肥分对叶片造成损害。花期、休眠期停止施肥。具体要求见表 9-13、表 9-14。

表 9-13　不同属观赏凤梨要求的氮、磷、钾比例

属	代表植物	氮、磷、钾比例
蜻蜓属	'粉'菠萝	10:10:20
擎天属	'红星'凤梨	10:5:20
莺哥属	'红剑'	10:10:20

表 9-14　观赏凤梨不同生长阶段对 EC 值的要求

生长阶段	EC 值/(mS/cm)
新上盆小苗	0.5~0.6
上盆后 3~5 个月	0.8~1.0
营养生长阶段	1.0~1.2

（3）温度管理

夏季温度最好控制在 18~30℃，冬季夜晚温度要控制在 18℃ 以上，其他时间最好控制在 18~26℃，越冬温度为 10℃ 以上。温度过低易引起苞片失色。一般幼苗期温度高些，成苗期温度可以低一些。不同观赏凤梨品种对温度的要求见表 9-15。

表 9-15　不同观赏凤梨品种对温度的要求　　　　　　　　　　　　　　　℃

种　类	生长适温	最低温度	最高温度
'斑叶'凤梨（艳凤梨）	20~33	12	35
'五彩'凤梨（彩叶凤梨）	20~25	10~12	28
'紫花'凤梨（铁兰）	20~30	10	32
'蜻蜓'凤梨（美叶光萼荷）	18~22	12~15	30
'秀姑'凤梨	20~28	8~10	32
'莺哥'凤梨	20~25	8~10	30
'虎纹'凤梨	18~25	13	32
'姬'凤梨	20~30	10	35
'火焰'凤梨	20~28	10	32

关键与要点：叶片缩心主要是温度过高、湿度过低造成的，高温季节要避免叶筒内缺水。

(4) 光照管理

观赏凤梨多数种类喜半阴环境，忌强光直射。蜻蜓属和擎天属需要在较强阳光下才叶色美丽而鲜艳，光照较弱会使叶片狭长。莺哥属、铁兰属要求较弱光照，在有散射光条件下生长良好。大部分观赏凤梨光照强度在 20 000lx 左右，幼苗期光照强度低一些，成苗期光照强度可以有所增强，但不能超过 30 000lx，以免灼烧叶片。观赏凤梨盆花在不同季节、不同生长期的光照要求见表 9-16。

表 9-16　观赏凤梨盆花在不同季节、不同生长期的光照要求　　　　　　　lx

季　节	营养生长小苗期	营养生长中苗期	生殖生长期
夏、秋季	10 000~15 000	15 000~25 000	13 000~20 000
冬、春季	13 000~18 000	18 000~30 000	15 000~25 000

【操作 4】病虫害防治

(1) 病害防治

①叶斑病

症状：发病初期在叶片上出现黑色小斑点，周围有水渍状黄色晕圈，后期变成圆形或椭圆形斑块，边缘暗褐色，中央灰褐色，多在闷热和通风不良的环境下发生。

防治措施：加强通风，及时剪去病叶，并喷施杀菌剂进行防治，7~10d 喷施 1 次，连喷 3 次。杀菌剂可选用 3%噁甲水剂、25%使百克、75%百菌清等交替使用。

②心腐病

症状：管理养护不当会造成叶筒基部组织变软、腐烂。

防治措施：加强栽培管理，避免基质浇水过多，保持叶筒内水干净，加强通风和降温，降低空气相对湿度至 75%左右。发病初期喷施 75%百菌清 600~800 倍液，7~10d 喷施 1 次，连喷 3 次，严重时可用 75%的噁霜锰锌 400 倍液浇灌叶筒，每月 1 次，连喷 2~3 次。

③根腐病

症状：一般在基质过湿、通气不良时易发生根系部分或全部腐烂变黑，导致植株生长不良。

防治措施：发病初期用3%噁甲霜水剂和45%福美双500倍液浇灌根部，也可用50%扑海因500倍液消毒根部，剪除烂根，再用排水性更好的新基质栽培，并适当控制水分，使其恢复。

(2) 虫害防治

① 介壳虫

症状：主要栖附在叶片上刺吸叶片汁液，使叶片产生失绿的斑点，影响植株正常生长，其分泌物还易引起煤污病。

防治措施：少量介壳虫可人工刮除或用20%噻嗪杀扑磷1000倍液喷施，每周1次，连喷3次。

② 红蜘蛛

症状：主要在叶背吸取汁液，使叶片黄萎，严重时，整株完全失去光泽。常发生于通风不良的环境下。

防治措施：加强温室内通风，用20%三氯杀螨醇800~1000倍液或50%除螨灵500~600倍液喷施叶片，10d一次，2~3次即可治愈。

③ 蚜虫

症状：吸取花序或花梗汁液，使花序失色萎缩，提前凋谢，主要在花序形成后发生。

防治措施：用10%的吡虫啉可湿性粉剂1500~2000倍液、粉虱治800~1000倍液或50%抗蚜威1000~1200倍液，每周1次，连喷3次。

【操作5】花期调控

观赏凤梨株形优美，适应性较强，叶片和花穗色泽艳丽，花形奇特，花期可长达2~5个月，但它在自然条件下花期不确定，营养生长期长，即使是通常采用的分株繁殖，也需要2~3年才能成花。由于它的生长缓慢，采用温度、光照和其他常规的园艺措施很难促其成花。因而生产上通常采用催花剂催花，经过养护与催花处理，不仅可使观赏凤梨花期提前半年到一年，而且可使其在某一确定时期开花，达到周年生产，且催花后的观赏凤梨花剑高度、花穗高度、叶片数均可达商品花的要求，从而提高经济效益。

(1) 催花药剂的选择及制作方法

可采用乙烯利或饱和乙炔水溶液催花。有叶筒的观赏凤梨盆花品种（果子蔓属、丽穗凤梨属、光萼荷属、彩叶凤梨属）用饱和乙炔水溶液进行人工催花，没有叶筒的观赏凤梨盆花（如铁兰属）用750mg/L的乙烯利水溶液喷叶进行人工催花。用饱和乙炔水溶液催花处理时对植株生长基本无损害，催花处理后的前2~3周植株正常生长，心叶继续伸长，花心显现较快，催花效果好且使用安全。同时饱和乙炔水溶液密闭保存期较长，存放一年的饱和乙炔水溶液与新配制的比较，催花效果可完全一样。但饱和乙炔水溶液中的乙炔易挥发，浓度难以保证是其主要缺点。

① 饱和乙炔水溶液的配制　将乙炔气体以$0.5×10^5Pa$的压力通入水中，100L水通气时间为30~40min，即获得饱和乙炔水溶液，随配随用。在高温季节催花，可用冰块将水的温度降到20~22℃后开始配制，可有效提高乙炔水溶液中乙炔的饱和度，从而有效提高

高温季节观赏凤梨盆花的催花效果。

②乙烯利水溶液的配制　将乙烯利配制成750mg/L的水溶液，用碳酸钾将其pH调整至7.0，随配随用。

(2) 种苗的选择

催花的植株须有一定的成熟度和正常的生长态势，选择具有25~30片叶、苗高在20~22cm、达到催花株龄的健康、长势良好、根系完整的植株。否则由于营养生长不足，催花后观赏效果不佳，即使催花成功，花开也达不到观赏标准。

(3) 栽培基质的选择

观赏凤梨多为附生种，要求基质疏松、透气、排水良好、pH呈酸性或微酸性。宜选用通透性较好的材料，如树皮、陶粒、泥炭、稻壳、珍珠岩等。一般用泥炭、珍珠岩、沙按比例3:1:1混合后进行栽植。

(4) 催花时的温、光、水、肥要求

催花温度要合适，最好在18~26℃，过低或过高都会使催花效果降低。催花时间最好选择在8:00~10:00，此时温度最为适宜。

适当增加光照，但不能过强，一般在22 000~25 000lx。相对湿度最好控制在70%~80%，高温季节经常向叶面喷水。在催花前一个月及催花后半个月停止施肥，只浇清水。催花前1周停止浇水，催花前1d倒掉叶筒中的水。

要保持良好的通风条件，通风好坏直接影响催花的效果。通风状况好，植株粗壮，叶片宽而肥厚，花穗大而长，花色艳丽；通风不良，植株易徒长，叶片狭长，花穗短，花色无光泽。

(5) 催花方法

在北方地区的智能温室中催花表现良好。催花处理前先倒掉叶筒中的水，然后用小泵抽取乙炔饱和溶液注入凤梨叶筒中，用量以刚好填满叶筒为好。催花为3d一次，共催4次。一般5~8周后可开花，配合充足光照，促使花色艳丽。到心部苞片变色并出现花心时施肥，以促使花序长大。或用浓度为50~100mg/kg的乙烯利水溶液倒入观赏凤梨叶筒内，1周后倒出，然后用清水冲洗，2~4个月即可开花。

观赏凤梨花期为3~6个月，催花处理后80~110d可达到理想的开花效果，但由于不同品种间品质与抗性差异较大，催花处理后开花的时间不同。如果子蔓属凤梨花期较长，丽穗凤梨属的花期较短。为控制在节日开花，应根据品种和气温环境条件确定催花日期。

(6) 基质pH和EC值的检测调整

每月进行1次基质pH、EC值的检测，宜在淋肥前一天取样。pH低于5.0时，用0.2%碳酸钾溶液浇灌基质提高pH；pH高于6.0时，用0.1%的磷酸溶液浇灌基质降低pH，使基质pH保持在5.0~5.5。同时基质EC值应小于0.7mS/cm，宜结合浇水进行调整。

(7) 观赏凤梨不同品种对催花的反应

水塔花属、彩叶凤梨属和粉菠萝属对催花反应较敏感，较易催花，一般催成时间(开始催花到可销售的天数)较短，水塔花属需要30~60d，彩叶凤梨属要40~70d，粉菠萝属要50~60d且催花效果稳定，催成率达100%。但剑类凤梨和星类凤梨对催花反应较迟钝，品种间差异也较大,通常要3~6个月,而且催成率高低不一,受温度的影响较大。

【操作6】包装和运输

观赏凤梨有一大特点,即易包装、耐运输。观赏凤梨叶肉细胞角质层厚,花序呈蜡质,因而整个植株都不易受损伤。因此使用简易包装即可。包装前在每盆花的花盆上贴上品种标签,主要包括名称、颜色、产地、商家名称等。在商品交易中的成品花只需用塑料袋(塑料袋呈漏斗形,上口大、下口小,周边留透气孔)单盆套装,然后放置在纸箱内,就可进行空运、汽运、船运、火车运。只要是一周内的运输,注意适当透气,均可以安全抵达目的地。

技能9-4 绿萝盆花生产

绿萝又名黄金葛、黄金藤等,为天南星科绿萝属,原产于印度尼西亚群岛,是大型常绿藤本植物,藤长数米,节间有气生根,在热带地区常攀缘生长在岩石和树干上。绿萝能改善空气质量,吸收有害物质,是一种较适合室内摆放的花卉。

绿萝喜高温、多湿、半阴的环境,不耐寒冷。生长适温15~25℃,15℃以下生长缓慢,越冬温度不低于10℃。它对温度反应敏感,忌阳光直射,极耐阴,但不能长期在光线较暗的环境下,应每半个月移至光线强的环境中恢复一段时间,否则易使节间增长,叶片变小。生长期间对水分要求较高,盆土要保持湿润,应经常向叶面喷水,提高空气湿度,以利于气生根的生长。

【操作1】育苗

常用扦插繁殖、压条繁殖、水插的方法进行育苗。绿萝因其茎节上有气生根,扦插极易成活。因此,生产上主要采用带有气生根的茎段进行扦插育苗。

①准备插穗 选取充实健壮、无病害的绿萝藤,要求穗长8~10cm,至少要带两个节,注意不要伤及气生根。将基部叶片去掉,一般留2~3片叶,再按极性方向将50~100个穗捆成一捆,准备扦插。

②准备基质 在素沙中扦插成活率比较高,基质要进行杀菌、杀虫处理。

③扦插 扦插时,先用粗度同插穗相差不大的木棒打孔,然后插入。深度以浇水后插穗不倒为原则,通常为插穗长度的1/3~1/2;株行距为叶片互不遮挡为宜,插后浇透水,然后覆膜保湿。

④扦插后管理 插后采用遮光率为70%的遮阳网遮光,室温保持在15~20℃,每天向叶面喷水保湿,注意遮阴,半个月左右生根,这时可以进行分栽。

【操作2】上盆

插穗生根后便可移栽。绿萝以疏松、富含有机质的微酸性和中性砂壤土栽培发育最好。上盆的基质是泥炭与珍珠岩按照1:1比例混合均匀,再加入多菌灵等杀菌剂进行消毒。

绿萝可以攀藤供观赏,也可以垂吊供观赏,还可作柱式栽培。

(1)绿萝柱上盆(图9-5)

绿萝柱对绿萝的生长具有固定、支撑的作用,同时还能提供必要的水分。绿萝柱一般用直径达10~12cm的竹子外面包裹一层棕毛制成。将绿萝柱放入盆中,略埋些土,用木

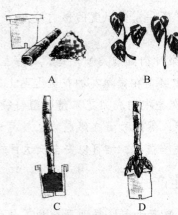

图9-5 绿萝柱上盆的方法
A. 准备花盆和立柱 B. 准备带有健壮顶芽的绿萝
C. 将立柱立于花盆中央
D. 将绿萝均匀栽在立柱四周，用细绳固定

棍塔成三角形使其固定，再埋入土，土不宜过多。然后用花铲往盆钵中装入2/3盆基质，再将扦插生根苗均匀地放在棕柱的四周，填充基质，用手轻轻压实，定植后放阴凉处。

(2) 绿萝吊兰上盆

作吊兰栽培，可不加棕柱直接将绿萝栽植于花盆中，置于花架上，让其茎蔓悬挂而下。

【操作3】日常管理

(1) 温度管理

绿萝适宜的生长温度为白天20~28℃，晚上15~18℃。冬季只要室内温度不低于10℃，即能安全越冬；如温度低于5℃，易造成落叶，影响生长。

(2) 光照管理

忌阳光直射，喜散射光，较耐阴，通常以接受6h以上的散射光生长发育最好。

(3) 水分管理

生长季节浇水以经常保持盆土湿润为宜，切忌盆土干燥，否则易引起叶黄和株形不佳。若浇水过多造成盆土积水，易引起烂根、枯叶，特别是冬季室温低时更要注意控制浇水。盛夏是绿萝的生长高峰期，每天向叶片喷水，保持相对湿度在60%以上，以减少因蒸发过快引起根部吸水不足。冬季减少浇水次数，并要保证水温与盆土温度接近。

(4) 施肥管理

生长旺盛期每2周施一次氮磷钾复合肥或每周喷施0.2%的磷酸二氢钾溶液，使叶片翠绿。秋、冬季生长缓慢，应减少施肥，施肥以叶面喷施为主，通过叶面上的气孔吸收肥料，肥效可直接作用于叶片。

(5) 整形修剪

整形修剪最好在春季进行。当茎蔓爬满棕柱、梢端超出棕柱20cm左右时，剪去其中2~3株的茎梢40cm。待短截后萌发出新芽、新叶时，再剪去其余株的茎梢。如需更新修剪，可将植株的一半茎蔓短截1/2，另一半茎蔓短截2/3或3/4，使剪口高低错开，这样剪口下长出的新叶能很快布满棕柱。

【操作4】病虫害防治

(1) 病害

① 叶斑病

症状：病斑始于叶尖或叶缘，形状不规则，由小逐渐扩大。病斑褐色，边缘淡黄色，严重时可扩展至整片叶，叶片干枯。

防治措施：每10d喷洒一次杀菌剂，连续喷药3~4次。适宜的药剂有百菌清600~1000倍液、70%甲基托布津800~1200倍液或70%代森锌500~800倍液。

②根腐病

症状：一般在栽培基质过湿时易发生，多从底部根系开始腐烂变褐，叶边变黄下垂，疫霉菌引起的根腐可使茎部和叶片受害，根和茎部呈褐色。

防治措施：摘除病叶，加强通风，发病初期喷50%多菌灵可湿性粉剂500倍液，并可灌根，严重者销毁整株植株。

（2）虫害

①蚜虫

症状：主要危害嫩叶和叶芽，使嫩叶和芽枯萎，老叶变黄，花上出现褐色斑点。

防治措施：危害初期可喷药防治，每隔10d喷施一次，连续喷3~4次。喷施时注意将叶面、叶背和叶基全部喷施，以免有残留继续繁殖危害。一般可用80%敌敌畏乳剂1000倍液、10%吡虫啉1000倍液喷杀，效果都很好。

②红蜘蛛

症状：叶片失绿，严重时叶片卷曲、皱缩，易引起煤污病而影响光合作用。

防治措施：发病初期可用除螨灵、五氯杀螨醇溶液喷施，每周喷施一次药剂，连续喷3次。

◇ **巩固训练**

1. 以工作小组(4~6人一组)为单位，根据生产所在地气候和生产经营实际情况，制订盆花生产方案和资金预算方案。

2. 按方案组织和实施生产。

3. 要求：组内既要分工明确，又要紧密合作；盆花生产方案要详细，资金预算方案合理。在操作过程中，要严格按生产技术要求去执行，管理要科学、细致；按操作规程使用各种设备。

◇ **自主学习资源库**

1. 中国杜鹃花园艺品种及应用. 江泽慧. 中国林业出版社, 2008.
2. 杜鹃花. 毛红玉, 孙晓梅. 中国林业出版社, 2004.
3. 杜鹃的四季管理. 杨永舜. 花木盆景, 1997.
4. 蝴蝶兰. 董国兴. 中国林业出版社, 2004.
5. 洋兰赏培必备图解. 陈宇勒. 中国农业出版社, 2007.
6. 中国种植技术网: http: // zz. ag365. com/zhongzhi/huahui/zaipeijishu/
7. 中国花卉网: http: // www. china-flower. com/
8. 花卉图片信息网: http: // www. fpcn. net/
9. 园艺花卉网: http: // www. yyhh. com/

项目10 切花生产

◇ **知识目标**

(1) 了解百合、菊花、香石竹、月季的生长习性和生长发育规律。
(2) 掌握百合、菊花、香石竹、月季周年生产技术规程。
(3) 掌握切花周年生产计划制订的方法。
(4) 掌握切花周年生产管理方案制订的方法。
(5) 掌握花卉生产经济效益分析的方法。

◇ **技能目标**

(1) 能指导、组织和实际参与百合、菊花、香石竹、月季切花产品周年生产。
(2) 能根据市场需求制订花卉产品周年生产计划，根据企业实际情况制订花卉生产管理方案，并结合生产实际进行花卉生产效益分析。

切花又称为鲜切花，是指从活体植株上切取的，具有观赏价值，用于花卉装饰的茎、叶、花、果等植物材料。鲜切花包括切花、切叶、切枝、切果。经设施栽培，运用现代化栽培技术，达到规模生产，并能周年生产供应新鲜花材的栽培方式就是切花生产。切花生产具有以下4个特点：单位面积产量高、效益高；生产周期短，易于周年生产供应；贮存、包装、运输简便，易于国际间的贸易交流；可采用大规模工厂化生产。

任务10.1 选择品种

◇ **理论知识**

10.1.1 市场需求调查

作为一个切花生产者，必须时刻关注市场动态，了解市场目前最流行的品种，了解市场行情，在确定种植某个品种之前要做一个详细的市场调查。

10.1.2 实际分析

首先要对本地区的气候条件详细了解，每个地区都有独特的气候条件，所要选择的品种，不一定全年在该地区都有一定的优势，在某个时间段有一定的优势也可以。例如，菊花对温度要求较高,在辽宁地区进行冬季生产就需要温室加温栽培,但若夏季在该地区生产,产品的品质优良,则具备一定的优势。其次要考虑的是生产技术。每个品种都有一套独特的生产技术,当前花卉产品较丰富,市场供应充足,市场处于买方市场状态,只有生产出品质好的产品,才能有良好的经济效益。所要选择的品种,在技术这个层面一定要过关。最后,需要考虑的是资金和风险的问题。花卉产业是一个高投入、高风险的产业,有些品种投入较大,风险较高,比如百合,种球的资金投入相对于其他种类就比较高,同时风险也很大。在选择种类的时候,一定要考虑资金投入和市场风险的问题,一定要量力而行。

任务10.2 土壤准备

◇ 理论知识

10.2.1 土壤选择

切花的生长一般要求排水良好、疏松肥沃的微酸性土壤。良好的土壤结构和排水,是栽培成功十分重要的前提。适宜切花生长的土壤要求排水畅通,还要有好的保水能力。除了水分和养分外,土壤里的氧气对植物的根系生长也非常重要。如表土熟度不够,可用一层稻草、稻壳、阔叶土、松针土、泥炭等混合物进行改良。另外,土壤中的总盐含量和pH也会影响植物的生长。所以,在种植之前6周应取土壤样品,测定土壤中的总盐含量和pH等。如果土壤中含盐的成分较高,则应预先用适当的水彻底淋洗,才能阻止土壤结构的退化。尤其在使用新鲜的有机肥料时要确保盐分含量不要太高,且同时不要使用大量的无机肥料。

10.2.2 理化调节

保持土壤合适的酸碱度,对植物根系的发育和矿质营养的吸收是非常重要的。如果pH太低,会导致吸收过多的矿质营养,如锰、铁、硫;若pH过高,又会导致磷、铁和锰的吸收不足,造成缺素症。切花种类一般要求土壤的酸碱度为微酸性,不同品种、不同品系又有不同要求。欲降低土壤pH,可在表土上施泥炭。施肥时,施用尿素和铵态氮肥,也可降低pH。欲增高土壤pH,在种植之前可用含石灰的化合物或含镁的石灰彻底与土壤混合。使用石灰后至少要等1周才能种植。

10.2.3 施基肥

充足的基肥十分重要,不仅能提供切花生长发育时所需营养,而且使土壤更松软,改变团粒结构,更有利于植物根部吸收营养。应根据土壤的结构、营养状况和盐分含量,在种植之前施用完全腐熟的有机肥,通常每 $100m^2$ 施 $1m^3$ 完全腐熟的厩肥、堆肥或饼肥等。切勿使用新鲜的有机肥,因其会引起烧根。在太黏重且富含腐殖质的土壤施用厩肥,会使土壤结构变得更坏、土壤硬化,因此用泥炭混合肥为好,沙或熔岩也常用。另外,无机肥料最好与有机肥料配合施用，通常每 100m² 施 10kg 左右氮磷钾复合肥或磷酸二铵。

10.2.4 土壤消毒

土壤消毒工作对于防治病虫害的发生，保证切花的正常生长是十分必要的。较普遍采用的方法有蒸汽消毒法和药剂消毒法，其他还有淹水消毒法等。蒸汽消毒法是将具多孔的金属导管或耐热的塑料管插入 25~30cm 厚的土壤，导管间相距 40cm，土表覆盖塑料薄膜，这样保持 70~80℃ 的温度 1h，就可以达到消毒效果。此方法可消灭大部分的土壤病菌，效果好，但耗能多、成本高。药剂消毒法可采用 40% 福尔马林以 50 倍液或 100 倍液喷洒土壤，用量为每 100m² 250g，用塑料薄膜覆盖 1 周（夏季覆盖 3d），然后揭去薄膜后 1 周可以种植；也可用 30% 过氧乙酸溶液稀释 300 倍喷施土壤；还可用五氯硝基苯混合细沙均匀撒在土壤上，用量为每 100m² 250g。

10.2.5 整地作畦

整地作畦的目的在于改善土壤的团粒结构，增加土壤通气与水分平衡；有利于土壤微生物的活动，加速有机肥料的分解和被吸收；清除杂草，消灭病菌、虫卵等，有利于病虫害防治。

整地应在土壤干湿度适宜时进行，往往选择在倒茬后、定植前。通常先进行翻耕，同时清除碎石瓦片、残根断株，再加入腐熟的有机肥料或土壤改良物，翻匀后细碎耙平。翻耕深度依切花种类不同而定：一、二年生花卉，因其根系较浅，翻耕深度一般在 20~25cm；球根类、宿根类切花翻耕深度 30~40cm；木本切花根系强大，需深翻或挖穴种植，深度至少 40cm。

整地后作畦，作畦方式依不同地区的地势及切花种类不同而有差异，主要目的是便于排灌。南方多雨、地势低的地区，作高畦以利于排水；北方少雨、高燥地区，宜用低畦，便于保水、灌溉，畦向多为南北走向。

任务 10.3 切花定植

◇ 理论知识

定植的时间一般要根据切花的生长周期和市场的需要而定。切花生产要想获得最大生产效益，一定要根据市场的需要及时采收。根据采收的时间，再根据植株的生长周期向前推算，进而确定定植的时间。另外，还要考虑季节的影响。一般来说，在进行夏季栽培时，植株的生长周期偏短，冬季的生长周期偏长。百合切花的生长周期一般为 95~120d，菊花的生长周期为 90~110d，唐菖蒲的生长周期为 75~100d，香石竹的生长周期为 80~95d。

以沈阳地区为例，若想在元旦让'Siberia'百合切花上市，那么切花采收的时间应该在 12 月 24 日左右。由于'Siberia'百合切花的生长周期为 112d，因此理论的定植时间应为 8 月上旬，但考虑到定植时沈阳地区的温度较高，能缩短生长周期，所以定植时间可以延后至8月中旬。

定植时首先要计算出在一定时间内需要多少种苗或种球，按需要量取苗或起苗，避免种苗或种球长时间暴露在外造成伤害。定植的若是种苗，在起苗前一天通常浇水使苗床湿润，而起苗当天则不应再浇水。起苗时根部应适当带基质或护心土，以免根系受到损伤，并行覆盖。根系发育是否良好是衡量幼苗质量的首要标准，对切花类花卉栽培的成功与否有重要影响。从外部购苗时还应特别检查发根基部或种球根盘基部，观察是否存在病害和腐烂现象，不能有斑点、水渍状样等。

通常切花类花卉栽培的定植以密植为主，并注重浅植。株行距大小依据不同切花植物后期的生长特性、剪花要求来决定，如月季9~12株/m^2，百合30~40粒/m^2，香石竹36~42株/m^2等；定植不宜过深，若栽种过深，易造成生长缓慢。对于种苗，定植后的第一次浇水以刚浇透为宜；对于种球，定植后的第一次浇水要浇透，浇水少易造成种球失水，不利于发新根。为使根系发育良好，通常可在定植前1~2d将土壤润湿，让土壤吸足水分，既能使根系得到水分供应，又不易造成土壤板结，这样小苗的成活率高、生长快。

任务10.4　切花定植后管理

◇ 理论知识

10.4.1　温度管理

温度与植物的生长发育关系十分密切。温度影响花卉发育过程，包括花芽分化及发育、花芽伸长、花色及花期。不同原产地的花卉或不同特性的品种，花芽分化需要的温度不同。大多数花卉的花芽分化和花芽伸长最适温度差别不大，但有些植物差别较大，如郁金香花芽分化的适温为20℃，花芽伸长适温为9℃。温度对花色的影响有些明显，有些不明显，通常在温度高条件下种植的花卉较温度低条件下种植的花卉颜色更亮丽。温度高低对花期的影响较大，温度高则花期提前，温度低则花期延后。

温度的控制对花卉的品质及花期影响巨大。长时间低温不仅延后花期，而且会造成植株的冻害，如东方系百合在长期8℃以下时，会导致叶片冻害，严重影响花卉的品质；长时间高温可提前花期，但会造成花卉品质下降，如造成花小、枝条软弱等问题。在切花生产管理中，应尽量调节温度以适应花卉生长的需要。夏天可以采取外遮阳、喷雾、加强通风、湿帘等方式降温，冬季可采取暖气、热风炉、火墙、地热等方式加温，可采取增加覆盖物等方式保温。

10.4.2　光照管理

光照为植物光合作用提供能量，对植物生长影响巨大。光照强度影响花的颜色，光照越强，花色越艳丽。光照强度还影响花蕾开放。比如，亚洲系百合光照不足，易引起"消蕾"现象，月季、菊花光照不足会造成花瓣少。光照的长短影响花芽分化。对于长日照花卉(如唐菖蒲)，日照长度12~14h才能够进行花芽分化；对于短日照花卉(如秋菊)，日照长度8~12h才能够进行花芽分化。

切花生产时光照强度的调节，是在夏、春、秋季主要通过遮阳网遮光的方式来减少光照，冬季通过清洗屋面的方式来加强光照；光周期长短的调节主要采用加补光灯和遮光的方式。

10.4.3 肥水管理

10.4.3.1 灌溉

水分管理是一项经常性的细致工作，也在很大程度上决定了切花栽培的成败。

（1）水质要求

水质以清澈的活水为上，如河水、湖水、雨水、池水，避免用死水或含矿物质较多的硬水如井水等。若使用自来水，应注意当地的自来水水质，如酸碱度、含盐量等，可采取存水的方法，让氟离子、氯离子及其他重金属离子等有害物质充分挥发或沉淀后再使用。

（2）根据不同切花种类的特性浇水

掌握不同切花的需水特性，有针对性地浇水，才能取得好的效果。如"干兰湿菊"，说明兰花这种耐阴植物需较高的空气湿度，但土壤湿度不宜太大；菊花喜光，不耐干旱，要求土壤湿润，但又不能过于潮湿积水。一般说来，大叶、圆叶植株的叶面蒸腾强度较大，需水量较多；而针叶、斜叶、毛叶或革质叶、蜡质叶等叶表面不易失水的花卉种类则需水较少。

（3）根据不同生育期浇水

同一种切花植物在各个不同的生长发育阶段对水分的需求量是不同的。通常而言，幼苗期的根系较浅，虽然代谢旺盛，但不能浇水过多，只能少量多次；植株恢复正常营养生长后，生长量最大，应增大浇水量；进入开花期后，因根系深，生长量小，应控制水分以利于提早开花和提高切花品质。

（4）根据不同季节、土质浇水

就全年来说，"春、秋两季少浇，夏多浇，冬不浇"。但在大棚栽培中，冬季也需要适当地浇水。以温室栽培切花菊为例，一般冬季水分的消耗仅为夏季的1/3，为春、秋季的1/2。就土质来说，黏性土保水性强，少浇为宜；而砂性土保水性差，应增加浇水次数。就每次来说，以彻底浇透为原则，干透浇足。不能半干半湿或过干过湿。保持土壤经常性的干湿交替，有利于植物根系的良好发育。

（5）浇水时间

浇水的原则就是使水温与土壤温度相近，如水温、土温的温差较大，会影响植株的根系活动，甚至伤根。因此，最好在上午浇水，切忌在炎热季节的下午浇水。

（6）浇水方式

浇水可以采取滴灌、漫灌、喷灌等方式。在生产上最好采用滴灌方式浇水，滴灌浇水除节水外，浇水较均匀，不易造成土壤板结，还会减少因水温低对根系造成的伤害。

10.4.3.2 施肥

施肥分为基肥和追肥。追肥可以采取根际追肥和叶面追肥两种方式。施肥量及用肥种类依据切花生育期的不同而有差异。根据植株生长周期,追肥时期大致可以分为3个时期,分别为前期(花芽分化前)、中期(花芽分化至现蕾)、后期(现蕾后)。前期是植株生长的旺盛期,应以氮肥和磷肥为主;中期是花蕾孕育期,应以磷、钾肥为主,其中磷肥偏多;后期是花蕾生长期,应以钾、磷肥为主,其中钾肥偏多,以促进开花和延长开花期。

肥料通常分为有机肥和无机肥两种。常用的有机肥包括厩肥、堆肥、豆饼、骨粉、畜禽粪、人粪尿等;无机肥包括尿素、过磷酸钙、碳酸氢铵、硫酸铵、磷酸二氢钾、硝酸钾、硫酸亚铁等。在植物的施肥过程中,要做到有机肥与无机肥相结合,提倡施用多元复合肥或专用肥,逐步实行营养诊断、平衡施肥。施肥前必须了解各种肥料的性质及各种花卉吸收养分的特性,才能合理施肥,提高花卉生长质量,节约肥料成本。目前,先进国家的大型工厂化花卉生产中,采取测定植株体内元素的含量水平,来测定其养分的吸收利用率和营养型。

要掌握"薄肥勤施"的原则,切忌施浓肥。一般幼苗期吸收量较少,茎叶大量生长至开花前吸收量呈直线上升,一直到开花后才逐渐减少。通常生长季节每隔7~10d施1次肥。施肥前要先松土,以利于根系的吸收;施肥后要及时浇透水;不要在中午前后或有风时施追肥,以免无机肥伤害植株。

保护地土壤的施肥,要按切花生长必要养分的最小限度施肥,以减少盐分的积累,并选择浓度障碍小的肥料,如磷酸铵、硝酸铵、硝酸钾等。

根外追肥以花卉急需某种营养元素或补充微量元素时施用最宜,其最大特点是吸收快,肥料利用率高。根外追肥喷施的时间以清晨、傍晚或阴雨时最适宜,注意喷于叶背。喷施浓度不能过高,一般掌握在0.1%~0.2%。

10.4.4 松土、除草、拉网、修剪

10.4.4.1 中耕除草

中耕的作用是:疏松表土;通过切断土壤毛细管减少水分蒸发,增加土温;使土壤内空气流通,促进有机质分解。除草可以避免杂草与切花争夺土壤中的养分、水分以及争夺阳光。中耕除草为切花生长创造良好的条件。幼苗期间,中耕应浅,随着苗的生长而逐渐加深;株行中间处中耕应深,近植株处应浅。当幼苗渐大,根系扩大至株间时中耕应停止,否则根系易断,造成生长受阻碍。

除草一般结合中耕进行,在花苗栽植初期,特别是在秋季植株郁闭之前将其除尽。可用地膜覆盖防除杂草,尤以黑膜效果最佳。目前除人工方法外,还可使用除草剂,但浓度一定要严格掌握。如0.5%~1.0%的2,4-D稀释液用量为每1000m^2 0.075~0.3kg,可消灭双子叶杂草。

10.4.4.2 拉倒伏网

切花产品对茎秆的笔直程度要求较高，因此，在生长期间要用倒伏网支撑切花植株，保证切花茎秆笔直挺拔、生长均匀。例如，菊花生产上一般应设 2~3 层防倒伏网，苗高 30cm 时，拉第一层网，60cm 时可以拉第二层网，后期根据菊花生长情况决定是否拉第三层网。支柱间隔 1.5m，网孔大小为 10cm×10cm。倒伏网有尼龙网和铁网，铁网的成本较高，但效果好，使用年限长。

10.4.4.3 整形修剪

整形修剪是切花生产过程中技术性很强的措施，包括摘心、除芽、除蕾、修枝、剥叶等工作。

通过整枝可以控制植株的高度；增加分枝数以提高产花量，或通过除去多余的枝叶，减少其对养分的消耗；也可作为控制花期或使植株第二次开花的技术措施。整枝不能孤立进行，必须根据植株本身的长势及肥水等其他管理措施相配合，才能达到目的。

（1）摘心

摘除枝梢顶芽，称为摘心。如香石竹每摘一次心，花期延长 30d 左右，每分枝可增加 3~4 个开花枝。

（2）除芽

除芽的目的是除去过多的腋芽，以限制枝条增加和过多花蕾的发生，并可使主茎粗壮挺直，花朵大而美丽。如多本菊和独本菊在栽培过程中应及时抹去侧枝上的腋芽。

（3）除蕾

通常是摘除侧蕾，保留主蕾（顶蕾）或除去过早发生的花蕾和过多的花蕾，以保证主蕾的养分供应。切花菊的除蕾工作在主蕾豌豆大小时进行，操作时注意勿碰伤主蕾。

（4）修枝

剪除枯枝、病虫害枝、开花后的残枝，以改善通风透光条件并减少养分消耗，提高开花质量。

（5）剥叶

经常剥去老叶、病叶及多余叶片，可协调植株营养生长与生殖生长的关系，有利于提高开花率和花卉品质。

10.4.5 病虫害防治

病虫害的发生直接影响切花的品质，轻者影响销售价格，严重时会造成颗粒无收。所以，对于花卉来说，病虫害防治工作是切花生产工作的重中之重。病虫害的防治要坚持"预防为主、综合防治"的方针。

（1）栽培措施防治

①选择优质、抗逆性强的种苗　在定植时，选择无病、健壮、抗逆性强的种苗，是预防病虫害最有效的办法之一。在定植前，要对种苗、种球、土壤进行彻底消毒，确保种

球、种苗无病害。

②加强温室管理　适宜的温度和湿度是避免发生病虫害的主要条件之一。在生产管理中，要经常通风，降低温室的湿度，同时，还要调节温室的温度，尽量保证适宜的温度。

③加强栽培管理　要保证浇水、施肥及时，并要保证植物生长必需的光照，从而保证植物生长健壮，提高植物的抗性。同时，要及时摘除花卉的病叶、老叶，清除带有病虫的植株残体、杂草落叶等，并及时进行深埋或焚烧。另外，通过科学修剪，增强植株中下部的通风透光性，阻隔病虫害的传播和蔓延途径，减少病菌、害虫的来源。

（2）物理防治

①覆盖防虫网　在设施上设置防虫网，可防止害虫进入温室内。

②诱杀害虫　在温室内设置诱虫板、杀虫灯可杀死害虫。

③高温杀菌　土壤消毒可采取蒸汽消毒，杀死土壤病害。

（3）生物防治

有条件的地方，可采用以虫治虫的生物防治技术。例如，利用丽蚜小蜂来防治温室主要害虫白粉虱，前者既能抑制后者的发生和危害，又不对花卉产生影响。另外，有目的地保护天敌，可有效提高生物防治的效果。

目前，生物防治法在温室花卉病虫害防治上应用较少，但这方面的工作具有无污染、无残留、效力长等优点，是未来防治病虫害的一个发展方向。

（4）化学药剂防治

在实际生产中常采用化学药剂进行病虫害防治。化学药剂防治具有高效、速效、使用方便、经济效益高等优点，但也存在使用不当会对花卉产生药害、杀伤天敌，以及长期使用会导致有害生物产生抗药性、污染环境等缺点。

任务10.5　切花采收、分级、包装和贮运

◇理论知识

（1）采收切花

为保持切花有较长的瓶插寿命，大部分切花都应尽可能在蕾期采收。蕾期采收具有切花受损伤少、便于贮运、减少生产成本（加快栽培设施周转、减少贮运消耗）等优势，因此是切花生产中的关键技术之一。

由于切花种类多，各类之间在生长习性及贮运技术上存在明显差异，因此，具体的采收时间应因花而异。适于蕾期采收的种类有香石竹、菊花、唐菖蒲、香雪兰、百合等。月季也可蕾期采收，但必须小心操作，采收过早会产生"歪脖"现象。蕾期采收的月季有时要结合催花，才能在瓶插时开放。热带兰、火鹤花则不宜蕾期采收。

（2）分级

分级时首先要剔除病虫花、残次花，然后依据有关行业标准进行分级。我国已先后制定并颁布了菊花、月季、满天星、唐菖蒲和香石竹切花的产品质量分级、检验、包装、标

志、运输和贮藏的技术要求及标准,可作为切花生产、运输、贮藏、批发、销售等各个环节的质量标准和产品交易标准。

(3)包装

包装一般在贮运之前进行。切花包装前先进行捆扎,捆扎不能太紧,否则不但损伤花枝,而且冷藏时降温不均匀。包装规格一般按市场要求,按一定数量包扎。也有按重量捆扎的,如满天星、多头菊等。

(4)贮运

切花的运输是切花生产经营中的重要环节之一。切花不耐贮运,运输环节中的失误往往会直接造成经济损失。

为使切花在运输过程中保持新鲜,可按品种习性适当提早采收。采收后立即离开温室,包装前进行必要的预处理。如果有条件,应配备专用的保鲜袋、保鲜箱和调温、调湿运输工具。适当降低运输途中的温度,特别是长途运输时更为必要。

(5)销售

良好的市场体系是缩短运输时间、减少损耗的又一个关键环节。在一定范围内应形成合理的销售网络,以最快的速度将切花发往各级批发、零售市场,从而保证切花品质。

◇ 实务操作

技能 10-1　百合生产

百合别名山丹、蕃韭,属百合科百合属。百合主要原产于北半球温带地区、中南美洲、非洲南部各地以及地中海地区,喜冷凉湿润的气候,生长适温白天为 20~25℃,夜晚为 10~15℃,忌干冷与强烈阳光。喜肥沃疏松和排水良好的砂壤土,pH 在 5.5~6.5 为宜,含盐量不超过 1.5mS/cm。

百合主要由地下部和地上部两部分组成。地下部由鳞茎、地下茎、基生根、茎生根组成。地上部由叶片、地上茎、珠芽(有些百合无珠芽)、花序组成(图 10-1 至图 10-3)。

目前国内的百合栽培品种多为从荷兰和日本引进,主要品种有亚洲百合杂种系、麝香百合杂种系、东方百合杂种系和麝香百合/东方百合杂交系 4 个系列(图 10-4 至图 10-6)。

目前市场上销量最大的为东方百合杂种系(以下简称东方百合),具体品种主要为'Siberia''Sorbonne''Tiber''Acapulco''Berlin''Mouther's Choice''Casaablanc'等。其次为麝香百合杂种系(以下简称麝香百合),具体品种主要为'Snow Queen''White Eleg''White Fox'等。再次为亚洲百合杂种系(以下简称亚洲百合),主要品种有'Prato''Elite''Lyon'等。东方百合颜色主要为白色、粉红色和粉色,花大并具有浓郁的香味,种球成本高,切花售价高;麝香百合颜色主要为白色,花喇叭形并具有浓郁的香味,种球成本较低,切花售价较东方百合杂种系低;亚洲百合颜色丰富,有白色、红色、橙色、黄色、粉色等颜色,

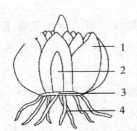
图10-1　萌发期鳞茎
1. 鳞片　2. 内部新芽
3. 根盘　4. 基生根

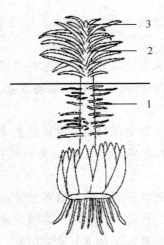
图10-2　花芽分化期植株
1. 茎生根　2. 地上茎叶
3. 茎顶花序

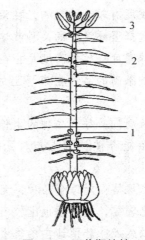
图10-3　开花期植株
1. 地下小鳞茎
2. 地上珠芽　3. 花序

图10-4　亚洲百合杂种系

图10-5　麝香百合杂种系

图10-6　东方百合杂种系

花朵向上，种球成本低廉，切花售价低。

【操作1】选择品种

百合品种的选择一般要根据以下几个方面来进行：

①要根据市场前景来确定品种　在市场上，不同的百合品种价格差异比较大，品种选择正确，能给种植者带来很大利润。

②要充分考虑产品的生产成本　主要考虑种球的成本，还要考虑产品的生产周期，有的百合生产周期很长，这样生产成本势必会很高，而售价不一定会很高。

③要考虑品种的特性　品种的特性主要包括颜色、枝条的硬度、植株高度、生长周期、种球规格、光敏感性、花的位置、花蕾数与外形、叶焦枯敏感性等。

颜色：选择消费者喜爱的颜色。

枝条的硬度：茎的坚硬度随品种的不同而有很大的差距，一年中不同的种植时间对其茎的坚硬度有较大的影响，在温度较高的季节栽培，茎的坚硬度普遍降低。作为生产者，要尽量选择坚硬度好的品种栽培。

植株高度：植株高度是指在采收阶段从地面到总花序顶部的高度。尽量选择植株高的品种，枝条高的品种在市场上的售价较高，植株的高度也因温度、光照和栽培管理不同而异。

生长周期：每个品种的生长周期对于种植者来说是很重要的，因为生长周期直接影响切花产品能否按计划上市。夏季栽培，生长周期极大地缩短；冬季栽培，生长周期将延长。

种球规格：对每个品种，必须在不同大小的鳞茎中做出选择。鳞茎大的品种，通常其茎长且比较重，花蕾数也比较多，开花早，种球价格相对来说也高。

光敏感性：若预计在冬季才会进入花芽生长发育阶段，则不宜种易落芽的品种。在光线不好的温室也不能种植易落芽的品种。

花的位置：多数亚洲百合有直立向上的花苞，其他种群中，有相当数量的品种有下垂的或侧生的花苞。从生产的角度看，这些花苞下垂或侧生的品种在采收、分类、捆扎以及运输上有很多不利因素。下垂花或侧生花的潜在市场不大。

花蕾数与外形：对于亚洲百合来说，每个茎上至少要求有 5 个花蕾；对于东方百合来说，每个茎上至少要有 3 个花蕾。外形也是非常重要的，花蕾大而光滑且有很好颜色的品种备受青睐。

叶焦枯敏感性：某些品种，如'Acapulco''Star Gazer'等容易叶片焦枯。出现叶焦枯将影响切花的品质。百合发生叶片焦枯的敏感性不仅与品种有关，还与选择的鳞茎大小有关。在易发生叶片焦枯的品种中，鳞茎为 14cm 或更大者易发生叶片焦枯。

【操作 2】定植

(1) 土壤改良

百合是对盐极敏感的植物，因为含盐量高对根系吸收水分有抑制作用，这就影响到植物茎的长度。所以，在种植之前 6 周要对土壤的 pH、营养含量、含盐量进行测定。含盐量不应超过 1.5mS/cm，含氯量不应超过 1.5mmol/L。如果含盐或氯成分较高，则应该预先用适当的水淋洗，并且要彻底，这样能够阻止土壤结构的退化。

百合几乎能在所有的土壤上生长，然而，保证良好的土壤结构，特别是上层 30cm 土壤结构是非常重要的。含沙重和黏性强的土壤不适合栽培。土壤结构好，除能对百合的生长提供充足的水分和养分外，还能对植物根系的生长提供充足的氧气，进而保证百合根系能够良好地发育。所以，种植百合的土壤要求疏松、肥沃、富含有机质，pH 5.5~6.5 比较适宜。在生产上，对表土熟化不够的土壤一般用泥炭、沙、稻草、稻糠、松针、腐叶土等混合物来改良，具体比例要视具体土质而定。比较黏重的土壤用泥炭和沙改良比较好，如每 100m^2 土壤均匀撒 6m^3 泥炭土和 4m^3 沙子，这样可以保证栽植百合用土的需要。

(2) 施基肥

在实际生产中，一般采取有机肥和无机肥相结合的方式施基肥，如 100m^2 土壤施 1m^3

腐熟的牛粪和5kg磷酸二铵。特别指出的是，牛粪一定要腐熟，否则易引起烧根。

(3) 整地

在施有机肥和改良基质之前，先清理地面，清除杂物、石块，确保土壤无异物。深翻土壤至少20cm，然后将有机肥和改良基质按一定的比例均匀撒上，再将土壤与肥料和改良基质搅拌均匀。

(4) 消毒土壤

土壤消毒工作对于防治病虫害的发生，保证百合的正常生长是十分必要的。目前，采用比较普遍的是化学消毒法。如100m^2均匀撒施250g五氯硝基苯和500g甲拌磷，这些药剂施用的方法是先用沙混匀，然后在旋耕之前均匀撒到土壤上。

(5) 平整土地

旋耕完土地之后，用耙子将土地整平，同时将杂物、大的土块清理干净。整地之后，检查土壤的湿度，要求土壤湿润，如果干燥，要喷水增加其湿度，这有利于保证百合种球不失水分。

(6) 消毒种球

计算某个时间段计划栽植百合种球的数量，将百合种球从贮藏室取出之后，在阴凉地方缓慢充分解冻，待全部解冻之后，将百合种球小心挑选出来，最后放至配制好的消毒溶液中消毒3~5min。消毒的目的主要是防治种球鳞片的腐烂病和根腐病，消毒溶液的配方最好采用3%噁甲水剂500倍和50%扑海因粉剂600倍混合溶液。

(7) 种植种球

种植的密度随种群、栽培品种、种球的大小而差异很大，种植密度也受季节和土壤类型的影响。在光照充足、温度高的月份种植密度要高，在光照不足的季节种植密度就应低一些；土壤结构好，种植密度可以大些，土壤结构差，可以种植稀些。表10-1列出了各种群不同大小的球根的最小和最大种植密度。百合种球种植深度一般以8~10cm为宜（图10-7）。

表10-1 不同种群、类型和大小的球根每平方米的种植密度   cm

种 群	球 茎				
	10~12	12~14	14~16	16~18	18~20
亚洲百合/个	60~70	55~65	50~60	40~50	
东方百合/个	45~55	40~50	30~40	30~40	25~35
麝香百合/个	55~65	45~55	40~50	35~45	
麝香百合/亚洲百合/个	50~60	40~50	40~50		

先将百合种球的栽植床床底用耙子搂平，栽植床的覆土采用的是下一床的表土，清完下一床的表土正好可以覆盖上一床，这样一床倒一床，既省时，又省力。栽植百合种球时要注意避开光照强和温度高的时间段，种球需要简单覆盖，避免阳光直射。

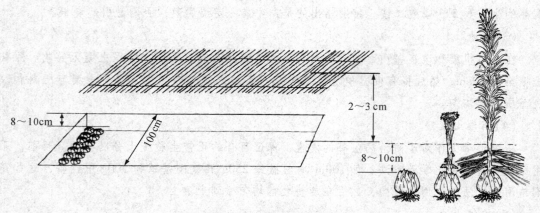

图 10-7　百合种植深度及种植覆盖

（8）作床

栽植床一般采用高床，以利于排水和增加土壤的通气性。床面宽 1m，作业道宽 30cm（图 10-8），便于进行日常管理和通风。作床的工作与覆土的工作是同时进行的，覆完土之后，用耙子将床面耧平。

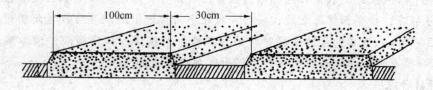

图 10-8　百合种球栽植床

（9）作物覆盖

百合种球种植后立即用适当的物体覆盖土壤，主要的目的是降低土壤的温度和保证土壤的湿度，因为百合生长的前 3 周需要较低的温度。覆盖采用稻草比较方便，厚度为 2~3cm。

【操作3】日常管理

（1）水分管理

百合在生长过程中，需要充足的水分才能保证茎叶的生长和花器的发育，所以百合对土壤的湿度要求较高。

在种植前几天就应使土壤湿润。在定植之后立即浇透水，以保持土壤的肥力，同时也能使球根的根系与土壤结合更紧密。在百合的生长期，如果浇水不透或土壤水分供应不足，就会影响茎叶的生长和花蕾的发育，易造成植株矮小、瘦弱以及花苞小和消蕾的现象。相反，如果土壤的湿度过大，同样对植株生长不利，易出现徒长、枝条软弱现象。

浇水量和浇水的次数取决于土壤的类型、温室的气候、植株生长情况、栽培品种和土壤的含盐量。检测土壤湿度是否达到标准的好方法是用手紧握一把土，若能挤压出水滴则表明湿度适宜。

浇水的最好时间是早上，这样到傍晚温室的湿度就可以降低，切忌在中午烈日、温度很高时浇水。浇水的方式最好用滴灌，因为滴灌能使土壤湿润均匀，防止土壤的板结，有利于植株充分吸收水分和氧气。百合属于对盐极敏感的植物，因此盐含量高对根吸收水分有抑制作用，影响茎的长度。灌溉水的总盐含量（EC）影响到土壤的含盐量，因此，灌溉水的 EC 值应该低于 0.5mS/cm。所以，经常对盐分含量和氯分含量的检测是十分必要的，若用超过这些标准的水来灌溉，则土壤应该保持湿润，以防盐浓度过高。

（2）光照管理

百合对光照要求比较高，光照不足易造成植株生长不良并引起落芽、植株变弱、叶色变浅、花色不艳和瓶插寿命缩短等现象，光照过强则易造成植株矮小、花色过艳等现象。所以，保证百合在生长过程中的光照强度是十分必要的。亚洲百合是光照不足引起落芽最敏感的类型，但在各品种间有很大的差异；麝香百合对光照敏感性明显较小；东方百合对光照最不敏

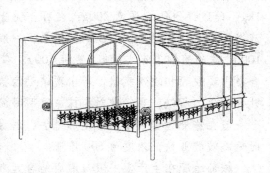

图 10-9　高光照强度下对百合遮光

感。在光照强度大的月份，可以采用遮阳网遮光来降低光照强度（图 10-9），以保证生产出高质量的百合切花产品。如在光照强度最大的夏季，种植者可为亚洲百合和麝香百合遮去 50% 的光照，为东方百合遮去 70% 的光照。另外，遮光可以降低温室的温度，尤其在炎热的夏季对温室的降温作用更大。遮阳网的安装方式宜采用外遮阳。

（3）温度管理

温度管理对于获取高质量的百合切花产品和按时采收很重要。在百合的前 1/3 生长周期内或至少在茎生根长出之前，初始的温度应低，最适在 12～13℃。温度过低会延长生长周期，甚至引起花蕾干缩和落芽，而温度高于 15℃ 会缩短生长周期，引起植株枝条软弱，导致低质量的产品。

不同种群，对于温度又有不同的要求。亚洲百合在生长期的日常温度最好保持在 14～15℃，通常白天在 20～25℃，夜温在 8～10℃；东方百合在生长期的日常温度最好保持在 15～17℃，通常白天 20～25℃，夜温在 14℃ 以上即可；麝香百合在生长期的日常温度最好保持在 14～16℃，通常白天 20～25℃，夜温在 13℃ 以上即可。

在温室中种植百合，只有夏季的温度较难控制，所以在夏季百合更易出现消蕾现象和植株枝条软弱，解决的办法就是尽量采取一些降温的措施，如应用遮阳网、喷雾、水帘和风扇降温系统。

（4）湿度管理

百合适宜的相对湿度是 80%～90%，相对湿度应避免太大波动，变化应缓慢进行。迅速的变动会引起胁迫，使敏感的品种叶变焦。利用遮阴、浇水和及时通风可以阻止湿度太大波动。当室外的相对湿度非常低时，不宜在非常冷或非常热的白天突然通风，最好在室外湿度较高的早晨进行缓慢通风。

(5) 养分管理

百合在整个生长期需要较多的肥料才能满足其生长需要，如果营养不足，会造成植株枝条软弱、植株矮小、花苞小等现象，严重时影响切花质量。除在百合种植之前施足基肥以外，在种植之后3周开始追肥，切花采收之前2周停止追肥。

在百合生长前期，可采用有机肥与无机肥相结合的方式进行追肥，如每两周施一次稀释的饼肥液和一周施一次硝酸钙、硝酸钾、尿素混合液，用量一般是每 $100m^2$ 施硝酸钙 1kg、硝酸钾 300g、尿素 200g；在百合现蕾至采收这段时间，除施用两次饼肥外，另要施液态无机肥，且要降低氮肥的使用量，一般使用硝酸钾和磷酸二氢钾的混合液，用量是每 $100m^2$ 施硝酸钾 1kg、磷酸二氢钾 500g。在施肥的过程中，还要注意微量元素的补充。百合易出现缺硼和缺铁症状，若出现缺硼症状，会引起开花不良；若出现缺铁症状，会引起叶片黄化。所以，要经常对植株施这两种肥料，以确保植株对铁元素和硼元素的需要。硼砂一般在施肥过程中每次都追加进去，用量是每 $100m^2$ 施 5g；植株如果出现黄化病，要及时喷施硫酸亚铁，浓度为 600 倍液。

根部追肥在生产上一般与灌溉结合起来，特别是有滴灌系统时，肥料可以加到滴肥罐和蓄水池中，随水滴到种植百合的土壤中，既省时，又省力，而且效果也非常好。

【操作 4】松土、除草、拉网立桩

(1) 松土、除草

温室中适宜的温度、湿度、光照和营养等条件，不仅有利于百合的生长发育，也给杂草提供了适宜的环境。为保证百合生长，必须及时松土、除草。在百合生长初期，要注意不能损伤幼茎，松土不宜太深，防止伤及鳞片和根系；当百合茎叶生长繁茂时，一般不需要进行松土、除草，以免损伤花茎。尽量不要使用化学除草剂，如果要使用，同一土壤一年最多用两次，最好是在种植前除草。

(2) 拉网立桩

百合切花的枝条高度能长到 80cm 以上，并且花朵多而大，冬季栽培时还表现出较强的向光性，易使植株倾斜倒伏，因此应做好张网立桩工作，以切实保证百合切花质量。通常在百合植株长到 30cm 时开始张网，以苗床为单位，在苗床的 4 个角立上桩，再在苗床面上拉支撑网，使植株全在网格内（图 10-10）。随着植株的生长，要不断提高网的位置。支撑网最好采用铁丝网，铁丝网虽然成本比较高，但可使用多年，并且效果比塑料网要好得多。

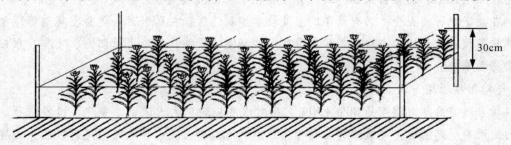

图 10-10　张网立桩

【操作5】病虫害防治

(1) 真菌病害防治

①灰霉病

症状：是百合病害中危害最严重、分布最普遍的一种病害，主要发生在叶、茎和花蕾上。常危害幼嫩茎叶的顶端部，使生长点变软、腐烂，在叶上则形成黄色或褐色圆形斑点，在花蕾发病则产生逐渐扩大的褐色斑点，腐烂成黏连状，湿度大时病斑上产生灰色的霉。

防治措施：注意加强温室的通风，保证适宜百合生长的温度和湿度。一旦发现产生灰霉的病叶，应立即剪除病叶并加以焚烧，以防止蔓延，并及时喷洒药剂。可采用扑海因600倍液或百菌清800倍液，3d喷施一次，连续2~3次，可达到治愈的效果。

②茎腐病

症状：这是百合经常发生的一种病害。这种病害发病首先从地下部分开始，在地下，褐色的斑点首先出现在鳞片顶部、侧面或鳞片与基盘连接处，这些斑点将逐渐开始腐烂，如果基盘和鳞片在基部被侵染，那么鳞片就会腐烂。在茎地下部分，出现橙色到黑褐色的斑点，以后病斑扩大，然后扩展到茎内部，以后继续腐烂，最后植株未成年就死亡。染病植株在地上部分表现为基部叶片在未成年就变黄，然后变褐而脱落。

防治措施：种植之前要做好种球消毒和土壤消毒；种植前后要保证适宜的土壤湿度。在植株长到20cm高时要经常检查地下茎部分是否有橙色或黄褐色斑点，若有，要及时用药剂灌根。灌根的药物一般用3%噁甲水剂500倍液或多菌灵400倍液。

③炭疽病

症状：危害叶片、花和球根。在叶片上发病会产生椭圆形淡黄色而周围黑褐色稍下凹的斑点。花瓣发病产生椭圆形的病斑，花蕾发病则产生几个至十几个卵圆形或不规则形、周围黑褐色中间淡黄色下凹的病斑，成熟后病斑中央稍透明。遇雨则茎叶上产生黑色小点，最后全部落叶。

防治措施：种植之前要进行种球消毒和土壤消毒；加强通风等栽培管理；发病之后要进行药剂喷施，常用的药剂是50%扑海因600倍液、75%百菌清800倍液或45%甲基托布津600倍液，3d喷施一次，连续2~3次，可达到治愈的效果。

(2) 生理病害防治

①叶焦枯

症状：叶片焦枯在未见到花芽时发生，首先幼叶稍向内卷曲，数天之后，焦枯的叶片上出现绿黄色到白色的斑点。若叶片焦枯较轻，植株还可继续正常生长；若植株叶片焦枯很严重，白色斑点可转变成褐色，伤害发生处，叶片弯曲，发生腐烂。出现叶片焦枯的主要原因是吸水和蒸发之间的平衡被破坏，引起幼叶细胞缺钙，细胞损伤并死亡。这也与根系差、土壤盐含量高、根系相对生长过快和温室中相对湿度急剧变化等有关。叶片焦枯因品种和鳞茎大小有很大差异，较大鳞茎比小鳞茎更敏感。

防治措施：种植之前应让土壤湿润；最好不要用易受感染的品种，若只能采用此类品种，也应尽量不用大鳞茎，因大鳞茎对叶焦枯更敏感；种植的深度要适宜；避免温室中的温度和相对湿度差异过大；防止植株过快生长；确保植株能够保持稳定的蒸腾，可以通过遮阴和喷水加以解决。

②黄化病

症状：幼叶叶脉间的叶肉组织呈黄绿色，尤其是生长迅速的植株，植株越缺铁，叶片就越黄。在含钙丰富的土壤和淤泥土壤中易出现这种缺素症。如果土壤温度过低，也易发生。这种缺素症主要是由于缺乏植株可吸收的铁而引起的。

防治措施：首先应确保土壤排水良好，pH 要低，良好的根系可大大减少发生缺铁症的可能性。应根据土壤 pH 的情况使用络合态铁。种植前 pH 高于 6.5 的土壤应施一次络合态铁 $2\sim3g/m^2$，若对植株颜色仍不满意，可在约 2 周后再施一次。对于 pH 为 5.0~6.5 的土壤，根据植株的颜色，对缺铁敏感的品种，可在种植后施用 1~2 次络合态铁。络合态铁可以通过灌溉施用，也可把它与干沙混合后施用。

③缺氮　缺氮会引起整个叶片颜色变浅，这在植株将要开花时表现更明显，植株看起来非常细长。土壤含氮量低时，茎较轻，花芽较少。缺氮的百合花枝，瓶插时叶片很快变黄。如果植株在栽培过程中出现缺氮症状，应及时补充速效氮肥。施肥时不要碰到植株上，以免发生叶片焦枯，不小心碰到时，应用水冲洗干净。

(3) 虫害防治

①蚜虫

症状：主要危害叶片和花蕾，幼叶被蚜虫危害后卷曲变形，花蕾受蚜虫侵害后，产生绿色斑点，开花时绿色斑点仍保持绿色，花多畸形。

防治措施：要及时清除杂草；发现蚜虫时喷洒 65% 辛硫磷乳油 800 倍液或 50% 敌杀死 600 倍液。

②蝼蛄防治

症状：危害百合鳞茎，咬食根系，使植株萎蔫枯死。

防治措施：种植百合之前撒施甲拌磷；及时清除杂草，保持温室清洁；在百合生长过程中发生时，可以撒施敌百虫。

【操作6】采收、加工与贮藏

(1) 采收

百合植株若有 4 个以下花蕾，有 1 个花蕾着色即可采收；若有 5~10 个花蕾，有 2 个花蕾着色即可采收。过早采收，花开放时的色泽不好，显得苍白，甚至一些花不能开放；过晚采收，又会给采收后的处理和销售带来困难，主要包括花瓣被花粉碰脏，以及已经开放的花释放的乙烯对其他植株有催熟的作用。最好在早上采收，这样可以避免百合脱水。采收后应立即送到加工车间进行包装。

(2) 加工

采收后，按照每枝花的花蕾数目、枝条的长度和坚硬度以及叶片与花蕾是否畸形来对百合切花进行分级。去掉枝条基部 10cm 的叶片，然后 10 枝 1 扎，捆绑成束。捆绑完之后，进行包装。包装的目的是保护花蕾与叶片。包装后，用剪刀剪齐茎基部。注意加工的整个过程最多只能持续1h，处理的时间越长，越影响切花的品质和瓶插寿命(图10-11)。

(3) 贮藏

加工完之后，应将百合切花直接放入清洁的、预先冷却的水中，再放进冷藏室。水和冷藏室的温度最好为2~3℃(图10-12)。

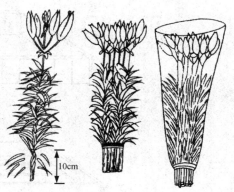

图 10-11 百合切花采收与加工

【操作7】种球、种苗生产

(1) 播种育苗

百合育苗中最简便的方法是播种育苗。播种育苗主要的优点是能获得大量无病健壮植株，其缺点是目前生产中主要局限于新麝香百合。

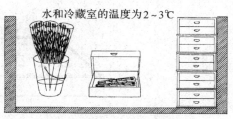

图 10-12 百合切花贮藏

①播种用土　播种用土可选用肥沃园土、河沙和泥炭配制而成，比例为2:1:1，每立方米添加100kg腐熟的牛粪，并且要进行消毒和杀虫处理。

②播种时间与方法　在温室中，可于1~2月播种。播种前种子用60℃温水浸种，播种后覆土厚1cm，温度维持在20~25℃，保持播种基质的适当潮湿，约14d可发芽。

③分苗与移植　第一片真叶出现后，应进行分苗移栽。分苗前准备好培养土的土壤，以疏松、肥沃土壤为宜，并要进行消毒和杀虫处理，添加肥料，还要使土壤湿润(参见定植部分内容)。分苗时，将育苗土壤浇透，轻轻将苗剔出，注意切勿伤根，然后在移苗区定点处扎一个种植孔，孔深比幼苗的根系深1cm，随之将幼苗缓缓放入孔中，最后轻轻合拢穴口。分苗后，用细眼喷壶喷水。

(2) 鳞片扦插育苗(图10-13)

①鳞片的准备　通常选用健康鳞片扦插繁育小鳞茎。选用秋季成熟的健壮种球，剥去外围的萎缩鳞片后，健康的第三(层)鳞片肥大、质厚，贮存的营养物质最丰富，是最好的繁殖材料。剥取扦插用鳞片时，下手要轻，以免压伤鳞片表面，导致腐烂。每个鳞片基部最好能带上一部分基盘组织，以利于形成小鳞茎。内层小而薄的鳞片不适宜作为扦插繁殖的材料，留下的中心小轴可单独栽培，自成一个新的鳞茎。

②扦插基质　以泥炭作为扦插基质较好，利于鳞片的存活，并在伤口形成子球，子球的增大也最快。

③扦插及其管理　将鳞片的1/3(或3cm)插入泥炭介质中，鳞片间距为3cm，要防止碰伤鳞片。插后，基质保持湿润，忌阳光直射，最好保持黑暗，空气相对湿度保持在90%左右，温度维持在21~25℃，前10d的温度可高至25℃，而后，则不超过23℃为宜。2周后，鳞片基部就有可见的小鳞状物突起；3周后，小鳞茎基部逐渐长出1条或数条肉质根；1个月后，有的小鳞茎可抽生出细小叶片，成为一个可独立生活的个体。由鳞片扦插所获

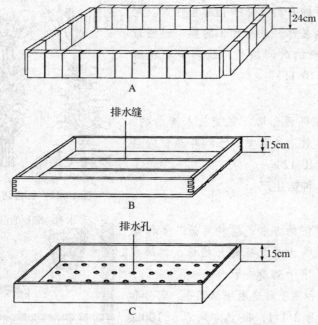

图 10-13 百合鳞片扦插床及扦插箱
A. 扦插床　B. 扦插木箱　C. 扦插塑料箱

得的小鳞茎,大的直径可达 2cm 以上,小的直径在 1cm 以上。所获得的子球数量、大小与扦插所用鳞片肥壮程度有密切关系。繁殖率通常是 50~100 倍。

(3) 分球繁育

分球繁殖是采用植物茎基部生长出来的小鳞茎来繁殖百合的方法,以专门繁殖鳞茎为目的。在秋季,植株地上部分开始枯萎时,要及时采挖。采挖后的鳞茎摊放在室内或阴凉的地方,切勿在阳光下暴晒,以防止鳞片干枯。母球与子球待阴凉 1~2d 后再掰开。这些小子球具有健全的根系,可以翌春单独栽植,采取商品化的管理方法进行管理,秋天再采收,进行种球处理,处理方法与商品种球方法相同。这样经过 2~3 年,甚至更长时间的培养,就可以培育成适合生产需要的商品种球。需注意的是,在培育过程中,如果有花蕾出现,应及时去除,继续培养成大球。

(4) 组织培养繁育

组织培养繁殖百合的主要优点是,在短期内可获得大量的保持原有品种优良性状的脱毒苗。目前,这一方法是繁殖百合种球的主要方法。百合植株不同部位均可通过组织培养快速繁殖出新个体,通常利用经过低温处理的健康鳞茎,或选用近外部及中间部位的健壮鳞片(或生产期的幼嫩花蕾)作外植体。采用组培繁殖的主要目的是获得更多的性状优良的子球,子球再经过培养,即可获得商品种球。

【操作 8】种球的处理、运输和贮藏

(1) 种球的处理

①采收　一般在秋季植株地上部位开始枯萎时,就应及时挖出鳞茎。挖鳞茎时从苗床一端开始,逐渐向内推进。为防止挖伤种球,保证根系完整,挖掘时应离种球 15cm 斜向

种球下锹,挖掘深度为 20cm。挖掘一定数量后,去掉鳞茎上的泥土,剪除枯萎的茎轴,然后将种球进行集中,轻轻放入箱中。

②分级 通常根据鳞茎周径大小,将能产生切花的商品种球分类(表 10-2)。周径小于 9cm 的鳞茎生长发育差,开花质量不高,因而不宜供切花生产用,培养 1 年后可作商品种球。

③清洗与消毒 将同一品种同一级别的鳞茎放在一起,先用清水冲洗,再用扑海因 600 倍和农用链霉素 1500 倍混合溶液浸泡 3min,然后阴干。

表 10-2 百合切花鳞茎规格   cm

品种群	鳞茎大小(周径)
亚洲百合杂种系	9~10、10~12、12~14、14~16
东方百合杂种系	12~14、14~16、16~18、18~20、20~22、22~24
麝香百合杂种系	10~12、12~14、14~16、16~18

④包装 采用塑料周转箱作存放容器,放置时先在筐底铺一层塑料薄膜,撒一层润湿的锯末或泥炭,上面放一层种球,再放一层塑料薄膜,这样一层层交替存放,一直到放满为止。然后将塑料薄膜包起来,上面打些小洞以利于通气。每箱可放 150~400 粒种球。装完箱后,再在箱上挂上标签,注明品种名称、种球规格、数量和存放日期。

⑤低温处理 百合种球只有放入冷库进行低温处理,打破休眠,才能进行促成栽培。具体做法是:将装有百合种球的塑料周转箱一层层堆放在冷库里,最底层应用木板垫起来,避免与地面直接接触,以保证空气流通。箱子与冷库墙也应有 10cm 左右的距离,箱子与冷库顶则要留 50~80cm 高的空间。箱子中间要留人行道,便于经常查看。贮存的温度必须保持在 2~5℃,温度变化过大可能导致冻害。低温贮藏时间为 6~8 周。时间过长,会减少花芽的数量。贮藏时间越长,减少量越大。在贮藏期间,要经常检查箱内湿度,保持锯末或泥炭潮湿,如果变干,要及时喷水。注意包装材料不能太湿或积水,否则鳞茎会腐烂。冷库还要定时换气,保持库内空气新鲜。

⑥冷冻处理 百合种球要长期贮藏,须采取冷冻处理。冷冻百合种球要用塑料薄膜包装(要有透气孔),里面填充稍微潮湿的泥炭土或锯末;冷冻处理要求温度稳定,由于温度升高而解冻的种球不能再冷冻,否则会造成冻害,冻害的程度取决于品种的类型、季节和解冻时间的长短。在百合种球冷冻过程中,必须在较短的时间范围内(7~10d)被冷冻到适宜的温度。保持整个冷冻温度一致非常重要,很小的温度差异都可能引起冻害或发芽。种球冷冻贮藏的温度因种类而异,对温度有如下要求:亚洲百合,-2℃;东方百合,-1.5℃;麝香百合,-1.5℃。

百合种球在冷藏室的摆放要求箱与箱之间及堆与堆之间有适当的空间,整个冷藏室必须要有一致的空气环流,这样可以保证整个冷藏室温度一致。没有冷冻的种球和解冻的种球仅能短期贮藏,在 0~5℃ 条件下,最长可贮藏 1 周时间;如果是解冻的种球,必须立即种植完。

(2)种球运输

百合种球经采收处理后大多要销往各地,为此要保证必要的低温和湿度条件。以荷兰为例,海上运输百合种球要采用冷藏集装箱,冷藏集装箱的温度和通风要调到适宜的范围(表 10-3)。

表 10-3　不同类型百合种球在不同时期的运输温度　　　　　　　　　　　℃

百合类型	运送时期	运输温度
亚洲百合	采收至 12 月 15 日	0~1
	12 月 15 日至翌年 1 月 1 日	-2~-1
	1 月 1 日以后	-2
东方百合	采收至翌年 1 月 1 日	-2~0
	1 月 1~15 日	-1
	1 月 15 日以后	-1.5
麝香百合	采收至 12 月 15 日	0~1
	12 月 15 日至翌年 1 月 1 日	-1
	1 月 1 日以后	-1.5

百合种球在港口卸下后，应装入冷藏卡车，保证整个运输过程温度保持在 0℃ 以下，使百合种球继续保持冰冻状态。而售给顾客后直接种植的百合种球可 0~5℃ 运输，但在此温度下运输最长不要超过 1 周时间。

技能 10-2　菊花生产

切花菊是菊花的一类，为菊科菊属，原产于我国。切花菊栽培要求土壤通透性和排水性良好，具有较好的持肥保水能力且无病虫。需水偏多，但忌积涝，土壤以中性或稍偏酸性为佳。喜阳光，有的品种对日照特别敏感。生长适宜温度为 15~25℃，较耐低温，10℃ 以上可以继续生长，5℃ 左右生长缓慢，低于 0℃ 易受冻害(地上部分)，根系可耐 -10~-5℃。

【操作 1】品种选择

（1）切花菊的种类

①按自然花期和生长习性分类

夏菊：自然花期 5 月至 9 月中旬，属典型积温影响开花型，对日照不敏感。

秋菊：自然花期 9 月中旬至 12 月底，属典型短日照开花植物，在温度适宜条件下当日照时间短于某一界限值时，才能开始花芽分化并正常开花，对积温影响不敏感。

②按花的形态分类

独本菊：一个茎秆上只留一个花蕾，花朵(头状花序)直径一般 8~15cm。

小菊：一个茎秆上有多个花蕾，一般留 5~7 个，主蕾与侧蕾长势均衡，花期接近，呈伞形花序。

多头菊：一个茎秆上有多个花蕾，一般留 5~7 个，主蕾发育后期长势逐渐衰弱，侧蕾发育旺盛并逐步取代主蕾，形成伞房花序。

（2）选择品种

切花菊一般栽培平瓣内曲、花形丰满的莲座形和半球形的大花品种，要求瓣质厚硬，干长径短，挺拔坚韧，叶节均匀，叶片质厚平展，花叶清鲜而有光泽，耐贮存。目前国内菊花切花已经做到周年供应，其中以冬至、中元节、清明节上市量最大。

冬至用花：适宜栽培的品种为秋菊，所栽品种有'黄秀芳''三色白''大白莲''牡丹红''台黄''日本白''九月黄''桃红'等。

中元节用花：适宜栽培的品种为夏菊，所栽品种有'幽香''四季白'等。

清明节用花：适宜栽培的品种为春菊和秋菊，品种有'尖叶黄''黄秀芳''三色白''日本黄''五月黄''巨星白'等。

另外，夏季用花可选择夏菊如'王中王''四季白''六月黄'等品种，通过人工补光的方法，夏菊可以一直延续供应到11月。目前出口日本的主栽品种为白色的'神马''幽香''滨波'，黄色的'深志'，通过技术手段，可实现周年生产。

【操作2】定植前准备

（1）土地选择

菊花喜湿怕涝，最适宜的土壤含水量是40%~60%，栽培时应选择地势相对较高，通风好的地块。土壤以砂土和砂壤土为好，土壤以中性或稍偏酸性为佳。

（2）整地、施肥

整地、施肥时，应根据不同的土壤条件采用不同的施肥方法。因不同的品种对肥力的要求不一样，所以在整地时施入的肥料也是不一样的。一般每亩施入 $10\sim12m^3$ 牛粪和氮、磷、钾比例为16:16:16的复合肥50kg。用旋耕机反复旋耕3次，使肥料与土壤充分混合，准备作床（图10-14）。

（3）作床

苗床一般采用南北向，高垄栽培，床高10~20cm。苗床为梯形，下底宽70cm，上底宽60cm，苗床间作业道宽30cm。苗床要求笔直，床面水平。

（4）滴灌系统安装

每个苗床上面铺两条滴灌带，间隔30cm，滴头间距以15~20cm为好。滴灌系统安装结束后，必须立即检查滴水效果，若有问题立即纠正，确保苗床每一处滴水均匀（图10-15）。

（5）覆膜

滴灌系统装好后在苗床表面覆1层黑色地膜，可以起到增温、保湿、防除杂草的作用。

（6）铺设支撑网

在苗床上铺设网眼规格为10cm×10cm的5目尼龙支撑网，网面要绷紧，使每一个网眼呈正方形。网的两端用挡板和铁管固定，有条件的地方用铁丝网效果更好。

图10-14 整地、施肥

图10-15 作床、安装滴灌系统

(7)优质种苗准备

按照出花计划计算栽植切花菊种苗的数量。进行单株栽植时,出花数量为定植数量的80%,摘心栽培时出花数量为定植数量的2.5倍。优质切花菊种苗株高6~8cm,侧生根20条以上,根系长度0.5~2.5cm(不长于4cm),茎干粗壮,2~4片完全展开叶,无病、无虫,生长势强,无老化现象。

(8)种苗消毒

消毒的目的主要是防治菊花白锈病。定植前把切花菊苗浸入配制好的消毒溶液中消毒3~5min。消毒溶液可以采用12.5%阿米西达1500倍、50%扑海因粉剂600倍和25%丙环唑1000倍混合溶液。

【操作3】定植

(1)选苗

定植前应对定植苗进行分选,将病、残苗除掉,把壮苗和细、弱苗分开进行定植,一般壮苗定植在畦中间,弱苗定植在畦两边,边上通风、透光条件好,这样很快能使菊花苗生长势保持一致。

图10-16 定 植

(2)定植时间

栽培季节不同,定植的时间也不同,一般夏季定植在下午进行,冬季在晴天的上午进行,如果定植量很大,可在遮阴条件下全天进行。

定植时要求种苗茎部埋入土里2cm,使根系舒展,与土壤接触紧密。单株栽培,株行距为10cm×10cm,每个网眼定植1株种苗,每亩定植27 000株左右(图10-16)。

(3)扶苗与补苗

定植后立即浇水,浇水量要大,同时用遮阳网进行遮阴。浇水后,马上进行扶苗、补苗。有的菊花苗根系裸露在外面,要重新覆土。

【操作4】定植后管理

(1)水分管理

水分是影响菊花品质的最重要的因素之一。苗期水分不足,会大大降低菊花的成活率,这也是造成老化苗、生长不整齐的主要原因;营养期水分不足,导致叶片萎蔫、失去光泽,茎秆细弱;生殖期水分不足,易造成花芽分化不良,舌状花瓣数减少、花瓣短小,俗称"露心",严重时影响售价。

①定植前水分管理 切花菊栽培方式有低畦栽培、高床覆地膜栽培、高床不覆地膜栽培等。不论采用哪种栽培方式,定植时都要保证床面土壤湿润,土壤含水量在40%左右。低畦栽培提前2~3d浇水,高床不覆地膜栽培可提前2d浇水,高床覆地膜栽培可用喷头浇水后立即覆地膜,次日定植。定植时以土壤湿润而不黏稠为宜。

②定植时水分管理 定植后马上浇水,如果一次定植面积较大,则必须边定植边浇

水，以确保花苗及时得到水分的补充。用水量以花苗周围3cm、根下2cm土壤含水量达95%～99%为宜。必须做到花苗根系与土壤紧密接触，从而确保成活率。定植后3～5d进行第二次浇水（定植后应覆盖遮阳网，防止棚内温度过高，水分蒸发量太大）。根据气候、土壤结构等不同，第二次浇水时间间隔也不同。一般保水性较弱的砂质土，在定植后第三天浇水；保水性较强的黏质土，在定植后第五天浇水。一般第二次浇水与第一次间隔不超过5d，水量为第一次的2/3（砂质土浇水量与第一次相同），确保花苗安全度过缓苗期。

③炼苗期水分管理　定植后10～20d，此时期花苗缓苗已经结束，新根开始生长，应适当控制浇水量，以"看苗浇水，少量多次"为原则。即经常在田间观察，当发现花苗有2～3片叶萎蔫（顶叶和生长点正常）时浇水，用水量不要太大，大约为定植水的1/3即可，让花苗常处于一种半饥渴状态，以刺激花苗根系的生长，培养壮苗，为以后的快速生长打好基础。如果此时期水分过量，极易造成地上部分徒长，而根系会因为缺少氧气生长缓慢。地上、地下生长不均衡，会给后期管理带来很多困难。

④营养生长期水分管理　缓苗期过后至花芽分化前为菊花主要营养积累期，生命活动旺盛，需要大量的水和二氧化碳来合成有机物质，需要吸收大量的营养元素以保证自身的快速生长需要，而营养元素主要以离子状态存在于水中被植物根系吸收和利用。总之，此时期要保证充足的水分，一般夏季3～5d浇一次透水，冬季5～7d浇一次透水。此期要做到浇水均匀，浇水间隔的天数基本一致。这是确保切花叶片间距均匀一致的重要条件，而切花叶片间距是否均匀是衡量菊花品质的一个重要因素。

⑤花芽分化期水分管理　花芽分化前7d开始控制水分，以偏旱为宜。人为地创造一种"逆境"条件，有利于菊花的营养生长向生殖生长过渡。到花芽分化中后期应适量浇水，以保证顶部叶片的正常生长。此时期若水分不足，极易造成顶叶小而簇生，严重影响商品价值。

⑥花蕾膨大期水分管理　花蕾膨大期指能看见小花蕾到开花。此时期由于花芽分化期的水分控制，植株整体偏旱，所以要逐渐增加供水量。当花蕾长到豆粒大小时为需水盛期，与主要营养期的用水量基本相同，以促进花蕾的迅速膨大。此时期若供水不足，易出现顶叶小、花瓣短等现象。另外，在切花前2d浇一次透水，既可使花期集中，又有利于出口保鲜、提高土地利用率。

（2）光照与温度管理

菊花喜阳光，光照不足易造成植株生长不良并引起叶片发黄、植株变弱、花色不艳和瓶插寿命缩短等现象，但光照过强（超过$8×10^4$lx）易造成植株矮小、叶片灼伤、花朵褪色等现象，所以要采用遮阳网遮光，适当控制光照强度。尤其在炎热的夏季，遮阳网还起到对温室的降温作用。遮阳网的安装方式采用外遮阳比较好。在花芽分化期，夜温必须调高，秋菊一般要求15℃以上，夏菊一般要求18℃以上，最好不要高于25℃，温度过高会出现花朵畸形现象。

（3）施肥管理

花苗定植前期，由于浇水或花苗本身差异，植株生长势会有些不同，这时可以用稀浓度的肥料水补施给那些低矮、生长势弱的植株，也可对一些生长势过快的植株摘除部分叶片，使其生长势降低，通过调整使植株生长势一致。一般定植 10d 后，切花菊开始生长，这时由于根系还比较弱，对土壤中肥料的吸收比较少，可用一些冲施肥，如氨基酸类冲施肥、微量元素类冲施肥或海藻肥、甲壳素等。每 10d 追施一次肥料，冲施肥和化学肥料混合使用。在花苗长到 30cm 左右时可根据实际长势追施 1 次富含磷、钾的肥料，每亩追施 15kg。当植株长到 55~60cm 时，追施 1 次钾肥。切花菊追肥不是必须施用，要看植株具体生长情况而定，如果地力充足，植株长势健壮，茎秆较粗，则不用追肥。

(4) 提网、抹芽、抹蕾

当网上部分植株高度达到 25cm 左右时要及时提网，保持网上部分高度在 15~25cm。网上部分过高，植株容易弯曲；相反，网上部分过矮，由于植株未完全木质化，也容易弯曲。提网最好在晴天的下午进行，因为这时叶片比较柔软，提网时不易受损伤。提网时把花网向外侧绷紧，同时向上提起。提网工作一定要及时。

当腋芽生长至 2cm 时要及时抹掉，抹芽时双手同时进行。方法一：抹芽时用中指和食指拖住叶柄，用拇指抹掉腋芽。方法二：用大拇指扶住花茎，食指在叶柄内侧，顺叶柄向下扣掉腋芽。方法三：用食指扶住花茎，大拇指在叶柄内侧，顺叶柄向下扣掉腋芽。抹芽要及时，芽长不超过 2cm 时就要抹掉，如果抹芽太晚，会留下很大的伤口而不能出口；也不能芽很小时进行抹芽，这样容易弄掉叶片而不能出口。抹芽时要做到 3 个不，即不掉叶、不留楂、不落抹（图 10-17）。

花芽开始分化后 29d，主蕾边上的侧蕾长到绿豆粒大小，这时要及时抹掉侧蕾，如果侧蕾抹得太晚，则影响主蕾生长，造成伤口过大、主蕾过小而不能出口；如果侧蕾很小时进行抹蕾工作，则很容易弄伤主蕾。应根据个人熟练情况以能抹掉侧蕾而不伤及主蕾为原则。注意抹蕾时也不能留楂（图 10-18）。

图 10-17　抹侧芽

图 10-18　抹侧蕾

(5) 植物生长调节剂的使用

植物生长调节剂的使用是切花菊生产的关键技术之一。在定植初期，由于花苗本身个体差异或浇水等原因而生长势不同，这时可对生长较弱的花苗偏施些肥料，同时喷洒 GA_3。当花苗长到 20~30cm 时，根据实际长势，如果花苗比较弱，可适当喷洒 B_9 1500 倍液进行调整。调整后如果花苗还相对较细，可在停光时再喷洒 1 次 B_9 1200 倍液。

植株现蕾后，当主蕾生长到黄豆粒大小时必须使用1次$B_9$300倍液，施用后第五天再施用一次，以控制花茎长度。

（6）促成和抑制栽培

①补光栽培　是抑制切花菊花芽分化的一个重要手段。'神马'等秋菊品种是典型的短日照植物，当自然日照短于13.5h时，应进行电照补光。补光可用高压钠灯或白炽灯，补光灯的布置应根据灯的实际功率来确定，一般每100W可照射$9m^2$。补光灯应架设在距地面1.7~1.8m的位置，该高度是光照面积和光照强度的最合理搭配。补光时间可根据日照时长的缩短而逐渐加长，一般从开始的2h到后期的4h。补光一般采取中间补光法，即在夜间23∶00到次日2∶00进行补光，光照强度要求在50lx以上。当植株高度达到60cm时就应停止电照，使植株转入生殖生长，这时可以适当地控制水分。

②遮光栽培　当自然光照时间高于栽培品种的临界日长时，应对栽培品种进行遮光处理。遮光处理必须使棚室内光照强度小于5lx。

遮光材料是影响遮光成功与否的重要环节，选择遮光材料时，一般选择延伸性好、不透光、质轻的材料。遮光方式一般采用外遮光和内遮光两种，外遮光即把遮光材料直接覆在温室的外膜上，内遮光要在内部架设钢丝成屋状结构，然后上覆遮光材料。遮光的关键是不能透光，如果遮光效果不好（材料透光率大或有漏缺），可造成双层萼片、空蕾、花瓣过少等现象。如果进行遮光时温度较高，夜间应把遮光物打开并强制通风，以降低棚室温度，次日天亮前再遮好。如果遮光期温度长时间高于25℃，会造成花朵畸形、萼片肥厚、花瓣扭曲和花瓣过少等现象。

【操作5】病虫害防治

（1）病害防治

①锈病

症状： 病原菌喜凉，不耐高温，6℃以下或31℃以上不易侵染，而温暖多湿季节有利于病害发生，在湿度大、光照足、通风不良、昼夜温差大、10~24℃条件下最易发生，以寒冷、阴雨、日暖夜寒、潮湿天气发生较严重。主要以菊柄锈菌感染为常见。在叶片发生，起初在叶下表面产生小变色斑，然后隆起呈灰白色的脓疱状物，渐渐变为淡褐色。叶正面则为淡黄色的斑点，严重时整叶可全是病斑，导致早期枯死。

防治措施： 及时摘除病芽、病叶并集中烧毁，及时清除、烧毁枯枝落叶，以减少侵染源。加强栽培管理，增施磷、钾肥，以增强抵抗力。注意通风、透光及排水，以降低周围环境的湿度，减少发病。在酸性土壤中施入石灰等能提高寄主的抗病性。发病初期可用97%敌锈钠250~300倍液（每50kg药液中加入50~100g肥皂粉）、20%三唑酮（粉锈宁）可湿性粉剂2000倍液、30%绿得保300~400倍液、25%福星乳油5000~8000倍液。发病后，可喷施12.5%腈菌唑1000倍液或阿米西达1000倍液，每隔5~7d喷1次，连续2~3次。

②褐斑病

症状： 主要危害植株下部叶片，初发病时叶片上出现大小不等的浅黄色和紫色斑点，渐次发展成边缘黑褐色、中心灰黑色的近圆形小点，严重时病斑相连，叶色变黄，发黑干枯。

防治措施：将病株烧毁，减少侵染源。严重病区要深翻，忌连作。生长季节注意通风透光，增强植物抗性。发病期每隔7~10d喷1次0.1%等量式波尔多液，连续喷3~4次，或喷施50%代森锌1000~1500倍液，每月喷4~5次。

③黑斑病

症状：菊花黑斑病又名褐斑病、斑枯病。发病初期，感病叶面上产生褐色小点，病斑以后逐渐扩展成圆形、椭圆形或不规则形，黑色到黑褐色。病部与健部界限明显。发病后期，病斑上出现不太明显的细小黑点。发病严重时，病斑互相连接形成大斑块。最后，叶片变黑枯死，悬挂于茎秆上。感病植株叶片自下部开始，顺次向上枯死。

防治措施：选择排水良好、通风透光的地段种植菊花。合理施肥，注意氮、磷、钾的配比，以促进植株健壮生长，增强抗病力。种植不要过密，使植物有充分的通风、透光条件。对抗病差、观赏价值较低的品种，尽早淘汰。及时清除病株、病叶，消灭侵染源。淘汰的植株要及时拔除销毁，以减少翌年的侵染源。发病时喷施75%百菌清可湿性粉剂600~800倍液、80%敌菌丹可湿性粉剂500~600倍液、70%甲基硫菌灵可湿性粉剂800~1000倍液，每隔5~7d喷1次，连喷2~3次。药剂交替使用效果好。

④叶斑病

症状：病原菌可在植株残留物中存活2年，并通过溅射的水珠传播，特别是在高温的环境中，叶片连续12h以上保持过高的湿度，更会加快病原孢子的蔓延。感病后叶片上出现规则或不规则病斑，呈黑褐色或黄褐色，叶面产生黑色小点，严重时叶片变黑、干枯，甚至脱落。

防治措施：加强通风，降低湿度；发现病叶要及时摘除并销毁，每5~7d喷施1次43%戊菌唑800倍液或70%甲基硫菌灵600倍液。

(2) 虫害防治

①蚜虫

症状：常聚生于植株顶端的嫩叶、嫩茎与花蕾上，用口器吸食汁液。叶茎受害后生长缓慢、发黄、变形，生长点矮缩变小。现蕾开花期则集中危害花梗和花蕾，开花后还危害花蕊，并进入管状花瓣，造成花蕾变小、易脱落，花开不够鲜艳，早凋谢。危害严重时蚜虫分泌的大量蜜露再引起煤烟病，使枝叶和花朵变黑色，严重影响切花的品质。

防治措施：及时清除杂草和落叶；保护和利用天敌，如寄生性的蜂类和捕食性的瓢虫类；在温室和花卉大棚内，采用黄色黏胶板诱杀有翅蚜虫；发现蚜虫时，喷施25%灭蚜威（乙硫苯威）1000倍液、2.5%溴氰菊酯600倍液、3%啶虫脒800倍液或10%吡虫啉可湿性粉剂2000~4000倍液进行防治。

②蓟马

症状：以成虫和若虫群集于叶片正面和背面，锉吸叶肉及汁液，被害处只残留表皮，形成白色斑，并有大量黑褐色粪便，严重的叶片呈白色且污秽不堪。受害叶片无光泽、变脆而硬，但不畸形、不脱落，直至干枯。植株生长迟缓、花小而开花推迟，甚至不开花。

防治措施：用1.8%虫螨克乳油2000~3000倍液、15%速螨酮（灭螨灵）乳油2000倍液、73%克螨特乳油 2000 倍液、5%尼索朗乳油 1500 倍液、50%溴螨酯乳油 2500 倍液、20%螨克(双甲脒)乳油 2000 倍液或 5%卡死克乳油 2000 倍液进行防治。也可用防虫网使棚室成为一个相对独立的空间，隔绝外面的成虫进入，在棚室内悬挂蓝板，诱杀蓟马成虫。

③潜叶蝇

症状：虫卵孵化后变成幼虫，在叶片内潜食叶肉。潜食隧道由细变粗曲折迂回，无一定的方向，在叶上形成花纹形灰白色条纹，俗称"鬼划符"。老熟幼虫在隧道末端化蛹，并在化蛹处穿破叶表皮而羽化。

防治措施：当发现有受潜叶蝇危害的叶片时，把叶片摘去、烧掉。在夏、秋潜叶蝇发生严重的季节，喷杀虫剂来进行保护，及早喷，连续喷 2~3 次。由于潜叶蝇在晚上产卵，故喷药时间最好在傍晚。许多有机磷类杀虫剂如乐果、乙酰甲胺磷、杀螟松、辛硫磷、敌敌畏等都可以使用，菊酯类杀虫剂如戊菊酯(中西除虫菊酯、多虫畏)、甲氰菊酯(灭扫利)、氰戊菊酯(速灭杀丁、中西杀灭菊酯、敌虫菊酯、异戊氰菊酯)等效果也很好。如果已有幼虫钻进危害，需要选择内吸性的杀虫剂如乐果、乙酰甲等。也可用防虫网使棚室成为一个相对独立的空间，隔绝外面的成虫进入，在棚室内悬挂黄板，诱杀潜叶蝇成虫。

(3)缺素症防治

①缺钙症

症状：顶端叶形状稍小，向内侧或向外侧卷曲。生长点附近的叶片叶缘卷曲枯死，上位叶的叶脉间黄化，有时产生褐色斑。

防治措施：如果土壤钙量不足，可施用石灰。避免一次用大量的氮、钾肥。适时灌溉，保证水分充足。应急措施是用 0.3%的氯化钙溶液喷洒叶面，每周 2 次。

②缺钾症

症状：生长早期，下位叶的叶缘出现轻微的黄化，先是叶缘，然后叶脉黄化。在生育的中、后期，中位叶附近出现上述相同症状。叶缘枯死，叶脉间略变褐，叶略下垂。老叶枯死部分与健全部分的界线呈明显的水浸状。

防治措施：施用足够的钾肥，特别是在生育的中、后期。施用充足的有机肥料，使用化学肥料时钾肥的施用量应为氮肥的 1/2。发现缺钾后，可追施硫酸钾。

③缺镁症

症状：菊花开花进入盛期的时候，下位叶的叶脉间变黄，发展成为除了叶缘残留点绿色外，叶脉间均黄化。有时除叶脉、叶缘残留点绿色外，其他部位全部黄白化。

防治措施：栽前测土，施用足量的镁肥。避免一次施用大量的氮、钾肥料而阻碍镁肥的吸收。发现缺镁后，可使用 0.5%的硫酸镁溶液叶面喷施，每周 2 次。

④缺锰症

症状：从中部叶片开始失绿，而且从叶缘向叶脉间扩展。除主脉和中脉仍为绿色外，叶片大部分变黄。

防治措施：缺锰时，可叶面喷洒 0.1%~0.2%的硫酸锰溶液。

⑤缺硼症

症状：顶端叶变成黄白色，部分会产生坏死斑。上位叶向外侧卷曲，叶缘部分变成褐色。上位叶脉有萎缩现象。

防治措施：已知土壤缺硼，可以预先施用硼肥。要适时浇水，防治土壤干燥。不要过多地施用石灰。缺硼时，可以用0.12%~0.25%的硼砂或硼酸溶液喷洒叶面。

⑥缺铁症

症状：在生长点附近的叶片首先开始出现黄化，新叶除叶脉外都变黄化，严重时新叶全呈黄白色。在腋芽上也长出叶脉间黄化的叶。在土培条件下植株整体出现症状的不多，但在水培时中上部叶发生黄化症状。

防治措施：根据土壤诊断结果采取相应措施，当pH达到6.5~6.7时，就要禁止使用石灰而改用生理酸性肥料。当土壤中磷过多时可采用深耕、加客土等方法降低含量。水培时，可向培养液中添加柠檬酸铁溶液（浓度为3~4mg/kg）和螯合铁溶液（浓度为1~2mg/L）。发现缺铁后，可均匀喷洒0.5%硫酸亚铁溶液。

⑦缺铜症

症状：新梢顶端叶片的叶尖失绿变黄，叶片出现褐色斑点至扩大变成深褐色，引起落叶。枝顶端生长不良，其下部的芽开始生长，形成丛生的细枝。

防治措施：增施有机肥，改良土质，即可避免缺铜。结合防治其他病害，叶面喷施等量式波尔多液，可迅速恢复长势。

⑧缺锌症

症状：从中位叶开始褪色，茎叶略僵硬；随着上位叶的叶脉间逐渐褪色，叶脉间黄化的同时产生褐色斑点，叶片向外侧卷曲，生长点附近的节间缩短。

防治措施：土壤中不要过量施用磷肥。正常情况下，缺锌时可以施用硫酸亚锌，每亩用1.3kg，应急对策为用硫酸锌0.1%~0.2%水溶液喷洒叶面。

【操作6】采收、加工、贮藏

（1）采收（图10-19）

采收时要按照客户要求的标准，用果树剪或切花菊专用切花镰刀从菊花基部剪掉。一般要求花朵的开放程度为2~3度，采收的花朵要端正、无磨损现象，花朵呈现原品种固有色泽。采收长度1m左右，叶片分布均匀、无病虫害，"花脖"长1.5~2.5cm、花茎下叶片与花蕾上平面平齐或略高的植株。采收时要轻拿轻放、花头对齐，避免挤压、摩擦花头现象发生。

具体采收过程要做到"十不采"：长度不足的花不采；茎秆不直、花脖不正的花不采；过细或过粗的花不采；顶叶过大或过小

图10-19 采 收

的花不采;开放度不合格的花不采;花脖过长的花不采;花朵畸形的花不采;打侧芽、侧蕾伤口过大的花不采;掉叶、留橛的花不采;病虫危害的花不采。

采收时要求边采收,边运至加工车间。运输要及时,不能出现积压现象。运花人员要一手拿花柄,另一个胳膊垫在花蕾下30cm处,不能有拽拉花头的现象。

(2)加工(图10-20)

①机选 切花运回加工车间后,马上进行加工。现在国内使用的菊花选别机基本上是日本和韩国生产的,可以根据重量分级,2L级75~90g,L级65~74g,M级64g以下或100g以上。选花时花头与长度标尺钢板应"似贴不贴",拿花时不能碰折顶部叶片,不能出现磨损花蕾现象,机选后切花花茎长度应为90cm。

图10-20 加 工

②手选 主要是把花朵畸形、开放度过大、打侧芽、侧蕾伤痕太大或留橛,花茎过长,花枝弯曲,以及连续掉叶超过2片或叶片有病、虫、药害的鲜切花淘汰掉。同时叶片有污染、有泥土的及时清理,叶腋处仍留有侧芽的应及时抹掉。花头大小分级明确,花瓣应无擦伤及污染,花托应占整个花头长度的1/4以上。花头有虫害(蚜虫)、被挤压的应放弃,优级品的花头允许有轻度弯曲。

③捆扎 每10枝1扎,把花头大小一致的放在同一扎内,捆扎时花枝长度为90cm,每扎必须是同一级别。每扎花头必须对齐,在一个水平面上,下部也要对齐,切口要整齐一致。

④吸水保鲜 生产上常用25mg/L的硝酸银溶液作为保鲜液,将捆扎好的切花立刻垂直放入上述保鲜液中。一般保鲜液装在菊花专用吸水车内,要保证切花根部5cm在液面以下。吸水车装满后,马上推进8~10℃预冷室内吸水。鲜切花吸水时间6~8h,然后取出,垂直放置进行控水,待干后装箱。

⑤装箱(出口) 先在箱内花头处铺白纸用来包裹花头,防止花头受伤,上、下两层颠倒摆放,每层5扎,计50枝,每箱装100枝。装箱时要再仔细检查一遍花头大小是否一致,叶片是否完好,是否有虫害,然后把花头大小一致的装在一个箱内。箱子要符合出口包装要求,要在箱上注明包装日期、品种、数量、规格等内容。

(3)贮藏

加工完之后,把封好的箱子放到2℃冷库中进行保存。如临时短期贮藏,可把捆扎完成的切花直接放入营养液中,或放入清洁、预先冷却的水中,再放进冷藏室,水和冷藏室的温度保持为2~3℃。

【操作7】种苗生产

(1)扦插床的准备

沙床一般宽90cm(方便扦插操作),深度为15~20cm,内填充10~15cm的细河沙。过道宽24cm,南北方向,长度根据棚室的实际情况来定。一般用砖砌成或直接用土,床底部铺一层塑料(可用旧棚膜)。

(2) 插穗的准备

选择健壮无病虫害的嫩茎顶梢作为扦穗,当嫩茎长至 15~20 cm 时,即可采穗用于扦插。采穗后进行分级挑选,直径 3.5~4.0mm 的插穗为合格穗,3.5mm 以下的为不合格穗,一般剔除,同时在分选过程中除去病残苗、黄化苗、空心苗、红心苗、老化苗等不良插穗。将穗剪成 5~7cm;如果插穗相对老化(木质化),则剪成 5cm;如果穗条健康、无老化现象,则剪成 7cm。同一批插穗的长度必须相同,以保证菊苗生长势一致。整理插穗时,去掉基部 3.0cm 以下叶片,保留顶部两叶一心,然后吸水 2h。冬季和早春,扦插需要蘸生根剂,以提高生根速度和生根率。生根剂可采用萘乙酸 1000 倍液。

(3) 基质和插穗消毒

扦插床每次出苗后必须翻动床内基质,利用太阳光进行暴晒,可起到消毒作用。每次使用时还应用五氯硝基苯、多菌灵和一些土壤杀虫剂混合洒在插床内,也可使用敌克松 200 倍液喷洒插床。每次扦插时插穗也要进行消毒处理,一般用阿米西达 800 倍液或苯咪甲环唑 800 倍液浸泡 10min(防白锈病),也可用百菌清 1000 倍液浸泡进行综合防治。药剂处理后,就可以用生根剂处理进行扦插。

(4) 打孔

用钉板在沙床上按 3cm×5cm 株行距打孔,钉板下压时要保证水平,用力均匀,以确保扦插孔穴深度一致。钉板可自己制作,取厚度 3~5cm 的木板,长度 80cm,宽 40cm 左右,按 3cm×5cm 株行距画点备用。用直径 5mm 的铁钉,按照画好的点垂直顶入木板,去除顶头过长部分,留下 4~5cm。

(5) 扦插

蘸完生根剂的插穗用塑料盆等容器盛放,放置于作业道上。左手递穗,右手拇指与食指捏住插穗距基部 2.5cm 处,垂直将插穗插至孔穴底部,使插穗无叶部分埋入沙中 2cm,手指顺势向下一摁,使基质与插穗结合紧密。扦插若过浅,插穗易失水,造成生根困难,生根区域小,生根量少;扦插若过深,则生根缓慢,皮层容易腐烂,大大降低扦插成活率。

(6) 浇水

扦插完成后用喷壶(如果扦插量大,直接用水管,水管前端安装喷头)从上方少量浇水,使插穗与基质结合紧密,同时保证充足的水分。此步骤虽简单,但非常重要,不可省略,是保证扦插成活的重要措施。另外,若有被水浇倒的插苗,必须马上扶直。

(7) 覆膜

浇水后立即用透明塑料薄膜将苗床完全罩起,接缝处可用清水粘连,保持苗床密闭,且每天进行检查,要保证不漏气,否则插穗的水分会快速抽干而不能成活。最后用 50% 遮阳网遮光。

(8) 育苗期管理

扦插能否生根成活,育苗期的管理也非常重要。通过覆膜可保证苗床的湿度,还必须通过遮阴来调控环境温度。一般前 7d 8:00~17:00 应对插床进行遮阴处理,到第七天插穗已经长出愈伤组织，此时应减少遮阳网使用时间，只在中午阳光强烈时遮上。在整个育苗过程要保证膜内温度在28℃以下，最好维持在22~25℃之间。待根系已经长出时，去掉塑料膜，浇水，次日喷洒广谱杀菌剂，可用50%多菌灵可湿性粉剂800倍液或65%代森锌600倍液，炼苗3d，然后可以进行栽植。

扦插育苗是菊花生产过程中一个非常重要的环节，种苗的质量直接影响切花生产的成败。细河沙扦插育苗技术具有高效、廉价、可操作性强等特点，适合广大地区推广与应用。但需要注意的是，扦插后直接覆膜，在节省劳动力和简化工作程序的同时，加大了环境调控的难度，必须控制苗床密闭，床内气温在28℃以下，以保证生根率和成活率。

技能10-3　月季生产

月季是蔷薇科蔷薇属植物，主要分布在北半球的温带和亚热带，有150种之多，是观赏价值极高的多年生木本花卉植物之一。目前，栽培的园艺切花月季品种主要来源于中国月季(*Rosa chinensis*)、突厥蔷薇(*R. damascena*)、黄玫瑰(*R. foetida*)、欧洲玫瑰(*R. moschata*)、香水月季(*R. odorata*)、多花蔷薇(*R. multiflora*)、野玫瑰(*R. rugosa*)、光叶蔷薇(*R. wichuraiana*)等原种的种间杂交种。

切花月季是四季能开花的灌木型品种。喜日光充足，相对湿度70%~75%，空气流通的环境与排水良好、肥沃而湿润的疏松土壤。最适宜的生长温度白天为20~27℃，夜间为15~22℃，在5℃左右也能极缓慢地生长开花。虽然能耐35℃的高温，5~15℃的低温也不至于死亡，但30℃以上高温与低温潮湿环境则病害严重。过于干燥与低于5℃的寒冷，即进入休眠或半休眠状态。休眠的植株叶片脱落，不开花。

【操作1】品种选择

全世界有记载的月季品种已经超过20 000个，目前我国应用的切花月季品种也有上百个，品种选择的余地较大。作为商品性切花生产，品种的选择非常重要，它不仅关系到生产过程，还关系到产品的销路和收益。所以应根据气候类型、市场需要、设施状况、资金情况和种植规模等客观因素，慎重选择品种，合理搭配颜色比例，以取得最佳的经济效益。在选择月季品种时要考虑如下因素：

(1)优良的商品性

①花型　花型优美，高心卷边或高心翘角，特别是在花朵开放1/3或1/2时，含而不露，开放过程缓慢，具清香味。

②花色　花色要纯正干净，不要有碎色，最好表面有绒光，在室内灯光下不发灰、不发暗。

③花瓣　要求质硬，开放慢，半开时间长，外瓣整齐、无碎瓣，不容易焦边蓝变。

④茎干　花枝、花梗必须硬挺、直顺、垂直向上，支撑能力好。花枝长度40cm以上。

⑤叶片　要求大小适中，形状端正，不要有畸形叶，表面平整，最好有光泽。

⑥瓶插寿命　要求耐水插，不易出现弯头。

(2)产量高

要求品种有旺盛的生长力，耐修剪，萌芽力强，上花率高，不易出现盲枝(封顶条)。

从目前的生产情况看,应选择大花型年产量 100 枝/m² 、中花型年产量 150 枝/m² 的品种。

(3) 便于栽培管理

①株型直立　方便栽培管理和操作及有利于密植。

②抗病性强　减少喷药,节约人工,降低成本,避免环境污染。

③单朵着花　减少摘蕾的工作量。

④少刺或无刺　减少操作时的麻烦,提高工效。

(4) 适合生产条件

①生产类型　周年切花型和冬季切花型应以冬季产花为中心,所以应选择冬季低温条件下能正常开花的品种,而夏、秋切花型则要选择抗热和适合炎热气候条件的品种。

②栽培条件　温室栽培湿度大,容易发生白粉病、霜霉病,要选择抗白粉病、霜霉病的品种;露地栽培在雨季容易感染黑斑病,所以要挑选抗黑斑病的品种。

(5) 市场行情

根据人们的消费习惯和市场流行情况合理搭配各种花色品种。东方人喜爱红色系,西方人喜爱浅色系;市场上有时流行大花型,有时流行小花型。

①出口生产　对俄罗斯出口可以较单一地选择红色大花型的品种;对日本和东南亚国家要选择中小花型的品种,颜色以淡雅为主,而且品种要多些。

②内销生产　北方以红色品种为主,南方则要适当增加淡雅颜色品种的比例。

切花月季的花色大致可按红色 40% 、朱红色 15% 、粉红色 15% 、黄色 20% 、白色及其他颜色 10% 的比例搭配。

【操作2】栽培基质准备

(1) 土壤理化性状分析

月季原产于北半球温带、寒温带地区。适应性强,喜阳光,耐半阴,生长适温为 15~25℃,具有耐干旱、怕潮湿、怕积水的特性。种植切花月季要选择地下水位低、疏松通气性好的砂壤土,土壤需含丰富的有机质(含量最好能达到 10%~15%),土壤 pH 在 5.5~6.5 之间(弱酸性),土壤有效耕作层厚度 50~80cm 的地块种植,有利于切花月季的水肥管理和根系的生长。

(2) 增加土壤有机质

每亩按牛粪 8m³ 和鸡粪 2m³ 的比例均匀撒布在土壤表层,然后开始深翻地,混匀、整细。在土壤有机质含量少的棚室可加入泥炭、秸秆、菇渣等有机物。

(3) 土壤消毒

如果温室没有种植过月季,可以应用多菌灵、五氯硝基苯等杀菌剂和辛硫磷、甲基异硫磷等杀虫剂进行简单的土壤消毒。如果温室长期进行月季生产或发现线虫或根瘤,就需要进行严格的土壤消毒。可通过向土壤中施用氯化苦、溴甲烷、必速灭等化学药剂,利用毒气在土壤中的扩散来杀死土壤中的病原菌、害虫和杂草种子。为了使气体在土壤中充分扩散,消毒前进行土壤翻耕,使土壤结构疏松。施药后要用塑料薄膜覆盖地面,保持地温在 10℃ 以上,并达到药剂要求的消毒天数。消毒后要翻耕土壤,待残药排尽后再定植,以免造成药害。

①处理深度　为了达到持效期长的消毒效果，需要按照下列深度处理土壤：深度至少20cm，适于防治苗期病害、立枯病、全蚀病、线虫病及土壤昆虫；深度至少30cm，适于防治茎腐病、根腐病，以及引起枯萎病、黄萎病的真菌病原。

②施药及混土　使用颗粒剂撒布器或手撒，使之均匀地散布在土壤表面。白色颗粒剂在土壤表面清晰可见，因而易于检查分布情况，以保证均匀程度。颗粒剂撒下之后，应立即按要求的深度尽可能完全混入土中。

③封闭土壤表面　在混土之后，必须使土壤保持湿润，可在土壤表面浇水后加盖聚乙烯薄膜。薄膜必须密封，以便保持气体。

【操作3】种苗准备

（1）嫁接苗

嫁接苗根系发达，生长旺盛，切花产量高，产花周期长（5~6年），是栽培的理想选择。但是嫁接苗对修剪技术要求较高，而且价格较贵，同时还必须考虑砧木的适应性。

（2）扦插苗

扦插苗繁殖快，成本低，管理简单，生产上应用也较多。但是扦插苗的根系较弱，长势不如嫁接苗，产花周期较短（4~5年）。

【操作4】定植

（1）定植方式

高品性切花月季生产多采用折枝栽培法，定植方式为单畦双行栽培，株行距(20~25)cm×(50~60)cm，每亩定植5000株。

（2）定植时间和方法

在遮阴条件下全年、全天都可以定植，但以春季定植最好。因为定植后幼苗迅速生长，植株进入采花期早，当年冬季切花产量高，生产见效快。一畦上两行要相间种植，以利于植株生长。嫁接苗定植时，要将嫁接口部位向阳，并露出地面2~3cm，防止接穗生根。如果是扦插杯苗或穴盘苗，脱杯（盘）后的土坨栽植深度略低于畦面。同一温室内尽可能栽种一个品种，这样便于管理和预防病害交叉感染。

（3）缓苗管理

定植后及时浇足定根水，在高温天气定植时注意遮阴降温并向叶面喷水。定植后第二天扶苗，将位置不好的歪、高、斜和浇水后位置改变的苗扶正、扶直。定植后1周内充分保证根部土壤和表土湿润，白天向叶面喷水，适当遮阴。3~5d后即可检查是否有白色的新根，如果有白色的新根说明定植成功。7d后逐渐降低叶面喷水量，但要保持表土湿润。15d后逐渐减少土壤浇水量，此后根据土壤干湿情况适时浇水，保持土壤湿润，并喷洒多菌灵或百菌清等农药进行一次病害防治，同时注意中耕除草。20d后当有大量的新根萌发时，可继续减少浇水量，适当蹲苗，促进根系进一步生长。30d后即可进行正常的管理。

【操作5】定植后管理

（1）水分管理

切花月季是既喜水又怕涝的作物，土壤水分不足时会影响切花月季的切花产量和质量;相反,土壤水分过多又会造成根系通气不足而影响根系发育。一般情况下,通过地上部的形态变化很难判断土壤水分是否适宜,无论是土壤缺水或是过湿,地上部的表现基本上都是发生萎蔫现象,所以土壤是否缺水要通过观察根系的发育状况来区别判断。在土壤水分含量过多的情况下,植株的老根较粗、柔软、表皮明褐色,不分生新根,没有白色根毛;在过于干燥的土壤中栽培时,老根较长、纤细、暗褐色,能分化新根,但没有根毛。

①水质的影响 在建立生产基地时,最好先对当地的水质进行调查,如调查水源的电导率(EC),pH,以及钾、钙、镁、钠、硼等离子含量。一般切花月季最适宜的水分 EC 值为 0.25mS/cm,适宜的 EC 范围在 0.25~0.75mS/cm,能够忍耐的 EC 范围在 0.75~1.5mS/cm,1.5mS/cm 以上会造成生理伤害。此外,水中的硼含量超过 0.4mg/L 时,会发生硼过剩症,最好避免使用。

②浇水次数和浇水量 浇水量取决于土壤的类型、气候条件和植株的生长状况,每亩温室一次浇水 8t 左右。夏季 3~5d 浇一次水,春、秋季 7~10d 浇一次水,冬季 10~15d 浇一次水。光照不足时要控制浇水量,以防止植株徒长。在切花月季生产中每次浇水必须浇透,尽量减少浇水次数,少量多次的浇水方法效果不好。注意浇水时一定不能浇在叶片上。

③浇水方式 最好采用膜下滴灌系统,这样既能节约人工,又能节约用水,还能有效降低温室内的空气湿度,有利于病虫害防治,但要经常检查灌溉系统供水是否均匀。

(2)光照管理

切花月季喜光,特别是散射光。日照中含强紫外线是某些品种花瓣黑边的主要原因之一。冬季连续阴天,造成阶段性光照不足,影响生长和切花品质。使用高品质的月季专用膜,在保证透光率的前提下,可阻挡大量紫外光,但在阴雨天一定要保证足够的散射光进入棚内。在切花月季抽枝期间不使用遮阳网,以保证植株有充足的光照;现蕾后可以在晴天 10:00~16:00 使用透光率 60%~75% 的银灰色遮阳网;冬季不遮光,大棚内土壤过湿和有霜霉病、灰霉病时不遮光。

(3)温度管理

冬季当夜间温度低于 8℃ 时,许多品种生长缓慢,枝条变短,畸形花增多。夜间温度低于 5℃ 时,大多数切花月季品种不能发出新枝,或发出的新枝较短,盲枝增多。因此,冬季低温严重影响切花月季枝条长度及花芽分化,从而影响产量和质量。夏季夜间温度高于 18℃,白天温度高于 28℃ 时,多数切花月季品种生育期缩短,对切花的品质有较大的影响,切花的花瓣数减少,花朵变小,瓶插寿命变短。理想的昼夜温差是 10~12℃,温差过大容易导致花瓣黑边。

在适宜的生长发育温度范围内,花冠、花瓣数随温度升高而减小和减少,切花质量随之下降;反之,温度降低到适宜范围,花冠、花瓣数增大和增多,切花质量随之提高。

(4)湿度管理

优质切花月季萌芽和枝叶生长期需要的相对湿度为 70%~80%,开花期需要的相对湿度为 40%~60%,白天湿度控制在 40%,夜间湿度应控制在 60% 为宜。

湿度不足时花色不鲜艳，影响品质。大棚内湿度高于90%时，大棚棚膜、水槽、植株及叶片开始形成水滴，易诱发多种病害发生，如灰霉病、霜霉病、褐斑病等。

根据在大棚内安装的湿度计来进行湿度管理。在一年的管理中，春季及春夏之交的雨季来之前，空气干燥时，大棚内需增加湿度，可采用增加浇水次数和关闭通风口等方法。夏季雨季空气较潮湿，一般采用减少浇水次数和通风适当控制土壤湿度，使土壤表面稍干，植株表面不沾水。夏季、冬春夜间和多湿、多雾天气，注意上午通风排湿和浇水时间，一般夏季晴天上午浇水，冬季晴天中午浇水。

(5) 修剪

根据切花月季植株的分枝层次，将切花月季的枝分为一级枝、二级枝、三级枝（或一次枝、二次枝、三次枝）。幼苗压枝后，从植株基部发出的脚芽称一级枝，一级枝上发出的枝称二级枝，二级枝上发出的枝称三级枝。

根据切花月季枝条的功能和用途，可把枝条分为切花枝和营养枝。将来要产花的枝条称切花枝，是切花月季产量的主要构成；切花月季植株上经过折枝处理后不需要其开花的枝称营养枝，其主要作用是进行光合作用，制造养料供应切花枝生长。

不同品种的切花月季枝条、叶形、叶腋形态、腋芽生长速度和花型均有差异。枝条顶端的芽最早发育为花芽并成花，花朵下面的1~6个腋芽依次抽发新枝，并依次增长，形成花芽并开花；枝条基部、中部的腋芽形成的花枝质量差异不大，但从中部到基部花枝开花的时间依次延长。可根据上述特性进行修剪，调节开花期。

切花月季修剪主要采用压枝和剪枝方法，分期逐步培养成型，并保持合理的株型结构，以达到提高切花产量和质量的目的。

①苗期压枝　苗期开花植株的培养方法是以压枝为主，以利于切花株型的快速培养。在定植畦的两边，距苗25~30cm，用铁桩或木桩拉紧固定压枝绳（铁丝或尼龙线）。将所有花头在豌豆大时打去，保留叶片，当枝条长度40~50cm时将枝条压下。压枝时要边扭边压，防止将枝条压断。

新萌发的过细枝条压作营养枝，营养枝上发出的枝条继续压作营养枝，营养枝最多保留两层。注意各株之间、枝条之间不能相互交叉，压枝数量以铺满畦面为宜，让叶片能得到充足的光照。压枝是一项经常性的工作。植株压枝后会迅速长出水枝（脚芽、犟条、徒长枝），粗壮的水枝作切花枝，也可以在水枝现蕾后留4~6片叶短截作切花母枝，细的水枝继续压枝作营养枝。

②初花期株型培养　经过苗期开花植株的培养，有部分植株开始采收切花，大部分植株发出大量的新枝，这时期以培养株型为主，兼顾切花采收。株型的培养方法，即对各级枝的培养，是对粗壮的水枝留25~30cm高（4~5个小叶片）摘心，培养成植株的一级枝；对一级枝上发出的枝，粗壮的可作切花，细弱的可压作营养枝；一级枝上萌发出来的切花枝，采花时留10~15cm高（2~3个小叶片）剪切，培养二级枝；对二级枝上发出来的枝条，强壮的可作切花枝，细弱的压作营养枝；二级枝上萌发出来的切花枝，采花时留5~10cm高（1~2个叶片）剪切，培养三级枝。

一般切花月季品种植株培养三级枝，可以达到高产优质株型，有些切花月季品种培养二级枝即可成型。在株型培养期间合理保留各级枝的高度非常重要，它们与切花的产量和质量密切相关。一般越强壮的枝，留枝越高，剪切后发出来的枝条越多，达到切花标准的枝条越多；相反，越弱的枝，留枝越矮，剪切后发出的枝条越少，达到标准的枝条越少。留枝过高，发枝过多，会造成产量高、质量低的现象；相反，留枝过低，则产量受影响。当营养枝过多时，应该逐步淘汰底部的枝条和有病虫害的枝条。植株每年都有新的水枝发出，新水枝逐步长高期间应剪除已老化的主枝，培养新的产花母枝。

③产花期修剪 在产花期，营养枝和切花枝要按一定比例选留，一般植株有切花主枝3~5枝，均匀饱满的营养枝5~6枝，株型高度50~60cm。冬季株型的培养非常重要，一般每年10月开始将植株高度逐步提高，形成更多的产花枝条。翌年情人节采花后，将植株修剪整理至正常切花植株高度(50~60cm)。产花期要不断折压培养新的营养枝，注意不要将营养枝折断；剪除相互交叉和过密的枝，病枝、枯枝、弱枝要及时剪除（图10-21）；对切花枝上的侧蕾及侧芽及时抹除。在每一个切花高峰后适当修剪整理，剪除部分已老化的主枝，注意培养从基部发出的水枝留作新的产花主枝。健壮的营养枝上发出的新枝条，冬季可留部分产花，其余压作营养枝。

（6）不同季节管理要点

春、夏季：高温会造成暂时萎蔫，虽不至于死亡，但植株发生生理紊乱，严重影响生长，对下一阶段的生长发育影响较大，也影响切花品质。棚室湿度过低会影响切花月季的花色，甚至引起花朵外瓣的枯焦，严重影响切花月季的品质。过低的湿度还易导致红蜘蛛、蚜虫等虫害的发生和蔓延。

秋季：昼夜温差大对于切花月季的干物质积累很有好处，切花月季头大、花瓣数多，花色艳丽。但昼夜温差过大，会造成许多切花月季品种花瓣边缘变黑和花朵畸形。理想的昼夜温差为10~12℃。

冬季：切花月季生长最低夜温要求在8℃以上，夜温过低不利于切花月季生长，主要影响发芽和抽枝，导致产量低。大棚内温度低、湿度大，易诱发霜霉病、灰霉病等，应注意夜间保温，控制棚内夜间湿度。

【操作6】病虫害防治

(1)病害防治

①霜霉病

症状：初期叶上出现不规则水渍状淡绿斑纹，后扩展成黄褐色，叶片失绿，晚期枯黄脱落。

防治措施：挑选抗性强的品种。定植前，进行土壤消毒。改善栽培环境，包括增强光照、加强通风、降低湿度、合理疏植、增施钾肥、及时清除植株病残体及杂草、防雨、防虫。孢子萌发最适温度为18℃，高于21℃

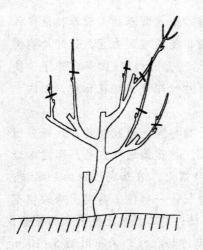

图10-21 剪除密枝、弱枝

萌发率降低，26℃以上基本不萌发，根据这一特点，合理控制温度。轻度发病，可每7~10d喷药防病一次，用50%多菌灵500~1000倍液、75%百菌清可湿性粉剂500倍液、80%代森锰锌可湿性粉剂500倍液或70%甲基托布津1000~1200倍液。发病较重时，可喷宝丽安500倍液、普力克600倍液、阿米西达800倍液。

②白粉病

症状： 初期，叶上出现褪绿黄斑，发病植株的新枝、嫩叶、幼芽、花蕾上着生灰白色的菌丝，逐渐扩大，以后着生一层白色粉状物，由点连成片粘着一层白粉。严重时全叶披上白粉层。嫩叶染病后叶片反卷、皱缩、变厚，有时为紫红色。

防治措施： 挑选抗性强的品种。定植前，进行土壤消毒。改善栽培环境，加强通风，空气湿度控制在60%，增施钾肥，及时清除植株病残体及杂草。25℃是发病高峰，18℃以下、30℃以上受抑制，根据这一特点，合理控制温度。初期摘除病叶，秋季清除病叶。使用硫黄熏蒸器，8~10m²挂1个，每天熏15~20min。喷洒50%硫黄胶悬剂3000倍液，7~10d一次，连续2~3次。喷洒12.5%腈菌唑1000倍液或12.5%福星溶液。发病较重时，可喷普力克600倍液、阿米西达800倍液。

③月季锈病

症状： 主要危害叶片和芽。早春新芽初放时，可见芽上布满鲜黄色的粉状物，形似一朵朵"小黄花"。叶片背面出现黄色稍隆起的小斑点，成熟后突破表皮散出橘红色粉末，外围往往有褪色晕圈。随着病情的发展，叶面出现褪绿小黄斑，叶背产生近圆形的橘黄色粉堆。生长后期，叶背出现大量的黑色小粉堆，嫩梢、叶柄、果实等部位的病斑明显地隆起。嫩梢、叶柄上的病斑呈长椭圆形，果实上的为圆形。

防治措施： 及时摘除病芽、病叶并集中烧毁，及时清除、烧毁枯枝败叶，以减少侵染源。加强栽培管理，增施磷、钾肥，以增强抵抗力；注意通风透光及排水，以降低周围环境的湿度，减少发病。在酸性土壤中施入石灰等能提高月季的抗病性。可在5~8月每两周喷1次1:1:(150~200)的波尔多液、0.3波美度石硫合剂；也可选用97%敌锈钠250~300倍液（每50kg药液中加入50~100g肥皂粉）、20%三唑酮（粉锈宁）可湿性粉剂2000倍液、30%绿得保300~400倍液、25%福星乳油5000~8000倍液、30%特富灵可湿性粉剂3000~5000倍液、代森锰锌可湿性粉剂500倍液或25%三唑酮（粉锈宁）可湿性粉剂1500倍液进行喷雾。在6月下旬和8月中旬发病盛期前喷药，每隔8~10d喷1次，连续2~3次，药剂用75%百菌清800倍液、10%世高水分散粒剂3000~5000倍液、50%代森铵800~1000倍液、50%退菌特500倍液。

④月季黑斑病

症状： 主要危害叶片，也可危害叶柄和嫩梢。病菌先侵染植株中、下部叶片，逐渐向上部嫩叶蔓延。叶片发病初期，正面出现紫褐色至褐色小点；扩大后多为圆形或不规则形病斑，黑褐色。有时病斑周围大面积变黄，而病斑边缘呈绿色，病斑上产生黑色小点。发病严重时，叶片大量脱落。叶柄和嫩梢染病后呈条形病斑，病斑黑褐色至紫褐色，引起叶片早落和嫩梢干枯。

防治措施： 秋、冬季清除病枝、落叶，集中烧掉。加强栽培管理，控制枝条密度，增强通风透光性。浇水时直接浇入土壤，勿湿叶片。雨后及时排水。发病早期摘除病叶，并喷施1:1:200的波尔多液保护。发病盛期可喷洒75%百菌清600~800倍液、50%代森锰锌600倍液或50%多菌灵500倍液等药剂3~4次，间隔7~10d。

⑤药害

症状：喷施农药造成的植株生理病害，表现出叶片变黄、花瓣枯焦等症状。

防治措施：避免其发生的主要方法是科学、合理用药，喷药后注意观察，发现药害及时喷洒相应的农药解毒剂或清水等，可缓解部分病情。

(2) 虫害防治

①红蜘蛛

症状：初期叶片正面有大量针尖大小失绿的黄褐色小点，以后红蜘蛛吐丝结网，从而叶背出现红色斑块且有大量红蜘蛛潜伏其中，造成受害叶局部以至全部卷缩、枯黄，甚至脱落。

防治措施：及时清除杂草和病株，保持棚室卫生。合理控制棚室湿度在60%~80%。施用酸性肥料及农药，也可经常喷施醋酸。喷施40%三氯杀螨醇800倍液，也可用氧化乐果、久效磷和敌敌畏喷施，其他主要治疗药物还有阿维菌素、灭扫利、螨死净等。

②鳞翅目幼虫

症状：幼虫啃食叶片和花蕾，3龄以上的幼虫食量显著增加，将叶片或花蕾吃成孔洞或缺刻，严重时仅存叶脉、叶柄。幼虫排出的粪便污染花蕾和叶片，遇雨可引起腐烂。被害的伤口易诱发软腐病。苗期受害时整株枯死。

防治措施：清洁田园，采收后及时处理残株、老叶和杂草，深耕细耙，尽量减少虫源。在幼虫2龄前，药剂可选用高效氯氰菊酯800~1000倍液、1%杀虫素乳油2000~2500倍液或0.6%灭虫灵乳油1000~1500倍液等喷雾；在2龄后，害虫耐药性增强，只能采取人工捕捉。

③大袋蛾

症状：大袋蛾是危害园林植物的杂食性食叶害虫之一，主要聚集于发病枝梢顶端和树冠顶部。在7~8月气温偏高、土壤干旱时危害猖獗，食叶穿孔或仅留叶脉。

防治措施：可用黑光灯诱杀成虫。在幼虫初龄阶段，用80%的敌敌畏乳油1000倍液、48%的乐斯本乳油1000倍液或50%的乙酰甲胺磷乳油1000倍液喷雾防治。喷雾时应注意喷到树冠的顶部。

④叶螨

症状：口器固着叶背吸取汁液，先危害下部叶片，后逐渐扩展到上部叶片。受害叶片出现灰白色小点或白色斑块，严重时叶片枯死脱落。

防治措施：冬季月季休眠期可喷3~5波美度石硫合剂，杀死在枝干上的越冬螨。于危害期喷40%三氯杀螨醇乳油1000倍液或50%对硫磷乳油1500~2000倍液防治。注意要充分喷及叶背。

⑤月季白粉虱

症状：群聚在叶背面，刺吸组织汁液，使叶片枯萎、脱落。成虫能分泌蜜露，常导致煤污病的发生，污染叶、枝，使花卉生长不良，甚至枯死。受病严重时会造成受害株叶片卷曲，褪绿发黄甚至干枯，高温干燥天气极有利于粉虱的发生和繁殖，在夏季危害较为严重。

防治措施：加强检疫措施，要对进入温室和大棚的各种花卉认真检查叶背，避免把白粉虱带入室内。另外，可以利用白粉虱成虫有强烈的趋黄色性，在花卉植株旁边悬挂或栽插黄色木板或塑料板，黄色板上涂黏油，震动花卉枝叶，使白粉虱成虫飞舞，粘到黄色木板或塑料板上，起到诱杀作用。也可采取药物防治，用2.5%蚜虱克特乳油1000倍液、1.8%阿维菌素乳油1000倍液、10%吡虫啉可湿性粉剂2000倍液、25%扑虱灵可湿性粉剂1500倍液或25%灭螨猛乳油1000倍液等，每隔5~7d喷1次。也可用22%敌敌畏烟剂进行熏蒸。熏蒸方法是：傍晚在棚内将敌敌畏烟剂等距离放在地面小盘内，不要靠近作物，按每亩药量200g，平均分为4份，放置于4个点上，然后把棚封严，再由里向外逐处点燃，第二天上午进行通风换气。隔7~10d再熏蒸一次，对成虫的防治效果可达96%以上。

⑥蚜虫

症状：月季上最常见的是长管蚜，其在春、秋两季群聚危害新梢、嫩叶和花蕾，使花卉生长势衰弱，不能正常生长，乃至不能开花，并可引起煤污病和病毒病的发生。

防治措施：秋后剪除有虫枝条，及时清除杂草和落叶。保护和利用天敌，如寄生性的蜂类和捕食性的瓢虫类。可在温室和花卉大棚内使用黄色黏胶板诱杀有翅蚜虫。大面积发生时，喷施25%灭蚜威(乙硫苯威)1000倍液、0.5%醇溶液(虫敌)500倍液或50%辟蚜雾1500倍液防治。

【操作7】采收、加工及贮藏

(1) 采收

采收因品种、季节和市场需求不同，对花蕾开放程度的要求也不同。当地销售应在花蕾开放或半开放时采收；远距离运输时，红色和粉色品种要在花蕾外面花瓣的边缘伸开时采收，黄色品种要再略早些，白色品种则要再略晚些。冬季采收花蕾开放得要大些，夏季采收花蕾开放得要小些。花瓣多的品种采收时花蕾开放得要大些，花瓣少的品种采收时花蕾开放得要小些。月季切花采收后，尽快插入水中并转移到阴凉处。

(2) 加工

采收后，按照枝条的长度和坚硬度以及叶片与花蕾是否畸形来对月季切花进行分级，去掉枝条基部20cm的叶子和刺，并按长度分级，中小花型枝条最短40cm，大花型枝条最短50cm，每10cm一个等级。20枝捆成一扎，花头部位用白纸等进行包装(图10-22)。捆好后将花束下部剪齐，然后插入水中吸水4h，捞出，根部水分控干后进行包装。将各层切花反向叠放于箱中，花朵朝外，离箱边5cm；小箱为10扎或20扎，大箱为40扎；装箱时，中间需捆绑固定；纸箱两侧需打孔，孔口距离箱口8cm；纸箱宽度为30cm或40cm。装箱完成后必须在箱的外部注明切花种类、品种名、花色、级别、花茎长度、装箱容量、生产单位、采切时间。

图10-22 月季加工捆扎

(3) 贮藏

短期贮藏，加工完之后，可将月季切花直接放入清洁、预先冷却的水中，再放进冷藏室，水和冷藏室的温度为2~3℃。需要贮藏2周以上时，最好干藏在保湿容器中，温度保持在-0.5~0℃，相对湿度要求85%~95%。可选用0.04~0.06mm的聚乙烯薄膜包装。

【操作8】扦插育苗

月季扦插育苗一年四季均可进行，春季在4月下旬至5月底，此时气候温和，枝条活力强，插后1个月即可生根，成活率高。秋季扦插在8月下旬至10月底进行，此时扦插受昼夜温差大的影响，生根相对较慢，要40~50d才能生根，成活率比春天扦插稍低。

(1) 插床的选择

插床应选择土层深厚、结构疏松、通透性能佳、富含腐殖质、排水良好的地块。基质应选择通透性好的砂质土壤、珍珠岩、蛭石以及碳化稻壳等。为减少扦插苗发病，插前要对土壤进行消毒。可用50%退菌特可湿性粉剂500~800倍液喷洒土壤，再用塑料薄膜覆盖3~4d。在冬季需要采用温床扦插（图10-23）。

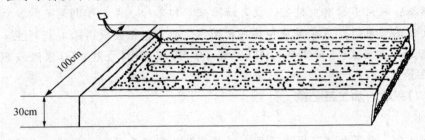

图10-23　扦插温床

(2) 插穗的选择和处理

选当年生、健壮、充实、芽眼饱满、无病虫害的1~2年生春梢或当年生秋梢作插穗。这类枝条生长物质含量高、代谢活力强，不仅易成活，而且成苗品质好、售价高。从外地调运枝条作插穗的，要注意保湿遮阴，以保持枝条活力。开花后花下部的枝条，内含丰富的养分，选用这部位的枝条，成活及发育较好。叶片肥厚发育充实的枝条因所含养分充足，在扦插时更容易获得成功。插枝的削法：应在插枝切口的两边各削一刀成斧头形。这种削法皮层不会被削破，不易腐烂，切口面大，吸水功能增强，容易愈合生根。插枝削好后，要适度蘸生根粉、萘乙酸、吲哚丁酸、ABT、维生素B_{11}、维生素B_{12}等。一般采用生根粉原液或按使用说明配制的药液，蘸1~2min即可。蘸后插枝倒放5min左右，待晾干后扦插。插条长4~5cm，将其下部的叶片剪去，只留上部2~4片叶（图10-24）。为避免插穗在生根期

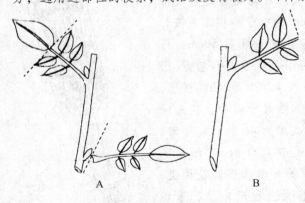

图10-24　插穗去叶处理

A. 去叶留芽　B. 插穗上部保留2~4片小叶

间因病菌侵袭而腐烂,还可在配制生根药剂时加入杀菌剂。

(3) 扦插

尽可能做到随剪枝、随处理、随扦插,扦插时切勿伤及皮部。在整好的插床上,按株行距用竹筷扎孔,将插条插入孔内,然后压实,使插穗与土壤紧密结合。扦插时插穗插入砂土部分为全长的 1/3~2/5,插稳即可。不能插过深,否则如果浇水不当,基质过湿,就很容易造成插穗基部腐烂坏死。扦插密度应以插穗之间相互不挤压、叶片能自然伸展、俯视能看到插枝的基部为好。

(4) 插后管理

①架拱棚、盖遮阳网　塑料棚可调节土壤和空气的温度和湿度,所以在温度比较低的情况下可搭设拱棚(图 10-25)。遮阳网可防止阳光直射,降低温度。遮阳网的透光率以 20%~30% 为宜。扦插初期可盖遮阳网,10~15d 后可让扦插苗逐渐接受阳光。月季生根的最佳温度为 20~25℃,温度过高,除覆盖遮阳网外,还可采取浇水降温和通风降温。

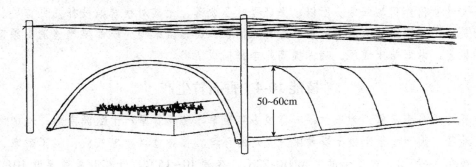

图 10-25　架设塑料拱棚

②浇水　扦插后充分浇水。以后浇水量应依土壤湿度和空气湿度来定,做到土壤干湿适度。扦插后最佳的水分条件是:苗床的田间持水量保持在 80% 左右,空气相对湿度 80%~90%。湿度过大时,可控制浇水量和加强通风;湿度过小时,可增加浇水量和喷水次数。喷水要注意少喷、勤喷,要保持叶面湿度而不增加基质湿度。

③施肥　插条需肥量不大,在整地时已施了基肥,因此在成苗移栽前无需再进行土壤施肥,但要进行叶面施肥。当伤口开始愈合、插穗本身的营养成分已消耗得差不多时,需要从叶面上补充肥料。可以在傍晚喷施磷酸二氢钾促进其生根。

④移栽　扦插成活后,有不定根生成即可以移栽。移栽如果在高温季节进行,可采用 60% 遮阳网覆盖 10d 左右。移栽后浇透水一次,使土壤与根系紧贴,以后浇水视情况而定,一般等表土稍干才能进行。缓苗期一定要做好秧苗的保湿,如果湿度太低,叶片有脱水现象,一般采用喷雾方式对植株补充水分,这一点对提高秧苗成活率很关键。缓苗后即可定植到温室内。

⑤苗期管理　小苗成活后,待嫩叶泛绿时,方可施肥。用精细肥(农家肥与生物菌肥混合肥)覆盖在小苗间的土面,这不仅保证了土壤的通透性,减少了水分散失,还盖住草籽使杂草难以生长。

(5) 扦插后出现的不正常现象

①嫩叶、顶梢发褐直至枯死 可能有以下两个方面的原因：一是扦插基质排水透气性差，未进行必要的消毒，致使插穗基部未能及时生根；二是扦插后管理过程中，光照不足，通风不良，未注意预防病害，在不利的外界环境条件下，诱发了白粉病和褐斑病，使其新叶、嫩梢枯死。

②"假活"现象 即当月季扦插5~10d，插条上腋芽已萌动或抽条发叶，看上去已经成活，可不久又萎蔫而死亡。要想避免月季扦插"假活"现象的出现，要注意以下几点：第一，在选插条时，不能选择已有萌动芽的枝作插条。第二，要想月季插条能先生根再发叶，除了要掌握好适宜的温度和湿度外，还要特别注意的是，使扦插苗床介质的温度比空气温度高1~2℃，这样可以调节插条内部的营养向下端转移，先供下部生根需要。第三，秋季正是月季嫩枝扦插的好时机，此时又正当月季生长期，用嫩枝扦插时，保护母叶、防止脱落很重要。因为母叶这时承担着供应插条成活过程中形成愈伤组织、产生不定根及腋芽萌条发叶所需养料的任务。所以，保证母叶不脱落，尤其对秋季嫩枝扦插更重要。还须注意的是，一定不能从有病害的母株上剪取插条，而且苗床和介质都要严格消毒杀菌，并要及早见光，做好苗床通风，确保提高月季扦插成活率。

技能10-4 香石竹生产

香石竹又名康乃馨，为石竹科石竹属多年生草本植物。原产于欧洲南部、地中海沿岸至印度地区，因而适于比较干燥和阳光充足的环境。香石竹喜冷凉气候，但不耐寒，生长发育一般在5~27℃，最适温度白天18~22℃，夜晚10~15℃。开花时最适温度10~20℃。夏季超过30℃明显生长发育不良，冬季5℃以下生长发育迟缓。夜温低有利于香石竹的花芽分化。香石竹喜保肥、通气、排水性好、富含腐殖质的中性或微酸性黏壤土，土壤pH要求在6~6.5。忌连作、低洼积水的湿地。

【操作1】品种选择

香石竹冬季开花的切花品种应具有生长快、抗病性强、耐寒、产量高的特性；夏季开花的品种应具有高温长日照下抗病性强、分枝性好、裂苞少、茎挺直的特性。同时，生产栽培区要结合本地区的主要气候环境因子，选择适宜于当地生长的品种，并结合市场的需要按比例搭配花色。

【操作2】定植

(1) 改良土壤

香石竹栽培要求土壤养分充足、透水、保湿、通气的土壤，pH为5.6~6.5，EC值为0.6~1.2mS/cm，最高不能超过2.5mS/cm。

为了能够提供优良的土壤环境，一般采取在土壤中掺入大量的分解缓慢、氮素含量较少、多糖类含量较高的粗纤维有机质，如稻谷壳、大豆荚、花生壳、锯木屑、泥炭，以及经过粉碎的玉米、麦秆、稻草等作物碎段，一般掺入量为土壤容积的20%~30%。各种掺入的材料中，稻谷壳的效果最好，有利于增加土壤孔隙度，保持土质疏松且具有良好的保水性能，促进香石竹植株的生长发育。

（2）施基肥

整地前施足基肥，每平方米施用的基肥量分别为：菜籽饼30kg（或豆饼20kg、麻酱渣20kg）、鸡粪60kg、圈肥500kg、过磷酸钙19kg、草木灰50kg（或骨粉10kg）；或每平方米施用8~11kg腐熟的猪粪或牛粪，翻入畦面表土10cm以下，每平方米畦面施用0.8~1.1kg复合肥。

（3）消毒土壤

土壤消毒工作对于防治病虫害的发生，保证香石竹切花的正常生长是十分必要的。目前，主要采用化学消毒法。如100m^{2}均匀撒施250g五氯硝基苯和500g甲拌磷，这些药剂施用的方法是先用沙子混匀，然后在旋地之前均匀撒到土壤上。

（4）整地、作床

施足基肥、消毒后对土壤进行25~30cm的深翻，平整土地并设置种植床。一般种植床高15~20cm，宽0.8~1.0m。若条件允许，可在种植床边用木板、水泥板或砖砌20cm高的边框，床底铺设排水管或用碎石、稻谷壳等作排水层，便于土壤管理。

（5）定植

由于品种习性、摘心次数等不同，在香石竹的生产实践中有多种不同的定植方式。通常香石竹适宜的栽植密度为36~42株/m^2，栽植株行距为15cm×20cm、15cm×18cm、15cm×15cm、10cm×20cm等（图10-26）。

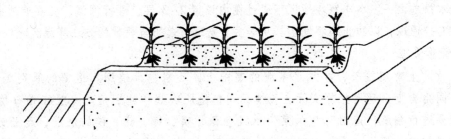

图10-26　香石竹定植

插穗发根后直接定植，定植时根系的适宜长度在2cm以内。如果定植时根系长于2cm，植株在从育苗床上取出时容易断根，从而影响幼苗缓根和初期生长。为促使小苗迅速发根，同时减少茎腐病的发生，香石竹定植时要浅。通常栽植深度在2~3cm，以扦插苗在原扦插介质中的表层部位稍露出土面为度。栽植时要防止幼苗被暴晒而使根系干燥，栽后立即浇透水，使根系与土壤充分接触。幼苗缓苗期间要保持土壤湿度，最好用遮阳网等遮光处理3~4d。

【操作3】日常管理

（1）水分管理

香石竹不同的生长期，对水分的需求量是不同的。苗期根系较浅，虽然代谢旺盛，但不能浇水过多，要见干见湿。

缓苗期要保持土壤湿润，待成活后适当控水，以利于形成良好的根系；生长旺盛期，可以增加浇水量。夏季高温季节土壤含水量不宜过高，否则易发生茎腐病。浇水应做到清晨浇水，傍晚落干。

香石竹栽植过程中多选用滴灌的方式。滴灌不仅可以精确地控制肥水，满足香石竹在不同的生长时期对肥水的要求，而且能使叶面保持干爽，减少病害的发生。同时，还能有效控制土壤中的养分，减少由于施肥不当引起的土壤盐分增高。香石竹喜湿润，但不耐涝，生长过程中应避雨栽培。

(2) 光照管理

光照强度增加有利于花芽分化，但 5×10^4 lx 为光饱和点。过度遮阴，光强仅 2000~4000lx 则会引起生长缓慢、茎秆软弱等现象。高光强时会产生过热，但因热能伴随太阳光而来，故夏季只能轻度遮阴，否则对植株生长不利。

光照时间方面，白天加长光照到 16h，或晚上 22：00 至翌日 2：00 用电照光来打断黑夜，或通夜用低强度光照，都会对香石竹产生较好的效果。

(3) 温度管理

香石竹属中温性植物，喜冬季温暖、夏季凉爽的气候条件。最佳的日、夜温度控制为：最适温度白天 18~22℃，夜晚 10~15℃；开花时最适温度 10~20℃。白天温度过高，会出现叶窄、花小、分枝不良等现象；夜间温度太高，则会出现茎弱、花小而花色好的异常反应。在我国香石竹切花生产区，做好香石竹生产中的夏季降温与冬季保温是保证切花数量和质量的重要技术措施之一。冬季寒冷地区可通过棚内设置 2~3 层膜进行保温，必要时进行加温，但应注意充分通风，以防止病害发生。夏季主要是通过遮阳与喷雾的方法降温。

(4) 营养管理

香石竹的生育期较长，在施足基肥的基础上，还需施加追肥。追肥的原则是少量多次。在不同生育期，还要根据实际生长情况调整施肥次数和施肥量。一般在香石竹种植 1 周后就需要进行施肥，此时可施加菜饼水或含氮、磷、钾、钙、镁的液肥；生长旺盛期，可结合中耕施用菜籽饼、骨粉或速效性的复合肥；生长中后期，应逐渐减少氮肥用量，而增加磷、钾肥用量；花蕾形成后，可适当进行磷酸二氢钾的叶面追肥 1~2 次，提高茎秆硬度，但次数不宜多。常用追肥量，100L 水溶液中所用化学肥料为：硝酸钾 411g，硝酸钙 245g，硝酸钾 82g，硫酸镁 164g，磷酸 82g，硼砂 41g。施肥时间为每 2~3 周 1 次。冬季保护地栽植时，在温度适宜的情况下，养分需要量为夏季的 2~3 倍。定期对香石竹叶片进行营养分析，调整追肥中各元素的比例。

(5) 摘心

香石竹摘心后会从节上发生侧芽，采用摘心可以决定开花枝数和调节花期，因此，合理摘心是香石竹栽培的重要技术环节。摘心通常是从基部向上第六节处用手摘去茎尖，时间在种植后 4~6 周，下部叶的侧芽长约 5cm 时为宜。摘心尽可能在晴天进行，摘心后要及时喷药防病。

不同摘心方法对花产量、质量及开花时间有不同的影响，生产中采用以下 4 种摘心方式（图 10-27）。

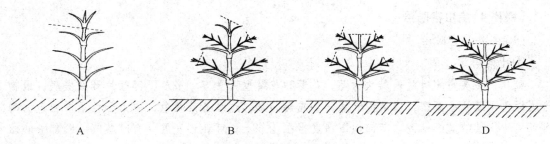

图 10-27　香石竹摘心方式
A. 单摘心　B. 半单摘心　C. 双摘心　D. 单摘心加打梢

①单摘心　仅摘去植株的茎顶尖，可使4~5个营养枝延长生长、开花，从种植到开花的时间最短（图10-27A）。

②半单摘心　原主茎单摘心后，侧枝延伸足够长时，每株上有一半侧枝再摘心，即后期每株上有2~3个侧枝摘心。这种方式使第一次收花数减少，但产花量稳定，避免出现采花的高峰与低潮问题（图10-27B）。

③双摘心　即主茎摘心后，当侧枝生长到足够长时，对全部侧枝（3~4个）再摘心。双摘心造成同一时间内形成较多数量的花枝（6~8个），初次收花数量集中，常常用于4~5月定植、11月进入收花高峰的冬季花为主的栽培方式（图10-27C）。

④单摘心加打梢　开始是正常的单摘心，当侧枝长到长于正常摘心长度时，进行打梢。在长达2个月的时间内要经常进行枝条的打梢工作。这样减少了大批早茬花，使之在1年内能保持不断有花（图10-27D）。

利用摘心的方法可以决定香石竹的开花数并能调节开花时间和生育状态。第一次摘心在定植后约30d，即幼苗长至6~7节时进行。第二次摘心通常在第一次摘心后发生的侧枝长到5~6节时进行。最后一次摘心称为"定头"，根据不同的品种和供花时间而定。如果需在12月至翌年1月开花，一般在7月中旬"定头"；如果需劳动节开花，摘心应在1月初结束。为保证切花品质，摘心一般不超过3次，一般每株香石竹保留3~6个侧枝即可，将其余侧枝从基部剪除。

(6) 拉网

定植后，幼苗易倒伏，且侧枝开始生长后，整个株丛展开，所以要尽早张网，使茎能正常伸直发育。可采用尼龙网和铁网，最好采用铁网。网格的大小与栽植苗的株行距相等，保证每一棵植株在合适的网格内，从而防止植株倒伏。一般网格距地面约15cm，然后随着植株的生长，网格逐渐升高。

(7) 抹芽和摘蕾

香石竹摘心后萌发的侧芽，一般每株留3~6个发育为开花枝，其余的应全部抹去。对于开花枝上的小侧芽，单花型品种和多花型品种处理方法不同。单花型品种：一般除保留顶端主花蕾以外，其他的侧蕾和侧枝全部抹掉，从而保证养分集中供给顶花。多花型品种：当主花苞长到1cm左右时就可以抹去，保留主花苞以下5~6节内的花蕾，其余的侧枝、侧蕾应及时摘除。

【操作4】病虫害防治

(1) 主要病害防治

① 叶枯病

症状：主要危害叶片，其次为茎，花蕾和花瓣也可受害。多从下部叶片开始发病，最初为淡绿色水渍状小圆斑，以后扩大呈圆形或椭圆形，边缘呈紫褐色，中心干枯呈灰白色。病斑可成片，致使整叶枯死。茎部病斑多发生在茎节上，可环形发展，有时茎节一圈都被病斑包围，致使节上部茎叶枯死。花蕾受害后花瓣不能开放，花瓣受害后则变褐腐烂。

防治措施：避免土壤重茬；注意通风；每隔7~10d喷1次75%百菌清可湿性粉剂600倍液可以有效预防；用75%代森锰锌可湿性粉剂500倍液喷雾，7~10d喷1次，连喷3~4次。

② 叶斑病

症状：主要侵害叶片，也侵染茎。茎、叶（下部叶）上有圆形、淡褐近圆形病斑，带浅紫褐色边缘，叶尖枯死，病斑上产生黑色小粒点。

防治措施：保持叶片干燥，摘除病叶并销毁；喷福美双、波尔多液，增强植株抗病力；从发病初期开始，定期喷药；摘芽、切花后应立即喷洒杀菌剂予以保护；可用75%百菌清可湿性粉剂800~1000倍液喷雾；多雨季节要注意排水，温室栽培要保持通风透光。

③ 茎腐病

症状：主要危害茎基部，导致植株突然萎蔫。

防治措施：严格进行土壤消毒，避免重茬；严格控制温室湿度，发病后及时拔除病株；用40%五氯硝基苯粉剂1kg拌土30~60kg，撒在病穴及植株根际周围或条施在畦上；用50%福美双可湿性粉剂500倍液浇灌根穴和喷雾。

④ 锈病

症状：该病主要危害叶片，也危害茎和花萼。受害部位最初出现淡色小突起斑，后四周呈黄色。发生严重时，造成叶和茎扭曲。生长季，在感病叶背或茎和萼片上出现褐色小粉堆，即为病菌的夏孢子堆；秋、冬季则在受害处出现黑色小粉堆，即为病菌的冬孢子堆。香石竹锈病分布较广泛，为世界性病害。高温高湿的环境条件容易引起该病发生。

防治措施：加强温室通风透气，尽量保持温度在15℃左右；繁殖育苗时，应从无病植株上采插穗条；避免同大戟属植物（如一品红等）邻近种植；发病后，及时摘除病叶，并集中销毁；用20%萎锈灵乳油400倍液喷雾或20%粉锈宁乳油2500倍液喷雾。

(2) 生理病害防治

① 花萼破裂

破裂的原因：成花阶段昼夜温差大；低温期浇水施肥过多，氮、磷、钾三要素不均衡，尤其是磷肥过多、缺硼等；品种特性。

防治措施：提高夜间温度，白天充分通风换气，使昼夜温差缩小；适当控制水分，避免低温时期土壤湿度过大；低温季节减少施肥量，忌大肥、大水，使肥水均匀供给；选择不易裂苞的品种；对花萼破裂的品种，可在开花前的1~2周用塑料胶带在花萼部包卷成钵状，能有效地减少花萼破裂。

②花朵侧突

症状：花冠不整齐，花瓣向一侧突出，使整个花蕾不能均衡一致地绽开。

主要原因：营养过剩，温度过低，日照时间过短或患叶斑病等。

防治措施：补光升温，控制营养，防治病害。

(3) 主要虫害防治

①红蜘蛛

症状：当红蜘蛛寄生在叶片上时，叶表面出现擦痕状伤痕，叶片变色。

防治措施：主要用药为40%三氯杀螨醇1000倍液，也可用40%氧化乐果1000倍液。

②蚜虫　多发生在高温、通风透气差的时候，繁殖迅速。

防治措施：保护并利用天敌；药剂防治，选对天敌无大害的内吸传导药物，如3%的天然除虫菊酯、25%鱼藤精、40%硫酸烟精800~1200倍液及氧化乐果均可。

③蓟马　虫体细小，活动隐蔽，为害初期不易被发现，吸茎叶汁液，常传播病毒性病害。

防治措施：用50%杀螨硫磷等内吸剂1000倍液、50%乙酰甲胺磷和25%西维因与水混合液(1:2:1000)喷杀。

【操作5】切花采收、包装及贮藏

(1) 采收

①采收时期　较适宜的时期是花瓣呈较紧裹状态，花瓣的露色部位长1.2~2.5cm时，这个阶段的香石竹花蕾在常温下2~4d后开放。花苞比花朵耐贮藏，在贮运中也耐压。多头型香石竹的花枝宜当两朵花开放，其他花蕾现色时采收。

②采收方法　用尖锐刀或小修枝剪剪下花枝，剪口部位既要考虑到切花花枝的长度，又要考虑下一茬花枝有足够的发枝部位，保证下茬2~3个侧花枝长成品质好的花枝。通常第一茬花枝较短，为冬季花枝留下较好的侧枝。

(2) 分级与包装

采收后，按照每枝花的花色、花形、枝条的长度、枝条的硬度和枝条的粗细等，参考《中华人民共和国国家标准　主要花卉产品等级第1部分：鲜切花GB/T 18247.1—2000》中香石竹切花质量等级划分标准进行分级。也可根据客户或市场要求，对产品进行分级、包装。目前，有的企业根据客户要求，将每级花枝分别按25枝绑成1束，绑束成扇形、圆形。或每行5枝，分列2层，下层3行，上层2行，该方法较适于装纸箱运输(图10-28)。

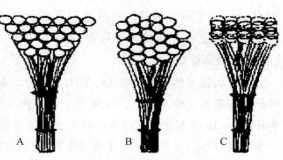

图10-28　25枝香石竹花束的3种绑扎方式

A. 扇形　B. 圆形　C. 双层形

(3) 贮藏

①冷藏　先将花枝切口更新，然后立即入水或预处理液中，待吸足水后进行预冷，再置于 0~1℃ 的环境中贮藏。

②化学保鲜　常用保鲜剂有：

300mL/L 8-羟基喹啉+50~100mL/L 硝酸银+5%~7% 蔗糖；

5% 蔗糖+200mL/L 8-羟基喹啉+500mL/L 醋酸银；

3% 蔗糖+300mL/L 8-羟基喹啉+500mL/L B_9+20mL/L 5-苄基嘌呤+10mL/L 青鲜素；

4% 蔗糖+0.1% 明矾+0.02% 尿素+0.02% 氯化钾+0.02% 氯化钠。

长期贮藏最好采用冷藏方式。温度保持在 0℃，相对湿度要求 90%~95%。宜选用 0.04~0.06mm 的聚乙烯薄膜作保湿包装。贮藏结束后，要求进行催花处理。

【操作6】种苗生产

(1) 培养母株

母株的生产技术与前述切花生产大致相同，在侧枝长至 6~8 片叶时摘心，待新梢发出后，再萌发的嫩梢就可以作为插穗（图 10-29）。

图 10-29　采穗母株的摘心

(2) 准备育苗床

在地面上用砖砌成宽 1.0~1.2m、高为 2 层砖的培养槽，然后用过筛的河沙填满，在扦插的前一天喷透水。

(3) 采穗

在母株上采集充实健壮、无病害的枝条，要求穗长 8~10cm，采集部位在枝条基部第四片叶上部 1cm 处。

(4) 采后处理

采穗后，立即将插穗放入水中浸泡 2h，然后取出，去掉基部叶片，留 5~6 片叶，再将插穗上部对齐，按 50 株 1 捆，用橡皮套捆扎，最后用剪刀将穗基部剪齐（图 10-30）。

(5) 扦插

先用竹签或钉子在苗床上按株行距 3cm×3cm 开洞，再将插穗放入配制好的萘乙酸 1000 倍液中速蘸其基部，然后将插穗插入沙中，插入的深度为 1.5~2.0cm，插入的同时将沙按实，使沙与插穗密切结合（图 10-31）。

(6) 插后管理

温室的温度尽量保持在 18~22℃。扦插后要立即用喷灌系统或喷壶浇透水，在生根之前视天气情况决定喷水次数，确保叶片不失水。通常在夏季要每隔 1h 喷 1 次水，在春、秋季要每隔 2~3h 喷 1 次水，在冬季每天上、下午分别喷 1 次水。生根后，浇水量要减少，保持土壤湿润即可。在夏季，采用遮光率为 70% 的遮阳网遮光，在春、秋季采用遮光率为 50% 的遮阳网遮光，在冬季不用遮光。生根后，早、晚可适当多接受些光照。

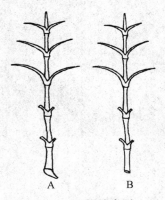

图 10-30 插穗类型
A. 带踵插穗 B. 不带踵插穗

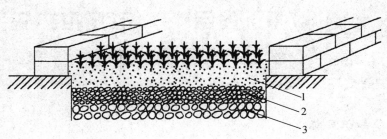

图 10-31 扦插
1. 基质层 2. 粗沙层 3. 砾石层

◇ 巩固训练

1. 以工作小组（4~6人一组）为单位，根据生产所在地气候和生产经营实际情况，制订切花生产方案和资金预算方案。

2. 按方案组织生产和实施。

3. 要求：组内既要分工明确，又要紧密合作；切花生产方案要详细，资金预算方案合理。在操作过程中，要严格按生产技术要求去执行，管理要科学、细致；按操作规程使用各种设备。

◇ 自主学习资源库

1. 现代花卉园艺学原理与切花百合生产技术. 白忠, 白靖舒. 金盾出版社, 2007.

2. 鲜切花百合生产原理及实用技术. 赵祥云, 等. 中国林业出版社, 2005.

3. 园林技术专业综合实训指导书——园林植物栽培与养护. 魏岩, 等. 中国林业出版社, 2008.

4. 非洲菊生产技术. 裘文达. 中国农业出版社, 2004.

5. 几种主要切花的生产技术. 龙雅宜. 西南园艺, 2002.

6. 切花月季生产技术图解. 金波, 等. 辽宁科学技术出版社, 2000.

7. 商品月季生产技术. 韩慧君, 黄善武. 中国林业出版社, 2002.

8. 香石竹. 陈琰芳. 山西科学技术出版社, 1999.

9. 香石竹生产技术. 裘文达. 中国农业出版社, 2004.

10. 中国花卉网: http://www.china-flower.com/

11. 花卉图片信息网: http://www.fpcn.net/

12. 园艺花卉网: http://www.yyhh.com/

13. 中国种植技术网: http://zz.ag365.com/zhongzhi/huahui/zaipeijishu/

项目 11　花坛花卉生产

◇ **知识目标**

（1）了解万寿菊、一串红、荷兰菊、朱顶红和美人蕉等花坛花卉的生长习性和生长发育规律。

（2）掌握花坛花卉周年生产技术规程。

（3）掌握花坛花卉周年生产计划制订方法。

（4）掌握花坛花卉周年生产管理方案制订方法。

（5）掌握花坛花卉生产经济效益分析方法。

◇ **技能目标**

（1）能指导、组织和实际参与万寿菊、一串红、荷兰菊、朱顶红和美人蕉等花坛花卉的周年生产。

（2）能根据市场需求主持制订花坛花卉产品周年生产计划，能根据企业实际情况主持制订花坛花卉生产管理方案，并能结合生产实际进行其生产效益分析。

花坛花卉通常指大量种植于花盆、花钵或布置于花坛内的观赏植物，大部分为一、二年生花卉。一、二年生花卉的生产特点是：花卉生长速度快，生产周期短，效益高，见效快，包装简单，易于运输，适合大规模工厂化生产。一、二年生花卉种类繁多，枝繁叶茂、色彩丰富艳丽、馥郁馨香，深受人们的喜爱，主要用于花坛、花境、花带的布置。景观上可展现花朵的群体美，富于季节变化。夏季花坛、花境和花带的布置多选用一年生花卉；春季花坛、花境和花带的布置多选用2年生花卉。

本项目重点介绍了花坛花卉生产的流程和内容，包括选择品种、基质处理、育苗、上盆、日常管理和病虫害防治等。选择了万寿菊生产、一串红生产、荷兰菊生产、美人蕉生产和朱顶红生产5个具有代表性的任务。

任务 11.1　花坛花卉育苗

◇ **理论知识**

11.1.1　育苗基质准备

基质主要有园土、腐叶土、细河沙、泥炭、蛭石、砻糠和珍珠岩等。选择的基质应该无病菌、无害虫,而且应具有良好的保水和透气性,酸碱度适中,否则会导致花卉生长不良甚至死亡。多数花卉适宜环境为弱酸性至中性,pH 6~7。当然,还要根据花卉的不同生物学特性选择基质,一般喜湿的花卉选择泥炭或腐殖质含量高的基质,喜旱的花卉宜选择园土和含沙量高的基质。

(1) 基质配制

市场上主要销售的基质泥炭:蛭石:珍珠岩:砻糠为 4:2:2:1。在容器育苗时一般选用腐叶土:园土:细河沙为 5:3:2 或泥炭:蛭石(或珍珠岩)为 6:4 的基质。扦插育苗选用河沙:园土:腐叶土为 2:1:1 的基质。对于不同植物品种和植物生长时期,基质的选择及配比会有所不同。喜酸的植物可将腐叶土换成泥炭。珍珠岩由于成本太高,一般不用。为了降低生产成本,也可以自配基质使用。将腐熟的有机肥、炉灰、园土各一份混合过筛,即可作为基质使用,但切忌掺入无机肥,否则会导致不出苗或出苗后死亡。多余的基质应该贮藏在室内的仓库,不宜露天堆放,否则会淋失养分和破坏结构,失去优良性状。贮藏前可稍干燥,防止变质;若露天堆放,应注意防雨淋、日晒。

(2) 基质消毒

基质配制好之后,应对其进行消毒处理,主要是杀灭病菌及虫卵。消毒方法有光消毒、高温消毒、药物消毒、蒸汽消毒、冻结法消毒等。在花坛花卉生产中最常用的基质消毒方法是药物消毒,方法如下:

①40%福尔马林溶液(甲醛溶液)消毒 在每立方米栽培用土中,均匀喷洒 40%的福尔马林 400~500mL,然后将土堆积,上盖塑料薄膜。经过 48h,福尔马林化为气体,除去薄膜,待气体挥发后使用。

②二硫化碳消毒 先将培养土堆积起来,在土堆的上方穿几个孔,每 $100m^3$ 土壤注入 350g 二硫化碳,注入后在孔穴开口处用草秆等盖严。经过 48~72h,除去草盖,摊开土堆使二硫化碳全部散失即可。

③威百亩消毒 威百亩是一种水溶性熏蒸剂,对线虫、杂草和某些真菌有杀伤作用。使用时 1L 威百亩加入 10~15L 水稀释,然后喷洒在 $10m^2$ 基质表面,施药后将基质密封,15d 后可以使用。

④漂白剂消毒 可用漂白剂消毒砾石、沙子。一般在水池中配制 0.3%~1%的药液,浸泡基质 30min 以上,然后用清水冲洗,消除残留氯。此法简便迅速,短时间就能完成。次氯酸也可代替漂白剂用于基质消毒。

11.1.2 种子准备

花坛花卉由于色彩丰富、品种众多,深受人们喜爱。每年大型种子公司都推出新品种,品种更新很快。花卉生产者必须时刻关注市场动态,了解市场目前最流行的品种,在种植某个品种之前要做详细的市场调查,根据本地区的实际情况确定生产品种。

生产者在选择花坛花卉生产品种时,应考虑以下因素:要对本地区的气候条件和生产条件进行调查,应选择能够适合本地气候和自身生产条件的品种;应控制品种数量,可选择 3~4 种进行生产，这样有利于产品的销售；尽量选择正规厂家的品种，以保证生产的产品质量稳定；要尽量选择矮化品种，市场的需求一般要求产品矮化、株型好，这样可以减少后期管理工作量；要量力而行，结合自身的实际生产情况，合理地运用资金，选择恰当的花坛花卉品种。以上五方面的因素都直接影响生产效益，应该进行综合分析。

(1) 种子选购

尽量选购 F_1 代种子。目前，花卉市场的种子种类非常丰富，有国内自繁的，也有进口的 F_1 代种子。进口的 F_1 代草花花色艳丽、花型美、整齐，国内自繁的在花色、花型、整齐度方面逊于 F_1 代草花。另外，F_1 代草花的抗逆性要优于国产草花。目前，F_1 代种子价格是普通种子价格的 5~10 倍。在选择种子产地时，要根据产品的用途和生产效益来确定。

选购籽粒饱满、高活力、高发芽率的种子。在选购时，要挑选在外观上籽粒饱满的种子，必要时要进行种子发芽率测验，尤其是散装种子。另外，草花种子保质期比较短，目前市场上大部分花卉种子保质期均为 1 年左右，不论是购买散装种子还是市场上流行的袋装种子，都要注意种子的生产日期和包装日期，因为陈年种子发芽率很低。

(2) 种子处理

种子处理主要是指在播种前对种子进行浸泡。大部分的种子在播种前不需要处理。对于耐高温的种子，采用浸种的方法能提高种子发芽率。可以用 55℃ 的温水浸种 15min，或用 50% 的多菌灵可湿性粉剂 500 倍液浸种 1h，或用福尔马林 100 倍液浸种 10min，亦可用苯菌灵、福美双、多菌灵等拌种，用药量为种子重量的 0.2%~0.3%。

11.1.3 播种

草本花卉播种繁殖传统上多采用盆播和地播，但是这种方法用种量大，土壤温度不易控制，出苗不齐，而且易遭地下害虫的危害，成苗率低。近年来，新品种层出不穷，种子价格也日趋昂贵，因此传统的播种方法正逐渐被一种新方法——穴盘播种育苗所代替。穴盘播种育苗具有诸多优点：每穴中种苗相互独立，既减少相互间病虫害的传播，又减少小苗间营养的争夺，小苗根系得到良好的发育，缩短育苗周期；穴盘苗起苗方便，移栽操作简单，不损伤根系，移栽入土后缓苗期短，定植成活率高；由于每个穴只播种一粒，可节省大量种子，同时容器育苗还有助于实现机械化育苗；基质轻、容器轻，便于存放和运输，有利于实现种苗的市场化；便于管理。

(1) 确定播种时间

主要根据生产计划、花期、花卉生育特性、气候和育苗条件确定播种期。不同地区、年份、设施条件和管理水平对花卉生育期有很大的影响，常用倒推法确定播种期。另外，在确定播种期时还应考虑以下因素：对于喜温暖、耐高温，并且开花不断直到早霜来临为止的花卉，应尽早播种，以增加观赏期；对于喜冷凉、夏季高温结实死亡的种类，应提早在温室中育苗，这样可提早开花，延长观赏时间；有些花卉种子寿命很短，采后应及时播种。为了提早开花，延长观赏期，目前，草花一般多采用温室苗床播种育苗，地温高于 10℃ 时即可开始播种，北方地区一般在 5 月 15 日左右露地定植草花。多数品种从播种到分苗需要 30~40d，从分苗到定植需要 35~40d；个别如矮牵牛、鸡冠花苗期生长慢，育苗期比其他品种长 10~15d，所以适宜早播；百日草出苗快，苗期生长快，应比其他品种晚播 10~15d。

（2）确定播种量

播种量应根据生产计划和种子本身的特性来定。种子的特性包括发芽率、成苗率等。如计划劳动节供应一串红 1000 盆，发芽率 85%，成苗率 80%，则播种量为 1000÷85%÷80% = 1470（粒）。一般种类可播 1000~2000 粒/m^2。可根据播种箱的面积把种子分成若干份，每块 1 份种子。

也可以用种子的重量来计算播种量。一般情况下，不同品种每平方米最佳播量为：一串红 20~25g，万寿菊 9~10g，矮牵牛 0.3~0.4g，鸡冠花 4g，孔雀草 10~15g，百日草 15g，等等。

（3）配制基质

一般要求基质疏松、透气和保水性能好、pH 5.5~7.0、无病虫害。对水分需要较多的种子，可选用细基质，相反可采用粗基质。

由于花卉种子发芽及小苗生长阶段吸收养分能力较差，因此一般播种基质不用施肥，保持 EC 值为 0.65~0.75mS/cm。但一些生长缓慢、出苗后不宜移栽的，基质中应有一定的养分，一般为腐熟的有机肥或缓释肥料。

基质配制好后，将基质装入穴盘中。穴盘要根据种子的大小来确定。目前市场上有 72 穴、128 穴、288 穴、293 穴等规格。使用过的穴盘如果再次使用，必须进行清洗、消毒、干燥。播种前先将基质填入穴盘内，基质的湿度保持在 80% 左右（以手握基质成团而不松散、不滴水为宜）。用玻璃或木板轻轻刮去多余基质，切忌用力压实，以免破坏其物理性状（图 11-1）。

图 11-1 基质装盘

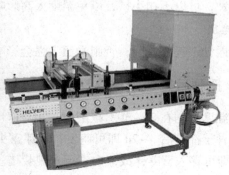

图 11-2 人工点播　　图 11-3 点播机

(4) 播种

当育苗室温度在 8~15℃ 时，将种子筛选后播入容器中。在实际生产中通常用点播的方式。一般穴盘点播，每穴 1 粒，将种子播入穴孔中央(图 11-2、图 11-3)。条播是在育苗箱内挖沟，根据种植品种的分枝习性，行距一般为 8~15cm。较小的种子常采用撒播，方法为：先将种子按 1:10 的比例与沙子混合，然后均匀地撒播在方盘中，少覆土或不覆土。

(5) 覆土

播种后应根据种子的光敏性进行覆土。好光性种子播种后不覆土，厌光性种子播种后一般要覆土，使种子周围有充足的水分，同时满足根系生长所需要的暗环境。覆盖材料除土壤外，还有一些保水性、透气性均好的粗蛭石，也可以用泥炭代替。覆盖的厚度以种子直径的 2~3 倍为准，且须均匀。

在实际生产中，常常发生小苗出土后，子叶带种皮不能正常展开的现象，严重影响植株生长发育。引起这种现象的主要原因是覆土太薄、种皮受压太轻、种皮干燥发硬不易脱落、陈年种子因出土能力差而不能将种皮顶破。预防措施是喷水湿润后人工脱去种皮，早期出苗如果带种皮出土，应马上撒湿润细土。

(6) 浇水

①播种时，底水要浇足，一般以最大持水量的 80%~90% 为宜。

②播种或覆盖后应用喷雾设施喷 1 遍，目的是让种子与基质和覆盖材料充分接触。浇水要一次浇透，判断是否浇透的方法是观察穴盘排水孔是否有水渗出。浇水不宜过多，水量过大时会导致基质和种子从排水孔流走。浇水时应使用细喷头，以防止水将种子冲散。最好的方法是在播种后浸盆，至基质全部浸透，有利于种子的吸胀作用，容易萌发。

③在低温季节育苗，应当浇 25~30℃ 的温水。

④育苗时要注意保水，基质稍微见干后浇水，保持土壤湿润。

(7) 覆盖

在箱上用铁丝或其他材料制作小拱，盖上塑料膜。目的是保湿，冬季还可以保温。若在夏季播种，可以不扣小拱，以免温度太高影响出苗。

(8) 遮阴

夏季播种一般要遮阴，否则光照太强会影响种子萌发。

11.1.4 播种后管理

一般温度控制在 25~30℃ 范围内，相对湿度在 95% 以上。不同的品种，出芽时间略有不同。如种子播种后 3~7d 即可萌发，幼芽露头时即可移出温室，炼苗 7~10d，待苗高 5~6cm 时，即可移入营养钵或盆内进行常规栽培。长出 2~4 片真叶后小苗比较密集，这时可移栽。长出 7~10 片真叶后即可定植。在育苗过程中应控制好温度、光照、水分、肥料、病虫害防治等因素。

任务11.2　花坛花卉上盆

【理论知识】

（1）选盆

一般生产用盆多选用直径 5~12cm 的营养钵（图 11-4），应掌握小苗用小盆、大苗用大盆的原则。移苗所用的营养钵如果是旧的应该消毒，先将营养钵用清水洗净，浸泡在多菌灵或高锰酸钾 500 倍液 20min。

（2）配制基质

上盆用基质配制方法与育苗基质配制方法相同。改良酸性土壤可在土壤中适当掺入石灰粉或草木灰、炉灰、硝酸钙。基质消毒可参照育苗基质消毒方法。

图 11-4　营养钵

（3）上盆

①上盆时间　出苗后长出 2 片子叶或长出 1 片真叶时，就可以上盆。上盆前保持基质湿润，最好选阴天或晴天下午进行。

②上盆操作　先用花铲将小苗尽量带土球起出，要注意保护好幼苗根系，以防断、伤根过多。尽量保持土球完整、勿散。然后将小苗移入准备好的直径 5~8cm 的小盆中。一般盆底事先装入 1/2 配制好的培养土，将小苗扶正，填满基质后略压实。带土球移栽时，四周填土均匀，保证根系与土壤能够紧密接触，勿压碎土球引起断根。留距盆口 1~2cm 的空间，用于浇水、施肥。移植后及时浇透水，以免根系松动缺水死亡。

在实际生产中，有时为了避免换盆增加人工费，也可将小苗移至直径 12cm 的盆中。

任务11.3　花坛花卉日常管理

◇理论知识

（1）水分管理

大多数的一、二年生草花要求的空气湿度为 70% 左右。浇水的措施可参照盆花生产，对水分要求特殊的品种可根据其生长习性特殊对待。

（2）养分管理

上盆后，养分管理可以分成两个阶段：上盆后至开花前两周和开花前两周至开花。前期生长阶段一般可以施以氮为主的氮、磷、钾复合肥，后期生长阶段一般可以施以磷为主的氮、磷、钾复合肥。施肥可以采取基肥、追肥。具体方法和措施可以参照盆花生产部分相关内容。

另外，有一些品种在营养吸收方面有一些特殊性。比如，一串红等在整个生长期都不应施入氮肥，否则不开花，其在开花前增施磷肥效果更佳。

(3) 光照管理

在生长阶段，大多数的花坛花卉对光照强度要求较高。光照强度低，易造成植株徒长，株形不美观，花色不鲜艳。所以，上盆后花坛花卉一般需要全光照，但在高温的夏季、晚春和早秋中午要适当遮阴，避免阳光直射，可采用50%的遮阳网遮光。

(4) 防寒与降温管理

大多数花坛花卉的生长适温在20~25℃，夜间不能低于15℃。育苗期间的温度要求相对较高，生长期温度可比育苗期温度略低。夏天如果室内温度较高，主要通过外遮阳和高压喷雾来降温；在冬天，可以通过火墙、热风炉、暖气等设施设备来提高温度。

关键与要点：从育苗开始，温度要适宜，若温度过高，易造成苗徒长现象，影响株形；若温度过低，会造成生长缓慢或停止，延期开花，易形成"小老苗"。

(5) 修剪与整形

随着植株的生长，应及时调整（加大）盆距，以保证植株有足够的营养面积且通风透光。这是一种简便易行的植株株高控制方法，几乎适用于各种花卉。注意场地四周的通风条件，降温、降湿，以控制株高和防治病虫害的发生。

通过摘心降低草本花卉的高度，可以保持植株矮壮、整齐、茂盛，而且可以增大冠幅，增加花枝数量，提高植株观赏效果，增强植株抗倒伏和抗病虫害的能力。摘下的枝条还可用于扦插繁殖，既降低成本，又提高育苗速度。但必须控制花枝数量，必要时抹除花蕾，以保证花的质量和观赏效果。

剪除枯枝、病虫害枝、开花后的残枝，以改善通风透光条件并减少养分消耗，提高开花质量。经常剥去老、病叶及多余叶片，可协调植株营养生长与生殖生长的关系，有利于提高开花率和花卉品质。

(6) 病虫害防治

主要防治方法有栽培措施防治、物理防治、生物防治和化学防治。

①栽培措施防治　应选择无病、健壮、抗逆性强的种苗。在生产管理中，要经常通风，降低温室的湿度；要调节温室的温度，尽量保证适宜的温度；还要及时浇水、施肥，并要保证植株生长必需的光照，从而保证植株生长健壮，提高植株的抗性。同时，要及时摘除花卉的病叶、老叶，清除带有病虫的植株残体、杂草、落叶等，并及时进行深埋或焚烧。另外，通过科学修剪，可增加植株中下部的通风、透光性，阻隔病虫害的传播和蔓延途径，减少病菌、害虫的来源。

②物理防治　主要通过在设施上设置防虫网，防止害虫进入温室内；在温室内设置诱虫板、杀虫灯可杀死害虫；土壤消毒可采取蒸汽消毒，杀死土壤病害。

③生物防治　在有条件的地方，可采用以虫治虫的生物防治技术。另外，有目的地保护天敌，可有效提高生物防治的效果。目前，生物防治法在温室花卉病虫害防治上应用较少，但其具有无污染、无残留、效力长等优点，是未来防治病虫害的一个发展方向。

④化学防治　在实际生产中，常采用化学药剂进行病虫害防治。化学防治具有高效、

速效、使用方便、经济效益高等优点,但使用不当会对花卉植物产生药害,杀伤天敌,长期使用会导致有害生物产生抗药性、污染环境等。

◇ 实务操作

技能11-1 一串红生产

一串红又名西洋红,因它的花形像一串串爆竹,故又名"爆竹红"。属唇形科鼠尾草属多年生花卉,作一年生栽培。世界各地广泛栽培,在我国的栽培量最大。一串红花序修长,色红鲜艳,花期长,且不易凋谢,是我国城市环境布置和园林配置上应用最普遍的草花种类,同时是劳动节、国庆节等节日用花的主要品种,广泛应用于花丛、花坛、花带,亦可用于花境与林缘小道的镶边。

一串红原产于巴西。喜温暖湿润的气候,耐炎热,畏霜寒,忌干热气候。最适生长温度在20~25℃,温度在15℃以下时,叶逐渐变黄以至脱落。高于25℃则叶片和花变小。特别是矮性品种,抗热性差,对高温阴雨特别敏感。喜阳光充足环境,忌强光直射,可耐半阴。对光周期反应敏感,具短日照习性。若光照不足,植物易徒长,茎叶细长,叶片变黄脱落,花朵往往不鲜艳。喜湿润、排水良好、富含腐殖质的壤土或沙壤土。果实为小坚果,椭圆形。果实内含黑褐色种子,千粒重为3.6g。

【操作1】选择品种

一串红花朵多,花色丰富,品种多样,除常见的红色外,还有黄、白、紫、蓝青、桃红、酒红等色。因此,在生产开始前要做好品种的选择工作。品种的选择不仅关系到生产过程,还关系到产品的销路和收益。应根据气候类型、市场需要、设施状况、资金情况和种植规模等客观因素,慎重选择品种,合理搭配颜色比例,以取得最佳的经济效益。

(1) 矮生品种

① '红霞' 极早生,株高25~30cm,株型紧凑整齐,分枝性佳,花穗大,长约18cm,鲜红色,叶色浓绿,适宜盆栽或花坛栽植。

② '莎莎' 新型色的系列新品种,早生,高30~35cm,小型心形叶,花穗紧密,花色独特。花色有酒红色、紫色、桃红色、绯红色、白色及混合色。

③ '烈火2000' 是较适合我国的进口新品种,尤其是北方地区,或是南方地区的冬、春季,本品种具有株形圆整、花穗密集、整齐度高等优势。

④ '圣火'和'豪特火' 前者适应气候温和、生长量大的地区,如西南地区;后者则适应夏季炎热的地区。

(2) 高生品种

① '火炬' 高40~45cm,鲜绯红色花,花穗长、大,叶色浓绿,适于造景,花坛中心或背景栽培表现突出。

② '红衣女郎' 新型色一串红新品种。株高35~45cm,红色喇叭形花穗。本品种耐热、耐旱性俱佳,适合盆钵花坛栽植。是全美花卉选拔赛1992年欧洲花卉选拔赛金牌得奖品种。

【操作2】育苗

(1)播种育苗

①种子处理　选用优良品种,种子饱满新鲜,净度、发芽率95%以上。把种子用30℃水浸泡6h,然后包在纱布袋里,用手反复搓洗,洗去表面的黏液。洗净后包在湿布里,置于20~25℃的环境中催芽,每天用温水冲洗两次,6~7d种子萌动,即可播种。如果不处理,需15d种子方可萌动。

关键与要点：将种子浸泡后揉搓掉表面黏液,可大大缩短种子发芽的时间。

②配制基质　混合基质用草炭土、河沙、园土按2∶1∶1比例或草炭土(腐叶土)与珍珠岩(沙子)按4∶1比例均匀混合,pH为5.8~6.2,EC值0.50~0.75mS/cm。在每立方米基质中加入50%多菌灵粉剂150~200g,搅拌3~4次,使药物与基质充分混合,然后边喷水边搅拌,基质湿度保持在50%~70%,以基质"手握成团,松而小散"为宜。

③播种

播种时间：一串红在北方地区可在1~3月播种,南方地区以秋播为主,长江中下游地区则适合春播或秋播,保护越冬。一串红从播种到开花一般需要90d左右,在保护地条件下可以周年栽培。播种期可按照所需的开花期而定,目前栽培的大多数一串红品种,在冬季播种育苗至现蕾需90~100d,育出第一个花序长10~20cm需110~120d,如果摘心,同时有2~4个较大花序还需增加10~15d(表11-1)。

表11-1　不同播种期开花时间对照

播种时间	9月上旬	2月下旬	3月下旬	5月下旬
移栽时间	10月底至11月初	4月上旬	5月中上旬	6月上旬
定植时间	翌年3月下旬	5月	6~7月	8月
用花时间	劳动节	建党节	建军节	国庆节

播种方法：将堆放6~8h后的基质装于穴盘内,基质距离穴盘沿1cm,轻轻镇压,刮平基质,浇透水。然后将种子点播在穴孔中。播种后需覆盖一层很薄的保湿基质,常用细粒的蛭石。均匀地覆盖0.3~0.5cm。覆土后,浇透水。在生产上,通常采用微喷系统和喷壶进行浇水。在种子出苗前,一定要适时浇水,保持土壤湿润。播完后覆盖塑料薄膜,以保持土壤湿度,促使种子提前发芽。

关键与要点：播种的关键是"一匀、二湿"。"匀"指播种要匀、覆土要匀；"湿"指播后苗前基质、苗床要保持湿润。

④播后管理　播后苗前可保持比苗期相对高的温度。此时管理的好坏将直接决定出苗率的高低及苗的质量。播种后4~5d胚根展出。初期基质的湿润非常重要,温度维持在22~24℃。光照有利于发芽,因此在发芽时最好有1000lx左右的光照度。在21~24℃、光照充足的条件下,1周左右即可出苗。若温度低于15℃,很难发芽,20℃以下发芽不整齐。

主根长至1~2cm,子叶充分展开,基质宜湿润,但要防止过湿、过黏而影响幼苗生长。子叶展开后,温度可以略降些,约20℃。这一阶段还不需要施肥,故基质EC值仍为0.50~0.75mS/cm。

一串红对土壤中过高的盐离子浓度非常敏感，可以作为介质 EC 值过高的指示植物。根系长至 3~5cm，苗高 2.0~2.5cm，第一对真叶展开，温度可降至 18℃。这时控制水分，有利于调节生长，水分不当会早熟形成僵苗。追肥可以开始用 40~50mg/L 含铁、镁的复合肥料，土壤 EC 值为 0.75~1.00mS/cm。幼叶变黄常因氨态肥浓度过高，而老叶变黄则为缺镁。

当根系已完好地形成穴盘苗，有 2 对真叶，温度、湿度同上一阶段，施肥仍保持 EC 值 0.75~1.00mS/cm。一串红小苗的生长不良，多为土壤湿度未控制好，另外，EC 值太高，或在秋、冬季育苗时温度不够。

株高控制：在实际生产中，一串红的穴盘苗有 2 片真叶展开时，选用 50%矮壮素水剂 1250~5000 倍液处理穴盘苗，可使其株型紧凑、叶片厚实、叶色深绿；其中以 50%矮壮素水剂 2500 倍液处理的穴盘苗质量最好，高度适中、株健苗壮、叶色美观，符合高质量的穴盘苗的要求。

(2) 扦插繁殖

①扦插时间　以春、夏季气温 25~28℃ 时为最佳时间，生根快。

②插床准备　在地面上用砖砌成宽 1.0~1.2m、高为 2 层砖的培养槽状，然后用过筛的河沙填满，基质厚度为 10~15cm（要求基质平整，以防止出现积水）。在扦插的前一天喷透水。

③采穗　结合摘心，选取生长健壮、无病虫害的嫩枝作为扦插材料。将其剪成 5~6cm 长的插穗，最少保留 2 个节。下剪口距最下一个节 1.0~1.5cm。为减少蒸发，可适当摘去部分叶片。随采随插，注意插穗保湿，不可暴晒。

④扦插　扦插时，先用粗度与插穗相差不大的木棒打洞，然后将处理好的插穗插入，扦插深度为插穗长度的 1/2，株行距以叶片相互搭接而不重叠为宜，不影响光合作用。插好后将其四周土壤压实，浇透水即可。

【操作3】上盆

(1) 上盆前准备

①容器准备　可选用直径 10~14cm 的黑色营养钵。如果要培育开花的较大植株，应选用直径 12~15cm 的黑色营养钵。

②基质配制与消毒　营养钵中培养土的配制如下：园土 4 份、腐叶土（或腐熟粪肥）4 份、河沙 2 份，混合配制成中性培养土。使用培养土前应先对其进行消毒、杀菌处理，用 0.5%的高锰酸钾溶液浇灌。

(2) 上盆

①上盆时间　一串红幼苗生长缓慢，待幼苗发出 3~5 片真叶，覆盖穴盘大部分空间时或插条新根达 2~4cm 时，可移栽上盆。播种苗上盆至初盛花期需 60~80d，扦插苗上盆至初盛花期需 60d 左右。

②上盆方法　移栽前 2h 先将苗床喷透水，基质湿度保持在 80%左右，从孔穴中取出幼苗时，能保持根团完整。上盆时，容器中先装入栽培基质，将幼苗放于容器正中，四周填满基质，栽植深度与原根颈部位相同，使基质距盆沿 2~3cm，浇透水。上盆后遮阴保湿，1 周后移入全光照处。

【操作 4】日常管理

(1) 温度管理

夏季气温超过 35℃ 或连续阴雨，叶片黄化脱落。因此，夏季高温期，应降温或适当遮阴。缓苗期间白天控制气温 25~30℃，夜间 18~20℃。其他时间白天 20~25℃，夜间 10~15℃。

(2) 光照管理

一串红喜光，生长、开花均要求阳光充足。但在夏季炎热地区，需要避免阳光直射，可用 50% 遮阳网遮阴。另外，传统品种为短日照花卉，而矮生品种则对光照不太敏感。

(3) 水分管理

保持室内空气相对湿度为 70%~80%。一串红平时不喜大水，应控制浇水，即不干不浇，否则易发生黄叶、落叶现象。如果出现枝条大而稀疏、开花较少的情况，可酌情增加浇水次数。

(4) 养分管理

一串红花序较多、花期长，生长期间除施氮肥外，磷肥的消耗也较大，可根据苗情配施氮、磷、钾肥，及时追施。上盆后可以先用含钙的复合肥料，临近开花可以增加磷肥的施用。生长期间由于摘心萌发侧枝较多，植株也逐渐丰满，养分消耗较多，对磷、钾肥的需求较高，必须及时增加施肥量，以满足其生长需要，可每隔 10d 根外喷施 1 次 0.2% 的磷酸二氢钾溶液，对促进茎叶生长、加深叶色和增大花朵有明显效果。尤其在每次除蕾后，要浇足水，1 周后施淡肥水，其后勤施肥水，并适当增施磷、钾肥，促生新梢，使开花繁盛。

(5) 摘心管理

及时摘心整枝可促进分枝，防止茎节间徒长、茎秆变细，控制植株高度，增加开花数及种子数量。在幼苗具 4~6 片真叶时进行第一次摘心，8~10 片真叶时第二次摘心，每次摘心留 1~2 节为宜，以促使植株矮壮、丰满、花密，以后视生长情况进行。

一串红开花后要及时剪除残花，减少养分的消耗，促使再度开花。一串红在生长期间能多次开花，气温在 20~25℃ 时，去蕾后 25d 左右又可孕育新蕾并开花，按这种开花周期特点，可根据气温情况或当温度不足时通过温室调节温度，然后去蕾来控制开花期。冬、春季用花，提早 32~35d 停止摘心；夏、秋季用花，应提前 25d 左右停止摘心。如劳动节用花，应在 3 月 25~28 日停止摘心；儿童节用花，应在 4 月 28~29 日停止摘心；建党节用花，应在 5 月 30 日左右停止摘心；国庆节用花，应在 9 月 5~6 日停止摘心；元旦用花，应在 11 月下旬停止摘心。摘心后，每盆施用氮、磷、钾复合肥 3~5g，加强根外喷肥和病虫防治，促使植株健壮、花多色艳，延长观赏期。

(6) 病虫害防治

① 病害防治

猝倒病：

症状：在育苗期易发生猝倒病，出苗前染病引起烂种。幼苗期染病，茎或根产生水渍状病变，发病部黄褐色、缢缩。该病扩展迅速，有时一夜之间成片幼苗倒伏，湿度大时发病部附近或土面上出白色绵毛状霉,即病原菌孢子梗和孢子囊。

防治措施:发现病苗立即拔除,及时喷洒72%杜邦克露可湿性粉剂,或61%乙磷铝、69%安克锰锌可湿性粉剂900倍液,58%甲霜灵、72.2%普力克水剂400倍液,15%恶霉灵(土菌消)水剂450倍液,95%绿享1号精品300倍液,50%立枯净可湿性粉剂900倍液,80%多福锌(绿享2号)可湿性粉剂800倍液,防治1~2次。

花叶病:

症状:叶内出现淡绿或黄绿与深绿相间,形成斑驳状花叶,叶片变小、表面高低不平、皱缩甚至呈蕨叶状,花枝变短,花朵小、褪色、花数少、植株矮小,呈退化状态,严重影响观赏效果。

防治措施:发病初期可喷洒1.5%植病灵乳剂1000倍液或高锰酸钾1000倍液,7~10d喷一次,连续2~4次,可有效地控制病害蔓延。消灭蚜虫,切断传播病原的途径。杀蚜药剂可选用1.2%烟参碱乳油1000~2000倍液或用1.8%齐螨素乳油6000~8000倍液。

青枯病:

症状:青枯病是一种维管束病,属细菌性枯萎病。此病在苗期不表现症状,仅在花前及开花期表现症状。首先是顶部叶片萎缩,随后下部叶枯萎,叶片保持绿色,只是颜色稍淡,故称青枯病。初期白天叶萎蔫,夜晚恢复正常,很多人误解为缺水萎蔫而导致死亡。病株根部常变腐烂,茎部表皮粗糙,并产生白色不定根,切断病茎用手挤压,可以从断面的变色导管中渗出白色黏液,这是此病的重要特征。

防治措施:调节土壤pH。青枯病多在微酸性土壤发生。在酸性土壤地面撒施适量石灰,然后深翻,将土壤pH调至微碱性,并结合施入腐熟有机肥。发现病株及时拔除烧毁。发病初期或大雨后喷72%农用链霉素2000倍液或波尔多液1000倍液,每7~10d喷一次,连续喷3~4次;也可用5%福美双可湿性粉剂500倍液或灌石灰水防治。

斑枯病:

症状:斑枯病病原菌是壳针孢属菊斑枯菌。症状为植株下部叶片出现近圆形或不规则形褐色至黑色病斑,病斑周围有褪绿色晕圈,后期出现小黑点即病菌子实体。随病情发展,病斑扩大,逐渐向植株上部蔓延,甚至全株叶片呈黑色干叶,悬挂在植株上。斑枯病病菌以分生孢子器在病残叶上越冬。夏季降雨次数多、雨量大时病情发展快,分生孢子产生多,传播快;施氮肥多,植株嫩弱,发病亦重。

防治措施:发病初期用50%多菌灵可湿性粉剂800~1000倍液,或70%甲基托布津可湿性粉剂1000倍液,或65%代森锌可湿性粉剂500倍液,或58%甲霜锰锌400倍液,或70%代森锰锌500倍液,或7%叶霉净粉尘剂1.5g/m²,或65%福美锌可湿性粉剂500倍液,每7~10d喷一次,连喷2~3次即可。

②虫害防治

白粉虱:

症状:白粉虱吸食植物汁液会导致叶片褪色、卷曲、萎缩,而且也经常成为毒素病的传播媒介。

防治方法:可用敌杀死2000倍液喷杀。如果是在温室等密闭的环境中,用熏蒸剂强力棚虫Ⅱ号或敌敌畏熏蒸效果更好，连续3~4次，可彻底消灭温室白粉虱。

蚜虫：

症状：蚜虫通常集中在嫩芽、嫩叶、嫩枝上刺吸汁液，造成植株受害部位萎缩变形；蚜虫还分泌蜜露污染植株，并诱发煤污病等病害。

防治方法：可用40%的氧化乐果2000倍液灭除。

红蜘蛛：

症状：气候炎热时红蜘蛛侵害严重。被害植株叶片失绿，严重时叶片卷曲、皱缩，易引起煤污病而影响光合作用。

防治措施：每隔两周轮换使用以下药剂，每5d喷药1次：30%蚜虱绝800~1000倍液，10%的吡虫啉可湿性粉剂2000~4000倍液，粉虱治800倍液，40%乐果1500倍液。

技能11-2 万寿菊生产

万寿菊又名蜂窝菊、臭芙蓉，属菊科一年生草本植物。万寿菊茎光滑而粗壮，呈绿色或带棕褐色晕。叶对生或互生，羽状全裂，裂片长矩圆形或披针形，有锯齿，上部叶的锯齿或顶端常具有数个大的油腺。头状花序单生，具长总梗，中空，花径5~15cm，总苞钟状；舌状花有长爪，边缘常卷曲；花色有乳黄、柠檬黄、金黄、橙黄和橙红等色，均在黄色色谱中不断变化。花型有单瓣、重瓣、托桂、绣球等变化。露地栽培花期为6月至霜降，设施园艺温室栽培，冬、春季也可以照常供花，花期长达数月。可夏播以供国庆节用花。瘦果黑色，下端浅黄色，冠毛淡黄色，千粒重约3g。

万寿菊生性强健、适应性强，喜温暖和阳光充足的气候环境，最适生长温度是15~25℃。光照不足则茎叶细长，花少而稀；不耐寒冷，但能经受早霜的侵袭；较耐干旱，但在酷暑高温且伴随多湿的条件下生长不良；对土壤要求不严，但以富含腐殖质、排水良好的肥沃砂质土壤为宜；耐移植、生长快、少病虫害。

【操作1】选择品种

万寿菊品种选择是生产的重要环节之一。品种的选择要依据市场的需求、品种的特性以及成本的预算等因素进行综合分析。要按照用花的季节选择适宜的品种。对于北方地区，应选择适合北方高寒地区生长的优良品种。品种的总体性状应是花大而鲜艳，抗病性好，易于管理，分枝力强，叶色浓绿。万寿菊的品种随着市场变化不断更新，当今市场销售的品种多为优良的F_1代杂交种子。主要品种如下：

(1) 极矮性品种

①'万夏' 株型紧凑，多花，重瓣，花径6~8cm。株高15~20cm，露地栽培株高15~25cm。适于春、夏高温期栽培。

②'四季' 高约20cm，是目前植株最矮的万寿菊品种之一。早生，花径约8cm，完全重瓣，株型紧凑、整齐，开花一致，花色鲜明、亮丽。

③'发现' 矮化杂交品种，生长茂密，株高15~20cm，露地栽培株高15~25cm。花色丰富，耐热性好，株型整齐。重瓣，花径8cm，深色叶。

（2）矮性品种

①'帝印' F_1 代杂交品种，其以稳定的特性多年来深受栽培者欢迎。早生，大花，花径 10~13cm，完全重瓣，花瓣平整，多花，花期长。盆栽时，高 25~30cm，露地栽植时株高 35~45cm。

②'虚无' 高 35cm，大花，完全重瓣，花径 8~9cm，分枝性佳，短日照条件下播种 11 周开花，是中矮型固定品种。

③'丽金' 性状与'帝印'相似，但花朵更为圆整，呈半圆球形，花茎粗壮，利于运输，耐雨性强，下雨后易于恢复，花色鲜明。

④'完美' 生长强壮，抗倒伏，适合种植于直径 10~12cm 的花盆中，以供 5~6 月销售。每一种颜色都有着极好的地栽性，有巨大而丰满的花，成花率高，花开不断，株高 25~35cm。

⑤'银卡' 完全重瓣，叶形美观，花色亮丽，花繁，开时如同花的海洋，花叶辉映，蔚为壮观。花巨大，花径达 11cm。作为盆栽用花，其早花性使该系园林应用极广。作为花坛用花，该系列具有矮化特性，生长整齐，连续开花。株高 25~30cm，种子约 400 粒/g。

⑥'安提瓜' 株高 20cm，矮生，早花，株型紧凑，分枝力很强，完全重瓣花。对光照要求不严。无论何时播种只需 60d 即可开花，通常种在 10cm 的盆中，种子约 300 粒/g。特别推荐作为北方地区夏、秋花坛用花。主要花色有金黄、橙黄、樱草黄、亮黄等色。

【操作 2】育苗

（1）播种育苗

①种子处理 一般情况下，万寿菊的种子不需要处理。如果需进行消毒处理，可将备好的种子用 50% 多菌灵 250 倍液浸泡 10~15min，然后放在 25℃ 温水中浸泡 6~8h，捞出沥干后拌 10~15 倍细沙，准备播种。如果需要进行种子催芽，可将种子用湿纱布包裹后置于 25~30℃ 环境下处理，每天早、晚各用 25~30℃ 清水清洗一次，2d 左右出芽，出芽率达到 20% 时即可播种。

②配制基质 万寿菊要求微酸性土，pH 6.0~6.7。可选用蛭石 1 份、草炭 2 份或腐叶土 4 份、细沙 1 份混合作为基质。播种前可使用 50% 多菌灵、50% 福美双、40% 五氯硝基苯进行基质消毒，用药量为 6~8g/m²。也可用 40% 甲醛，用药量 30mL/m²，加水 60~100 倍喷施。然后用塑料布覆盖 7d 左右，方可播种。

③播种

播种时间：万寿菊种子可在四季进行播种繁殖，在适宜条件下，从播种到开花需 60~80d（表 11-2）。一般最早可在 2 月上旬育苗，3 月中下旬移栽，苗龄 45d 左右。基质温度 18~24℃，4~5d 出土；25~28℃ 时，2~3d 即可出土。夏季播种一般在 6 月初育苗，7 月初移栽，苗龄 30d 左右。

表 11-2 不同播种期开花时间

播种时间	2月1~10日	3月1~10日	4月1~10日	5月1~10日
初花期	5月上旬	6月上旬	7月上旬	8月下旬
盛花期	6~7月	7~8月	8~10月	9~10月

播种方法：播种可用128孔穴育苗盘或育苗箱，基质为过筛的细草炭和细沙，将两者各半混匀平铺于育苗盘或育苗箱中，填满育苗盘或育苗箱，用木板将基质刮平，稍加镇压，用喷灌系统或喷壶浇透水。用沸腾的开水将育苗盘中的基质浇透消毒和杀灭杂草种子。待土温降到30℃时，将催芽的种子点播在穴盘内或混沙后均匀地撒播在育苗箱内的基质上，然后覆盖0.8~1.0cm厚的基质。

④浇水　覆土后，浇透水。在生产上，通常采用微喷系统和喷壶进行浇水，最后用75%百菌清的600倍液对基质表面及周围环境进行消毒。

⑤覆盖　播种后以塑料薄膜覆盖，苗床上覆地膜保湿以利于万寿菊的萌发。湿度较低或覆土偏薄时，易出现"戴帽"出土现象。

⑥播后管理

温度：萌发适宜温度为20~25℃，这时土壤适温为20~21℃，种子播后约1周茎和子叶可出现。

光照：万寿菊种子为嫌光性种子，幼根出现后才需光照。出苗后在保持适宜温度的同时尽可能地增加光照，降低空气湿度，以减少病害发生。

水分：保持中等湿度，幼根出现后就要逐渐降低湿度。播后如果没有出现缺水现象，不用浇水；苗出齐后，根据缺水程度可适当浇水；移栽前7~10d不能浇水，防止苗徒长。一旦植株根系发育触及盆壁，要等到植株有些萎蔫时才浇水，以控制高度。一般上午浇水，傍晚时保持叶片干燥，以防病害的发生。

施肥：在整个育苗期间，可喷施1~2次1000倍尿素溶液。

病虫害防治：苗高4~6cm时，每10d喷1次杀菌剂，用50%多菌灵或50%代森锰锌1000倍液喷洒。

(2) 扦插育苗

扦插育苗在生产中也有应用，具体方法是：剪取6~8cm嫩梢在露地或苗箱扦插，张网遮阴保持湿润，2周生根。扦插于5月底至6月进行，扦穗选取上部幼嫩部分，将下部叶片摘除，只留上部少量叶片。插穗剪成长5~7cm，扦插于净沙中，置于温床内，株行距5cm×5cm，插深2~3cm，以插穗不倒为度。插后浇透水，设荫棚。每天浇水保湿，温度保持32℃以下，相对湿度80%以上，3周后即可移栽。

【操作3】上盆

(1) 上盆前准备

①容器准备　可选用13cm×13cm黑色营养钵。

②培养土配制与消毒　培养土可以按腐熟鸡粪：粗草炭：园田土为1:4:5的比例配制，另每盆加入2~3g 16-16-16的氮、磷、钾复合肥，每立方米土加入50g五氯硝基苯和敌百虫，并且要搅拌均匀。pH 6.0~7.0，如果pH过低，可能导致万寿菊出现焦边、老叶上有枯斑、生长点坏死等现象。

(2) 上盆

当幼苗子叶完全张开至出现2~3对真叶时上盆，上盆最好选在阴天或晴天的下午进行。上盆时挑选健壮苗,将病苗、弱苗剔除。先用花铲往盆中装入2/3的基质,将小苗从穴盘中轻轻取出放入盆中,然后填充基质,用手轻轻压实,再填加基质。定植的深度以刚好埋没原始基质为限,基质表面要低于盆沿1~2cm。移植后浇百菌清1000倍液作为缓苗水,定植后的初期尽量避免阳光直射。待缓苗后,浇1次透水,此后应尽量少浇水,以控制株形,允许小苗稍萎蔫。此时要求环境温度在16~22℃。

【操作4】日常管理

不同苗期管理措施见表11-3所列。

表11-3 不同苗期管理措施

措施	时间	方法
蹲苗	生长期	定植缓苗后,控制灌水,除干旱严重时,基本不灌水
控肥	苗期	除底肥外,基本不追肥,尤其是氮肥和磷肥
控温	温差较大季节	增加夜温,降低日温,减小昼夜温差,控制生长
化学处理	第二对真叶出现	每隔2~3周,喷施一次B_9,可以控制株高

(1)温度管理

上盆后将温度提高到昼温28~30℃,夜温18~20℃,缓苗3d。缓苗后温度白天23~25℃,夜晚15~18℃。

(2)光照管理

万寿菊能够忍受全日照,在保证温度的前提下尽量增加光照。多数万寿菊品种冬、春季短日照条件下,现蕾开花较早,长日照时生育期相对延长。在苗期增加光照时间可以延长营养生长时间,控制花芽分化,调节花期。如在傍晚用碘钨灯进行补光2~4h,满足植物对光照的需求,也可以在夜晚用红光进行闪光处理抑制其花芽分化。如在2月中旬至3月中旬播种的对光敏感的万寿菊品种,从萌芽时起进行2周的短日照处理,有利于提早现花。

(3)水分管理

保持室内70%~80%的空气相对湿度的同时,适当灌水,进行壮苗锻炼,适当通风降湿。水分管理要见干见湿、干透浇透,浇水时间应选在晴朗的早晨。上盆后浇一次透水,土表刚干时进行松土除草、控水蹲苗以促进根系的生长,然后见干见湿、干透浇透。

(4)养分管理

除上盆时施入一定的基肥外,在生长期,视苗生长状况,每7~10d可施1次氮、磷、钾复合肥,浓度从0.05%~0.075%逐渐增加到0.3%~0.5%,随水施入。浇水施肥不可过多,否则茎叶疯长,导致开花延迟或少花。

另外,为了预防小苗老化,可以对小苗叶面喷施1000倍尿素溶液。当株高15~18cm时,对叶面喷施1次浓度0.1%的磷酸二氢钾,可使植株健壮,生长加快,开花鲜艳。

(5)摘心管理

为了促进植株分枝,可进行摘心。为防止过早开花,传统上对万寿菊采用摘心措施,以促其矮壮生长。经观察,摘心可以抑制生长,但影响开花的质量,不应提倡。因其生产周期较短,一般为2.5~3个月,分期播种可满足需要,不必经常摘心。

(6) 株高调控

万寿菊对 B_9 很敏感，移植后 7~10d，如使用 2500~5000mg/L 的 B_9 喷洒叶片，对控制株高有效。

(7) 病虫害防治

①病害防治

猝倒病：是万寿菊苗期最常见的病害。在幼苗出土前发病称猝倒病并引起烂种。猝倒病病菌是土壤习居菌，主要以菌丝体在土壤中随病残体越冬。施用未腐熟的有机肥，低洼积水，高温、高湿，根和茎基部受侵染后均有利于发病。连作发病严重。

防治措施：降低育苗基质及空气湿度，加大苗间距，增加空气流通，避免温度过低。使用25%甲霜灵可湿性粉剂800倍液，或75%百菌清可湿性粉剂600倍液，或75%的甲基托布津喷施或浇灌病株。

灰霉病：病菌主要以菌丝在病株上或腐烂的残体上或以菌核在土壤中过冬。翌年由菌核产生分生孢子，借风雨、气流在田间迅速传播危害。高温、高湿，则病害加速流行。施用未腐熟的有机肥，氮肥过多、过迟，低洼积水，均有利于发病。

症状：主要危害叶、茎、花等。花瓣、花柄开始衰老时易染病，受害部呈水浸状褐色腐烂且产生大量菌丝体使花瓣相互黏连，湿度大时产生大量分生孢子进行侵染，出现灰白色或浅褐色蛛丝状霉层填满或覆盖花序，然后扩展到花柄造成腐烂，导致花下垂。芽和叶柄染病，常出现枯斑或黑褐色凹陷斑；当侵染整个叶柄，雨后或湿度大时病部被灰霉病菌孢子覆盖；当组织腐烂时，表皮裂开，病组织干缩，表面或内部产生黑色扁平状的菌核。叶片染病部位出现水浸状斑点，病组织变为褐色或黑褐色腐烂，条件适宜时长出大量灰色菌丝体和有分支的分生孢子梗，生出圆形顶细胞，簇生灰色圆形分生孢子。

防治措施：通风降湿，种植不要过密。用1%的波尔多液喷雾预防。发病严重时，用50%代森锌可湿性粉剂700~800倍液，或75%甲基托布津1000倍液，或75%百菌清可湿性粉剂500倍液防治，10~15d喷药1次，连续喷3~4次。

枯萎病：

症状：分为真菌性枯萎病和细菌性枯萎病。真菌性枯萎病植株受害后生长缓慢，叶片自下而上失绿黄化，最后整株叶片变褐、萎蔫，直至枯死。真菌性枯萎病的病原菌是镰刀属的一种，可通过土壤传播。夏季气温高、雨水多的情况下发病严重。细菌性枯萎病是由欧氏杆菌属的一种细菌侵染引起的。症状为浅灰色水渍状斑，长1~2cm，而后渐变为黑色。茎干受害后软化腐烂，末梢枯萎。

防治措施：注意控制湿度，经常通风。及时铲除病株并对原穴进行杀菌处理；灌药时要充分灌透；用药后3d内不能浇水，如果遇雨或必须浇水，应于雨后或浇水后及时再次使用药物治疗。化学防除可用41%嘧霉胺600~800倍液喷叶面或对病株进行灌根，病害严重时，可适当加大用药量。若病原菌同时危害地上部分，应在根部灌药的同时，地上部分同时进行喷雾，每7d左右用药1次。

斑枯病：病菌以分生孢子器在病残叶上越冬。夏季降雨次数多、雨量大时病情发展快，分生孢子产生多，传播快；施氮肥多，植株嫩弱，发病亦重。

症状：斑枯病病原菌是壳针孢属菊斑枯菌。症状为植株下部叶片出现近圆形或不规则形褐色至黑色病斑，病斑周围有褪绿色晕圈，后期出现小黑点即病菌子实体。随病情发展，病斑扩大，逐渐向植株上部蔓延，甚至全株叶片呈黑色干叶，悬挂在植株上。

防治措施：发病初期用50%多菌灵可湿性粉剂800～1000倍液，或70%甲基托布津可湿性粉剂1000倍液，或65%代森锌可湿性粉剂500倍液，或58%甲霜锰锌400倍液，或70%代森锰锌500倍液，或7%叶霉净粉尘剂1.5g/m²，或65%福美锌可湿性粉剂500倍液，每7～10d喷1次，连喷2～3次即可。

褐斑病：

症状：发病初期为大小不等的紫色病斑，后发展为黑褐色不规则形病斑，先从植株下部叶片开始，逐渐向上蔓延，严重时病斑连片，整株叶片变黄，后发黑干枯死亡。

防治措施：发病初期，可用75%百菌清600倍和50%多菌灵500倍混合溶液喷施；或用80%敌菌丹800倍和50%甲基硫菌灵600倍溶液喷施。

②虫害防治

细胸金针虫：

症状：咬食万寿菊幼苗的根和茎部，并能钻入根部及茎内危害，造成幼苗死亡，但该虫危害程度较轻。

防治措施：在育苗前用50%辛硫磷乳油1000倍液均匀喷洒在基质上；移栽前在移栽基质中每立方米施辛硫磷毒土颗粒2kg。

美洲斑潜蝇：

症状：以幼虫危害为主，幼虫在叶片内取食叶肉，形成许多隧道，影响光合作用，使万寿菊花朵变小、色泽不艳，降低观赏价值。严重时叶片萎蔫，上下表皮分离、枯萎，全株死亡。另外，万寿菊植株被美洲斑潜蝇刺孔和咬伤部位还易引起病原菌侵入，导致病害的发生和蔓延。幼苗期受害可造成幼苗死亡。

防治措施：宜在早晨或傍晚成虫大量出现时选用1.8%害极灭乳油2000倍液、1.8%阿巴丁乳油2000倍液、10%虫螨克乳油3000倍液、1.8%阿维菌素乳油2000倍液、40%乙酰甲胺磷乳油1000倍液喷雾防治。

红蜘蛛：

症状：气候炎热时红蜘蛛侵害严重。受害植株叶片失绿，严重时叶片卷曲、皱缩，易引起煤污病而影响光合作用。

防治措施：每隔2周轮换使用以下药剂，每5d喷药1次：30%蚜虱绝800～1000倍液，或10%的吡虫啉可湿性粉剂1000～2000倍液，或粉虱治800倍液，或40%乐果1000倍液。

技能11-3　美人蕉生产

美人蕉为美人蕉科美人蕉属多年生草本植物。在西方，它又被称为"印第安射手"，因为它的种子黑色坚硬，形似子弹。美人蕉植株可达一人高，叶子茂密，花朵硕大，有红、橙、黄、粉及双色和斑点等多种颜色。花期很长，从初夏至秋末花开不断。

美人蕉喜欢温暖炎热的气候，在原产地可周年生长，在冷凉地区冬季呈休眠状。喜阳光充足的环境，具有一定耐寒力。对土壤适应性强，喜湿润、肥沃、深厚、疏松的土壤，怕涝，不耐旱。生长适温为25~30℃，5~10℃时停止生长，低于0℃时会出现冻害。

【操作1】选择品种

美人蕉可分为"法国美人蕉"系列和"意大利美人蕉"系列。"法国美人蕉"植株矮生，高60~150cm；花大，花瓣直立而不反曲；易结实。"意大利美人蕉"植株较高大，通常达1.2~2m；花比前者大，花瓣向后反曲；不结实。

目前常见品种包括：

①'黄花'美人蕉　株高1.2~1.5m，根茎极大。茎绿色。叶长圆状披针形，长25~60cm，宽10~20cm。花序单生而疏松，着花少，苞片极小；花大而柔软，向下反曲，下部呈筒状，淡黄色，唇瓣圆形。

②'粉'美人蕉　株高1.5~2.0m，根茎长而有匍枝，茎、叶绿色，具白粉。叶长椭圆状披针形，两端均狭尖，边缘白而透明。花序单生或分叉，花较小，黄色；瓣狭长；唇瓣端部凹入，有具红色或带斑点品种。

③'紫叶'美人蕉　株高1.0~1.2m，茎、叶均紫褐色并具白粉。总苞褐色；花萼紫红色；瓣深紫红色，唇瓣鲜红色。

④'兰花'美人蕉　本种是"意大利美人蕉"系列的总称。由'鸢尾花'美人蕉及'黄花'美人蕉等品种及园艺品种改良而来，其花形似兰花，所以称'兰花'美人蕉。在意大利选育而成，故名"意大利美人蕉"。株高1m。叶绿色或青铜色。花序单生、直立，花为最大者，直径达15cm，鲜黄至深红色，有斑点或条纹，基部筒状；花瓣于开花次日反卷；瓣5枚，宽阔柔软，唇瓣基部呈漏斗状。花期8~10月。本种缺少纯白及粉红色花朵。

⑤'大花'美人蕉　本种为"法国美人蕉"系列的总称。主要由原种美人蕉杂交改良而来。株高约1.5m，一般茎、叶均具白粉。叶大，椭圆形，长约40cm，宽约20cm。花序总状，有长梗；花径10cm，有深红、橙红、黄、乳白等色；基部不呈筒状；花萼、花瓣亦具白粉；瓣5枚，圆形，直立而不反卷。花期8~10月。

【操作2】育苗

美人蕉的育苗方法多为播种育苗和分株育苗。

(1) 播种育苗

①播种时间　4~5月播种。

②苗床准备　播种前首先要选择苗床，苗床应选阳光充足、地下水位高、排水良好、湿润肥沃的深厚土壤。整地时要细致，清除石头、杂草，碎土均匀。

③土壤消毒　播种前要对土壤进行消毒，用五氯硝基苯、辛硫磷等药剂以杀死地下害虫和预防病害。

④种子处理　播种前2~3d将种子坚硬的种皮用利器割口，刚好露出内部的白色，放在25℃水中浸泡24~48h，当种皮开始膨胀时按常规进行播种。

⑤播种方法　点播于苗床或花盆的河沙中。

⑥覆土　覆土切忌太厚，应以种子直径的1~2倍为宜。

⑦播后管理　播后要保持20℃左右的室温，并保持土壤湿润，一般1周后即可发芽。苗高5cm时，即可分栽、定植，当年可以开花。也可在小苗长出后，移栽入小盆培育，待气候适宜时移植室外。

(2) 分株育苗

为保持品种的优良特性，通常切分根茎来进行繁殖。时间是3月或4月，根据当地的气候决定。暖地宜早，寒地宜晚。分株繁殖易使病毒代代相传，所以在繁殖时应选用无病毒的母株作为繁殖材料。美人蕉春季开花宜在秋季分株，秋季开花宜在春季分株。方法如下：

先将母株挖出，母株根部的坑穴用土填实。将块状根茎割开加以修剪，每株至少要带2个根芽，并除去烂根，有条件时宜在切口涂以木炭粉或硫黄粉消毒后再上盆栽种。根茎在16℃左右开始萌芽。如果采用地栽，要先翻松土壤，并挖掘苗穴，穴底施腐熟的有机肥，上面覆盖3~5cm厚的薄土，栽植深度为10cm左右或让幼苗稍露地面。若为尚未萌芽的根茎，则应上面覆盖3~4cm厚的松土。株距为10~15cm，栽好后浇透水。在10~15℃的条件下催芽，并保持土壤湿润，约20d后，当芽长至4~5cm时即可分栽、定植。

【操作3】移栽

(1) 上盆

当播种苗长出3片真叶时可移栽上盆，如果为分株苗，可不经苗床处理直接上盆种植。盆土用园土、泥炭土、鸡粪以6:3:1的比例混合拌匀，堆沤半年即可使用。小块根茎种在直径为15cm的盆中，大块的根茎种在直径为20cm或更大些的盆中，栽前施足基肥。无论分株苗还是播种苗，如果盆口径为21cm，每盆可种3株。上盆后需马上浇水，种后不用遮盖。

(2) 露地栽植

栽植时必须选用疏松、不易板结、腐殖质较多的微酸性土壤，不要选用黏性大的黄壤土。应选择阳光充足、日照时间长、排水良好、土层深度在40cm以上的地块。一般春季栽植。

选苗时要选用芽壮、发育良好、约30cm高的苗。将栽植地土壤深翻，植穴宜稍大一些。穴距80cm、穴深2cm左右，穴底应施足基肥。基肥以腐熟的堆肥为主，加入适量豆饼和过磷酸钙为好，基肥上应覆土。将处理好的根茎切块植入穴中，覆土10cm左右，芽尖露出地面。

(3) 移栽后管理

移栽后浇1遍透水，发芽后随植株逐步增高而增加浇水量，保持土壤湿润。生长期间及开花前每隔20d左右施1次液肥，追肥应以磷肥为主，以促其花芽分化，提高花的质量，并使植株生长健壮。同时应及时松土，保持土壤疏松，以利于根系发育。如果在预定开花期前20~30d还未抽生出花莛，可叶面喷施1次0.2%磷酸二氢钾水溶液催花。每次花谢后都要及时剪除残花莛，并施液肥，为下次开花储蓄养分。寒冷地区在秋季经1~2次霜后，待茎、叶大部分枯黄时，可将根茎挖出，适当干燥后贮藏于沙中或堆放于室内，温度保持在5~7℃即可安全越冬。暖地冬季不必采收，但经2~3年后须挖出重新栽植。

【操作4】日常管理

(1) 温度

美人蕉是热带植物，喜温暖、湿润环境。生长适温为25~30℃。对炎热的高温适应性强，但不耐寒，冬季低于10℃时上部易受冻。要求水温在20℃以上，如果水温低于15℃，植株会生长缓慢，且可能导致植株衰弱，5℃以下则易冻死。

(2) 光照

光照充足条件下，美人蕉植株生长整齐，高度一致，开花整齐，花色鲜艳。半阴条件下，植株生长偏高，花序伸长，花色较淡。生长和开花期需充足光照。栽培场所光照不足时，植株徒长，叶片柔软，花蕾减少，花朵变小，花色变淡。反之，光照充足时，花大，株型紧凑，花色鲜艳，开花不断。

(3) 浇水

美人蕉浇水必须适量、适时，应根据季节、天气灵活掌握，一年中浇水的次数与水量是变数，只能靠管理者的观察与丰富的经验来确定。要根据季节浇水，春季气温回升，植株解除休眠，部分叶芽正常生长，水分消耗量也随之增加，浇水以每天1次为宜。夏季正逢植株生长旺盛期，消耗水分也多，需每天早、晚各浇水一次；6月梅雨季节则每天浇水1次，遇大雨时应及时排涝；7月适当增加浇水量，必要时用水喷洒叶面，以降温增湿。秋季气温虽有下降，但空气仍十分干燥，蒸发量很大，也要经常浇水，保持土面湿润；10月以后，气温逐渐下降，浇水量则应酌情减少；冬季美人蕉生长缓慢，甚至停止生长，水分消耗极少，每天浇水1次，应在气温较高时进行，在14:00~15:00为好，阳光下浇水效果最佳。

(4) 施肥

美人蕉喜肥，栽植时应施足基肥，常用的肥料有疏松有机肥、花生饼、复合肥、磷肥等。肥料的选择和施用的时间应根据季节和植株生长情况而定。一般在春季当美人蕉的嫩芽开始萌动时施用第一次疏松有机肥，可以有效疏松土壤、补充养分和保持湿度，为以后芽的分蘖及植株的生长打下良好基础。以鸡粪为主的有机肥肥效长，疏松土壤效果好，但肥效吸收较慢，此时，为加强肥效，可混施一次复合肥和一次尿素。进入生长、开花期的植株，由于生长快，开花多，需要不断追肥。据观察，每25d结合松土施一次花生饼或鸡粪拌放磷肥，效果更好，其含有的养分较全面，特别是氮、磷、钾元素充足，能有效促进花的生长，加深花色，使叶大色绿。

(5) 疏苗

3~10月是美人蕉生长、开花旺盛的季节，由于新芽分蘖极为旺盛，容易出现植株过密，必须及时去除开过花的植株、无花弱株、病株和退化植株，原则是"去弱留强，株距合理"。密度为15~20株/m²，过多或过少都不利于生长。美人蕉的花是陆陆续续开放的，坚持天天疏苗，或隔天疏苗，花谢即疏。疏除时必须把花连同株苗摘至根部，不能只摘花而留枝干。但有一点必须注意，当美人蕉株距稀疏达不到要求且没有萌芽或萌芽弱小时，可只摘花而留枝干，这样可以让枝干贮藏更多养分，以供幼芽成长，待幼芽即将开花时再摘除枝干。如果其幼芽仍然瘦弱，可继续留苗，直至株苗达到要求为止。当然，挖取壮芽直接补种的效果会更快、更好。

结合疏苗剪除枯叶、黄叶、病叶。这些叶片是病虫害发生的诱因，是病虫害潜伏的场所。春、夏季枯叶会因密度大、雨水多易腐烂诱发病虫害，而秋、冬季枯叶又会使更多病虫害潜伏并成为其良好的越冬场所。所以，一旦发现干枝枯叶必须及时快速清理，不能拖延。单一品种成片栽植时还要注意拔除杂色品种，以利于壮芽的萌发和生长，矮化植株，使开花整齐。

(6) 修剪

一般修剪要根据不同季节和植株生长情况灵活操作。修剪高度要与泥面持平或略高于泥面，同时修剪后要及时增加肥料，这样发出来的芽才比较粗壮，且花较大，色彩鲜艳。美人蕉具有连续开花习性，在管理上只要做到将开完花的残株及时修剪和水肥供应充足，且气候条件适宜，可以长年花开不断。

(7) 越冬防寒

冬季来临前，在寒地可将根茎挖出，于防霜冻的花房或温室中贮藏越冬。温度在5℃左右，湿度要控制适宜，既要维持一定的湿度以防根茎干燥，又不可过湿造成生长或腐烂。该阶段要注意挂牌标注，以防品种混杂。在暖地或温室附近栽种的美人蕉，冬季不必挖起，将美人蕉地上枯死部分剪去，让伤口自然风干，并掺杂些腐熟的堆肥，堆起一个小土丘，埋住地下部分即可。这种方法主要是利用腐熟的堆肥疏松、通透性好、受潮后还能发出热量的特点，起到保温作用。

(8) 病虫害防治

原则是"预防为主，综合防治"。方法是坚持在春、夏高温多雨季节多喷药，每月喷药3~4次，在秋、冬季也保证在2次以上。因为美人蕉叶片光滑，药液不易黏附，在喷药时最好添加增效剂，以增强其黏着力。而且喷施时应选压力大的喷雾器，使其雾化效果更好，这样就能使药液最大限度地黏附在叶片上。同时，喷药时要注意，叶片正、背两面及全株均匀分布，效果才更好。平时选用的农药有百菌清、多菌灵、甲基托布津等一些广谱性农药，发病时则必须对症下药。

①病害防治

花叶病：

症状：美人蕉花叶病是由黄瓜花叶病毒引起，传播的途径主要是蚜虫和汁液接触传染。美人蕉不同品种间抗病性有一定差异，普通美人蕉、'大花'美人蕉、'粉'美人蕉发病严重，'红花'美人蕉抗病力强。当美人蕉感染花叶病毒时，叶片沿着叶脉到叶缘失绿，出现断续的黄色条纹，后期扩展，甚至整张叶片出现黄色、皱缩以及卷曲；开花时花瓣出现碎色条纹。有些美人蕉植株叶片上出现花叶或黄绿相间的花斑，花瓣变小，形成杂色，植株发病较重时叶片畸形，内卷斑块坏死。

防治方法：由于美人蕉是分根繁殖，所以在繁殖时，宜选用无病毒的母株作为繁殖材料。发现病株立即拔除销毁，以减少侵染源。该病由蚜虫传播，使用杀虫剂防治蚜虫，减少传病媒介。可用40%氧化乐果2000倍液，或50%马拉硫磷、20%二嗪农、70%丙蚜松各1000倍液喷施防治。

锈病：

症状：美人蕉锈病是侵染性真菌病害，美人蕉发病时叶面可见圆形黄色水浸状小斑，此时为采取防治措施的良好时机。后期圆形增大，有疤状突起，病斑橙褐色至褐色边缘出现黄绿色斑环，直径2~6cm。小疤开裂后遇风、水等环境条件适宜时病情发展迅速。

防治方法：灭病威、石硫合剂与粉锈宁定期轮换使用。

黑斑病：

症状：美人蕉黑斑病是侵染性真菌病害，美人蕉发病时叶面先见黄色小斑，后发展为圆形至椭圆形黑褐色斑，有些病斑微具轮纹。

防治方法：发病初期每隔15d喷施50%甲基托布津50~800倍液，或65%代森锌500倍液，或1:1:100波尔多液，连续3~5次。

芽腐病：

症状：美人蕉芽腐病是侵染性细菌性病害，发病时的症状是在展叶时叶片上出现许多小斑点，此后斑点沿叶脉扩展并连成条纹状。初起病斑为灰白色，很快转为黑色。花芽受害时呈湿腐状，经黄褐色至黑色，在开花前便枯死。老叶患病时，病斑发展慢，病斑淡黄色，病斑边缘呈水渍状。

防治方法：种植前用链霉素1000倍液浸根茎30min。初发病时用链霉素500倍液喷洒叶片和芽。

黄化病：

症状：主要表现在植株的幼叶上。幼叶产生淡黄色不规则状、分散的斑块。后期病害组织变为褐色，并且植株矮化，花也变色。

防治方法：可选用70%甲基托布津可湿性粉剂800~1000倍液，或50%多菌灵可湿性粉剂800~1000倍液喷雾防治，每周1次，连续2~3次。

②虫害防治

蕉苞虫：

症状：叶片卷成圆筒形的苞，附近叶片叶缘被虫咬成缺刻，植株附近发现虫粪。

防治方法：防治要点是及时发现蕉苞虫危害的特征，发现症状时及时喷洒90%敌百虫800~1000倍液，或用敌敌畏等触杀或胃毒类杀虫剂。

小地老虎：

症状：植株叶片可见排列整齐的虫洞，严重时损坏花芽，导致无花株产生。

防治方法：可用敌敌畏、氧化乐果、乐斯本混合液喷施。

技能11-4 荷兰菊生产

荷兰菊是菊科紫菀属优良观赏花卉，也是一种重要的宿根花卉。茎丛生，多分枝，高60~100cm。叶呈线状披针形，光滑，幼嫩时微呈紫色，在枝顶形成伞状花序。花蓝紫色。花期8~10月。

耐寒、耐旱，适应性强，而且株丛紧茂，花色丰富艳丽。喜光，抗性极强，耐瘠薄、较耐涝，而且抗灰尘污染，很少病虫危害。分蘖能力强，极耐修剪。园林中常合栽于大面积隙地作地被植物，用于布置花坛、花境等，亦可盆栽或修剪成龙、狮子、孔雀等各种造型。

【操作1】选择品种

目前常见品种如下：

①'丁香红' 植株茂密，开花整齐，花期早，花朵多，花开17~20d。露地扦插，适宜温度18~30℃，20d生根。

②'粉雀' 植株茂密、较矮，花期早，花多，花开17d左右。冬季塑料棚内分株后，翌年春季易形成花芽。

③'蓝夜' 植株茂密、整齐，花期中，花色深，花开20d。

④'皇冠紫' 植株茂密、整齐，花期中，花色艳，花开逾20d。露地扦插，适宜温度18~30℃，15d即生根。

⑤'粉婴' 植株稍高，花期稍晚，花朵多，花期长，达20d以上。

⑥'紫莲' 植株稍高，茂密，开花整齐，花期中，花朵多，花开约20d。

【操作2】育苗

(1) 播种育苗

①育苗前准备 播种地选阳光充足、通风的环境，且土质疏松、土粒细碎、透气性较好、pH 6.5~7.0的砂土或砂壤土。按照地块具体情况，在畦长30m处开1条横沟，沟宽35cm、深35cm；每10畦修建1条竖沟，沟宽30~40cm、深40cm；围沟宽40cm，深50cm；地外沟深80~100cm，确保排水畅通。及早耕翻，施好基肥，每亩施硫酸钾复合肥10~15kg；南北方向作畦，畦面宽90cm，播3行，沟宽30cm，深30cm以上，可增强土壤通透性。

②播种时间 3月上旬左右。

③播种量 荷兰菊种子重约0.6g，采用普通的营养土播种即可，每平方米苗床播种5g左右。

④播种方法 条播，播种要均匀。播种后在种子上面覆细土0.5cm。

⑤播后管理

浇水：播种后及时浇水，注意检查出苗和湿度情况。

温度：地温控制在18℃，播种后6~7d出苗。

施肥：适时合理追肥，为了使荷兰菊生长旺盛，在生长中期，要追施少量硫酸钾复合肥，每亩用量5kg，或用氨基酸高效液肥根外追肥。切忌过量施用化肥。

间苗：及时间苗，荷兰菊长出5~6片叶时第一次间苗，株距6~7cm，用细竹片轻轻挑出要间去的苗；荷兰菊长出9~10片叶时第二次间苗，株距13~15cm，可将苗连根轻轻拔去。

(2) 扦插育苗

①苗床消毒 扦插荷兰菊前先用敌克松500倍液对苗床杀菌消毒。

②插穗选择 选择生长健壮、无病虫害、节间短、粗约0.3cm的枝条剪截，插穗长度为6~8cm，顶梢保留3~4片叶。

③扦插时间 扦插繁殖一般选在7月至8月上旬。荷兰菊嫩枝扦插的最佳时期为6月28日至7月5日。

④扦插方法 在20~25℃条件下，剪取嫩枝，在沙床上扦插，10d左右即可生根。生根后移入苗圃地管理，在湿润肥沃土壤中生长良好，开花繁茂。采用荷兰菊一级枝、二级枝进行扦插可获得较高的成活率，随着母株生长天数的递增，生根率也逐渐降低，且始生根所需时间也逐渐延长。荷兰菊一级枝、二级枝分别采用100mg/kg、200mg/kg ABT 1号生根粉处理可有效提高其成活率。一级枝插穗用ABT 1号生根粉100mg/kg浸泡2h，其成活率比对照高13.8%，二级枝插穗用ABT 1号生根粉200mg/kg浸泡2h，其成活率比对照高24.8%。

(3) 分株育苗

荷兰菊在春、秋两季均可分株繁殖。荷兰菊分蘖力很强，利用根蘖苗可大量繁殖。分株一般在早春，当根蘖长出新芽后就分株。一株2~3年生的老株一次可分株繁殖几十株。先在背风向的地方作苗床，从老株根际处发出的萌条取下分栽，每丛3个芽左右。按7~8cm的株行距栽在苗床上，没有根的芽可扦插繁殖。春季用芽在苗床扦插繁殖的，生根后可撤去塑料薄膜。也可在春季长出叶片后分株，几株为1丛，直接定植。还可以开花后分株，直接定植。

【操作3】移栽

(1) 上盆

待苗高5cm左右时及时进行第一次分栽，可选择口径12cm的小盆进行移栽，风大的地方在缓苗时最好用塑料薄膜覆盖。

(2) 地栽

①时间 多在4~5月进行。

②整地施肥 选向阳、肥沃、排水良好的地方，整地时要充分施入堆肥或厩肥作为基肥。

③栽植 株行距30~40cm，栽植深度应与原来深度相近。栽好后踩实、浇水。

【操作4】日常管理

(1) 温度管理

生长适温10~25℃。上盆后将温度提高到昼温15℃以上。缓苗后白天温度15~25℃。

(2) 光照管理

荷兰菊为短日照植物，如果要反季节栽植，需进行光照处理。

(3) 水分管理

播种后先浇水，再覆盖，盖后注意检查出苗和湿度情况，适时揭去覆盖物，防止高脚苗。这样可预防高温暴晒和暴雨冲刷对荷兰菊的影响，确保苗齐、苗匀。秋季因天气干燥，应注意浇水，如果枯萎，要及时培土保苗。为保证荷兰菊能够安全越冬，在11月下旬结冰前，要充分灌足冻水，防止地下根因缺水而受冻死亡。

(4) 养分管理

盆栽应用肥沃的培养土，将分株或扦插的小苗上盆，注意浇水，及时追肥，多用人粪尿、豆饼水、马粪水等。小苗用肥少，可7~10d追肥一次，秋后肥料加浓，花蕾形成后应4~5d一次。地栽在出苗后开花前可以在根的四周开沟施肥，施后及时浇水。

项目 11　花坛花卉生产

(5) 修剪和摘心

针对荷兰菊耐修剪、分枝多的特性,5~6月修剪,7~8月由修剪变为摘心,促进枝条发育,使株形丰满紧凑,达到花朵密集的目的。生长期间可多次摘心,促使多形成分枝、株形丰满、花繁叶茂。但最后一次摘心不能过晚,摘心于9月初停止,以防影响开花。一般摘心20d后可现花蕾,1个月左右即可开花。

(6) 病虫害防治

荷兰菊易发生白粉病。染病初期,叶片上会有浅黄色小斑点,逐渐扩大后病叶布满白色粉状物。严重时叶片扭曲,枯黄脱落,病株发育不良,多矮化。发现病害侵染,及时喷施药剂防治。及时清除病叶、病残体并烧毁。栽植不要过密,注意控制湿度和通风。发病初期可喷施20%三唑酮1500倍液,或47%加瑞农700~800倍液、36%甲基硫菌灵500倍液、40%达科宁600~700倍液,7~10d喷1次,连喷2~3次;病重时改用40%福星9000倍液、25%敌力脱4000倍液。

易发生蚜虫、红蜘蛛,主要危害叶片和茎部,造成叶片枯黄,影响生长,可用乐果1000~1500倍液防治或50%敌敌畏乳油1000倍液喷杀。

(7) 越冬管理

花后剪去地上部分,将盆放置在冷室越冬。如在暖房中,可将植株从盆中扣出,栽到30cm深的池内,挤在一起,上面覆土或盖草越冬。

技能 11-5　朱顶红生产

朱顶红又名孤挺花、柱顶红,为石蒜科孤挺花属多年生具鳞茎的草本观赏植物。朱顶红叶姿丰润,花朵硕大,花色艳丽,两两成对开放。鲜花于10月上市,花期可一直延续到翌年5月,由于花大、色艳、品种类型多、花形美而深受人们喜爱。

朱顶红喜温暖、湿润和阳光充足环境,要求夏季凉爽、冬季温暖,最适宜温度在20~25℃。温度超过25℃,茎叶生长旺盛,妨碍休眠,会直接影响翌年正常开花。光照对朱顶红的生长与开花也有一定影响,夏季避免强光长时间直射,冬季栽培需充足阳光。土壤要求疏松、肥沃的砂质壤土,pH 5.5~6.5,切忌积水。在生长期及开花前后要注意肥水管理,保证植株正常生理代谢。

【操作1】选择品种

朱顶红品种较多,花色有粉红、橙、黄、白等色以及带红白条纹的复色品种。近年来,通过杂交育种等手段,培育出粉色、重瓣及迷你系列,大大丰富了朱顶红的园艺栽培品种。朱顶红的现代品种划分为三大类:荷兰品种、南非品种和南美品种,一般花期在2~4月。荷兰品种开花之后才展叶,而非洲品种是展叶与开花同时进行;非洲品种早秋就可以种植,圣诞节可以开花,花朵大而花葶短。目前商业上栽培的朱顶红品种约50个。

①大花型品种　这是朱顶红家族中最受欢迎的品种。平均株高可达50cm,花朵较大,花径32~34cm,每个鳞茎可抽生2~3个花葶,每个花葶上可开4~6朵花,花期长达6~8周。主要品种有18个,分别是:'Carré',鲜红色;'Lumiere',白色,花心为绿色;

271

'Caramel',橙红色;'Fledermaus',红色,带绿色条纹;'Premiere',鲜红色,带有绸缎光泽;'Chipolata',粉白色;'Mocca',大花,橙色花朵,带绿色条纹;'Stardust',花朵红色,边缘发白;'Baton Rough',花深红色;'Babyface',花橙红色;'Florence',花粉红色;'Pompidou',花橙红色,绿色星状花心;'Mozaique',花红、白、绿三色相间;'Orangina',花橙红色;'Navarra',花深红色;'Othello',花粉红色;'Victoria',花橙红色,花萼略微合拢;'Traviata',花橙红色,花莛上花朵较多。

②重瓣品种 这是在大花朱顶红的基础上培育而成的,在花径大小、花莛高度上与大花朱顶红没有区别,只是花为重瓣。品种较少,主要有:'Double Delight',花红色;'Pistache',花纯白色。

③迷你品种 多为原有大花品种的栽培变种,目前种类较少,多处于试验改良阶段,没有大量用于商品交易。迷你朱顶红的花径较小,为20~25cm,株高30~40cm,叶片狭长,花莛较细。主要品种有:'Mini-confetti',花红白相间;'Mini-orangina',花橙红色;'Mini-parodi',花淡黄色,花筒细长;'Mini-amarenna',花纯白色;'Mini-calimero',花红色。

④稀有品种 同迷你朱顶红一样,稀有品种多是通过遗传变异、杂交等手段多代筛选培育而来,在花形、色彩、香味等方面具有特殊观赏特性。主要品种有:'Jungle star',花萼片狭长,紫红色带有绿色条纹;'Hawaii',花鲜红色,花心为绿色;'Bonbon',花紫红色带有白色条纹,有水果香味;'Octopuss',花萼狭长,有褶皱,花心绿色。

【操作2】育苗

朱顶红可自花授粉,但结实率较低,一般采用人工授粉方法获取种子。在生产中也可采用分株法繁殖,将多年生鳞茎根部着生的子球剥下进行培育。如果要在短时间内进行品种快繁,可以利用鳞片扦插繁殖的方式。

朱顶红培养土最好是富含有机质的砂质壤土。配比是1份腐叶土、1份壤土、1份粗沙,或2份壤土、1份珍珠岩、1份腐熟的厩肥。采用蒸汽灭菌和化学消毒法消毒基质。

(1)播种育苗

①种子采收 荷兰朱顶红采用人工授粉较易结实。花后蒴果50~60d即可成熟,每个果有种子100粒左右,宜在果皮转黄后采收,采收后经3~5d后熟期,再剥出种子。种子极易丧失活力,不宜暴晒与贮藏,要随采随播。

②播种 朱顶红种子个体比较大,一般采用点播。先在播种穴上做0.5cm深的穴,每穴播1粒种子。

③覆土 播种后覆0.2cm左右的蛭石。

④浇水覆盖 用细喷壶喷透水后,再用塑料膜覆盖,置于有散射光的半阴处,注意保温、保湿。

⑤播后管理 播后须经常喷水,保持湿润。萌发期间空气湿度须经常保持在90%,温度保持在15~18℃。为了预防苗期病虫害的发生,每隔5d喷1次广谱性的杀菌剂(百菌清或多菌灵1000倍液)。发现病株及时拔除。为了促进幼苗健壮生长,可以每天打开塑料膜10min,出苗后撤去塑料膜,并结合喷药喷施0.3%的尿素或其他叶面肥。若温度达到18~

20℃，10d左右即可发芽，1个月后可长出第一片真叶，这时可以逐渐增加光照强度，促使幼苗生长健壮。播种苗床冬季应加保温措施，使小苗不落叶，至翌春4月种苗可达4~6片叶，鳞茎周径可达3~9cm。

（2）分株育苗

3~4月，子球生长至2片叶时，将母球周围的子球剥下，另行栽种。一般3~4年生母球仅有1~2个子球，子球培养2~3年后才能开花。依据球茎大小进行分级，一般1个种球植1盆。周径24~26cm的开花鳞茎需用直径12cm的盆，商品栽培也用直径18~20cm盆，栽植3个鳞茎。选用疏松、肥沃的微酸性腐叶土或泥炭，并加一些骨粉或过磷酸钙作基肥。栽种时要浅植，使种球的1/3~1/2位于土面上。上盆后浇水1次，使盆土略微潮湿即可，待发出新叶后再浇水。每15d施液肥1次。与切花生产不同，盆栽朱顶红不受季节限制，可周年供应。

（3）鳞片扦插繁殖

朱顶红单鳞片扦插只在鳞片远轴面产生突起，不形成小子球；双鳞片扦插能在内、外鳞片的连结处形成小子球，其中外鳞片厚或内鳞片薄的类型生成的小子球多，生根数量也多。另外，扦插在6月进行、湿度为60%~80%的基质有利于小子球的发育。

分割鳞茎可在2~7月进行。选用周径25cm以上的成熟种球纵切8~16等份（依据球茎大小确定），然后再将每一份的内、外层鳞片（各部分带鳞茎盘组织）分割两半，各具鳞片3~4层。定植后，在切口的叶脉部位会长出不定芽，一个大球约能产生小球40个。一般外层鳞片小球产生率比内层鳞片高。小球生成的数量与品种有关。在分割过程中防止腐烂、促进愈伤组织尽快形成是成功的关键。因此，切割前应将种球清洗干净，然后用1000倍的升汞液浸泡30min或用多菌灵稀释液消毒，使用的刀具也要用酒精消毒，切后分层放置在苔藓或木屑中，基质一定要用水浸透，并保持25~30℃。经56d左右的愈伤处理，插入插床，只露鳞片尖。

【操作3】上盆

（1）盆土准备

栽培朱顶红的土壤要求肥沃、富含有机质的砂质壤土，基质不宜过于疏松。土壤酸碱度以中性或微碱性最佳。以北方的园土、腐叶土、沙子（比例为4:3:3），并加入少量有机肥作盆土为宜。

（2）移栽

移苗在幼苗长出第二片真叶，苗高5cm左右，幼苗根系未穿出育苗盘时进行。移栽于营养钵中，要求随起随栽，苗根舒展，栽植深度以不埋住茎顶为宜。移栽后，置于半阴处，避免阳光直射。

【操作4】日常管理

（1）温度管理

朱顶红喜温暖的环境，生长最适温度为18~24℃，12℃以下或36℃以上长势缓慢或停止生长。各时期应控制的温度范围：8~12℃条件下花芽分化；鳞茎贮存应在温度8~15℃的干燥条件；促成栽培时鳞茎萌芽温度不低于12℃，18~20℃萌动加快；栽培温度夜间不低于8℃，白天不低于20℃。在自然气温逐渐降低时，鳞茎可耐1~2℃的低温，但白天需不低于15℃，所以在冬季需要依靠加温设备进行温度控制。然而，一旦花朵绽开，则需要比较凉爽的气温以延长花期，一般最适温度为18℃。

(2) 光照管理

朱顶红属喜光球根花卉，生长发育期间要求较好的光照，所以最好在日照充足的环境条件下进行栽培。如果无法满足该条件，可在栽种时进行人工补光。在光照较弱、通风良好的环境也能生长，但长势稍差，鳞茎相对不够充实，花量也少。光照情况同样影响着花芽分化，成龄球花芽形成在秋、冬休眠之际，秋季光照好，花多，反之则花少或根本无花。8~10月，朱顶红对光照要求比其他时间更高，此时正是花芽营养积累的时期。朱顶红在花芽即将形成前光照时间不能低于8h。

(3) 水分管理

朱顶红属肉质根系，又有膨大的鳞茎和宽大的叶片，根、茎、叶内储存大量水分，其水分含量可达80%，有一定的耐旱性，所以浇水不宜太多。栽植以后，要浇透水，之后只要保持土壤湿润即可，每7d浇水1次就可以满足朱顶红的生长需要。

(4) 肥水管理

朱顶红对大量元素及微量元素需求较大，肥料种类和施用量决定朱顶红花朵和叶片的大小及质量。选用可溶性肥料或液体肥料均可，常用肥料有两大类：有机肥和无机肥。设施生产中一般选用无机肥料，如氮肥、钾肥等。一般在日常生产中可以将肥料按要求计算使用量并溶解后，置于肥料桶中，如果遇到化学性质不稳定的肥料，可以分别装入不同的桶中，避免产生沉淀，最后通过灌溉系统进行自动喷灌施肥。施用肥料一般间隔35~42d，并且要严格控制氮肥的施用量，因为氮肥容易造成营养生长过旺而影响开花。第一次施肥的时间是鳞茎开始生长时，第二次施肥的时间是花茎长到6~8cm高时，第三次施肥是在开花后并除去残花和花葶后。

(5) 病虫害防治

荷兰朱顶红主要病害有病毒病、斑点病、细菌性软腐病和线虫病。生产中可采用以下方法防治：轮作换茬，及时清除病株、病叶和种球，土壤蒸汽灭菌，种球灭菌，并注意通风、透光、降低湿度等。

①病害防治　斑点病危害叶、花、花葶和鳞茎，染病处发生圆形或纺锤形赤褐色斑点，尤以秋季发病多。应摘除病叶；栽植前鳞茎用0.5%福尔马林溶液浸2h，春季定期喷洒等量式波尔多液。

病毒病致使朱顶红根、叶腐烂，可用75%百菌清可湿性粉剂700倍液喷洒。

②虫害防治　红蜘蛛危害，可用40%三氯杀螨醇乳油1000倍液喷杀；夏季可喷洒40%三氯杀螨醇乳油1200倍液防治。

夜蛾的危害也很大，可用辛硫磷或溴氰菊酯防治。

蜗牛危害可每亩用蜗灭佳颗粒剂1.5~2.0kg，碾碎后拌细土或饼屑，于天气温暖、土表干燥的傍晚撒在受害株根部附近。

线虫主要从叶片和花茎上的气孔侵入，侵入后引起叶和花茎发病，并逐步向鳞茎方向蔓延。栽植前鳞茎需用43℃温水加0.5%福尔马林浸3~4h，达到防治效果。

(6) 花期调控

促成栽培是朱顶红周年生产或规模化生产的重要环节，是国内的主要栽培技术。实践表明，克服种球腐烂、只长花葶不出叶或晚出叶等常见问题，是朱顶红种球促成栽培成功的关键。对促成栽培种球种植前准备、种植中处理、种植后管理3个阶段采取以下针对性措施，可杜绝上述问题的发生：在种植前将种球用85%疫霜灵可湿性粉剂900倍和70%多菌灵可湿性粉剂700倍混合液浸泡40~60min进行消毒处理；种植时，种球1/2~2/3露出基质；将种球移到通风良好、光照充足、气温18~25℃、空气相对湿度65%~80%的条件下进行栽培等。

促使朱顶红提早开花，种球需要经过8~12℃低温处理50~60d后，再给以22~25℃的栽培环境，约经50d，花苞始放。作为年宵花的盆栽朱顶红，可在预期花期前100~120d连盆带叶放入低温库，库内每天保持10~12h 400lx以上光照，以维持最低生命活动。低温处理后进入栽培温室，经10~15d，新叶萌发，随后花芽露出。当花初开时应移入15℃左右贮备室，以延长花期。

◇ **巩固训练**

1. 以工作小组(4~6人一组)为单位，根据生产所在地气候和生产经营实际情况，制订花坛花卉生产方案和资金预算方案。

2. 按方案组织生产。

3. 要求：组内既要分工明确，又要紧密合作；花坛花卉生产方案要详细，资金预算方案合理。在操作过程中，要严格按生产技术要求执行，管理要科学、细致；按操作规程使用各种设备。

◇ **自主学习资源库**

1. 花卉病虫害防治. 徐明慧. 金盾出版社, 2007.
2. 园林花卉. 陈俊愉, 刘师汉. 上海科学技术出版社, 1982.
3. 花卉学. 2版. 王莲英. 中国林业出版社, 2011.
4. 草本花卉生产技术. 刘方农, 彭世逞, 刘联仁. 金盾出版社, 2010.
5. 最新图解草本花卉栽培指南. 王意成. 江苏科学技术出版社, 2007.
6. 园林花卉栽培技术. 陈瑞修, 王洪品. 北京大学出版社, 2008.
7. 园林花卉. 张建新, 许桂芳. 科学出版社, 2010.
8. 草本花卉48种. 周厚高. 世界图书出版公司, 2006.
9. 中国花卉网: http://www.china-flower.com/
10. 花卉图片信息网: http://www.fpcn.net/
11. 园艺花卉网: http://www.yyhh.com/

项目 12　水生花卉生产

◇ **知识目标**

(1) 了解水生花卉睡莲和荷花的生长习性和生长发育规律。
(2) 掌握水生花卉周年生产技术规程。
(3) 掌握水生花卉周年生产计划的制订方法。
(4) 掌握水生花卉周年生产管理方案的制订方法。
(5) 掌握水生花卉生产经济效益分析方法。

◇ **技能目标**

(1) 能指导、组织和实际参与水生花卉睡莲和荷花产品的周年生产。
(2) 能根据市场需求主持制订水生花卉产品周年生产计划，能根据企业实际情况主持制订水生花卉生产管理方案，并能结合生产实际进行其生产效益分析。

水生花卉是指生长于水中或沼泽地的观赏植物，其对水分的要求和依赖远远大于其他各类花卉，因此也构成了其独特的生长习性。水生花卉种类繁多，是庭院水景的主要组成部分。

本项目重点介绍了水生花卉生产的流程和内容，包括选择品种、育苗、移栽、日常管理等步骤。选择了荷花生产和睡莲生产两个具有代表性的任务。

任务 12.1　水生花卉育苗

◇ **理论知识**

12.1.1　有性繁殖

有性繁殖指是通过花的雌雄性器官，将花粉和胚珠结合而形成种子，用其繁殖后代，又称种子繁殖。播种是水生花卉繁殖的常用方法，播种获得的实生苗生长发育健壮、寿命较长、根系发达、生长势强、病虫害少。但也有不足之处，其发育而成的植株，常具有杂合性，尤其是异花授粉植物。

(1) 种子的采收与处理

水生植物生活在水环境中，不像陆生植物采种那样方便。水生植物的种子成熟大多在水中完成,给采收种子带来一定难度,但只要细心观察,待种子八成熟时,将果实采回,经一段时间的后熟处理,即可达到预期效果。

播种前需要对种子进行以下必要的处理:

①温水浸种 如睡莲属种子的硬度较强,壳较厚,用40℃的温水浸种,使种子发芽快而整齐。

②锉伤种皮 如荷花种皮坚硬不易吸水,播种前把种子有种脐一端的种皮用钳子或刀砍破一块(0.5cm²),再经温水(40℃)浸种,种子即吸水膨胀,可加速发芽。

③沙藏 秋收后,拌入潮湿的沙,埋入50cm的沟中,上部覆盖草,适时洒水,翌年早春取出播种,种子的胚芽已开始萌动,播种后发芽整齐迅速。

④消毒 种子常被病毒和细菌感染,要防止苗期病害。在播种前,须用消毒剂来保护及处理种子,以清除种子携带的微生物和保护种子不受土壤中的真菌和细菌的侵染,常用的药剂有漂白粉、福尔马林、多菌灵、甲基托布津,消毒时间约30min。

⑤催芽 种子具有休眠性,萌动发芽是生长发育的重要起点,要解除种子休眠,必须满足它所需要的各种外界环境条件。

(2)播种

①播种的时间 水生花卉的播种一般在春季,气温在20℃左右就可以播种。长江流域在3月中、下旬,黄河流域以北在5月,珠江三角洲在1月底或2月初。在温室的条件下,常年都可以播种,以保证周年供应或多季供应,或满足节日和其他特殊的用花需要。

②播种方法 水生花卉的播种有条播、点播和撒播。睡莲类、千屈菜、泽泻类等种子颗粒很小,可做成40~60cm宽苗床,撒上一层沙(1cm厚),将种子撒在沙上,灌水1~3cm。荷花、王莲、鸢尾等种子较大,可做成100cm宽苗床,将种子撒在泥土上,灌水5~8cm。后随苗的生长发育情况浇水、施肥。

(3)播种后的管理

为了培育出健壮的水生花卉幼苗,播种后要精心管理。发芽前,苗床必须覆盖塑料薄膜或玻璃,以利于保温、保湿。晴天中午留一定的缝隙以便通风,适时加水、换水。

①温度 温度对水生花卉种子的发芽起着重要的作用,而各种种子发芽所要求的温度、水分又不相同。一般水生花卉种子发芽,要求比较稳定的温度(20~25℃),水温为30℃,热带高温水生花卉王莲、睡莲则要求温度30~35℃或稳定在30℃左右。

②空气 各种水生花卉种子发芽,都需要吸收氧气,排出二氧化碳。因此,播种后周围的环境必须通风良好,空气湿度在80%以上。

③光照 水生花卉的种子发芽不需要光,故放在没有直射光的环境中,等种子发芽后再加光照。但王莲、睡莲、荷花等花卉种子,发芽阶段给适宜的光照,对发芽有很大的促进作用。

④水分 水是影响发芽的主要因素。种皮吸水后,如王莲、睡莲种子排出大量的单宁,阻止正常发芽,必须每天多次换水,直至换成清水后,每天换1次水即可。

(4) 假植

水生花卉的种子大小不一,生长发育快,变化大,不能直接定植。采用温床育苗移植法,必须经过育苗阶段,育苗的株行距为(5~10)cm×(15~20)cm,待幼苗生长到4~6片浮叶时,方可移栽定植。

(5) 定植

在移栽定植前5~7d逐渐打开薄膜进行炼苗,并把温床内的水深逐渐调节到与定植区域一样。移苗时必须带泥土,但操作要细致,不能损伤植株。苗要随挖随栽,同时尽量避免阳光直射。定植时,必须把植株的地下部分全部埋入泥土中,以免浮出水中。定植的水位不得过深。

12.1.2 无性繁殖

无性繁殖是利用根、茎、叶、花朵的再生能力而进行的。常用的有分株、压条、扦插、组织培养等方法,使其生长成独立的新植株。无性繁殖的优点是:能保持原有物种、品种的优良特性和特征,不受阶段性发育的影响,比有性繁殖开花结实早而好。尤其是对不能结实的园艺优良品种,是一种重要的繁殖途径。不足是:根系不发达、寿命短等。但对于规模化生产,周期短具有重要意义。

(1) 分株繁殖

繁殖方法是:根据植物丛生或产生根蘖、匍匐茎、根状茎等特点,将一株分割成若干株。分株一般在植株休眠期或结合换盆进行。分生的新植株,都具有自己的根、茎、叶,分栽后极易成活,但必须要选择无病虫害的植株。

(2) 分茎繁殖

地下茎水生花卉的主要繁殖方法,是利用分生鳞茎、球茎、块茎、根茎、块根等,分离栽植成新的植株。地下茎水生花卉的种类较多,分述如下:

①球茎水生花卉 地下茎肥大,呈实心状、球形或扁球形,有明显的环状节,节上着生着膜质鳞片,有主芽和侧芽,如热带睡莲、慈姑属、芋属等。

②鳞茎水生花卉 茎短缩成圆盘状,其上着生多数肉质肥大的鳞叶,整体球状,外被干膜质鳞片,称有皮鳞茎,如水仙等。

③块茎水生花卉 由茎变态肥大而成,呈块状或不规则的球芽状,实心,表面具有螺旋状排列的芽或芽眼。一些块茎水生花卉的块茎能分成小块用以繁殖,而另一些则不能分成小块繁殖。

④根茎水生花卉 地下茎呈肥大根状,具多分支,横向生长,前段为顶芽。根状茎具节,其节间处抽生侧芽、腋芽和不定根,可分割根茎繁殖,如荷花等。

(3) 压枝繁殖

将母株枝压埋于土壤或泥中,使其生根后与母株分离成为独立的植株。压枝一般在夏季进行,将压枝处刻伤或扭伤,有利于加速生根。

(4) 插条繁殖

此法又称插条法,即剪取某些水生花卉的茎、叶、根、芽等,插入沙中或泥中,灌水

3～5cm，待生根后移植，即成为独立的新植株。

①扦插季节

春季扦插：在扦插中采用春季扦插的特别多，其原因是，可利用休眠的水中枝茎，在新芽萌动前采条，插穗的耐腐性强，生根率一般较高，而且生根后的生长期较长。

夏季扦插：又称为绿枝扦插或嫩枝扦插，其中包括梅雨期扦插和夏季高温高湿至立秋前半个月扦插，时间为6～9月。新芽伸长生长已告一段落，有的植株已完成生育期，已经具备成活能力的，即可在此时进行扦插。

秋季扦插：到了秋季新生植株已经相当成熟，这时采取的插穗，所含养分比夏季多，抗性也比较强。和春季扦插相比，抗性虽不稳定，但是能够采得不越冬的新穗，而且扦插后不至于出现新芽徒长。

从扦插床的环境条件看，秋季成活以后，生长期较短，还没有很好地生根，就要进入冬季，而且由于温度逐渐下降，如果扦插时间推迟，生根时间就更晚，甚至大多数在当年不能生根，而原封不动地留在插床上，这是秋季扦插不利的一面。但在9～10月，夏季高温干旱期已过，这时不仅温度条件适宜，而且空气湿度也比较高，插穗的水分蒸腾少，这是秋季扦插的有利条件。

②插穗的选择与处理　扦插水生花卉，插穗的选择是关键。一定要选择健壮、无病虫害的插穗。水生花卉采后立即扦插，以防植株萎蔫影响成活。

③扦插方法

枝插：从季节上水生植物枝插可分为秋季嫩枝扦插和秋季硬枝扦插，如水禾、泽苔草、千屈菜、'花叶'芦竹等。

在剪取插穗时，下切口要紧靠最下一个芽的节下部，因节的部位形成层细胞比较活跃，扦插后容易产生愈伤组织而生根。向上一般保留3个芽以上，上切口要高出最上一个芽1cm左右，以保护芽不受损害。

叶插：热带睡莲、水皮莲、金银莲花等水生花卉，可用叶子扦插繁殖。

任务12.2　水生花卉栽植

◇ 理论知识

12.2.1　容器栽植

（1）容器选择

播种育苗有许多专用育苗容器，如育苗盘、育苗钵、育苗筒、穴盘等。育苗盘多由塑料注塑而成，大约长60cm、宽45cm、厚10cm。育苗钵是指育苗花卉经容器栽植后可以像露地草花一样直接应用于栽植地的钵状容器，目前有塑料育苗钵和有机质育苗钵两类，有机质育苗钵是由牛粪、锯末、泥土、草浆混合搅拌或由泥炭压制而成，疏松透气，装满水后盆底无孔情况下，40～60min可全部渗透出，与苗同时栽入土中不伤根，没有缓苗期。

育苗筒是圆形无底容器，规格多样，有塑料质和纸质两种。与塑料育苗钵相比，育苗筒底与床土连接，通气透水性好，但苗根容易扎入土壤中，大龄苗定植前起苗时伤根较多。穴盘育苗多采用机械化播种，便于运输和管理，缺点是培育大龄苗时营养面积偏小。

营养繁殖选用容器要根据营养繁殖体的大小和植物生长速度快慢而定。同时，有的水生观赏植物经容器栽植可以像露地草花一样直接应用于植物造景，因此，选择容器时还需要考虑容器的质地与外观等因素。另外，可根据花卉生长习性定做专类容器，如国外针对水生植物研发的网格式容器，不仅可以让植物根系能够在水中自由生长，还能把水生植物固定在水中。对于横向走鞭的植物种类，容器可选择长条形的。容器材料可以是瓦盆、塑料盆，也可以用无纺布等材料。总之，应针对植物的不同生长习性选择适合的容器类型，既便于植物生长，也方便施工与管理。

（2）栽培基质

水生花卉栽植用的基质最好是河道、湖塘的淤泥，但操作较为麻烦。为方便起见，也可直接选用园土。如果用生土，在栽种时最好能混入一定量的有机肥。用人工配制的营养土，更有利于植物的生长。也有采取无土栽培方式的，如采用水苔藓、泥炭、蛭石等基质，结合根部包扎法进行栽培。

（3）栽植方法

水生花卉容器栽植一般在分苗或分株时进行，露地生产栽培大多在春、夏进行，而大棚温室等设施栽培，几乎周年可进行。栽植时先在容器中放入占容器深度 1/3～1/2 的栽植基质，然后将容器加水至容器深度 2/3 的位置，便可进行种植。种植时一般将苗或营养繁殖体栽种在容器的正中央，但也有的种类如荷花用种藕种植时应尽量贴紧容器壁进行栽种。

（4）栽植后的主要管理工作

容器栽植的水生花卉，虽根系发育受容器制约，养护成本及技术要求高，但由于其光照、温度、基质、肥料、水分等条件易控制，相对而言，方便了管理与养护。

①光照管理　大部分水生花卉都是喜光植物，但在移栽后的 1 周左右，应做适当的遮光处理。特别是在夏季，由于栽植容器水层较浅，强烈的光照会使水温很快升高，这对植物生长是非常不利的，有的甚至还会影响其存活。

②水层管理　容器栽植水生花卉的水层管理，春季以浅水为主，以利于提高基质的温度，促进生根发芽；夏季则以深水为主，以防水温过高而伤害植株；秋、冬季适当控水，以利于安全过冬。

③养分管理　由于容器栽植水生花卉的基质营养条件有限，因此，除基肥外，人工追肥是管理过程中一个十分重要的环节。大多数水生花卉生长速度快，生长量大，对养分消耗也多，"薄肥勤施"是基本原则，肥料的种类也应依据不同的植物和同一植物的不同生长时期而定。

④基质管理　土壤作为主要栽培基质时，每年春分前后，应对作多年生栽培的水生花卉结合分株繁殖进行翻盆换土，保持土壤肥沃，以满足植物对养分的需求。

⑤病虫害防治 容器栽培的水生花卉的茎、叶、花等主要观赏部分，在生长季节也易遭各种病虫害，既影响植物正常生长，也影响观赏价值，最终影响植株的商品性，因此应及时采取措施加以防治。

12.2.2 湖塘栽植

（1）土壤改良

水生花卉栽植区土壤因常浸于水中，虽然在河塘整治时将表层杂物、淤泥等进行了清除，但其土壤本身密度高、土质肥力较差，对植物生根和生长都有一定影响。因此，应当在栽植前对栽植区增加厚20cm左右的疏松黄土，并在栽植前施足基肥，以利于水生植物良好生长。

（2）栽植深度

栽植前应掌握不同种水生花卉的栽植深度，一般挺水植物对水深的适应性在0.5m以内。浮水植物水深适应性跨度很大，如睡莲以0.5~0.8m为宜，王莲以2.5~3.0m为宜。另外，在考虑植物本身适应性的同时，还要考虑到河水潮汐情况，必须要掌握河道的年平均水位，根据水位标准进行栽植，绝对不能以涨潮时或落潮时的水位为依据进行栽植。

（3）种植密度

种植时，应根据植物的生长和繁殖情况来控制栽植密度。生长迅速、扩散能力强的水生花卉，种植密度应控制在12~16株/m^2；生长速度较慢、扩散能力弱的水生花卉，种植密度应控制在25~30株/m^2；生长速度和扩散能力都一般的水生花卉，种植密度应控制在20~25株/m^2。

任务12.3 水生花卉日常管理

◇理论知识

12.3.1 水分管理

水生花卉在不同的生长季节所需要的水量也有所不同，调节水位应掌握由浅入深、再由深到浅的原则。分栽时，保持5~10cm的水位，随着立叶或浮叶的生长，可根据植物的需要量将水位提高（一般在30~80cm）。如荷花到结藕时，又要将水位放浅到5cm左右，以提高泥温和昼夜温差，从而提高种苗的繁殖数量。

12.3.2 温度管理

温度对水生植物的生长发育有极为重要的影响。16~22℃是水生植物幼苗期和苗期最适宜的温度。

12.3.3 养分管理

容器栽植水生花卉，基质营养条件有限，因此，除基肥外，人工追肥是管理过程中一个十分重要的环节。大多数水生花卉生长速度快，生长量大，对养分消耗也多，"薄肥勤施"是基本原则，肥料的种类也应依据不同的植物和同一植物的不同生长时期而定。

河塘栽植的水生花卉所处的生长环境具有较强的流动性，所以在栽种好水生花卉之后，必须要做好追肥工作，以确保植物在生长的过程中能够获得足够的养分。一般在植物的生长发育中后期进行。可用浸泡腐熟后的人粪、鸡粪、饼类肥。一般需要追肥2~3次。追肥方法是应用可分解的纸袋装肥施入泥中。

12.3.4 日常清理

对生长迅速、扩散能力强的花卉及时进行冲洗，防止侵蚀其他品种。生长期内，对植株合理修剪，可促进其生长，能够有效地增长绿叶期。将冬季枯萎的水生植物进行清除。

12.3.5 病虫害防治

为了减少水生花卉在栽培中的病虫害，各种土壤需进行消毒处理。消毒用的杀虫剂有0.1%乐果、敌百虫等。杀菌剂有多菌灵、甲基托布津1000~1500倍液等。

◇ 实务操作

技能12-1 荷花生产

荷花又名芙蕖、芙蓉、莲、凌波仙子，并有"静客""净友"的称号，在我国具有悠久的人工栽培历史。荷花为莲科莲属挺水植物，地下茎长而肥厚，有长节。叶盾圆形。花单生于花梗顶端，花瓣多数，嵌生在花托穴内，有红、粉红、白、紫等色，或有彩纹、镶边。花期6~9月。坚果椭圆形，种子卵形。

喜温暖、不耐寒，一般开始生长温度为8~10℃，生长适温为25~30℃。立秋后停止生长。喜湿润的环境，喜光，不耐阴，属长日照植物，要求日照时数为10~12h，而秋季日照时间短，要求空气湿度为70%~80%。荷花喜肥，要求土壤富含腐殖质，以中性为宜，适当黏重。荷花最怕水淹没荷叶，因为荷叶表面有许多气孔，它与叶柄和地下根茎的气腔相通，依靠气孔吸收氧气供整个植株体用，所以荷花种植的水体深度要在1.5m以下。荷花怕狂风吹袭，叶柄折断后，水进入气腔会引起植株腐烂死亡。

【操作1】选择品种

荷花栽培品种很多，依用途不同可分为藕莲、子莲和花莲三大系统。

①藕莲　根茎粗壮，开花少，植株健壮。

②子莲　根茎细弱，开花多，花为单瓣，结实量高。

③花莲　根茎细弱，开花多，花色丰富，花型变化大。又根据花型分为单瓣莲、复瓣莲、重瓣莲、重台莲。常见品种有'西湖红'莲、'苏州白'莲、'红千叶'、'千瓣'莲、'小桃红'等。

按其观赏应用可分为场莲、缸莲和碗莲。场莲植株高大，花色丰富，主要用于园林景点配置;缸莲、碗莲则以庭园、阳台及室内摆设为主,植株相对较矮,应根据栽培目的加以选择。

【操作2】育苗

(1) 播种育苗

①种子选择与处理　荷花种子是长命种子,无休眠期,只要老熟,可随采随选随播,也可隔若干年、几十年乃至几百、上千年用作播种繁殖,但唯有老熟莲子才可供播种用。莲花播种繁殖其要领有三:一是采摘播种用的莲子,一定要果皮变黑,完全成熟;二是播种前莲子要处理,必须先"破头",即破坏坚硬的果皮组织,用锉将莲子凹进去的一端锉伤一个小口,注意勿伤胚芽,露出种皮,便于水渗进,促使发芽;三是定植前将莲子逐粒用泥团厚厚包裹,使莲子沉水后不致漂移,幼根直扎泥中。

②基质配制　选用肥沃的塘泥,拌入少量腐熟的人粪尿或饼肥水作栽培的土壤,便可满足全年生长的需要。

③播种　将"破头"后的莲子投入温水中浸泡一昼夜,换水一两次,使种子充分吸胀后再播种于泥水盆中。采用点播,播种时,将莲子卧放于盆边,每盆一粒,轻轻按下。若池塘直播,种子也要"破头",然后将种子撒播在水深10~15cm的池塘泥中。

④播后管理　温度保持在20℃左右,经1周便发芽,长出2片小叶时便可单株栽植。1周后可萌发新根和嫩叶,1个月后浮叶出水。实生苗一般2年可开花。种植过程中发现盆内的水变绿发黑,荷叶皱而不展,则是肥害的症状,应立即倒尽盆内肥水,连续用清水缓解。大苗生长期在施用液体追肥时,切勿沾污叶片与花蕾,以免烂叶、烂花。水量要因时而异,小苗期要浅水,随着浮叶生长,逐渐提高水位。

(2) 分株繁殖

①种株选择　种藕有主藕、子藕、孙藕之分,只要具备完整无损的顶芽、两节间和尾端,新鲜,无病虫害,都可用来作种藕。可选用整支藕或主藕作种藕。实际上,子藕、孙藕都适合种植,其产量、开花数与使用整支藕或主藕相当。一般分株繁殖选用主藕2~3节或用子藕作种藕。

②分株时间　以4月中旬藕的顶芽开始萌发时最为适宜,过早易受冻害,过迟顶芽萌发,钱叶易折断,影响成活。

③分株栽植方法　种植荷花的池塘,要先排去池水,精细整地,放底肥,每亩施畜粪肥3000~4000kg。株行距为1.6m×2.0m,每穴种1支藕。具体操作是将藕支呈20°~30°角斜插入泥10~15cm深,保证顶芽、侧芽全部盖住,只尾端翘露泥外。栽后2d内不浇水,待泥稍干、藕身固定后才注入少量水,水位3~5cm。

【操作3】移栽

荷花可采用缸(盆)栽和池塘栽植两种方式进行栽培。两种方式各具特点。池塘栽植生育期长、花期长,能够提供较长的观赏期,且从生产栽培的角度看,缸(盆)栽方式具有一定的优势:一是利于管理、便于搬运。可以生长期集中养护,花期则送到不同的地方摆放,以美化环境,满足人们观赏荷花的需求。二是池塘栽植荷花只能在清明前后的一段时间进行,待荷田内的种藕长出立叶后,就无法再采藕、种植,也就无法满足春季以后绿化施工的种植需要。而在容器内种植的荷花,则可以随时应用于园林绿化工程。种植时,或者连盆放入水中,或者将盆内的荷花连土取出后种入泥土中再放水,均能达到很好的观赏效果。

在大部分城市公园、住宅小区多采用池塘栽植;在居家之中,有条件的亦可挖小池塘来栽种,大部分都采用缸(盆)栽,瓷盆、塑料盆均可。在南方,由于雨量充沛,蒸发量也较北方小,大部分地区盆栽荷花多行陆地摆放养护。而在北方,春季干旱少雨,根据气候特点,采取盆栽池塘沉水的方式。首先建造池塘,做好防渗,将盆装好营养土沉入水中,1周左右再栽植种藕。然后根据不同时期调节水位。此方法虽先期投入成本(人工池塘建造成本)较高,但节约了平时的管理成本,并且能够保证荷花的正常成长,免得由于一时疏忽造成植株长势弱甚至死亡。因为沉水栽植水温较稳定,沉水栽植较露地摆放生长速度快,长势强劲。

(1) 缸(盆)移栽

①场地选择　荷花属喜温、喜光植物,要求气候温暖,光照充足。在15~40℃的范围内均可正常生长,其中最适宜的气温是25~30℃,最适宜的水温是20~25℃。栽种荷花的场地应选在地势平坦、背风向阳的地方。

②容器选择　釉盆、瓷盆、紫砂盆是荷花的理想用盆,初种荷花者可适当选择大盆,易于开花。缸栽荷花,可用大口平底的圆缸或腰圆缸,缸的大小随品种而定,高度一般为30~50cm,口径40~70cm,缸距0.8~1.0m,过道1.5~2.0m;盆栽碗莲,盆(碗)大小应视品种而定,一般盆高15~25cm,口径20~30cm,盆距20~30cm。

③水土条件　荷花在壤土、砂壤土和黏壤土中均能生长,但以富含有机质的腐殖土最为适宜。荷花池塘栽培一般要求土层深20~40cm,盆栽土层深20cm左右为宜;土壤pH 5.6~7.5均能正常生长,但以微酸性或中性土壤最为适宜。缸栽荷花,取池塘沉积的淤泥,经冬天晾晒风化,打碎过筛,或取菜园熟化土,加入一定的腐熟粪肥即可。

④栽植时间　当气温达到15℃以上时,即可缸(盆)栽。

⑤栽植　栽种时,种藕顶芽应斜插入土,尾梢稍露出水面,以利于植株正常生长。不同品种或同一品种大小悬殊的种藕不宜混栽,以免长势差异过大,相互干扰,影响观赏效果。

(2) 河塘移栽

①场地选择　湖塘种植的荷花宜静水栽植,要求湖塘土层深厚,水流缓慢,水位稳定,水质无严重污染,水深在150cm以内。此外,荷花易被鱼类吞食,因此在种植前,应先清除湖塘中的有害鱼类,并用围栏加以围护,以免鱼类侵入。

②栽植时间　池塘观赏荷花栽植时间因地区、品种不同而异。一般当地气温稳定在15℃、池塘土温达12℃以上时栽种。

③栽植　栽植前应先放干塘水,施入厩肥、饼肥作基肥,耙平翻细,再灌水。将种藕"藏头露尾"状平栽于淤泥层,行距150cm左右,株距80cm左右。栽后不应立即灌水,待3~5d后泥面出现龟裂时再灌少量水。生长早期水位不宜深,以15cm左右为宜。

【操作4】日常管理

（1）温度

一般8~10℃开始萌芽，14℃藕鞭开始伸长。栽植时要求温度在13℃以上，否则幼苗生长缓慢或造成烂苗。18~21℃时荷花开始抽生立叶，开花则需22℃以上。荷花非常耐高温，40℃以上也能正常生长。

（2）水分

缸（盆）栽培荷花的水分管理，苗期保持10~30cm浅水为宜。当植株进入生长旺期，此时气温也较高，增加水位起到以水调温的作用，一般以20~40cm为宜。水位过深，会抑制分枝的形成，减少开花数。一般种藕栽培后隔1d浇2~3cm深的水，在钱叶长出时，水深可增至5cm，注意清除腐叶。随着立叶抽生，气温上升，逐渐将盆内的水加满。当立叶长出2~3片时，将残老的浮叶摘除，保持盆面通风透光。高温季节，每天要浇水2~3次，保持较深的水位。雨天也要注意补浇。荷花一旦失水，叶缘很快变枯焦，导致败蕾，至少要养护半个月才能恢复。秋后植株生长缓慢，进入休眠期，盆内维持少量水即可。当气温降到0℃以下时，盆面加盖一层稻草或草帘，以利于安全越冬。

池塘栽培中，夏季生长旺盛期水位50~60cm，立秋后再适当降低水位，最深不超过100cm，以利于藕的生长。入冬前剪除枯叶，把水位加深到100cm，北方地区应更深一些，以防池泥冻结。

（3）光照

荷花是喜强光花卉，要放在每天能接受7~8h光照的地方，可促其花蕾多，开花不断。如每天光照不足6h，则开花很少，甚至不开花。集中成片种植时，缸（盆）之间要保持一定的距离，避免植株之间互相遮挡，影响光照。

（4）施肥

荷花的肥料以磷、钾肥为主，辅以氮肥。如果土壤较肥，则全年可不必施肥。腐熟的饼肥、鸡鸭鹅粪是最理想的肥料。小盆施0.5g即可，大盆中最多只能施1~2g，切不可多施，并要与泥土拌匀。在生长期，如果发现叶色发黄，则要用尿素、复合肥片等进行追肥，也可用20~60mg/L铁锰液叶片喷施，或用2mg/L灌施。荷花喜肥，尤喜磷、钾肥多，但施肥过多会"烧苗"，因此应薄肥勤施。一般是在5月20~30日开始施肥，其施用标准一般保持在每亩施尿素150kg左右。第一次最好是在荷花刚发芽时施用，第二次施肥是在荷花幼叶大部分露出水面时进行。夏季是荷花的花期，对肥的需求量较大，在荷花现蕾后，若荷叶小而黄，且无病斑，则表明缺肥，应及时增施磷、钾肥。以后可每隔10~20d施1次饼肥。

（5）越冬管理

荷花地下茎不适合在0℃以下和12℃以上的气温越冬，最适宜的越冬温度是3~10℃。入冬以后，将盆放入室内或埋入冻土层下即可，黄河以北地区除将盆埋入冻土层以下外，还要覆盖农膜，整个冬季要保持盆土湿润。

（6）翻池

荷花池一年一次小翻池，两年一次大翻池，应多年坚持不懈。小翻池一般在春季进行,翻动池底抽条,间隔为 1~1.5m,把根部割断,此时与新种植荷花一样,把池底泥土翻松回填还原。大翻池是清除所有根系,土层翻松回填还原,同时覆上农家肥。如果长期不翻池,则会导致荷花退化,表现为叶小、发黄、花期短等。翻池后注入清水 3~5m。通过日照,水温逐渐增高,按天气情况,水温一般达到 5~10℃(可用手接触试温)时,进行排水,保证到池底 1m 为宜。当水温接近 10~15℃时再进行注水,达到 5m,利用日照增温。以后在荷花生长期,视情况随注随排,以保持活水为好,到花期停止注、排水,保证肥不流失。

(7) 病虫害防治

①病害防治　荷花病害较多,特别是高温季节,发病率特高。病害应以预防为主,可采用农业综合防治,如选用抗病品种、合理轮作、增施有机肥、清理枯枝病叶等,是减少病虫害的有效手段。多施腐熟有机肥,增施磷、钾、硅肥,控制氮肥施用量。实行水旱轮作,减少病原积累。

其中危害严重、普遍发生的侵染性病害有腐败病、叶斑病、褐纹病、斑枯病等。发病初期,全株喷施甲基托布津、50%多菌灵可湿性粉剂等 600 倍液,每隔 7d 喷 1 次,连喷 2~3 次,具有良好的防治效果。炭疽病发病初期,用咪唑类杀菌剂及时防治,连喷 2~3 次,即可有效控制病害蔓延危害。

②虫害防治　荷花的主要虫害有斜纹夜蛾、潜叶咬蚊、椎实螺等。斜纹夜蛾选用奥绿 1 号或锋芒等高效低毒杀虫剂 800 倍液,要求喷每层荷叶,每隔 5d 喷 1 次,连喷 3 次;或用黑光灯诱杀成虫。潜叶咬蚊主要危害幼叶、幼苗,用 90%敌百虫 1000 倍液叶面喷雾防治即可。

技能 12-2　睡莲生产

睡莲又名子午莲,为睡莲科睡莲属多年生水生植物。其叶片浓绿,花色鲜艳,是一种很具观赏价值的水面绿化植物。其地下根茎横生或为块茎直立生长,短而粗。叶丛生,浮于水面,厚且具光泽,呈圆形或椭圆形,叶片上面深绿色,下面暗紫色或紫红色。花期 7~9 月,花色因品种不同有白、粉、红、黄、紫等色,鲜艳而美丽。花后结实。果实成熟后在水中开裂,种子沉入水底。

睡莲喜强光,不耐阴。喜温暖环境,有一定耐寒性,在东北地区稍加保护,便能安全过冬,长江流域可露地越冬。对土质要求不严,pH 6~8 均生长正常,但喜富含有机质的壤土。生长期间水深要求 20~40cm,最深不宜超过 80cm。

【操作1】选择品种

园艺品种多为杂交种。常见的有'白睡莲''黄睡莲''香睡莲'等。

①'黄'睡莲　叶圆形或卵形,具不明显的波状缘,上面深绿色,有褐色斑纹,下面红褐色,有黑色小斑点。花黄色,径约 10cm。

②'白'睡莲　叶革质,近圆形,基部深裂至叶柄着生处,全缘,稍波状,两面无毛,幼叶红色。花白色而大,径 10~13cm。

③'蓝莲花' 根状茎呈不规则球形。叶近圆形或椭圆形，叶片深裂至叶柄着生处，近全缘或分裂处有少数齿状。叶正面绿色，背面有紫色斑点。花蓝色，花径15cm。

④'柔毛齿叶'睡莲 热带睡莲。叶卵圆形，基部深裂；叶缘有不等的三角状锯齿；叶面深绿色、无毛，叶背红褐色，密生柔毛或近无毛。花白色或粉红色。

⑤'红'睡莲 叶圆形或近圆形，基部深裂，幼叶紫红色。老时上面转为墨绿色，有光泽，下面暗紫红色，叶缘有浅三角形齿牙。花大，径30~34cm，玫瑰红色。

⑥'香'睡莲 叶圆形或长圆形，叶背紫红色。花上午开放，午后闭合。单朵花期3~4d，群体花期5月中下旬至9月中旬。花杯状，粉白色，浓香。适宜水深45~90cm。

⑦'玛珊姑娘' 叶近圆形，叶背绿色，幼叶紫红色。花内轮花瓣玫红色，外轮淡一些；微香。花上午开放，午后闭合。单朵花期3~4d，群体花期4月下旬至10月上旬。适宜水深45~90cm。

⑧'墨西哥黄'睡莲 挺水。叶卵形，边缘稍具褐色斑点；叶背铜红色，具小的紫色斑点。花杯状而后星状，花瓣深黄色、甜香。中午开花，傍晚闭合，单朵花期2~3d，群体花期5月下旬至9月上旬。适宜水深45~75cm。

⑨'日出' 挺水。花星形，黄色，淡香。叶圆形，叶长稍大于叶宽，叶表绿色，叶背黄色。花晨开午合，单朵花期2~3d，群体花期5月下旬至10月上旬。适宜水深45~90cm。

⑩'科罗拉多' 挺水。叶圆形，叶表绿色，叶背边缘稍带红晕。花星状，低温时呈橙黄色，高温时呈橙红色。花上午开放，午后闭合，单朵花期3~4d，群体花期6月上旬至11月上旬。马利列克型块茎。适宜水深45~90cm。

⑪'埃莉丝' 浮水。叶马蹄形，幼叶及成叶均为绿色。花星状，花瓣红色。花上午开放，午后闭合，单朵花期3~4d，群体花期5月中下旬至9月下旬。适宜水深15~23cm。

⑫'霞妃' 浮水。叶马蹄形，幼叶暗红色，有少量深红色斑点，成叶绿色。花先杯状后星形，深玫瑰红色。花上午开放，下午闭合，单朵花期4~5d，群体花期6月上旬至9月下旬。适宜水深45~90cm。

⑬'克罗马蒂拉' 浮水。叶圆形，叶表绿色，新叶绿色具紫色斑点；叶背紫红色。花杯状，淡红黄色，淡香。花上午开放，午后闭合，单朵花期3d，群体花期5月下旬至9月下旬。适宜水深45~75cm。

⑭'彼得' 挺水。叶圆形，叶表绿色，叶背红色，叶片挺出水面时叶背为绿色。花牡丹型，中粉红色，浓香。花上午开放，午后闭合，单朵花期3~4d，群体花期6月上旬至9月下旬。适宜水深35~75cm。

⑮'小白子午'莲 微型睡莲。叶片小，卵形，正面绿色，背面紫色。花朵精致芳香，花白色，花径约2.5cm。能结实，可播种繁殖。

【操作2】育苗

(1)播种育苗

①采种 由于睡莲果实成熟后易开裂，采种困难，为顺利采集到睡莲种子，在聚合果成熟转黄时，用布袋或者丝袜套住果实收种。任果实自由开裂后，种子散落在布袋里，此

时将布袋取下,收取种子沙藏。应保持沙子湿润,春季时取出播种即可。

②种子催芽　睡莲种子较小,应将贮藏越冬的睡莲种子按1∶1000的比例与清洁沙子混匀后平铺于培养盘中,加水浸湿河沙,以不见明水为度,覆盖薄膜并扎紧盘口,保持沙子湿润,时常检查水分,10d左右即可见盘中不断抽出针状小叶。

③播种时间　播种宜在3~4月进行。

④基质　选用富含腐殖质的黏质壤土。

⑤播种　育苗盘播种方法:将准备好的营养土平铺1cm于育苗盘中,加水浸透营养土,倒掉多余水分,用镊子将带针状叶的小苗以1cm×1cm的株行距移栽于育苗盘中,整盘栽种完毕后,在营养土面上灌一层薄水,以不淹没针状小叶为度,然后覆盖薄膜并扎紧盘口,保持水层,时常检查水分情况。盆栽播种方法:盛土不宜过满,宜离盆口5~6cm,播入种子后覆泥1cm,压紧浸入水中,水面高出盆泥3~4cm,在盆上加盖玻璃,放在向阳温暖处,以提高盆内温度。

⑥播后管理　播种后要保持土层湿润,温度在25~30℃为宜,10d左右,铜钱状小叶即可逐渐展开。睡莲苗展开1~2片小叶后,就可以进行移栽。营养土按500∶1的比例混入硫酸钾复合肥,将营养土装满5cm×5cm的营养钵,再把带土团的小苗栽入营养钵,把营养钵放入水槽(水槽最好能灌也能排),保持1cm水层并保持水体清洁,20d左右就会长出4~5片铜钱状小叶,此时进行盆栽或大田栽培。

(2)分株繁殖

①种株选择　先从水池中挖出生长旺盛的地下茎,挑选其中有饱满新芽的根茎,切成8~10cm长的段状地下茎,每段至少带1个芽,然后栽植到花盆中。

②分株时间　耐寒种通常在早春发芽前(3~4月)进行,不耐寒种对气温和水温的要求高,因此要到5月中旬前后才能进行。

③分株栽植方法　栽种基质以塘泥为主,花盆为口径50cm的底部无透水孔花盆。栽植时,顶芽朝上埋入塘泥中,覆泥深度以植株芽眼与泥面相平为宜,不能过深,每盆栽种5~7段。栽好后的地下茎,稍晒太阳再注入浅水,以利于保持水温。开始时水位宜浅不宜深,否则会影响发芽。待气温升高,新芽开始萌动时,再加深水位,放置在通风良好、阳光充足处养护,此时池水不宜流动过急,最深水位以20~40cm为宜。因睡莲的叶柄细弱,若水位过深,新芽抽不出来。7~9月高温季节要注意保持盆水的清洁。

【操作3】移栽

池栽或缸栽选通风、有阳光的场所,阳光不足会影响开花。

(1)盆(缸)移栽

①容器选择　宜选用内径30cm以上的盆或缸,高度要深些,盆如果太浅小,会使叶和花变小,甚至不开花。

②水土条件　盆土应选择富含腐殖质的河泥或稻田泥,先将盆土晒干砸碎,上盆时宜将饼肥和骨粉放入盆底作为基肥,也可将已腐熟的肥料混入盆土内,上面放入厚30cm以上肥沃河泥。

③栽植时间　盆栽每年春分前后进行。

④栽植　将带有芽眼的根茎栽入河泥中，覆土没过顶芽，然后在盆中或缸中加水，注水高出土面5~10cm即可。将上盆的睡莲置于阴凉处，以防水温、泥温过高灼伤小苗。睡莲栽种后，一般经2~3年即可重新挖出再行分栽，不需年年挖出栽种。

（2）池塘移栽

早春把池水放尽，清除掉杂草、龙虾和田螺等，以免危害睡莲。底部施入基肥（如饼肥、厩肥、碎骨头和过磷酸钙等），回填肥土，将根茎种入土内，株距为65~80cm。注水20~30cm深，生长旺盛的夏天水位可深些，保持在40~50cm，但不宜水流过急。若池水过深，可在水中用砖砌种植台或种植槽，或在长的种植槽内用塑料板分隔为1m×1m，种植多个品种，以避免品种混杂。也可先栽入盆缸后，再将其放入池中。种植后3年左右要翻池更新一次，以避免拥挤和衰退。

【操作4】日常管理

（1）水分管理

栽植初期水位不宜太深，随着植株的生长逐步加深水位。栽入根茎后，最初水面只能略高出土面，待叶柄不断伸长，方可提高水位。生长期保持40cm的水深，最终水的深度以不超过1m为度。池栽睡莲时，雨季要注意排水，不能被大水淹没（但1~2d内睡莲不会死亡）。夏季水脏要换水，应保持盆水的洁净，及时除去盆中杂草、残花败叶，放在阳光充足的通风良好之处。冬季结冰前要保持水深1m左右，以免池底冰冻，冻坏根茎。

（2）施肥

睡莲需肥量较大。上盆后，稍加追肥，1个多月后便会陆续开花。花后半个月再次施肥，最好是饼肥碎块。相隔1个月左右，再追施饼肥于盆壁泥浆中，每盆用量4~5g。池塘栽植在早春沉入水中前，应施饼肥，每隔30~40d追肥一次。生长期中，如果叶黄质薄，长势瘦弱，则要追肥。盆栽可用尿素、磷酸二氢钾等作追肥。池塘栽植可用饼肥、农家肥、尿素等作追肥。施肥的方法通常是先将肥料与泥土按1:1的比例混合而成泥块，然后将含有豆饼肥的泥块均匀投入睡莲池中或盆里。

（3）越冬管理

睡莲的地下茎必须在泥中越冬。冬季须将水位加深到1m以上，以防冻坏地下茎。若水浅易受冻，应将根茎掘出，盆栽可连盆取出，放入室内越冬。耐寒种越冬室温须在3℃以上，不耐寒种宜在15℃以上。

（4）病虫害防治

①病害防治

黑斑病：此病是由真菌引起，雨季发生严重，荷塘或盆栽连作，以及氮肥施入过多或夏季水温过高等情况，病害均很严重。

症状：发病初期，叶上出现褪绿的黄色病斑，后期呈圆形或不规则形，变褐色并有轮纹，边缘有时有黄绿色晕圈，上生黑色霉层，直径5~15mm。严重时，病斑连成片，除叶脉外，全叶枯黄。

防治方法：加强栽培管理，及时清除病叶。发病较严重的植株，需更换新土再行栽植，不偏施氮肥。发病时，可喷施75%的百菌清600~800倍液防治。

褐斑病：

症状：在病叶上出现直径0.5~8.0mm的圆形斑点，呈淡褐色至黄褐色，边缘颜色较深。病害后期，病斑上生出许多黑色小霉点。秋季多雨时发病较严重。病菌多在残体上越冬。

防治方法：清除残叶，减少病原。发病严重的可喷施50%的多菌灵500倍液或用80%的代森锌500~800倍液进行防治。

② 虫害防治

蚜虫：危害叶片，可用敌敌畏1000~1200倍液喷洒，或用50%乐果乳剂2000~2500倍液喷洒。

斜纹夜蛾：危害叶片和花朵，8月中旬盛发期用敌百虫800~1200倍液喷杀。

◇ **巩固训练**

1. 以工作小组（4~6人一组）为单位，根据生产所在地气候和生产经营实际情况，制订荷花生产方案和资金预算方案。
2. 按方案组织生产和实施。
3. 要求：组内既要分工明确，又要紧密合作；荷花生产方案要详细，资金预算方案合理；在操作过程中，要严格按生产技术要求去执行，管理要科学、细致；按操作规程使用各种设备。

◇ **自主学习资源库**

1. 花卉栽培技术. 柏玉萍. 化学工业出版社, 2009.
2. 荷花养花专家解惑答疑. 王凤祥. 中国林业出版社, 2008.
3. 中国荷花新品种图志. 张行言. 中国林业出版社, 2011.
4. 睡莲、王莲栽培与应用. 黄国振, 邓惠勤. 中国林业出版社, 2009.
5. 花木栽培技术问答. 刘克锋, 刘永光. 化学工业出版社, 2009.
6. 荷花·睡莲·王莲栽培与应用. 李尚志. 中国林业出版社, 2011.
7. 中国花卉网：http://www.china-flower.com/
8. 花卉图片信息网：http://www.fpcn.net/
9. 园艺花卉网：http://www.yyhh.com/
10. 中国种植技术网：http://zz.ag365.com/zhongzhi/huahui/zaipeijishu/

项目 13　无土栽培

◇ **知识目标**

(1) 了解无土栽培的概念、特点、作用及在我国发展的概况。
(2) 熟悉非固体基质栽培及设备选择，重点掌握水培技术系统构成及相关技术。
(3) 掌握基质栽培及其设备选择的相关方法。
(4) 掌握无土栽培基质的配制方法及处理措施。
(5) 掌握无土栽培营养液的配制、消毒、贮存与管理。

◇ **技能目标**

(1) 能指导、组织和参与无土栽培生产。
(2) 能掌握深液流技术，并能组织实施常用设施的设计、建造及安装。
(3) 能根据不同花卉生物学特性制订无土栽培基质配制和营养液配制的方案。

无土栽培是指不用天然土壤，而用营养液或固体基质加营养液栽培作物的方法。无土栽培是以人工创造的作物根系环境取代土壤环境，除了满足作物对矿质营养、水分和空气的需要外，还可以人工对这些环境加以控制和调整，从而使其生产的产品无论从数量上还是从品质上都优于土壤栽培。

无土栽培用人工配制的营养液供给植物需要的矿质营养。为了固定植物，增加空气含量，大多数采用砾、沙、泥炭、蛭石、珍珠岩、岩棉、锯木屑等作为固体基质，保持根系的通气。由于植物对养分的要求因种类和生长发育的阶段而异，所以基质配方也要相应地改变。无土栽培中营养液成分易于控制，而且可以随时调节，循环使用，在光照、温度适宜而没有土壤的地方，如沙漠、海滩、荒岛，只要有一定量的淡水供应，便可进行无土栽培生产。

我国无土栽培与世界发达国家相比研究和应用时间较晚，始于 1941 年。在 20 世纪 60~70 年代，我国曾根据国内无土栽培的成就和研究成果，结合国内现状，对无土栽培进行了总结；在 70 年代后期，这项技术成功地应用于生产实践；80 年代中期，随着我国配套进口先进国家的温室及其育苗设施，无土栽培装置投产，有关育苗技术的研究也不断发展，育苗面积稳定上升，设施向多样化方向发展，但是，在设施配套、计算机自动化育苗、生态环境控制、无土栽培工厂化育苗、产品采后处理分级包装、贮运、销售及推广应用面积等方面，与先进国家相比还有较大的差距。随着我国国民经济的发展和工业化水平的不断提高，微电子技术、先进的测试传感技术不断开发和应用，随着花卉生产规模的不断扩大，无土栽培技术将有更广阔的应用前景。

任务13.1　基质选择与配制

◇理论知识

13.1.1　无土栽培基质的选择

无土栽培基质包括两种，非固体基质和固体基质。非固体基质有水、雾形式。固体基质包括无机基质、有机基质和混合基质3类。无土栽培基质的主要作用是将花卉植物固定在容器内，保持养分及水分供给植物生长发育。因此，应选择具有一定的保水、保肥、透气性，同时又具有一定的化学缓冲能力，且不含有害物质的基质。

(1) 无机基质
①颗粒状　沙、砾、陶粒、炉渣。
②泡沫状　浮石、火山熔岩。
③纤维　岩棉。
④其他　珍珠岩、蛭石、硅胶等。

(2) 有机基质
①天然基质　泥炭、锯末、树皮、苔藓、水草、稻壳、食用菌废渣、甘蔗渣、椰子壳及其他农产品废弃物，经腐熟成为有机质，可作为无土栽培的优良基质。
②合成基质　尿醛、酚醛泡沫、环氧树脂等。

(3) 混合基质
①有机基质+有机基质　泥炭-刨花、泥炭-树皮。
②无机基质+无机基质　陶粒-珍珠岩、陶粒-蛭石。
③无机基质+有机基质　泥炭-沙、泥炭-珍珠岩。

13.1.2　无土栽培基质的配制

基质的合理调配甚为重要，单独使用某种基质在理化性质上不如复合基质，一般多采用有机和无机基质混合配方，所用基质以2~3种为宜。基质混合使用应符合3个要求：一是要有适当的理化性质，如容重、孔隙度、pH、EC值等；二是具有保水、保肥能力；三是保持良好的通透性。

基质混合前需分别测定其酸碱度、电导率和主要营养元素含量，泥炭测定氮、磷、钾含量。生产上使用的混合基质有很多配方，常用的有泥炭∶珍珠岩∶蛭石=2∶1∶1、泥炭∶珍珠岩=2∶1、泥炭∶蛭石=3∶1（体积比）等。有时还加入缓释肥，在基质使用时，配合营养液的浇灌，以增加肥力。

13.1.3 无土栽培基质的消毒

无土栽培的基质如果长期使用，特别是连作，会使病菌集聚滋生，故每次种植后应对基质进行消毒处理，以便重新利用。

(1)蒸汽消毒

将基质装入柜中或箱内，或将蒸汽管通入栽培床，70~90℃条件下持续15~30min，基质量大时可延续1h。

(2)化学药品消毒

将40%浓度的甲醛(福尔马林)稀释成50倍液，按每400~500mg/m³的用量均匀施于基质中，用塑料薄膜覆盖24h，使用前揭开薄膜，充分搅拌基质，可以杀灭各种病菌。另外，氯化苦、溴化钾、漂白粉、威百亩等也可用于化学消毒。

(3)太阳能消毒

利用太阳能也可以对基质进行消毒。一般在夏季高温时，密闭温室大棚，将放在其中的基质喷湿，堆成20cm左右厚度的基质堆，用塑料薄膜覆盖，暴晒2周，消毒效果较好。

任务 13.2　营养液配制与管理

◇理论知识

13.2.1　营养液的配制

营养液的配制是无土栽培过程中的重要环节。无土栽培要靠人工供给养分，就需要人工配制营养液。要根据植物的种类以及苗木不同的生长发育阶段和不同的气候条件，选择适宜的配方。在实际生产应用上，营养液的配制方法可采用先配制浓缩营养液(或称母液)，然后用浓缩营养液配制工作营养液；也可以采用直接称取各种营养元素化合物配制工作营养液。不论是哪一种配制方法，都要在配制过程中以不产生难溶性化合物沉淀为总的指导原则来进行。

(1)浓缩营养液(母液)配制法

①配制浓缩营养液　在配制浓缩营养液时要根据配方中各种化合物的用量及其溶解度来确定其浓缩倍数。浓缩倍数不能太高，否则可能会使化合物过饱和而析出。一般以方便操作的整数倍数为浓缩倍数。

为了防止在配制营养液时产生沉淀，不能将配方中的所有化合物放置在一起溶解，而应将配方中的各种化合物进行分类，把相互之间不会产生沉淀的化合物放在一起溶解。一般将一个配方的各种化合物分为3类，这3类化合物配制的浓缩液分别称为浓缩A液、浓缩B液和浓缩C液(或称为A母液、B母液和C母液)。其中：

浓缩A液——以钙盐为中心，凡不与钙盐产生沉淀的化合物均可放置在一起溶解，一般浓缩100~200倍。一般包括硝酸钙、硝酸钾。

浓缩B液——以磷酸盐为中心，凡不与磷酸盐产生沉淀的化合物可放置在一起溶解，一般浓缩100~200倍。一般包括磷酸铵、硫酸镁等。

浓缩C液——将微量元素以及稳定微量元素有效性(特别是铁)的络合物放在一起溶解。由于微量元素的用量少，因此其浓缩倍数可较高，配制成1000或2000倍液。

配制母液步骤：按照要配制的母液的体积和浓缩倍数计算出配方中各种化合物的用量，依次正确称取浓缩A液和浓缩B液中的各种化合物，分别放在各自的贮液容器中，一种一种地加入，必须充分搅拌且要等前一种充分溶解后再加入第二种，待全部溶解后加水至所需要配制的体积。在配制浓缩C液时，先量取两份所需清水体积的1/4，分别放入两个容器中，再分别称取$FeSO_4 \cdot 7H_2O$和$EDTA-Na_2$，放入这两个容器中分别溶解，然后将溶有$FeSO_4 \cdot 7H_2O$的溶液缓慢倒入$EDTA-Na_2$溶液中，搅拌均匀即可。再称取浓缩C液所需的其他各种微量元素化合物，充分溶解后再缓慢倒入$FeSO_4 \cdot 7H_2O$和$EDTA-Na_2$混合液中，搅拌均匀后，加清水至所需配制的体积。

②配制工作营养液　利用浓缩营养液稀释为工作营养液时，应在盛装工作营养液的容器或种植系统中放入需要配制体积的60%~70%的清水，量取所需浓缩A液的用量倒入，开启水泵循环流动或搅拌使其均匀；然后再量取浓缩B液所需用量，用较大量的清水将浓缩B液稀释后，缓慢地将其倒入容器或种植系统中的清水入口处，让水泵循环或搅拌使其均匀；最后量取浓缩C液，按照浓缩B液的加入方法加入容器或种植系统中，经水泵循环流动或搅拌均匀即完成了工作营养液的配制。

(2) 直接称量配制法

在大规模生产中，因为工作营养液的总量很多，如果配制浓缩营养液后再经稀释来配制工作营养液，势必需要配制大量的浓缩营养液，这将给实际操作带来很大的不便，因此，常常称取各种营养物质来直接配制工作营养液。

具体的配制方法为：在种植系统中放入所需配制营养液总体积60%~70%的清水，然后称取钙盐及不与钙盐产生沉淀的各种化合物(相当于浓缩A液的各种化合物)，在一个容器中溶解后倒入种植系统中，开启水泵循环流动；再称取磷酸盐及不与磷酸盐产生沉淀的其他化合物(相当于浓缩B液的各种化合物)放入另一个容器中，溶解后用较大量清水稀释后缓慢地加入种植系统的水源入口处，开启水泵循环流动；再取两个容器分别称取铁盐和络合剂置于其中，倒入清水溶解后，将铁盐溶液倒入装有络合剂的容器中，边加边搅拌，另取一些小容器分别称取除了铁盐和络合剂之外的其他微量元素化合物置于其中，分别加入清水溶解后，缓慢倒入已混合了铁盐和络合剂的容器中，边加边搅拌，最后将已溶解所有微量元素化合物的溶液用较大量清水稀释后从种植系统的水源入口处缓慢倒入，开启水泵循环，至整个种植系统的营养液均匀为止。

以上两种配制工作营养液的方法可视生产上的操作方便与否来选择，有时可将这两种方法配合使用。例如，配制工作营养液的大量营养元素时采用直接称量配制法，而微量营养元素的加入可采用先配制浓缩营养液再稀释为工作营养液的方法。

(3) 营养液的消毒

循环使用的营养液必须经常进行消毒，才能避免病菌的传播。目前主要的方法有：过滤、紫外光灯消毒、超声波处理、臭氧处理和加热纯化处理等。

(4)营养液的贮存

一般将配制好的浓缩母液置于阴凉避光处保存,贮存温度一般在 5~15℃。浓缩 C 液最好用深色容器贮存。

13.2.2 营养液的管理

无土栽培所用的营养液可以循环使用。配好的营养液经过植物对离子的选择性吸收,某些离子的浓度降低得比另一些离子快,各元素间比例和 pH 都发生变化,需要经常调整营养液的浓度和 pH。

营养液的总浓度关系到溶液的渗透压大小,一般用电导率表示。花卉营养液电导率一般控制在 1.8~2.5mS/cm。生产中循环使用的营养液由于植物吸收和蒸发,溶液浓度不断发生变化,应经常使用电导仪进行测量,及时修正。

pH 是营养液的一项重要指标,直接关系到花卉生长的正常与否。因此,应根据不同植物对营养液酸碱度的不同要求,对营养液的酸碱度进行调整。如果营养液偏酸,可加氢氧化钾调节;若偏碱,则用硫酸或盐酸加以调整。调整过程中,要不断用 pH 试纸或酸度计进行测试。

由于 pH 和某些离子的浓度可用选择性电极连续测定,所以可以自动控制所加酸、碱或补充元素的量。但这种循环使用不能无限制地继续下去。用固体惰性介质加营养液培养时,也要定期排出营养液,或用滴灌营养液的方法,供给植物根部足够的氧气。当植物蒸腾旺盛的时候,营养液的浓度增加,这时需补充些水。无土栽培成功的关键在于管理好所用的营养液,使之符合最优营养浓度的需要。

任务 13.3 无土栽培生产

◇理论知识

无土栽培类型很多,依是否使用基质以及基质的特点,可分为固体基质栽培和非固体基质栽培;从能源消耗及环境影响方面可分为有机生态型和无机耗能型。

水培指将植物的根系直接浸入营养液中,让根系从营养液中吸收水分、养分和氧气的一种无土栽培方式。水培的种类很多,常用的有营养液膜法、深液流法、动态浮根法、浮板毛管法等。其中以栽培槽结构的深液流技术应用最广。深液流技术简称 DFT(deep flow technique),是指植株根系生长在较为深厚并且是流动的营养液层的一种水培技术。它是最早开发成可以进行花卉和农作物商品生产的无土栽培技术。在其发展过程中,世界各国对其做了不少改进,是一种有效、实用、具有竞争力的水培生产类型,较适合我国现阶段国情,特别适合南方热带、亚热带气候特点。深液流技术系统的基本组成包括如图 13-1 所示的 12 个部分。

基质栽培指用固体基质(介质)固定植物根系,并通过基质吸收水分、养分和氧气的一种无土栽培方式。基质种类很多,常用的无机基质有蛭石、珍珠岩、岩棉、沙、聚氨酯等,有机基质有泥炭、稻壳炭、树皮等。因此基质栽培又分为钵培、槽培、袋培、岩棉

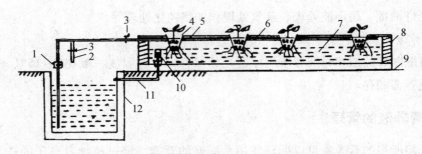

图 13-1　栽培槽结构深液流水培种植系统纵切面示意图
1. 水泵　2. 增氧及回流管　3. 阀门　4. 定植杯　5. 定植板　6. 供液管　7. 营养液
8. 种植槽　9. 地面　10. 液位控制装置　11. 回流管　12. 地下贮液池

培、沙培等。采用滴灌法供给营养液。其优点是设备较简单、生产成本较低等。但需基质多，连作的基质易带病菌传病。

有机生态型无土栽培是指不用天然土壤，而使用基质，不用传统的营养液灌溉植物根系，而使用有机固态肥并直接用清水灌溉植物的一种无土栽培方式。有机生态型无土栽培可采用槽培法或钵培法，在槽内或容器内填充有机基质培育花卉。由于育苗仅采用有机固态肥料取代纯化肥配制的营养液肥，因此能全面而充分地满足花卉对各种营养元素的要求，省去了营养液检测、调试、补充等烦琐的技术环节，使育苗技术简单化，一次性投入低，具有成本低、省工、省力、可操作性强、不污染环境等优点，是高产、优质、高效的育苗方法。

13.3.1　水培

(1) 种植槽的处理

宽度一般为 100~150cm，一方面易于操作，另一方面防止定植板或定植网框在种植槽过宽时强度不够而产生弯曲变形或折断。槽内深度控制在 12~15cm，最深不超过 20cm，槽长度为 10~20m(图 13-2)。

建造种植槽前首先把地面整平、打实，在建槽的位置铺上一层 3~5cm 的河沙打实，然后在河沙层上铺上 5cm 厚的混凝土作为槽底，在混凝土槽底上面的四周用水泥砂浆砌砖成为槽框，再用高标号水泥砂浆批荡种植槽内外，最后再加上一层水泥膏抹光表面，以防止营养液的渗漏。种植槽也可作为固体基质栽培床。

建造种植槽的地基必须是坚实的，否则在种植槽建好之后可能会因地基不均匀下沉而造成种植槽断裂，进而造成营养液的渗漏。在地基较为松软的地方建造种植槽时，为了防止地基下陷，可在槽底混凝

图 13-2　水泥砖结构深液流水培种植槽

土层中每隔20cm加入一条φ8钢筋。

新建的种植槽和贮液池，由于是用水泥和砖砌而成的，会在浸水之后有一些碱性物质溶解出来，此时浸泡后水溶液的pH可高达11，因此要对种植槽和贮液池进行使用前的处理。具体的处理方法为：先用清水浸泡种植设施2~3d，洗刷浸泡出来的碱性物质，抽去浸泡液，然后放清水浸泡2~3d，再放掉，如此反复数次，直至加入清水后pH稳定在6.5~7.5方可使用。

为了加快新建种植系统的处理速度，缩短处理时间，可在经过2~3次清水浸泡后再加入稀酸中和或加入磷酸盐处理。具体方法：首先把酸稀释为2~3mol/L的浓度，然后加入到贮液池中，开启水泵循环，调节浸泡液的pH至2左右，在浸泡过程中，浸泡液的pH还会上升，可再加入稀酸，浸泡到pH稳定在pH 6.5~7.5。如果加入数次稀酸后浸泡液的pH仍在8.0以上，则可排掉浸泡液，再放入清水和稀酸浸泡，直至pH稳定在6.5~7.5。

（2）定植板或定植网框

定植板或定植网框用于水培时固定花卉，其上还可放定植杯，将植物固定在定植杯里。其结构如图13-3和图13-4所示。

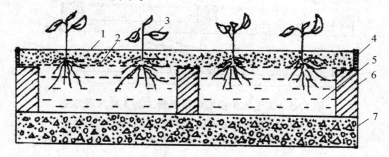

图13-3 定植板

1. 基质　2. 塑料纱网　3. 植株　4. 定植网框　5. 营养液　6. 种植槽　7. 槽底

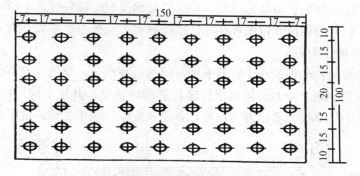

图13-4 定植网框

（3）贮液池

地下贮液池设置有两个作用：一是作为调节营养液的场所，营养液pH的调整、养分和水分的补充等均在贮液池中进行；二是增大种植系统营养液的总量，使每株占有的营养液量增大，从而使营养液的浓度、组成、pH、溶解氧含量以及液温等不易发生较剧烈的变化。

地下贮液池以不渗漏为总原则来进行建造。建造时池底要用 10~15cm 混凝土加入 $\phi 8$ @20 钢筋捣制而成，池壁用 18~24cm 砖砌，然后用 100 号水泥砂浆批荡，再用水泥膏抹光。建池所用的水泥应为高标号、耐腐蚀的。地下贮液池池面要比地面高出 10~20cm 并要有盖，防止雨水或其他杂物落入池中，保持池内黑暗以防藻类滋生。

(4) 营养液循环系统

营养液循环系统由供液系统和回流系统两大部分组成：供液系统包括供液管道、水泵、调节流量的阀门等；回流系统包括回流管道、种植槽中的液位调节装置。

供液管道指从地下贮液池经由水泵然后通向各个种植槽的各级管道。注意：所有的管道均需采用塑料管，勿用镀锌水管或其他金属管。深液流种植槽中供液管道的 3 种布置方法如图 13-5 所示。

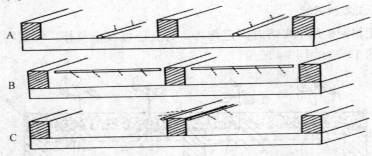

图 13-5　深液流种植槽中供液管道的 3 种布置方法
A. 供液管道放置在槽底，从槽的一端延伸至另一端
B. 供液管道架设在种植槽的一端，营养液从槽的一端流向另一端
C. 供液管道架设在种植槽分隔墙的侧上部，从槽的一端延伸至另一端

回流管道及种植槽内液位调节装置如图 13-6 至图 13-8 所示。

种植槽中液位的调控：植物定植时，应保持液面浸没定植杯杯底 1~2cm；当根系大量伸出定植杯时，应使液面离开定植杯杯底；当植株很大、根系非常发达时，只需在种植槽中保持 3~4cm 的液层即可。

由于水培法使植物的根系浸于营养液中，植物处在水分、空气、营养供应的均衡环境之中，能发挥植物的增产潜力。但水培设施都是循环系统，其生产应用的一次性投资大，操作管理严格，不易掌握。水培方式由于设备投入较多，应用受到一定限制。

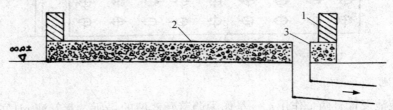

图 13-6　深液流水培种植槽纵切面示意图（示埋在地下的回流管道）
1. 槽框　2. 槽底　3. 回流管道

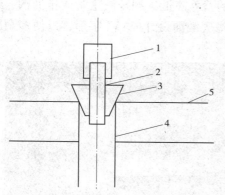
图 13-7 种植槽内液位调节装置
1. 可上下移动的橡胶管　2. PVC 硬管
3. 开孔的橡皮塞　4. 回流管　5. 槽底

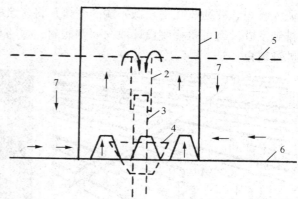
图 13-8 罩住液位调节装置的塑料管
1. 带缺刻的硬塑料管　2. 液位调节管　3. PVC 硬管
4. 橡胶塞　5. 液面　6. 槽底　7. 营养液及其流向

13.3.2 基质栽培

（1）钵培

在花盆、塑料桶等栽培容器中填充基质栽培植物。从容器的上部供应营养液，下部设排液管，将排出的营养液回收于贮液罐中循环利用。也可采用人工浇灌的原始方法（图 13-9）。

（2）槽培

将基质装入一定容积的栽培槽中以种植植物。常用的槽培基质有沙、蛭石、锯末、珍珠岩、泥炭与蛭石混合物等（图 13-10）。在槽内铺放基质，布设滴灌软管。营养液由水泵自贮液池中泵出，通过供液干管、支管及滴灌软管到达植物根系附近。也可用贮液池与根际部位的落差自动供液，营养液不回收（图 13-11）。

图 13-9 钵培法

图 13-10 槽培法

根据生产条件、栽培作物及基质的不同，种植槽的形状、大小、结构以及设置的位置高低不同。槽体可用木板、竹片、水泥瓦、石棉瓦、石板、砖等制作而成，最简单的槽体是由砖砌成。一般不建造永久性槽体。各地区就地取材，能把基质拦在栽培槽内即可。为防止渗漏并使基质与土壤隔离，通常在槽内铺 1~2 层塑料薄膜。

也可在槽的底部（薄膜之上，基质之下）铺设一根多孔的排液管，以便槽内多余的营养液流入管内,并通过在槽较低一端的开口,将多余的营养液汇集到排液主管或排液槽,最后排到室外。也可将槽底设计成向一侧倾斜,或将槽底截面设计成"V"字形,以便多余的营养液流出。

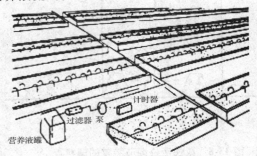

图 13-11　槽式固体基质栽培床及滴灌装置

图 13-12　枕式袋培法

基质槽表面可覆盖地膜,以减少水分蒸发,并可避免植株发病时病菌进入基质,以防在本茬或下茬栽培时发病。在农业观光园区的栽培槽表面覆盖2cm厚的泡沫塑料板,板上按植物的栽培株行距打定植孔,此法隔热,阻隔病菌,洁净美观。

(3) 袋培

袋培除了基质装在塑料袋中以外,其他与槽培相似。袋子通常由抗紫外线的聚乙烯薄膜制成,至少可使用2年。

①枕式袋培　每袋装基质20~30L,按株距在基质袋上设置直径为8~10cm的种植孔,按行距呈枕式摆放在地面或泡沫板上,安装滴灌管供应营养液。基质通常采用混合基质。袋的底部或两侧应该开两三个直径为0.5~1.0cm的小孔,以便多余的营养液从孔中流出,防止沤根(图13-12)。

②立式袋培　将直径为15cm、长为2m的柱状基质袋直立悬挂,从上端供应管供液,在下端设置排液口,在基质袋四周栽种植物(图13-13)。

(4) 岩棉培

岩棉培用岩棉块育苗,一般采用7.5~10.0cm³的岩棉块,除了上、下两面外,岩棉块的四周要用黑色塑料薄膜包上,以防止水分蒸发和盐类在岩棉块周围积累,还可提高岩棉块温度。种子可以直播在岩棉块中,也可将种子播在育苗盘或较小的岩棉块中,当幼苗第一片真叶出现时,再移到大岩棉块中(图13-14)。

图 13-13　立式袋培

图 13-14　岩棉培

定植用的岩棉块一般长70~100cm，宽15~30cm，高7~10cm，岩棉块应装在塑料袋内，制作方法与枕式袋培相同。定植前在袋上面开2个(8~10)cm×(8~10)cm的定植孔，每个岩棉块种植2株植物。定植后即把滴灌管固定到岩棉块上，用滴灌管供应营养液，让营养液从岩棉块上往下滴，保持岩棉块湿润，以促使根系在岩棉块中迅速生长，这个过程需7~10d。当植物根系扎入岩棉块以后，可以把滴灌滴头插到岩棉块上，以保持根茎基部干燥，减少病害。

（5）沙培

沙培是完全使用沙子作为基质、适于沙漠地区的开放式无土栽培系统。在理论上这种系统具有很大的潜在优势：沙漠地区的沙子资源极其丰富，不需从外部运入，价格低廉，也不需每隔一两年进行定期更换，是一种理想的基质。

沙子可用于槽培，是沙漠地区一种更方便、成本低的做法。

13.3.3 有机生态型无土栽培

有机生态型无土栽培设施系统由栽培槽和供水系统两个部分构成，建造可参考前述水泥砖结构固定式水培设施。在实际生产中栽培槽用木板、砖块或土坯垒成高15~20cm、宽48cm的边框，在槽底铺一层聚乙烯塑料膜。可供栽培两行作物。槽长视棚室建筑形状而定，一般为5~30m(图13-15)。

供水系统可使用自来水基础设施，主管道采用金属管，滴灌管使用塑料管铺设。有机生态型基质可就地取材，如农作物秸秆、农产品加工后的废弃物、木材加工的副产品等经过发酵腐熟都可按一定比例混合使用。

为了调整基质的物理性能，可加入一定比例的无机物，如珍珠岩、炉渣、河沙等，

图13-15 有机生态型无土栽培

加入量依据需要而定。有机生态型无土栽培的肥料，以一种高温消毒的鸡粪为主，适当添加无机化肥来代替营养液。消毒鸡粪来源于大型养鸡场，经发酵高温烘干后无菌、无味，再配以磷酸二铵、三元复合肥等，使肥料中的营养成分既全面又均衡，可获得理想的栽培效果。

◇ **实务操作**

技能13-1 水仙生产

水仙又名雅蒜、天葱、凌波仙子、女使花、湘夫人，为石蒜科水仙属多年生草本植物。原产于我国东南沿海地区，在日本、朝鲜均有分布。球根为层状鳞茎，肥大、卵圆形，外被黑褐色皮膜；内部具有主芽与多个腋芽，排成一列。根肉质，白色，较纤细，通常不分枝。叶基生，呈二列丛生，4~6片；叶片狭长扁平、线形，先端钝，全缘，绿色，长约30cm，基部有白色叶鞘抱合。花梗自叶丛抽出，高度与叶相近，花开于顶端，呈伞

状花序，小花3~10朵，花蕾外包被膜质佛焰苞；花瓣6枚，基部合生；花筒三棱状，白色，中央有杯状副冠，黄色，不皱折，比花被短得多；雄蕊6枚，雌蕊1枚，3心皮，子房下位；花有芳香味。蒴果，果内干瘪没有种子。花期早春。

水仙喜温暖、湿润的气候，生长适温前期为12~20℃，后期为20~24℃。气温过高，会使叶片枯萎早衰，当气温高于25℃时进入休眠。水仙喜光，每日光照需10h以上才生长良好。水仙在进行基质栽培时，前期需水较少，中期生长旺盛，需水量大。水仙喜肥，要求土层深厚、疏松肥沃、保水力强且排水良好的基质。

水仙花头内含有拉可丁，误食会引起肠炎、呕吐或腹泻，叶、花、汁液能使皮肤红肿。在水培管理过程中，应尽量减少手指触摸，要使用夹子、镊子等器具。在花开观赏时，不要贴近花卉嗅香味，谨防过敏现象发生。需要强调的是，水仙尽管属有毒花卉，但它的毒是极微量的，一般不会对人体健康造成危害。

【操作1】选择品种

(1) 主要品系

①喇叭水仙　别名洋水仙或漏斗水仙。鳞茎球形。叶扁平、线形，灰绿色，叶端圆钝。花单生，黄色、淡黄色或花被片纯白色，副冠鲜黄色，副冠与花被片等长或稍长，钟形或喇叭形，边缘具不规则齿和皱褶。花期3~4月。

②中国水仙　别名水仙花、金盏银台。为多花水仙，鳞茎卵状至广卵状球形。叶狭长带状。每葶着花3~11朵，通常4~6朵呈伞房花序，花白色，副冠高脚碟状。花期1~2月。

③红口水仙　别名口红水仙。鳞茎卵形。叶4片，线形。花单生或少数1葶2花，花被片纯白色，副冠浅杯状，黄色或白色，边缘波状皱褶，带红色。花期4~5月。

④明星水仙　别名橙黄水仙，是喇叭水仙与红口水仙的杂交种。鳞茎卵圆形。叶扁平、线形，灰绿色，被白粉。花葶与叶同高，有棱，花单生，平伸或稍下垂，花被片狭卵形，端尖，黄色或白色，副冠倒圆锥形，边缘皱褶，为花被片的1/2长，与花被片同色或异色。花期4月。

(2) 主要类型

①单瓣型　花单瓣，花被片6枚，白色，中间有一金黄色形如盏状的环状副冠，故称"金盏银台"或"酒杯水仙"。若叶梢较细，花较多，副冠呈白色，则称为"银盏玉台"。

②复瓣型　花重瓣，花被片12枚，白色卷皱呈簇，没有明显的副冠，名为"百叶水仙"或"玉玲珑"。

【操作2】选择鳞茎

选择3年生健壮、饱满、无病无损、主球旁生着2~4个小鳞茎的水仙球。主球旁小鳞球越多，则花芽越多。水仙球的外壳色泽要鲜明，外层膜呈深褐色，鳞茎皮纵纹距离要宽。

【操作3】水仙的雕刻

(1) 雕刻时间

雕刻时间要根据观花日期及雕刻后水养环境的温度高低、光照是否充足等情况来选择。一般根据预期开花的时期而定。

(2)雕刻类型

一般雕刻作品分 3 类：不雕刻直接水养的为直仙；简单雕刻的为笔架水仙或八字水仙；精细雕刻的为蟹爪水仙。

(3)蟹爪水仙的雕刻步骤

①去护根泥、剥鳞茎皮膜　先去掉水仙鳞茎球底部的枯根及凹陷处泥土，再剥干净鳞茎球外面的棕褐色皮膜。露出的白色鳞茎片若有 1 层薄的干枯薄膜，雕刻前应除去；若附有很多深褐色细小颗粒和粉尘，要用干净布擦去，以免雕刻过程中污染鳞茎。

②剥鳞茎片　握住水仙鳞茎，让弯曲的主芽芽尖对着雕刻者，在芽朝前弯的一面于鳞茎根部上约 1cm 的地方，画一条与底盘平行的弧形线，用刻刀刀尖轻轻垂直切入，深度小于鳞茎半径，逐层剥掉弧线上部的鳞茎片，直至露出叶芽为止。

③刻叶苞片　用刻刀将叶芽两侧鳞茎片从基部向上削掉 1/2 左右，使叶芽前面及左、右两侧都露出来。然后把所有叶芽的叶苞片刻去 2/3，露出叶片，留下叶芽后面的鳞茎片和叶苞片作后壁。操作过程中要心细手稳，切勿伤及叶芽内的花苞、花梗、花葶基部，否则易造成哑花。

④削叶缘　一般叶片和花苞紧密相贴生长，中间无缝隙。削叶缘时，为了使花芽与叶芽分开，不碰伤花苞，可用手指从叶芽背面向前稍加施压至有一定缝隙，然后从缝间下刀，从叶上部到下部，从外层叶到内层叶，把叶缘均匀地削去 1/4~1/3（注意不伤及花苞），深度和长度要根据造型的需要而定。刻削的一面因组织受伤，生长缓慢，另一面仍健壮生长，从而形成两面生长不平衡、形似蟹爪状的叶片。

⑤雕花梗　花梗长至 2~3cm 时，可在需弯曲的一面，用刻刀从花梗基部上 0.5~1cm 处向下削去 1/6~1/5 的深度，削去的部分形如薄盾片，这样可使花枝矮化、卷曲，达到花开高低有别、错落有致、疏密得当、层次分明的效果。花梗削伤部位的高低及轻重要依据造型而定。也可采用刮梗的方法，即根据造型要求，确定刮梗的朝向、部位和深浅，用刀刃刨刮相应的部分。注意不能伤及花苞，以免出现掉花、哑花等现象。

⑥戳刺花心　为抑制花葶向上生长过快，可在花葶基部正中用刀尖点刺，深约 0.3cm，以达到矮化的目的。

⑦子球的处理　一般主鳞茎球的两侧都有大小不等、数量不同的子球，多数无花，是否留下或雕刻均要根据造型的要求而定。

【操作 4】水培生产

在天气正常情况下，如果为元旦用花，北方地区宜于 11 月上中旬开始水养，南方地区于 11 月中旬开始水养。如果在春节用花，北方地区于春节前 35~40d 开始水养，南方地区则于春节前 30~35d 开始水养。

北方地区一般在元旦、春节期间观赏水仙，在保证水仙白天阳光充足（日照时数至少 6h）、日平均温度 12~15℃、夜间最低温度 2~5℃的情况下，水养 30~40d 即可开花，在此环境条件下一般观赏期在 15d。当 70%~80%花朵开放，其余花蕾含苞待放，此时花香味浓、花蕾共存，达最佳观赏期。

①浸洗 将雕刻好的水仙花头，伤口向下完全浸泡在已搁置 1d 的清水中 24h 左右，去掉黏液(水仙鳞茎内流出的黏液营养丰富，容易滋生细菌，因此浸洗可防止鳞茎腐烂或洁白的球茎变黑、变褐，降低其观赏价值)、残存污泥、残根及枯鳞茎皮，用清水淋洗，再换水浸泡、清洗，至无黏液为止。洗净后的水仙还可在水里浸泡 1~2d(注意换水)，以吸足水分并刺激根萌动。

②上盆 水仙上盆可先用较大的盆或方盘水养，也可直接放入合适的精制小盆中水养。放置时可采用仰置(伤口向上，根部、叶、花朝向侧方放置)、竖置(根部向下，叶、花向上，伤口朝向侧方放置)、倒置(根部向上，叶、花向下，伤口朝向侧方放置)和俯置(伤口向下，根部、叶、花朝向侧方放置)。大多采用仰置和竖置的方法。放好后，用石英砂、鹅卵石等将鳞茎固定。为保证根系快速生长和防止伤口变黄，用脱脂棉或纱布将鳞茎伤口处和鳞茎根盘盖住，盆内倒入清水，水深以水面不浸到伤口为宜，使垂入水中的脱脂棉或纱布吸足水分供根系生长。

③水养 雕刻后的鳞茎叶、花梗和鳞茎均有伤口，蒸腾量较大，且易受感染，新根又未长出，不能及时补充失去的水分。为防止鳞茎失水萎蔫，上盆后，要先放在 10~18℃ 阴凉处 2~3d，待伤口逐渐愈合，新根长出时，及时移到阳光充足的地方接受光照，以便进行光合作用，防止叶片和花梗徒长。

【操作 5】日常管理

(1) 光照

水仙属短日照球根花卉，水养期间要保证每天有充足的日照时间，可使叶色浓绿，叶片短、宽、厚而茁壮，以防止出现叶片徒长、开花少或不开花的现象。水仙喜光，水养水仙，应经常将花盆移到靠窗处，让阳光照晒，但温度不能过高，温度过高会造成徒长；但如果不见阳光，会弱长、发黄。只有经常见阳光，又保持适宜温度，水仙叶片的生长速度才能得到适当控制，从而使花芽早些抽出，形成叶片肥壮、花开多朵的效果。

(2) 温度

水仙喜寒怕热，生长期适宜温度为 10~20℃，室温越高，开花越快。室温 8~12℃ 时，40d 开花；室温保持 15℃ 时，28~30d 开花；室温 18~20℃ 时，23~25d 即可开花。开花后保持适当的低温环境，可有效地延长花期。室温高于 23℃ 时，花期 7d 左右；15~20℃ 时，花期 10d；8~12℃ 时，花期可达 15~20d；若室温保持在 4℃ 左右，花期可长达 1 个月之久。

水养水仙的温度，白天要保持 12~18℃，夜间保持 8~10℃。在叶片长到 7cm 时，就要考虑对叶片生长的控制，必要时可移到阳光充足的地方，但温度不能低于 5℃，温度过低会使水仙发生冻害。如果光照不足或温度过高，易出现叶片徒长而花箭很短的"叶里藏花"现象。

(3) 换水

为保持水中有充足的含氧量，提高根系活力，水养初期要每天换水，即晚上把盆中的水倒掉，第二天早晨再倒入清水。北方地区干燥，要每天向水仙伤口处喷清水 2~3 次，换水时最好把脱脂棉用清水洗干净后再盖上，每隔 3~4d 换 1 次新脱脂棉。后期可 2d 换 1 次水。花苞形成后，可每周换 1 次水。

换水时注意不要损伤球茎、根须和叶片。水质对水仙的生长影响很大。水养水仙,一定要选用清洁的水,河水、井水最适宜。水仙的生长力很强,可以不使用水培花卉营养液。

(4) 矮化处理

水仙球生根后,白天放在阳光充足处,晚上用 60W 灯泡照明 2~3h,然后将盆内的水倒出,次日清晨再添水。如此处理 1 个月后,叶片明显缩短 1/3 而宽度增加,花茎生长早、短而粗壮,花期提早且更长。

(5) 花期调控

在环境条件不利的情况下,若使水仙如期开花,可采取一些适当的措施人为控制花期。比如光照不足、气温较低时,可换用 12~15℃ 的温水进行水养,或在晚上用塑料薄膜罩住水仙盆,用日光灯照射增温加光来促进开花;气温较高时,要适当遮阴和减少光照,夜间将盆里的水倒掉进行低温处理,使花期推迟。另外,可在盆中加入 0.05%~0.10% 的磷酸二氢钾或开花时加入 1/4 片阿司匹林(含量为 0.3mg),或在花全部盛开时放入微量食盐,均能起到延长花期的作用。

(6) 病虫害防治

① 病害

青腐病:病原为青霉菌,此病多发生在水仙鳞茎贮藏期间,在鳞茎受伤、螨害及潮湿的条件下,易引发此病。

症状:鳞茎感染此病后,根盘部腐烂、有味,后期变得坚硬而干腐。

防治方法:采掘鳞茎时严防损伤。鳞茎贮藏场地要确保通风、干燥。贮藏鳞茎前用 0.5% 福尔马林浸泡 0.5h 后再用清水洗净,阴干后贮藏。

干腐病:病原为水仙核盘菌,存活在基质、病残体上。

症状:鳞茎染病后引起干腐。

防治方法:鳞茎用热甲醛水溶液处理,干燥后再种植在较干燥的基质中。防治线虫以减轻危害。消毒基质或实施轮作。

水仙叶大褐病:病原为一种真菌,在鳞茎内越冬,于 4~5 月雨水过多的季节发病严重。

症状:叶片和花梗受侵染后,形成褐色斑点,病斑周围黄化,叶片扭曲,后期病部密生褐色小点。

防治方法:避免连作,加强栽培管理,及时排除积水,不偏施氮肥。种植前剥去膜质鳞片,用 0.5% 福尔马林浸泡 0.5h 或 50% 多菌灵 500 倍液浸泡 4h。发病初期用 1% 波尔多液或 50% 克菌丹 500 倍液喷施。

花叶病:病原为水仙花叶病毒,可通过带毒子球、介体昆虫及汁液传染。

症状:发病初期不表现出症状,随着病情的加重,出现花叶,叶片扭曲、黄化,植株矮小。

防治方法:使用无病毒鳞茎进行繁殖。生长期用 25% 西维因 800 倍液或 40% 乐果 1000 倍液或 2.5% 溴氰菊酯乳油 2000 倍液防治传毒介体昆虫。

② 虫害 主要有刺足根螨。

症状:主要危害水仙的地下鳞茎,被害部位变黑腐烂。

防治方法：鳞茎贮藏室要通风干燥。受害鳞茎收获后应立即用三氯杀螨醇1000倍液浸泡2min。

技能13-2 龟背竹生产

龟背竹（*Monstera deliciosa*）为天南星科攀缘灌木。茎绿色，叶大，轮廓心状卵形，宽40~60cm，厚革质，叶背绿白色，边缘羽状分裂，侧脉间有1~2个较大空洞；肉穗花序近圆柱形，长17.5~20.0cm，粗4~5cm，淡黄色。花期8~9月，果于翌年花期之后成熟。浆果淡黄色。原产于墨西哥，各热带地区多引种栽培供观赏。在我国福建、广东、云南栽培于露地。

龟背竹喜温暖湿润环境，切忌强光暴晒和干燥。生长适温20~25℃，冬季夜间温度幼苗期不低于10℃，成熟植株短时间可耐5℃。当温度升到32℃以上时，生长停止。夏季需经常喷水，保持较高的空气湿度。叶片经常保持清洁，以利于进行光合作用。生长期间，植株生长迅速，栽培空间要宽敞，否则会影响茎叶的伸展，显示不出叶形的秀美。盆栽基质要求肥沃疏松、吸水量大、保水性好的微酸性基质，常以腐叶土或泥炭最好。

【操作1】选择种与品种

常见栽培种有：

迷你龟背竹（var. *minima*） 叶片长仅8cm。

'石纹'龟背竹（'Marmorata'） 叶片淡绿色，叶面具黄绿色斑纹。

'白斑'龟背竹（'Albo-Variegata'） 叶片深绿色，叶面具乳白色斑纹。

蔓状龟背竹（var. *borsigiana*） 茎叶的蔓生性状特别强。

常见同属观赏种有：

多孔龟背竹（*M. friedrichsthalii*） 叶片长卵形，深绿色，中肋至叶缘间有椭圆形窗孔，窗孔外缘至叶缘的间距片长70~80cm，深绿色。

翼叶龟背竹（*M. standleyana*） 叶卵圆形，叶长15~20cm，叶基钝圆，叶面浓绿色，叶柄宽扁，具翅翼，长10~30cm。

'斑纹翼叶'龟背竹（*M. standleyana* 'Variegata'） 叶面深绿色，有乳白色的斑点或斑纹。

斜叶龟背竹（*M. obliqua*） 叶长椭圆形，叶基钝歪。

窗孔龟背竹（*M. obligua* var. *expilfa*） 叶长卵形，叶基钝歪，窗孔数多，窗孔面积大。

另外，还有星点龟背竹（*M. punctulata*）和孔叶龟背竹（*M. adansonii*）。

【操作2】育苗

（1）播种育苗

龟背竹夏季开花，为了提高种子的结实率，需人工授粉，以9：00~10：00和15：00~16：00两次授粉最好，授粉成功率高。授粉至种子成熟需要15个月。种子发育阶段注意通风和肥水管理，以促使结实饱满。播种前先将种子放入40℃温水中浸泡10h，播种基质应高温消毒。龟背竹种子较大，可采用点播，播后室温保持20~25℃，箱口盖上塑料薄膜，保持80%以上湿度，播后一般20~25d发芽。播种育苗过程中如果室温过低，不仅影响出苗，甚至种子发生水渍状腐烂。

（2）扦插繁殖

春、秋两季都能采用茎节扦插，以春季4~5月和秋季9~10月扦插效果最好，因为此期气温适宜茎节切口愈合生根，成活快。插条选自茎组织充实、生长健壮的当年生侧枝，插条长20~25cm，剪去基部的叶片，保留上端的小叶，剪除长的气生根，保留短的气生根，以吸收水分，利于发根。插床用粗沙和泥炭或腐叶土的混合基质，插后保持25~27℃和较高的空气湿度，1个月左右才开始生根。插条生根后，茎节上的腋芽也开始萌动展叶。为了加速幼苗生长，室温保持10℃以上，加强肥水管理，插后第二年幼苗成型可作商品。如需悬挂点缀，可配制木框或铁架容器，内装棕皮，放上肥沃的腐叶土，将生根成活的龟背竹栽上，作为吊盆商品。

（3）分株繁殖

在夏、秋进行，将大型的龟背竹的侧枝整段劈下，带部分气生根，直接栽植于木桶或钵内，不仅成活率高，而且成型快。

【操作3】移栽

（1）配制营养液

营养液的配制方法是用硫酸铵和磷酸二氢钾各1g，放在3kg清水中溶化后即可。若临近花期，应再加0.5g硼酸，以促使花芽分化和孕育花蕾。营养液最好前一天晚上配制，待溶化一夜后第二天早上再换水，以使营养液水温与盆花水温一致。

（2）植株移栽

把龟背竹根团上的基质抖掉并冲洗干净，然后放在花盆中，用鹅卵石（或小石块）把根团压住，不让其偏斜，倒上营养液将根系漫过。夏季应2d换营养液一次，春、秋季3d换营养液一次，冬季5d换营养液一次。换水要彻底，不要因蒸发而添加营养液，否则，溶液会越来越浓而将植株烧死。

【操作4】日常管理

（1）水分

龟背竹自然生长于热带雨林中，喜湿润，但盆栽基质积水同样会烂根，使植株停止生长，叶片下垂、失去光泽、凹凸不平。掌握宁湿勿干的原则，使盆栽基质保持湿润状态，但不能积水。春、秋季每天浇水1次；夏季每天早、晚各1次；入冬后应减少浇水，盆栽基质过湿容易导致烂根黄叶，冬季一般3~4d浇1次水。此外，应经常往叶面上喷水，干燥季节和夏季每天要往叶面喷2~3次，春、秋季每天喷1~2次，以保持空气湿润。

（2）施肥

龟背竹是比较耐肥的观叶植物，为使多发新叶，叶色碧绿有自然光泽，生长期每半个月施1次肥，施肥时注意不要让肥液沾污叶面。同时，龟背竹的根比较柔嫩，忌施生肥和浓肥，以免烧根。5~9月需每隔10~15d施1次稀肥，以有机肥为主，如饼肥、人造有机肥、畜禽粪渣、土杂肥等。仅施化肥会导致龟背竹长势旺而不强，叶大而质薄，叶色浅绿无光，不耐寒、不耐热，抗逆性减弱。增施有机肥是种好龟背竹的诀窍。

(3) 温度

龟背竹喜温暖，不耐高温，32℃以上停止生长。不耐寒，冬季越冬温度要保持在10℃以上，如果低于5℃，易受冻害。

(4) 光照

龟背竹是典型的耐阴植物，在半阴环境下长势旺盛，气生根发达，叶片肥大，叶色光亮深绿。播种幼苗和刚扦插成活苗切忌阳光直射，以免叶片灼伤。成型植株盛夏期间也要注意遮阴，否则叶片老化，缺乏自然光泽，影响观赏价值。在强阳光直射条件下，生长缓慢，叶片变小皱缩，气生根易萎蔫。规模性生产须设遮阴设施，可用50%遮阳网。

(5) 整形修剪

龟背竹为大型观叶植物，茎粗叶大，要设架绑扎(特别成年植株分株时)，以免倒伏变形。待定型后拆除支架。同时，定型后茎节叶片生长过于稠密、枝蔓生长过长时，注意整形修剪，力求自然美观。

(6) 病虫害防治

①病害

炭疽病：

症状：主要危害叶片，最初在叶片边缘产生浅褐色不规则形病斑，后逐渐变成灰白色，病斑正、背面散生许多黑色小点。

防治方法：发病初期可喷洒25%炭特灵可湿性粉剂500倍液，或50%甲基托布津可湿性粉剂500倍液，或50%多菌灵可湿性粉剂800倍液，每隔10d喷1次，防治2~3次。

叶枯病：

症状：常于老叶叶缘或破伤处产生近圆形病斑，扩展后呈不规则形。开始时病斑呈褐色，以后逐渐变成灰褐色至黑褐色，上面散生黑色小点。

防治方法：可喷洒70%甲基托布津可湿性粉剂800~1000倍液或50%多菌灵可湿性粉剂500~800倍液。每隔10d喷1次，连续喷洒3~4次。

茎枯病：

症状：主要危害植株茎部，初期生有黄褐色病斑，后病部纵裂呈条状，病部表面生紧密的黑色小粒点。

防治方法：发病初期喷洒40%百菌清悬浮剂600倍液或25%苯菌灵·环己锌乳油800倍液。每隔10d喷1次，连续喷洒3~4次。

锈病：

症状：主要危害叶片和茎部。

防治方法：发病前喷洒1%波尔多液保护。发病期间交替喷洒25%粉锈宁1200~1500倍液，或20%嗪氨灵800~1200倍液，或40%多硫浮剂500倍液，或75%百菌清+70%甲基托布津(1:1)1000倍液，或50%硫黄悬浮剂200~300倍液，交替喷施3~4次。

煤烟病：

症状：该病发生在被介壳虫等危害的叶片上，病叶上形成不规则形的污黑色煤粉层。

防治方法：介壳虫虫口密度大时喷蚧螨灵乳剂1500倍液，或40%氧化乐果乳油800倍液，或50%马拉硫磷乳油600~800倍液等。孵化高峰期喷药效果好。

灰霉病：

症状：叶上生有大型水渍状斑，具不太明显、颜色深浅不一的轮纹，病部灰色霉层不明显。

防治方法：发病初期喷洒40%灭菌丹可湿性粉剂500倍液，每隔10d喷1次，连续喷洒3~4次。

叶缘焦枯：

症状：叶尖、叶缘枯焦或叶片上发生焦斑、边缘卷曲等现象。

防治方法：盆土经常保持湿润，但不要积水。夏季干燥时每天喷水3~4次，保持空气湿润，秋凉后浇水逐渐减少。入冬后盆栽基质稍干为宜，不宜浇水过多。

②虫害　主要是介壳虫。

症状：主要危害叶柄、叶片。

防治方法：在若虫期可用40%氧化乐果乳油剂800~1000倍液喷洒。每10d喷1次，连续喷洒3~4次。

◇ **巩固训练**

1. 以工作小组(4~6人一组)为单位，根据生产所在地气候和生产经营实际情况，制订水仙生产方案和资金预算方案。
2. 按方案组织生产和实施。
3. 要求：组内既要分工明确，又要紧密合作；水仙生产方案要详细，资金预算方案合理。在操作过程中，要严格按生产技术要求去执行，管理要科学、细致；按操作规程使用各种设备。

◇ **自主学习资源库**

1. 水仙文化及雕刻艺术. 祝基群. 中国林业出版社, 2006.
2. 水仙花问答. 金波. 中国农业出版社, 1999.
3. 园林花卉栽培技术. 陈瑞修, 王洪品. 北京大学出版社, 2008.
4. 花卉生产技术. 韩春叶. 中国农业出版社, 2013.
5. 草本花卉生产技术. 刘方农, 彭世逞, 刘联仁. 金盾出版社, 2010.
6. 中国花卉网: http://www.china-flower.com/
7. 花卉图片信息网: http://www.fpcn.net/
8. 园艺花卉网: http://www.yyhh.com/
9. 中国种植技术网: http://zz.ag365.com/zhongzhi/huahui/zaipeijishu/

项目 14　花卉生产经营管理

◇ **知识目标**

(1) 掌握花卉生产计划的内容和制订方法。
(2) 掌握花卉生产管理的内容。
(3) 掌握花卉生产效益分析的方法。
(4) 掌握花卉市场调研的方法。
(5) 掌握花卉产品市场营销策略。

◇ **技能目标**

(1) 能制订花卉生产计划。
(2) 能组织花卉生产管理。
(3) 能进行花卉生产效益分析。
(4) 能独立进行花卉市场调研。
(5) 能组织花卉产品销售。

近年来，随着我国花卉产业的快速发展，花卉产品数量大幅增加。同时，随着人们物质文化生活水平的不断提高，人们对花卉产品的品质要求越来越高，这就对花卉生产企业的经营管理提出了更高的要求。花卉生产管理必须要规范化、标准化，这是我国花卉业步入调整期的必然要求。目前，花卉产业由原来的"自产自销"模式逐渐向现代的"产销分离"模式转变，这也是现代化大生产的必然趋势。花卉业市场化生产管理的出现，为我国花卉产业的发展注入了新的现代化经营机制，对于扩大生产、引导消费、降低成本、完善流通秩序都将起到积极的推动作用，同时，也将推动我国花卉产业向专业化、集约化发展。

花卉生产管理是花卉企业对生产项目的调研、生产、销售、时间安排和资源配置的控制。其内容主要包括花卉市场调研、生产计划制订、生产计划实施、产品营销和生产效益分析。

任务 14.1　花卉市场调研

◇ **理论知识**

花卉市场调研，就是运用科学的方法，有目的、有计划、系统地收集、整理和分析有关花卉方面的信息，以便提出解决问题的建议，供营销管理人员了解营销环境、发现问题与机会。它是作为市场预测和营销决策的依据。

14.1.1 花卉市场调研的主要内容

①花卉市场环境调查　主要包括政策调查、法律法规调查、消费者调查、竞争情况调查、科技动态调查等。

②花卉市场需求调查　包括现实需求调查和潜在需求调查、市场容量调查、消费者购买动机和购买行为调查等。

③花卉产品调查　包括对产品的品质、价格、开发新产品可能性等调查。

④销售情况与促销调查　包括产品市场占有率及变动趋势、产品销售状况与效果调查、促销手段与效果调查、销售费用调查等。

⑤竞争对手调研　包括调研竞争对手的实力、优势、缺陷、策略、市场份额等。

14.1.2 数据收集的方法

（1）问询法

①面谈　即与被调查者面对面交流，通过对顾客的直接交流，可以了解顾客对产品有何需要。

②电话问询　费用低、速度快、地区不限，有面谈的一些优点。

③问卷调查　书面形式调查最常用。具有可送达性好，不受地区限制，所要求回答的问题非常清楚、准确和详尽，不受记录者偏见与错误的影响，答题不受干扰，以及费用低等优点，但也有回收率低、时间长、易错等问题。

问卷调查表的设计非常重要，所设计的问题一定要非常清楚明确，易于回答，每一个问题都要有调查目的，要精选、反复推敲。问卷一般先易后难，要有趣，有逻辑性，让人看了第一题后有兴趣继续做下去。

问卷结构包括：卷头说明词，主要是调查表名称、发表单位、调查目的、要求、保密及赠品等内容；问卷主体，主要是各种问题；调查对象的基本情况，包括被调查者的性别、年龄、职业、文化程度等；填表时间及感谢语等。

（2）观察法

这是调查者在现场对被调查者的情况直接观察、记录，以取得市场信息资料的一种调查方法。它不是直接向被调查者提出问题要求回答，而是凭调查人员的直观感觉或利用录音机、照相机、录像机等器材，记录和考察被调查者的活动和现场事实。

（3）实验法

在花卉市场调查中，通过改变营销中的某些环节，在不同的地点进行销售，看哪一种方法的效果好，最后确定实验结果的调查方法。

（4）模拟法

模拟法即用模型来代表真实市场进行仿真分析。

◇ 实务操作

技能 14-1　花卉市场调研

【操作 1】确认问题与研究目标

问题就是市场调研要分析研究的对象。问题确认后，就可以列出研究目标。

【操作 2】制订市场调研计划

在确认问题与研究目标后，需要制订一个市场调研的行动计划，来开展能有效收集所需信息的活动。在设计一个市场调研计划时，要完成以下几个方面的工作：二手资料的收集与分析；原始资料的收集工作；确定收集信息的内容；确定调研方法；确定抽样计划；实施调查与资料收集工作。

【操作 3】资料收集与分析

（1）收集并分析二手资料

有计划地收集已经存在的数据，这些数据的来源很多，如报纸、互联网、杂志、企业内部资料等。这些资料容易获得、费用低，对于调查者来说，还可以节省大量的时间，但这些资料必须经过筛选和分析才能加以利用，所以，二手资料的采用率很低。

（2）收集并分析市场原始资料

原始资料收集一般费用大、时间长、投入的人力多。其主要工作要点有：

①谁来收集调查原始资料　一是由企业内部人员来进行，主要优点是人员熟悉本企业的要求，一般不会弄虚作假，但不足之处是视野狭窄，专业知识不足，技巧差；二是聘请外部人员进行，其优缺点与企业内部人员进行相反。

②收集调查什么资料信息　主要取决于前面问题的确认与研究目标的确立。收集什么信息是十分重要的，直接影响到市场调研的效果和能否提供决策的依据。

③调查对象　主要明确调查哪些人或物。调查对象的正确选择直接影响到样本是否能直接反映用户的基本情况，从而也直接影响到调查结果对决策的价值。

④抽样方式　抽样方式分为随机抽样和非随机抽样。非随机抽样的方法较多：局部抽样、便利抽样、周期抽样、定向抽样、分层抽样。

⑤样本规模　样本多，准确度好，但成本高、时间长。一般来说，对一个总体只要抽出1%的样本，就能提供足够良好的可靠性。具体抽样数可视实际情况而定。

【操作 4】费用、收集时间和地点

调研费用要预算与落实，调研时间和地点要视具体情况而定。

【操作 5】资料的整理与分析

对于二手资料与原始资料都要进行数据的标号、记录、分类、制表及建立数据库等统计工作。首先，要对收集来的资料进行检验和校偏。其次，进行统计分析，数据处理。最后，分析其中的结果与结论。

【操作 6】撰写调研报告

一份完整的调研报告应包括如下几个方面内容：标题、目录、概述、正文和附件。

①标题　包括报告的题目、报告提供的对象、报告的撰写者和撰写的日期。

②目录　通常只编写两个层次的目录。

③概述　主要阐述课题的基本情况，一般包括以下3个方面内容：第一，简要说明调查目的，即简要地说明调查的由来或委托调查的原因。第二，简要介绍调查对象和调查内容，包括调查时间、地点、对象、范围、调查要点及所要解答的问题。第三，简单介绍调查研究的方法，使人确信调查结果的可靠性。对所用方法要进行简单叙述，并说明选用该方法的原因。

④正文　这是报告的主体部分。这部分必须准确阐明全部有关论据，包括从问题的提出到结论，论证的全部过程，分析研究问题的方法，全部调查结果和必要的市场信息，以及对这些情况和内容的分析评论。正文包括引言、研究目的、调查方法、结果、局限性、结论和建议。

⑤附件　这是正文包含不了或没有提及，但与正文有关，必须附加说明的部分。它是对正文报告的补充或更详细地说明。通常包含的内容有：图标目录、调查提纲、问卷调查和观察记录表等。

◇巩固训练

1. 以工作小组（4~6人一组）为单位，选择合适区域，拟开设一家规模为 $30m^2$ 的花店，首先确定市场调研内容，再进行市场调研，并撰写调研报告。

2. 按方案组织实施。

3. 要求：组内既要分工明确，又要紧密合作；调研内容要明确，调研要详细，调研报告要结构合理、层次分明、内容翔实。

◇自主学习资源库

1. 营销管理——理论、应用与案例. 张大亮，范晓屏，戚译. 科学出版社，2002.

2. 现代企业营销. 胡慧华，张伟今，谢虹. 中山大学出版社，2010.

3. 怎样写好调研文章. 陈方柱. 中国言实出版社，2011.

4. 市场营销案例精选精析. 朱华，窦坤芳. 中国社会科学出版社，2006.

5. 中国花卉网：http://www.china-flower.com/

6. 中国花木市场网：http://www.zghmsu.com/

任务14.2　花卉生产计划制订

◇理论知识

14.2.1　生产计划的概念与内容

生产计划是企业生产运作系统总体方面的计划，是企业在计划期应达到的产品品种、质量、产量和产值等生产任务的计划和对产品生产进度的安排。生产计划一方面是指企业为满足客户要求的三要素(交期、品质、成本)而做的计划；另一方面指使企业为获得适当利益，而对生产的三要素(材料、人员、机器设备)的准备、分配及使用的计划。生产计划的制订有利于企业在资金使用、人员安排、资源利用等方面发挥最大作用，使企业能持续、健康发展。

生产计划对企业来说，包括长期生产计划、中期生产计划和短期生产计划。花卉生产企业根据市场调研情况和企业实际情况，确定企业发展目标。生产部门根据企业发展目标，结合企业实际情况，负责制订企业年生产计划。生产计划应包括生产方案、年度生产计划和生产资金预算。

生产方案是进行花卉生产管理的重要依据之一，同时也是生产的技术指导方案，对整个生产过程起着重要作用。生产方案主要包括育苗、定植(上盆)、日常管理、采收、加工、包装、贮藏等内容。

年度生产计划是由生产部门负责编制的计划，确定生产的品种、数量、质量、完成的部门以及出货的时间等。一个优化的生产计划必须具备以下3个特征：第一，有利于充分利用销售机会，满足市场需求；第二，有利于充分利用赢利机会，实现生产成本最低化；第三，有利于充分利用生产资源，最大限度地减少生产资源的闲置和浪费。

生产资金预算是指生产部门依据年度生产计划和生产方案，按时间进度向企业财务部门提交的资金使用计划，以利于资金使用的最大化和生产计划稳步实施。

14.2.2　生产计划的作用

生产计划的制订有利于企业在资金使用、人员安排、资源利用等方面产生最大效益，使企业能持续、健康发展。

一个优化的生产计划有如下作用：有利于充分利用销售机会，满足市场需求；有利于充分利用盈利机会，实现生产成本最低化；有利于充分利用生产资源，最大限度地减少生产资源的闲置和浪费；有利于资金使用的最大化和生产计划稳步实施。

◇ 实务操作

技能 14-2　制订花卉生产计划

【操作1】制订生产方案

(1) 育苗

除采购的种球、种苗外，有些生产项目还需要育苗，如一些草花生产、菊花切花生产，在这个环节主要阐述育苗前的准备工作、育苗的过程以及育苗后的管理等内容。

(2) 定植(上盆)

切花生产中主要阐述土壤改良前的土质情况，整地，改良土壤所选用的基质和数量，基肥的种类和数量，土壤消毒的方法和要求，作床，定植的密度、深度以及浇水等内容；盆花（草花）生产中主要阐述上盆前的主要准备工作、营养土配制的方法、消毒的方法、基肥的种类和数量、上盆的深度和方法以及浇水等内容。

（3）日常管理

日常管理是整个生产过程中最漫长、最复杂的过程，在盆花生产中主要阐述上盆后对花卉进行的温度、光照、水分、肥料的要求和管理，还包括换盆、转盆、摘心、整形、修剪以及病虫害防治的措施；在切花生产中主要阐述定植后对花卉进行的温度、光照、水分、肥料的要求和管理，还包括松土、除草、摘心、整形、修剪以及病虫害防治的措施。

（4）采收、加工、包装、贮藏和运输

在切花生产项目中需要阐述的内容包括采收的时间和方法，加工、包装的方法，以及贮藏的方法。

【操作2】制订年度生产计划

（1）调查研究，摸清企业内部情况

通过调查研究，主要摸清企业以下方面的情况：企业的发展总体规划和长期的经济协议；企业的生产面积、生产规模、设施和设备情况；企业的技术水平和劳动力情况；企业的原材料消耗和库存情况。

（2）初步确定各项生产计划指标

在对企业情况充分摸底的基础上，根据企业的总体发展部署，初步确定年度生产计划指标。生产计划指标主要包括：产品品种、数量、质量和产值等指标；设施的合理、充分利用，生产品种的合理搭配和生产进度的合理安排；将生产指标分解为各个生产部门的生产指标等工作。

（3）初步安排产品生产进度

根据企业总体生产计划的安排以及生产部门的生产指标，生产部门为保障产品的数量和质量，初步安排各种产品的生产进度。

（4）讨论与修正，进行综合平衡，正式编制生产计划

初步确定各项生产计划指标后，在企业生产部门内部要进行广泛的讨论，征求意见，看生产计划指标是否符合实际。综合平衡的目的是使企业的生产能力和资源得到充分合理利用，使企业获得良好的经济效益。生产计划的综合平衡有以下几个方面：生产任务和生产能力的平衡，测算企业的生产面积、设施、设备对生产任务的保证程度；生产任务和劳动力的平衡，主要指劳动力的数量、劳动效率等对生产任务的保证情况；生产任务和生产技术水平的平衡，测算现有的工艺、措施、设备维修等与生产任务的衔接；生产任务与物资供应的平衡，测算原材料、工具、燃料等质量、数量、品种、规格、供应时间对生产任务的保证程度。

生产计划综合平衡以后，生产部门要正式编制生产计划和生产进度表。

【操作3】制订生产资金预算

（1）确定资金的使用时间

资金的使用时间是由产品上市的时间来确定的，一般根据产品上市的时间及花卉产品

的品质要求和生长周期，采用倒推的方法，算出育苗、定植、生长期管理、采收、包装等环节的时间，进而确定资金使用的时间。比如，在9月1日要上市一批植株高度为90cm的切花菊(秋菊)，这种品质的菊花生长周期一般为100d，采用倒推的方法，可以推算出定植的时间为5月20日左右，育苗的时间为5月12日左右，遮光的时间为6月5日左右，在这些时间之前保证采购好相应的物资即可，也就是按规定的时间做好相应的资金安排。

(2) 分项列出预算

①种苗资金的预算　种苗的资金使用是花卉生产中资金使用较大的一项，同时也是最重要的一项，所以做好种苗的资金使用计划很关键。首先要确定种苗数量，可根据企业的总体计划和生产场地来确定。根据企业的总体计划即企业一年或一批要上市的数量来确定，如某菊花出口企业一年要出口菊花100万枝，按产品合格率80%计算，就需要种苗125万株。根据生产场地来确定，则先计算出现有的生产场地，再根据栽植密度计算出需要的种苗数量。需强调的是，如果是自己育苗，需要计算出育苗的生产成本，在这里不详细介绍。

②生产资料的预算　除种苗外，生产资料也是一笔较大的预算。盆花的生产资料主要包括基质、肥料、农药、花盆、穴盘、地膜、遮光膜、水管等，切花的生产资料主要包括基质、肥料、农药、地膜、遮光膜、防倒伏网等。这些生产资料在采购时为节省生产成本，一般采取就近的原则，所以，在预算时，要以当地或周边地区的生产资料价格为准。

③生产工具和生产设备的预算　花卉生产的工具和设备主要包括铁锹、耙子、打药机、旋耕机、花铲等，这些工具和设备一般都有较长的使用年限，一般在初次生产时需要大批量采购，以后生产时可以适量补充，在进行预算时也要采取就近定价的原则，同时要计算设备的维护费。

④水、电、暖费用的预算　进行花卉生产时需要用水、用电，冬天还涉及温室取暖的费用，这些费用都与花卉生产紧密联系，在进行预算时要充分考虑进去。

⑤人工费预算　人工费通常指的是与生产直接相关的人工成本，可以按月计算出平均人工费，也可以按批量计算人工费。

⑥包装费预算　包装费主要包括纸箱、包装袋、标签等相关费用。

(3) 列表统计

①按项目统计　在表格中，列出各项预算，标明使用时间、数量、单价、金额、备注等，统计出各项和总计预算额度。

②按时间统计　根据上述表格，按时间段进行预算资金统计，列出每月需要投入的资金量，以便总体安排企业资金。

◇巩固训练

1. 以工作小组(4~6人一组)为单位，根据生产实际，结合当地情况，制订生产计划。
2. 要求：组内既要分工明确，又要紧密合作；方案要结构合理、层次分明、内容翔实。

◇ 自主学习资源库

1. 营销管理——理论、应用与案例. 张大亮, 范晓屏, 戚译. 科学出版社, 2002.
2. 现代企业营销. 胡慧华, 张伟今, 谢虹. 中山大学出版社, 2010.
3. 经营的本质. 陈春花. 机械工业出版社, 2011.
4. 门店精细化管理. 邰昌宝. 中国财政经济出版社, 2017.
5. 中国花卉网: http://www.china-flower.com/
6. 中国花木市场网: http://www.zghmsu.com/

任务 14.3 生产计划实施

◇ 理论知识

14.3.1 生产计划实施的作用

生产计划实施是企业生产目标实现的关键步骤，生产计划实施得如何，直接影响企业的生产成本、产品质量和经济效益。生产计划制订后，生产部门负责人组织本部门人员对生产计划进行不折不扣执行，在执行过程中，生产部门负责人要充分安排好本部门的人员、资源的利用、设备的维护和使用、原材料的节约和使用，尽最大努力创造效益和节约成本，确保生产计划能如期实现。

14.3.2 安全生产责任制的概念

安全生产管理就是针对人们在安全生产过程中的安全问题，运用有效的资源，发挥人们的智慧，通过人们的努力，进行有关决策、计划、组织和控制活动，实现生产过程中人与机器设备、物料环境的和谐，达到安全生产的目标。

安全生产责任制主要指企业的各级领导、职能部门和一定岗位上的劳动者个人对安全生产工作应负责任的一种制度，也是企业的一项基本管理制度。

安全生产责任制是根据我国的安全生产方针"安全第一，预防为主，综合治理"和安全生产法规建立的各级领导、职能部门、工程技术人员、岗位操作人员在劳动生产过程中对安全生产层层负责的制度。安全生产责任制是企业岗位责任制的一个组成部分，是企业中最基本的一项安全制度，也是企业安全生产、劳动保护管理制度的核心。

◇ 实务操作

技能 14-3 生产计划实施

【操作1】通告年度生产计划

生产计划的实现需要全体生产部门的人员共同努力，让大家了解生产计划的内容，以便在以后的工作中有目标，能够做到有的放矢，使生产计划能够如期、保质、保量实现，确保实现公司发展目标。

【操作2】落实措施，组织实施

生产计划目标能否保质、保量、按时实现，保障计划的实施尤为重要。计划实施是一项系统、复杂的工程，下面简单列举一些措施：

①制定相关的生产管理细则和措施　比如，可制订《生产奖惩办法》《安全生产规程》等。

②具体任务要落实到人，按生产方案实施　在计划实施时，力争实现"人人都管事，事事都有人管"。花卉生产受温度、光照、水分等因素影响较大，同时花卉产品是一种观赏性的产品，对产品的质量要求高，在平时的管理中稍有不慎，就会造成产品质量下降。所以，花卉生产管理要求细致、认真，不能出现一丝一毫的怠慢。只有这样，才能保证生产计划的稳步实施。例如，有些花卉企业将生产项目具体落实到人；有些花卉企业将生产基地划分成几个区域，再将每个区域具体落实到人。这样，在生产管理的过程中就不会形成"真空"，从而保证计划目标的实现。

③填写和整理生产档案　在生产实施过程中，要及时填写工作日志、成本记录表、温湿度记录表、产品质量表等，并要做好档案的整理工作，以便将来查档。

【操作3】检查、调查计划执行情况

生产部门负责人定期对各部门计划执行情况和各项目运行情况进行检查、督促，以利于及早发现问题、解决问题，确保计划目标的实现。

【操作4】考核、总结计划完成情况

当某个项目完成后，由生产部门负责人牵头，对各部门或各个项目的计划完成情况进行考核、总结以及经济效益分析等。

◇ 巩固训练

1. 以工作小组（4~6人一组）为单位，制订生产计划。
2. 要求：组内既要分工明确，又要紧密合作；管理要精细合理、节约成本和利益最大化。

◇ 自主学习资源库

1. 营销管理——理论、应用与案例. 张大亮, 范晓屏, 戚译. 科学出版社, 2002.
2. 现代企业营销. 胡慧华, 张伟今, 谢虹. 中山大学出版社, 2010.
3. 经营的本质. 陈春花. 机械工业出版社, 2011.
4. 门店精细化管理. 邰昌宝. 中国财政经济出版社, 2017.
5. 中国花卉网: http://www.china-flower.com/
6. 中国花木市场网: http://www.zghmsu.com/

任务 14.4　花卉产品营销

◇ 理论知识

14.4.1　营销渠道的概念

营销渠道指的是产品或劳务从生产者向最终用户移动时,获得这种产品、劳务所有权的,或帮助所有权转移的所有企业或个人的集合。生产者、中介机构和最终用户都是一条分销渠道的成员,它们构成相互依存的一个组织。营销渠道成员的选择与设计是企业营销中很重要的因素,选择与设计是否合理,关系着企业能否将产品顺利送到消费者手中,关系着能否给生产企业打开市场并为企业树立良好的形象,关系着企业的成本与利润。

14.4.2　批发商的作用与类型

（1）批发商的作用

所谓批发,指的是把产品出售给零售商、其他中间商或团体购买者,但不直接出售给最终顾客的一种活动。事实上,花卉市场的批发销售额往往要远大于零售商,花卉产品往往要经过好几个层次的批发才到零售商的手中。批发商之所以能够在分销渠道中被广泛使用,是因为批发商是分销渠道的重要成员,在分销渠道中不可替代,发挥有效的营销功能。对于生产企业而言,批发商的作用体现在如下一些方面：

①销售　批发商是生产企业销售力量的延伸,比生产企业更容易接近客户,能为生产企业树立产品在市场的形象,降低生产企业的销售费用。

②仓储　批发商可以提供仓储设施,从而减轻生产企业在仓储设施上的资金投入,使生产企业能将有限的资金和精力都投入到花卉生产上。

③收集并提供市场信息　批发商可以向生产企业提供市场信息、用户要求与需求动态,从而减少企业对市场调研的投入。

④降低风险　批发商由于承担了仓储、交易等功能,从而为企业承担了不少风险。

（2）批发商的类型

花卉营销有许多类型的批发商,一般分为经销批发商、代理批发商、厂家批发机构和拍卖机构。

经销批发商是指那些购买产品获得产品所有权,再卖给客户获得差价的独立经销商。具有完全职能的批发商能够为其上、下游客户提供几乎全部的营销功能,如仓储、推销人员、运输、促销支持、管理帮助、市场信息,以及对产品进行包装、分类、分级和搭配等。

代理批发商是指不获得商品所有权,只是接受委托代表买方或卖方进行商品交易的一类批发商。代理批发商有几种主要种类：独立的厂家代理商,代表两家或两家以上的厂家进行销售，但不能代理互相竞争的产品，可以是互为补充的产品线；销售代理，销售代理商可经营相互竞争的产品，在代理区域方面也没有严格限制。

厂家批发机构主要是指生产厂家自行建立的批发单位，以自身的实力进行产品分销工作。一般有办事处和销售公司等形式。

拍卖机构主要是将买卖双方集中到某一地点进行现场销售，以出价高者成交。

14.4.3 产品包装的要求和策略

包装是产品的一个重要组成部分。包装的一个目的是保护商品，另一个目的是促销。包装综合地运用色彩、形状、设计与商标等要素，烘托、酝酿了产品的形象价值，加重了顾客选购的砝码。

（1）包装要求

①给顾客方便　从顾客的角度设计包装，能让顾客在使用、携带时觉得更方便。

②注意产品包装改变的渐进性　包装改变时与以前的反差不能太大，要迎合顾客的心理，要渐进地改变。

③避免过度包装　过度的包装不仅增加了成本，还会使顾客感到烦琐，产生厌恶的心理。

④包装要有层次，帮助产品促销　主要通过包装实现产品的差异化同时提高产品的附加值。

（2）包装策略

①类似包装策略　此种策略是企业对所生产的花卉产品在包装的外形上采用相同的图案、近似的色彩、共同的材质，这些共同的特点使顾客极易辨认是同一企业的产品。采用类似包装策略可以提高产品和企业在市场上的整体形象，使人一看就知道是某企业的产品，特别有利于新产品进入市场，消除顾客对新产品的不信任感。另外，统一包装可节省包装设计费用。

②组合包装策略　这是企业将集中花卉产品装在同一包装物中的包装策略。其目的主要是方便顾客，也有利于新产品的推销，还节省了产品包装的成本。

③赠送品包装策略　在产品包装物上或包装内，附赠奖券或实物，吸引消费者购买，加深与老客户之间的感情，扩大产品的销售。这种策略有两种形式：一种是包装物本身就是一个附赠品；另一种是包装体内附有赠品。

14.4.4 定价的方法和策略

价格是商品价值的货币表现。就企业而言，商品的价值是企业在生产、经营这一商品时所耗费的代价。因此，价格就是用一定的货币量表示的这些代价的报酬。成本、需求和竞争是影响企业定价行为的3个主要因素。

14.4.4.1 成本导向定价法

成本是影响企业定价行为的一个重要因素。成本导向定价法是企业主要以产品成本为基础，侧重于成本因素的定价方法。企业通过财务计算，计算出企业的生产成本、销售成本及管理成本，这样得知产品的单位成本，然后在此基础上加上预计的利润部分，就是产品的最后价格。

这种定价方法不受市场需求和市场竞争的影响，对于花卉生产企业而言减少了市场风险，生产企业的利润空间小；对于花卉销售企业来说，市场的风险很大，但有时利润很大，基本上遵循了风险与利润共存的规律。这种定价方法比较适合于"订单生产"，尤其是在花卉出口企业应用比较多。

14.4.4.2 需求导向定价法

需求导向定价法是指企业主要根据市场上对产品的需求强度和消费者对产品的价值理解程度来确定价格的一类定价方法。需求导向定价法主要有理解价值定价法和区分需求定价法两种。

（1）理解价值定价法

理解价值定价法是一种根据消费者对产品价值的认识程度来确定产品价格的定价方法。目前越来越多的企业开始把产品的价格建立在消费者对产品的认知价值上，因为从营销的角度来理解，许多产品定价的关键，不是卖方的成本，而是买方对所购产品的价值认知。因而，理解价值定价法的要点就是利用营销组合中的非价格变量在消费者心中建立起认知价值，从而为价格奠定基础。

理解价值定价法体现了现代产品定位的思想。企业首先在市场调研的基础上，以设定好的质量和价格为一个特定的目标市场开发一种产品概念，然后估算出以这种期望价格能销出多少数量，再分析一下这一销售量水平下的总成本及可能获得的利润。如果企业制定出高价，则产品的差异化是必不可少的，而且要使消费者理解这种产品差异化的价值，还必须配合大量的高定位宣传和精美的包装。

（2）区分需求定价法

区分需求定价法是同一产品对不同的顾客需求采用不同价格的一种定价方法。在这里，同一产品的价格差异并不是因为成本的不同，而主要是由顾客需求的差异所决定。因此，区分需求定价法的真正基础是不同市场对同一产品的需求价格弹性的差异。这种定价方法一般有以下几种形式：

①对不同的顾客给予不同的价格　如新、老顾客的价格差别，不同阶层顾客的价格差别，会员制下的会员与非会员的价格差别，国外消费者与国内消费者的价格差别等。对不同顾客可以采用不同价格的主要理由是：消费群体事实上存在着购买能力、购买心理及购买数量等方面的差异，他们对同一产品的价格敏感程度是不同的。因此，对价格敏感的顾客或对企业贡献大的顾客就给予较低的价格；反之，价格则相应高些。

②对式样不同的产品给予不同的价格　"式样不同的产品"特指内在价值相同，但包装、样式有一定差异的产品。虽然式样不同引起成本的变化，但所考虑的真正因素是不同式样对消费者的吸引程度。因此，价格制定出来后，其价格并不是与成本成比例，而与购买目的和产品用途直接相关。例如，花店用同样材料插的花篮，虽然产品内涵和质量一

样，但价格可能差异极大，之所以消费者能够接受这些价格，主要是因为其产品式样适应了消费者的购买目的和消费目的。

③在不同的地点给予不同价格 同一产品，在不同地点制定不同价格的策略也与成本不相关，而与需求及需求的满足程度相关。如不同地区由于消费者收入水平的差异制定不同的价格。

④在不同的时间给予不同的价格 花卉产品的消费有一定的季节性，有旺季和淡季，在旺季的时候需求量大，可以制定高价；在淡季的时候需求量小，可以制定低价。

14.4.4.3 竞争导向定价法

竞争导向定价法是主要以竞争者的价格为定价依据的定价方法。竞争导向定价法主要有随行就市定价法和密封投标定价法两种。

（1）随行就市定价法

这是一种最常见的竞争定价法。它是以本行业的平均价格水平作为企业的定价标准。如果企业的定价高于行业的平均水平，产品就销售不出去；如果低于行业的平均水平，利润就会白白地流失，市场份额也不见得能够扩大。因此，随行就市定价对于企业来说，是一种合理的定价方法。这种定价方法的缺点是产品的价格起伏很大，市场的风险很大，花卉市场的风险不亚于股票风险。如在花卉产业发达的地区，花卉交易大厅产品的价格每时每刻都在浮动，1h 之内价格翻一番的情况经常出现。

（2）密封投标定价法

这是对花卉工程进行投标的企业通常采用的一种定价方法。有些单位在采购大量的草花和苗木以及花卉租摆业务时，通常采用招标的方法，即事先公布招标内容，各竞标者按照招标内容和对产品的要求或劳务的要求，以密封标价方式参加投标。中标的价格一般都采取次低价的原则，所以，企业投标时，主要考虑的是竞争对手的价格，只有投中了次低价，才有可能中标。

14.4.5 促销形式

促销是指企业向目标消费者宣传介绍产品，帮助消费者了解产品，诱导、说服消费者购买产品的一种营销活动。企业的促销形式有以下几种。

（1）广告

广告是利用大众媒体为产品或服务进行宣传。一般地，当采用人员直接接触的方式难以有效沟通时，广告就是最好的方法。广告的媒体非常多，主要分成电子媒体、印刷媒体等。

作为促销组合中的一部分，广告的形式是多种多样的，巧妙地运用各种广告不仅能取得意想不到的效果，还能节省大量的成本。广告的几种明显的性质：公开展露、媒体多、可控性、表现力强、非强制性、多重效果、单位成本低。

（2）人员推销

人员推销是销售员进行面对面的沟通过程，销售员通过交流了解潜在购买者的欲望与要求，介绍产品的功能与特点，从中推销产品满足他们的需要。

在消费者购买过程的最后几个阶段，人员推销的效果最好，对消费者最后确认与购买行动有着特殊的刺激作用。人员推销有如下几个明显特征：面对面接触、培育关系、义务性反应、涉入面小、费用大。

（3）公共关系与宣传报道

现代企业必须关注其行为对目标市场以外的人们的影响，这些人对企业与产品并不感兴趣，但是可能会对企业的利益产生影响。公共关系就是一种与公众的沟通过程，以维护企业在公众心目中的良好形象与美誉度。宣传报道是指在大众媒体上刊登出的有关企业产品、经营、人事变动、用户见解、关心公益事业等新闻消息。宣传报道是媒体与企业协商后组织出版或播出的，企业不需为占用媒体空间与时间而支付报酬。

公共关系和宣传报道的良好运用并与其他促销方法结合起来，能够起到很好的促销效果。其主要特点有：高度真实感、消除戒心、对企业形象有特殊效果。

（4）销售促进

销售促进是指在一个特定的时期内采用特殊方法与手段刺激目标顾客、企业采购人员或中间商产生所期望的反应。

销售促进是目前应用日益广泛的促销手段，企业应通过运用销售促进的各种工具，形成一个快速而强有力的市场反应，引导消费者对产品的注意与兴趣，造就一个消费热潮。销售促进有很多方法，它有以下明显的特点：

①信息沟通　销售促进运用其工具和手段形成一种关注点，提供产品信息，引导消费者去关注产品。

②激励性　销售促进采用优惠折扣、赠送和其他趣味性的活动，给予消费者惊喜与实惠，奖励消费者采取购买行为。

③邀请性　销售促进以特有的邀请方式，吸引消费者前来购买。如展销会、开业庆典、赠奖、优惠答谢及有奖竞猜。

（5）直接营销

直接营销是采用人员沟通与非人员沟通相结合的方式，运用大众媒体如电视、电话、邮政及网络等向目标顾客传递信息，进行沟通的一种新颖方式。

直接营销的明显特征有：

①针对性强　直接营销的沟通是针对一个特定消费者而言的，不像广告等有着公开展示的特点。

②个体化　直接营销的信息可以根据沟通对象的特点而单独设置，可以实现一对一的顾客化服务。

③信息及时更新性　直接营销采用了先进的技术手段，可以非常方便而及时地调整信息，把更新的信息传递给目标消费者。如采取网上直销鲜花，价格及产品品种等信息都可以及时修改或更新。

◇ 实务操作

技能14-4　花卉产品营销

【操作1】分销渠道的选择

（1）物流公司或运输公司的选择

物流公司或运输公司是企业将产品运抵中间商的载体。花卉产品运输一般通过汽车、火车、飞机、轮船4种交通工具。汽车一般适用于盆花产品的长距离运输、鲜切花产品的短距离运输，火车一般适用于鲜切花产品的长距离运输，飞机一般适用于价格较高的鲜切花长距离运输，轮船适用于价格低廉且耐贮藏的鲜切花长距离运输。这4种运输工具的费用由高到低的顺序为飞机、汽车、火车、轮船。企业在选择运输工具时，主要根据以下3个因素：一是顾客的需求。如顾客有时需求比较急，并且运费由顾客自己负担，这种情况下，就得选择空运。二是产品的特性。生产企业要根据自己的产品特点来决定使用何种交通工具。如盆花产品，一般要选择汽车作为交通工具。三是运输的成本。产品的运费有时由生产企业负责，这时，企业就必须考虑：既保证产品顺利运抵经销商，又要保证产品的运输成本低廉。

生产企业在选择运输公司时，一定要多选择几家，然后综合对比，每种交通工具选择1~2家运输公司作为企业的长久合作伙伴。在选择运输公司时，主要考虑如下几个因素：一是运输公司的实力。一定要选择有实力的运输公司，这样的公司货位充足，价格有可能低廉。二是运输公司的信誉。所选择的运输公司必须有良好的信誉度。三是安全、快捷。运输公司只有将产品安全、快捷运抵经销商，才能满足市场的需要。

（2）批发商的选择

批发商的选择对企业的营销影响很大，好的批发商能够帮助企业扩大产品的销售规模，能在市场为企业产品树立很好的形象，是企业盈利的最关键的营销渠道成员。所以，企业在选择批发商时要注意以下几点：批发商的信誉一定要好；批发商要有一定的批发规模与网络；在一个城市力争选择两家批发商，这样可以引发批发商之间的竞争，但要协调好批发商之间的关系；批发商要有一定的经济实力，这样批发商的仓储设施就能保证，可以减少企业的经营风险。

【操作2】产品包装

（1）包装步骤

①进行包装物的设计　包括包装物的形状、色彩、图文的设计，商标的设计，材质的设计。包装物的设计可由专人自行设计，也可找专业的设计公司设计，但有两个根本的原则：一是体现差异化和层次性，二是成本要低。

②注明产品的出厂日期、产品数量、等级、验收人等　在设计产品外包装时要设计出这些栏目，以便出现问题时可以查到。

③按规定包装产品，保护好产品　由于花卉产品是一种鲜活、不耐运输、怕挤压的产

品，所以在包装的时候就要注意这个问题。其一，在装鲜切花和盆花时，注意要平放、紧凑，避免花朵受损。其二，在冬季往北方地区发货时，要注意产品免受冻害，可以在包装物内加一层保温板，在包装物外包上塑料薄膜，甚至要加一层棉被；在炎热季节往南方地区发货时，要注意防止产品受热，可以在包装物内加冰瓶。其三，包装要结实。因为运输路途较远，为避免花卉受损，一定要用胶带或打包带将包装物捆扎结实。

④写明收件人地址、姓名、电话等　写明联系方式以防产品丢失，便于查找。

（2）产品分级与数量

花卉产品不同于工业产品，没有统一规格和尺寸，而顾客在购买时往往需要花卉企业将花卉产品按一定的标准进行分级。企业在进行产品分级时要注意以下几点：产品的高度、花头数量一致的为一个级别；冠幅、花朵数一致的为一个级别；枝条的硬度、粗度一致的为一个级别；无病虫害的为一个级别。

花卉企业销售产品时，产品的数量要绝对保证。数量的保证是反映一个企业信誉度的关键，也从侧面反映了企业的内部管理情况。产品数量如果保证不了，将严重影响企业在整个行业内的形象。要保证产品的数量，企业应采取如下方式层层把关：采收员在采收时要清点数量；包装员在包装时要清点数量；库管员在入库时要清点数量；销售员在发货时要清点数量。

【操作3】产品定价

成本、需求和竞争是影响企业定价行为的3个主要因素。在实际中，由于市场环境和产品特性的差异，不同类的产品往往对某一因素特别敏感，这就决定了企业在决定产品价格时要充分考虑这一因素，采取机动、灵活的定价方法。

【操作4】产品促销

（1）确定促销目标

企业一定要清楚促销要达到什么目标。一般来说，促销的目标可以分为以下几类：一是刺激消费者的购买欲望，引导购买；二是宣传新产品，让顾客了解新产品；三是树立企业和产品的形象。

（2）确定促销预算

企业要计算出采取促销活动的资金投入，这样才能量入为出，采取适合企业的最佳促销手段。

（3）确定促销沟通信息

确定促销沟通信息是促销管理最重要的工作。最理想的信息应该是能够引起目标对象的注意，提起兴趣，刺激购买欲望，引起消费者购买行为。沟通信息确定一般包括以下内容：

①信息内容　包括产品介绍、产品特性以及引起消费者注意和购买的理由。例如，一家盆花公司采取人员推销的方式进行兰花产品的销售，则推销人员必须清楚兰花产品的基本特性、养护方法，以及能引起消费者购买行为的理由，这些内容在推销之前推销人员必须准备好。

②信息形式　就是为主题信息开发出最有吸引力的形式。例如，对于印刷品，应该重点考虑标题、文字、图片、色彩等。

(4) 选择信息传递媒体

信息传递媒体主要是两大类：一是人员，二是非人员媒体。非人员媒体应用较多的是因特网、报纸、杂志、户外广告、展销会等。

(5) 决定促销形式

在有限的促销预算里，企业应该根据促销目标，结合各种促销手段的特点与适用范围，将各种促销手段与方式有机结合起来，从而最有效地实现促销目的。

(6) 检查促销结果

在实施促销计划后，要对促销实施效果进行评估，一方面可以及时进行促销工作的调整，另一方面为下一步促销计划提供决策依据。

◇ 巩固训练

1. 以工作小组（4~6人一组）为单位，对所生产出的花卉产品进行包装、定价、销售和促销。

2. 要求：组内既要分工明确，又要紧密合作；要合理利用营销策略和方法，追求利益最大化。

◇ 自主学习资源库

1. 营销管理——理论、应用与案例. 张大亮，范晓屏，咸译. 科学出版社, 2002.
2. 一本书读懂销售心理学. 李昊轩. 中国商业出版社, 2012.
3. 推销与谈判技巧. 安贺新. 中国人民大学出版社, 2008.
4. 汽车营销实训. 霍亚楼. 中国劳动社会保障出版社, 2006.
5. 市场营销案例精选精析. 朱华，窦坤芳. 中国社会科学出版社, 2006.
6. 中国花卉网：http://www.china-flower.com/
7. 中国花木网：http://www.huamu.com/
8. 中国花木市场网：http://www.zghmsu.com/

任务 14.5　生产效益分析

◇ 理论知识

14.5.1　生产成本

年总生产成本 = 当年土地租赁费 + 建筑成本折旧费 + 机械设备折旧费 + 设施材料折旧费 + 当年管理费 + 当年人工费 + 当年种苗费 + 当年材料费 + 设施设备维护费 + 当年水电费。

① 土地租赁费　以实际土地租赁费计。

②建筑成本折旧费　按30年摊销。
③机械设备折旧费　根据机械设备使用年限平均摊销。
④设施材料折旧费　根据设施材料使用年限平均摊销。
⑤管理费　包括管理人员工资、福利费、通信费、办公费、差旅费、交通费等。
⑥人工费　即各种雇工费用。
⑦种苗费　即当年购买的种球、种苗费用。
⑧材料费　包括化肥、农药、基质、花盆、包装物、肥料、燃料等费用。
⑨设施设备维护费　即维护设施设备所需的配件和人工费。
⑩水电费　即生产中所产生的水费、电费。

14.5.2　销售收入

年销售总收入＝当年销售总额+当年存量产值。
①当年销售总额　以企业的销售部门的销售总额为准。
②当年库存量产值　根据种苗、种球生长状况和市场行情，合理定出单价，再根据现有的种苗规格和数量，核算出库存量产值。

◇ **实务操作**

技能14-5　生产效益分析

【操作1】核算生产成本

确定各项成本后，先按月份进行分类统计，以图表的形式表现出来，再进行年生产成本汇总统计。

【操作2】统计销售收入

对企业的销售部门提供的销售数额和库管提供的库存额进行统计，既要分类统计，又要按发生的时间顺序统计，以图表的形式表现出来，并进行汇总。

【操作3】计算毛利率

毛利率＝(年销售总收入-年生产成本)/年销售总收入×100%

【操作4】撰写经济效益分析报告

(1) 标题

经济效益分析报告的标题一般由分析的时限、分析的对象(即被分析的单位或被分析的项目)、分析的内容(即所分析的问题)组成。

如针对企业撰写经济效益分析报告，可以拟"2018年××公司经济效益分析报告"的标题；如针对企业内部部门撰写经济效益分析报告，可以拟"2018年××部门经济效益分析报告"的标题；如针对某个项目撰写经济效益分析报告，可以拟"2018年××项目经济效益分析报告"的标题。

(2) 前言

前言是报告的开头部分。它一般要交代分析对象的基本情况，揭示分析的意图。交代分析对象的基本情况，可概括叙述分析时限内生产活动的背景和客观条件，或概括叙述一定客观条件下企业、部门或项目完成的主要工作，以及存在的主要问题，或列举主要经济指标数据。

前言的撰写既要全面，又要重点突出，特别是对主要业绩或主要问题进行突出交代，以引起人们的注意，也便于决策机构发现问题。

（3）主体

主体是分析报告的核心，是对前言提出的问题或经济指标完成情况，运用资料和数据进行具体分析。如果把前言看作交代"是什么"的问题，那么主体内容解决的是"为什么"的问题。

写作主体时，一定要把本年各项经济指标数据与上一年同期、年初计划或与两者同时对比，用以揭示两者之间的差异，然后依据数据资料，说明产生差异的原因。在具体表述时，可用数字、列表和文字交融式进行。

（4）结尾

结尾一般是针对主体的问题，提出下一步发展的建议或改进的措施，有的还可以提出仍存在的问题和不足。如果主体部分有关问题已完全说明，可以不必写结尾。

◇ 巩固训练

1. 以工作小组（4~6人一组）为单位，根据开展的项目，进行成本核算、销售统计，再进行生产效益分析。

2. 按生产实际进行统计和分析。

3. 要求：组内既要分工明确，又要紧密合作；统计要详细，计算要准确，分析要切合实际。

◇ 自主学习资源库

1. 现场改善. 今井正明. 机械工业出版社, 2013.

2. 车间精细化管理. 刘寿红. 新世界出版社, 2012.

3. 世界500强管理工具. 宁小军. 人民邮电出版社, 2013.

4. 精益生产. 刘树华, 等. 机械工业出版社, 2010.

5. 市场营销案例精选精析. 朱华, 窦坤芳. 中国社会科学出版社, 2006.

6. 中国花卉网：http://www.china-flower.com/

参考文献

北京林业大学园林系花卉教研组，2001. 花卉学[M]. 北京：中国林业出版社.
陈春支，2007. 非洲菊切花优质高产栽培技术[J]. 湖南林业科技，34(2)：50-51.
陈集双，盛方镜，李德葆，1995. 一串红花叶病及其病原研究[J]. 浙江农业大学学报(1)：5-10.
陈俊愉，刘师汉，1982. 园林花卉[M]. 上海：上海科学技术出版社.
陈卫元，2005. 花卉栽培[M]. 北京：化学工业出版社.
陈琰芳，1999. 香石竹[M]. 太原：山西科学技术出版社.
成仿云，2019. 园林苗圃学[M]. 2版. 北京：中国林业出版社.
叶要妹，包满珠，2019. 园林树木栽培养护学[M]. 5版. 北京：中国林业出版社.
戴征凯，2000. 金秋漫话一串红[J]. 江苏绿化(5)：28.
丁丽华，2007. 蕨类植物的观赏特性及应用[J]. 蓝天园林，1(37)：40-41.
董国华，杨伟八，1996. 三种观赏凤梨催花及繁殖技术研究[J]. 广东园林(4)：34-37.
董伟，李技林，殷小冬，2004. 非洲菊商品切花生产技术规程[J]. 云南农业科技(2)：40-42.
杜秉祥，2001. 孔雀草北方冬季育苗技术[J]. 中国花卉盆景(12)：25.
范伟国，张志国，刘登民，2003. 西洋杜鹃工厂化生产技术操作规程[J]. 北方园艺(3)：44-45.
高新一，王玉英，2009. 林木嫁接技术图解[M]. 北京：金盾出版社.
顾炳国，2003. 一串红栽培技术要点[J]. 国土绿化(9)：39.
郭志刚，张伟，2001. 香石竹[M]. 北京：中国农业出版社，清华大学出版社.
韩富军，王卫成，2002. 非洲菊日光温室栽培技术[J]. 甘肃农业科技(7)：48-49.
何桂芳，2006. 赤霉素对郁金香切花品质的影响[J]. 青海大学学报：自然科学版，24(2)：73-74.
胡新颖，印东生，颜范悦，等，2010. 北方地区郁金香切花栽培技术要点[J]. 北方园艺(5)：120-122.
胡雪雁，1999. 如何让一串红一年开四次花[J]. 北京农业(5)：3-5.
胡一民，2005. 观花植物栽培完全手册[M]. 合肥：安徽科学技术出版社.
黄定华，1999. 花卉花期调控新技术[M]. 北京：中国农业出版社.
黄雪龙，2005. 切花香石竹栽培技术[J]. 中国花卉园艺(10)：12-15.
黄云玲，2013. 园林苗木生产技术[M]. 厦门：厦门大学出版社.
江政俊，2001. 一串红的花期控制[J]. 江西园艺(5)：37-38.
康黎芳，王云山，2002. 仙客来[M]. 北京：中国农业出版社.
柯合作，1998. 一串红盆花速培管理技术[J]. 福建热作科技(2)：3-5.
黎扬辉，刘镇南，钟国君，等，2006. 广州地区红掌盆花生产技术规程[J]. 广东农业科学(6)：76-79.
黎扬辉，刘镇南，2009. DB 440100/T 115—2007 观赏凤梨花生产技术规程[S]. 广州市质量技术监督局.
黎扬辉，谢向坚，钟国君，2005. 花烛(红掌)盆花质量等级要求[J]. 广东农业科学(1)：95-96.
李春荣，缪成武，高征，2005. 西洋杜鹃栽培管理与花期调控技术[J]. 辽宁农业职业技术学院学报，7(2)：11-12，31.

李福荣，张继冲，续九如，等，2005. 万寿菊×孔雀草杂交育种及杂种不育性的研究[J]. 内蒙古农业大学学报：自然科学版(2)：51-54.

李萍，1998. 一串红的育苗管理[J]. 吉林畜牧兽医(3)：3-5.

李淑娟，2004. 西宁地区杜鹃花栽培技术及花期调控[J]. 北方园艺(5)：26-27.

李彦果，2001. 一串红的栽培与管理[J]. 河北农业科技(10)：19.

梁基武，张志朋，尚秉芬，1998. 北方栽种一串红技术[J]. 农业知识(11)：53-54.

梁顺祥，唐道城，2006. 孔雀草新品种——雪域的特征特性及栽培技术[J]. 青海大学学报：自然科学版(4)：10-12, 15.

林建忠，赖瑞云，宋志瑜，等，1998. 几种生长调节剂及混合营养基质对一串红生长的影响[J]. 亚热带植物通讯(1)：12-16.

刘方农，彭世逞，刘联仁，2010. 草本花卉生产技术[M]. 北京：金盾出版社.

刘金海，2005. 观赏植物栽培[M]. 北京：高等教育出版社.

刘士山，张崇邦，1997. 一串红根植法[J]. 植物杂志(5)：21.

刘晓东，韩有志，2011. 园林苗圃学[M]. 北京：中国林业出版社.

龙雅宜，1994. 切花生产技术[M]. 北京：金盾出版社.

龙雅宜，2001. 几种主要切花的生产技术（第二讲 百合）[J]. 西南园艺，29(2)：48-50.

龙雅宜，2001. 几种主要切花的生产技术（第三讲 香石竹）[J]. 西南园艺，29(2)：59-61.

卢学栋，范静秋，1992. 盆栽一串红矮化技术[J]. 内蒙古林业(10)：33.

罗凤霞，周广柱，2001. 切花设施生产技术[M]. 北京：中国林业出版社.

罗凤霞，2001. 切花设施生产技术[M]. 北京：中国林业出版社.

罗镪，2005. 花卉生产技术[M]. 北京：高等教育出版社.

马书玲，田素开，1998. 如何提高一串红播种出苗率[J]. 吉林蔬菜(6)：3-5.

毛红玉，孙晓梅，2004. 杜鹃花[M]. 北京：中国林业出版社.

米村浩次，2001. 观叶植物成功的栽培方法[M]. 胡淑英，译. 天津：天津科学技术出版社.

农业部农民科技教育培训中心，中央农业广播电视学校，2007. 年宵盆花生产技术[M]. 北京：中国农业科学技术出版社.

潘文，龙定建，唐玉贵，2003. 几种常见花卉的花期调控技术[J]. 广西林业科技，32：204-206.

潘远志，2004. 一品红[M]. 北京：中国林业出版社.

齐迎春，叶要妹，刘国锋，等，2005. 不同基因型孔雀草高效植株再生体系的建立[J]. 中国农业科学(7)：1414-1417.

裘文达，2004. 非洲菊生产技术[M]. 北京：中国农业出版社.

裘文达，2004. 香石竹生产技术[M]. 北京：中国农业出版社.

任吉君，王艳，孙秀华，等，2006. 多效唑、矮壮素和摘心对孔雀草的矮化效应[J]. 沈阳农业大学学报(3).

阮兆英，王文荣，2005. 白孔雀草切花的引种栽培技术[J]. 农村实用技术(4)：25.

石雷，李东，2003. 观赏蕨类植物[M]. 合肥：安徽科学技术出版社.

史军义，卢昌泰，王金德，2004. 花卉栽培新技法[M]. 成都：四川科学技术出版社.

田昆，林萍，张正林，1997. 培养土成分对一串红生长影响的初步研究[J]. 西南林学院学报(3)：21-25.

王代容，廖飞雄，2004. 美丽的观叶植物——蕨类[M]. 北京：中国林业出版社.

王琦，2000. 三季有花的孔雀草[J]. 新农业(6)：47.

王若祥，2002. 花烛[M]. 北京：中国林业出版社.

王玮玮，赵苏海，仲秀娟，等，2010. 不同浓度叶面肥对观赏凤梨叶片生长的影响[J]. 河北农业科学，14(7)：35-37, 51.

王意成，1998. 多浆花卉[M]. 南京：江苏科学技术出版社.

王意成，2001. 仙人掌及多浆植物养护与欣赏[M]. 南京：江苏科学技术出版社.

王意成，2007. 最新图解草本花卉栽培指南[M]. 南京：江苏科学技术出版社.

王意成，王翔，2004. 仙人掌类[M]. 北京：中国林业出版社.

韦三立，1996. 观赏植物花期控制[M]. 北京：中国农业出版社.

魏岩，2012. 园林苗木生产与经营[M]. 北京：科学出版社.

文方德，2004. 红掌[M]. 广州：广东科技出版社.

吴志华，2002. 花卉生产技术[M]. 北京：中国林业出版社.

夏春森，刘忠阳，2001. 细说名新盆花194种[M]. 北京：中国农业出版社.

谢云，2012. 园林苗木生产技术手册[M]. 北京：中国林业出版社.

信桂荣，勾锡金，1998. 缩短一串红生长周期的方法[J]. 新农业(5)：42.

徐晨光，部爱民，张瑞明，等，2005. 凤梨科花卉花期调控技术研究[J]. 安徽农学通报(6)：29-30.

阎永成，范波，贾炜璠，2000. 孔雀草新品种的引进及商品化生产[J]. 种子科技(6)：59.

杨超，范伟国，朱琴，2005. 切花香石竹工厂化生产技术[J]. 山东林业科技(1)：53-54.

杨辽生，2004. 名贵观赏凤梨的栽培[J]. 北京农业(2)：12-13.

杨先芬，2002. 工厂化花卉生产[M]. 北京：中国农业出版社.

姚至大，1994. 一串红盆栽矮壮试验[J]. 生物学教学(12)：31.

张宝隶，2006. 图书木本花卉栽培与养护[M]. 北京：金盾出版社.

张春明，李春梅，1997. 如何盆栽一串红[J]. 江苏绿化(3)：33.

张继冲，续九如，李福荣，等，2005. 万寿菊的研究进展[J]. 西南园艺(5)：17-20.

张康健，刘淑明，朱美英，2006. 园林苗木生产与营销[M]. 咸阳：西北农林科技大学出版社.

张庆良，金洁，林霞，等，2007. 观赏凤梨——吉利红星的栽培与花期调控[J]. 浙江亚热带作物通讯，29(1)：38-40.

张树宝，2006. 花卉生产技术[M]. 重庆：重庆大学出版社.

张习敏，乙引，杨烨，等，2009. 外源激素对露珠杜鹃花期调控技术的影响[J]. 北方园艺(12)：170-173.

邹学忠，钱拴提，2014. 林木种苗生产技术[M]. 2版. 北京：中国林业出版社.

赵庚义，车力华，1995. 一串红的播期和定植期试验[J]. 吉林蔬菜(2)：25-26.

赵庚义，车力华，1996. 一串红的栽培技术[J]. 中国农村科技(2)：14.

赵统利，朱朋波，邵小斌，等，2008. 切花郁金香日光温室促成栽培技术规程[J]. 江苏农业科学(5)：157-158.

郑志兴，文艺，2004. 仙客来[M]. 北京：中国林业出版社.

周肇基，2001. 红黄灿烂孔雀草[J]. 世界热带农业信息(11)：18-19.

朱西儒，曾宋君，2001. 商品花卉生产及保鲜技术[M]. 广州：华南理工大学出版社.